JN296845

カラー・プリビュー

本書の掲載プログラムを動作させた評価ボード

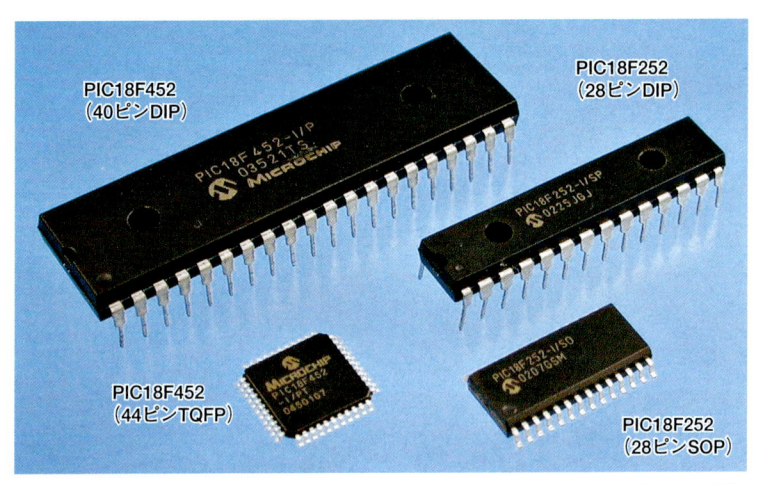

写真1　PIC18シリーズの外観　[マイクロチップ・テクノロジー・ジャパン㈱]

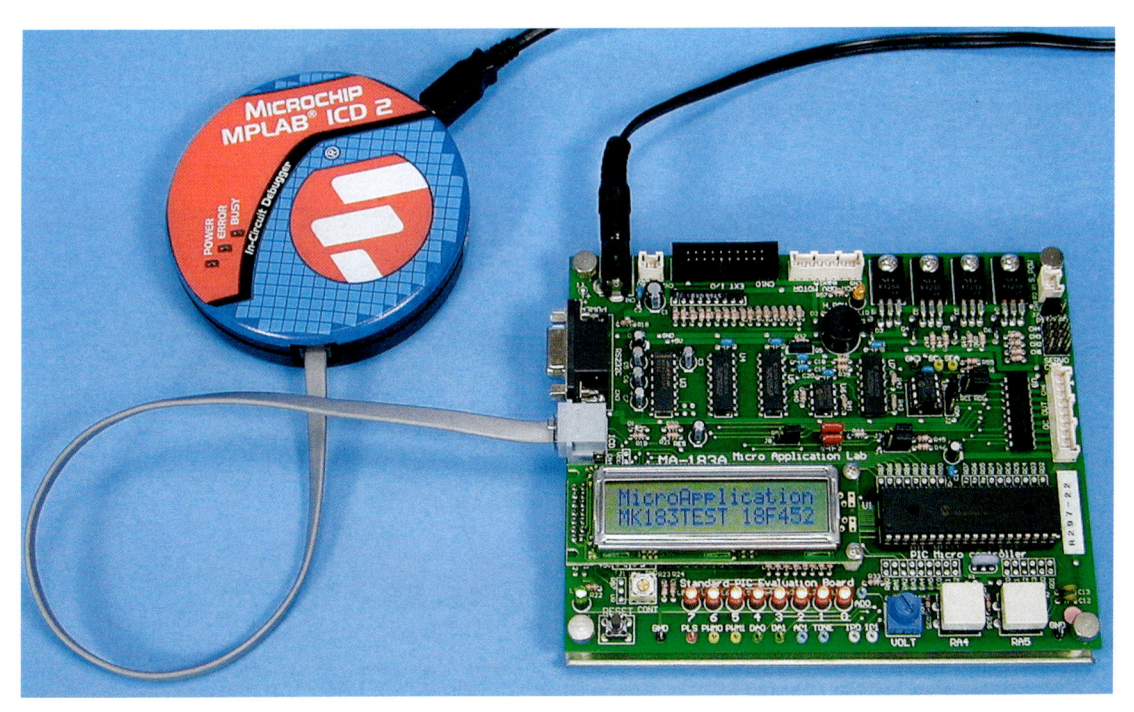

写真2　PIC標準評価ボード"MA183"［㈱マイクロ アプリケーション ラボラトリー］とデバッガ"MPLAB-ICD 2"
［マイクロチップ・テクノロジー・ジャパン㈱］

マイクロチップ・テクノロジー・ジャパン㈱ ▶ http://www.microchip.co.jp/
㈱マイクロ アプリケーション ラボラトリー ▶ http://www.mal.jp/

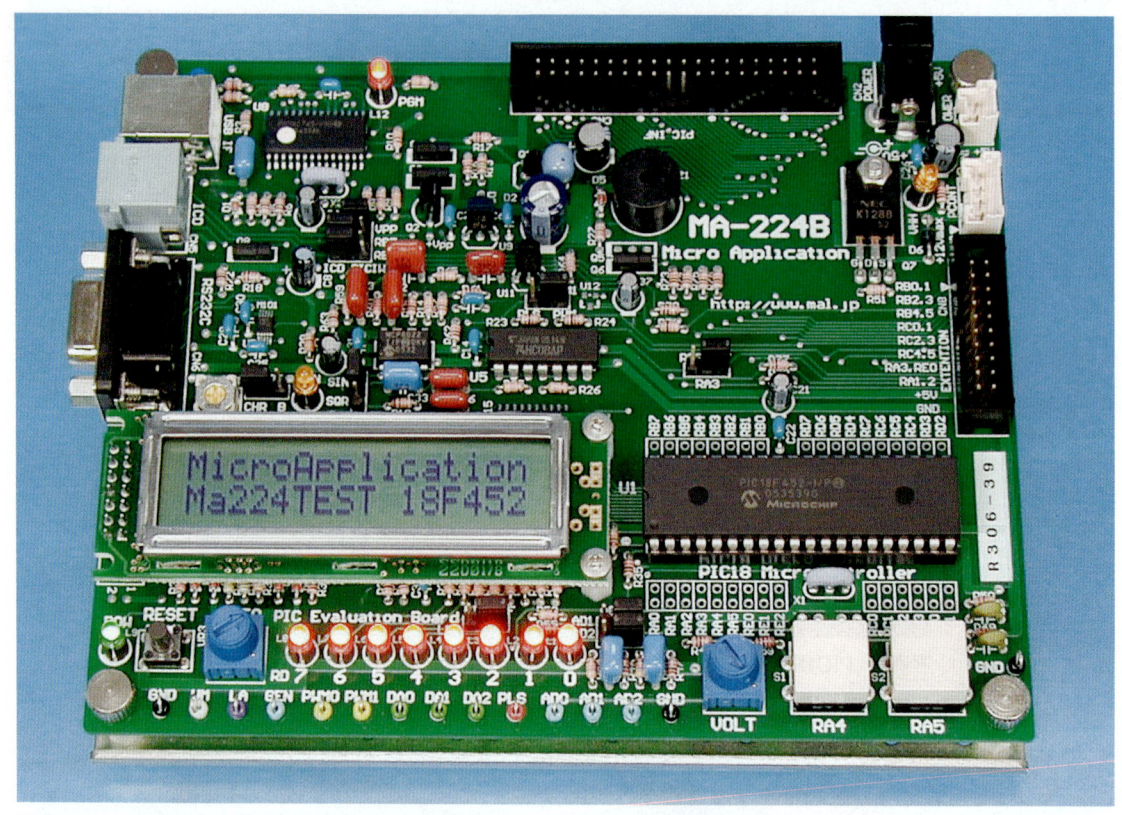

写真3　PIC標準評価ボードⅡ "MA224"［㈱マイクロ アプリケーション ラボラトリー］

写真4　MA-224とI/Oポート・モニタ
［㈱マイクロ アプリケーション ラボラトリー］

写真5　MA-224に接続したMA-233拡張ボード

マイコン活用シリーズ

PIC®マイコンの
インターフェース101

A primer in various interfaces for PIC® microcontroller

小川 晃 著

マイコン応用システムで使われる定番的な
各種インターフェースの回路例と，C言語およびアセンブラによる
プログラム例を網羅したPIC18シリーズ向けの入門書

CQ出版社

CONTENTS

付属CD-ROMについて ………………………………………………………………… 7

イントロダクション マイコン・インターフェースのための **PICマイコンの概要と開発環境** ━━━━━ 9

　マイクロコンピュータからワンチップ・マイコンへ …………………………………… 9
　PICマイコン各シリーズの位置づけ ………………………………………………… 10
　PIC18シリーズの定番：PIC18F452とPIC18F4520 ……………………………… 12
　PICマイコン統合開発環境"MPLAB-IDE" ………………………………………… 17
　C18コンパイラの環境構築と動作確認 ……………………………………………… 21
　"MA183" PIC標準評価ボード ……………………………………………………… 22
　"MA224" PIC標準評価ボードⅡ …………………………………………………… 24

第1部 基本的なインターフェース

第1章 出力ポートのインターフェース ━━━━━ 27
出力ポートの特性，出力電流を増やす，高電圧や負電圧の出力，パルス出力

　[1] 1-1 PICマイコンの出力ポートの特性 …………………………………………… 27
　[2] 1-2 出力電流を増やす──吸い込み型 ………………………………………… 32
　[3] 1-3 出力電流を増やす──吐き出し型 ………………………………………… 40
　[4] 1-4 高電圧や負電圧の出力 ……………………………………………………… 43
　[5] 1-5 パルスを出力する──マイコンの動作速度を考える ……………………… 44
　[6] 1-6 ワンショット・マルチバイブレータによるパルス出力 ……………………… 45

第2章 入力ポートのインターフェース ━━━━━ 47
入力ポートの特性，高電圧の入力，コンパレータ，エッジ検出など

　[7] 2-1 PICマイコンの入力ポートの特性 …………………………………………… 47
　[8] 2-2 高電圧との入力インターフェース──入力保護回路とクランプ回路 ……… 51
　[9] 2-3 シュミット・トリガ入力 ……………………………………………………… 52
　[10] 2-4 コンパレータの利用 ………………………………………………………… 53
　[11] 2-5 交流信号のゼロ・クロス検出 ……………………………………………… 56
　[12] 2-6 ウィンドウ・コンパレータ──範囲内かどうかを検出する ……………… 56
　[13] 2-7 パルス・エッジの検出──立ち上がり/立ち下がりを知る ……………… 57
　コラム 新しいインサーキット書き込み器"PICkit2" ……………………………… 58

第3章 ポート数を拡張するインターフェース ━━━━━ 59
汎用ロジックICによる出力数の拡張や専用ICによる拡張方法

　[14] 3-1 標準ロジックICによる出力ポート数の拡張 ………………………………… 59
　[15] 3-2 標準ロジックICによる入力ポート数の拡張 ………………………………… 60
　[16] 3-3 I/OエキスパンダMCP23008 ……………………………………………… 62

第4章 絶縁インターフェース ━━━━━ 67
リレー，フォト・カプラ，iCouplerトランス，商用交流制御など

　[17] 4-1 リレーによる絶縁接点出力 ………………………………………………… 67

[18] 4-2 フォト・カプラによる入力と出力 ……………………………………………… 68
[19] 4-3 iCouplerトランスによるアイソレーション …………………………………… 71
[20] 4-4 AC電源ラインの制御 ……………………………………………………………… 72

LED，LCD，蛍光表示管，スイッチ，キーボード，可変抵抗，サウンダなど

第5章 フロント・パネル・インターフェース ─────────── 73

[21] 5-1 LEDランプの駆動 ………………………………………………………………… 73
[22] 5-2 7セグメントLED表示器のスタティック駆動 ………………………………… 74
[23] 5-3 7セグメントLED表示器の多桁ダイナミック駆動 …………………………… 78
[24] 5-4 5×7ドット・マトリックスLED表示器のダイナミック駆動 ……………… 81
[25] 5-5 キャラクタ表示LCDモジュール ……………………………………………… 82
[26] 5-6 キャラクタ表示蛍光表示管モジュール ……………………………………… 89
[27] 5-7 グラフィック表示蛍光表示管モジュール …………………………………… 92
[28] 5-8 スイッチのインターフェース …………………………………………………… 97
[29] 5-9 マトリックス型キーボード ……………………………………………………… 103
[30] 5-10 I/Oエクスパンダを使用したマトリックス型キーボード ………………… 106
[31] 5-11 ディジタル・スイッチの入力 …………………………………………………… 109
[32] 5-12 可変抵抗器のインターフェース ……………………………………………… 110
[33] 5-13 1本のピンで複数スイッチを読み取る ………………………………………… 114
[34] 5-14 手動操作用ロータリ・エンコーダ …………………………………………… 117
[35] 5-15 サウンダによる音の発生 ……………………………………………………… 120

第2部　応用インターフェース

各種A-Dコンバータ，アナログ入力の増幅・切り替え・演算，絶縁型インターフェースなど

第6章 A-Dコンバータとアナログ入力のインターフェース ── 127

[36] 6-1 PWMとコンパレータによるA-D変換 ………………………………………… 127
[37] 6-2 A-Dコンバータの入力回路 ……………………………………………………… 129
[38] 6-3 A-Dコンバータの基準電圧 ……………………………………………………… 131
[39] 6-4 12ビット6μsの逐次比較型，AD7893AN-5の
       同期シリアル・インターフェース ……………………………………………… 132
[40] 6-5 2チャネル12ビット，100kspsの逐次比較型，
       MCP3202のSPIインターフェース ……………………………………………… 134
[41] 6-6 4チャネル17ビット相当の二重積分用フロントエンド TC514による
       A-Dコンバータ …………………………………………………………………… 138
[42] 6-7 22ビット，13spsのΔΣ型 MCP3551の同期シリアル・インターフェース … 142
[43] 6-8 AD7893-10とADuM1200による絶縁入力型12ビットA-Dコンバータ … 145
[44] 6-9 ちょっとした増幅のためのOPアンプの利用 ………………………………… 146
[45] 6-10 ゲイン制御可能なアンプMCP6S2xシリーズのSPIインターフェース … 149
[46] 6-11 アナログ・スイッチによるアナログ交流信号の開閉 ……………………… 152
[47] 6-12 内蔵A-Dコンバータによる正負電圧の測定 ………………………………… 153
[48] 6-13 差動増幅回路による直流電流の測定 ………………………………………… 154
[49] 6-14 非接触で直流電流を測定する ………………………………………………… 155
[50] 6-15 内蔵A-Dコンバータに交流信号を入力する方法 …………………………… 156
[51] 6-16 ピーク電圧をアナログ的に記憶するピーク・ホールド回路 ……………… 157
[52] 6-17 正電圧も負電圧も正電圧に変換する絶対値回路 …………………………… 158
[53] 6-18 RMS-DCコンバータ AD737による真の実効値測定 ……………………… 160
[54] 6-19 V-FコンバータAD650およびTC9400による電圧測定 …………………… 161
[55] 6-20 電流トランスによる商用電源電流の絶縁測定 ……………………………… 164

56	6-21	小型トランスによる商用電源電圧の絶縁測定	165
57	6-22	広いダイナミック・レンジの信号を扱えるログ・アンプ回路	166
58	6-23	アイソレーション・アンプ	168

第6章 Appendix　PICマイコンの内蔵A-Dコンバータについて ── 171

各種D-Aコンバータ，電子ボリューム，絶縁型D-Aコンバータ，信号の絶縁出力など

第7章　D-Aコンバータとアナログ出力のインターフェース ── 177

59	7-1	R-2Rラダー抵抗ネットワークによる4ビットD-Aコンバータ	177
60	7-2	PWMによる10ビットD-Aコンバータ	179
61	7-3	12ビットD-AコンバータTC1322のI²Cインターフェース	182
62	7-4	8ビットD-AコンバータAD7801BRのパラレル・インターフェース	184
63	7-5	12ビットD-AコンバータAD8300ANの同期シリアル・インターフェース	187
64	7-6	12ビットD-AコンバータMCP4822のSPIインターフェース	190
65	7-7	16ビットD-AコンバータAD5541の同期シリアル・インターフェース	194
66	7-8	乗算型8ビットD-AコンバータAD7524による各種波形の発生	196
67	7-9	8チャネル8ビット4象限乗算型D-AコンバータAD8842による4チャネルの信号発生	202
68	7-10	2チャネル8ビット電子ポテンショメータMCP42010のSPIインターフェース	206
69	7-11	8ビット電子ポテンショメータDS2890の1-Wireインターフェース	210
70	7-12	PWMを使用した絶縁型D-Aコンバータ	213
71	7-13	D-Aコンバータで使用する出力フィルタの簡易設計	214
72	7-14	交流信号を電力増幅する回路	217

第7章 Appendix　PICマイコンの内蔵PWM機能の概要 ── 219

MicrowireやI²Cによるデータ・メモリの拡張法

第8章　シリアルEEPROMのインターフェース ── 223

| 73 | 8-1 | 1Kビット・シリアルEEPROM 93LC46のMicrowireインターフェース | 223 |
| 74 | 8-2 | 4Kビット・シリアルEEPROM 24LC04のI²Cインターフェース | 227 |

第8章 Appendix　PICマイコンのI²Cインターフェースについて ── 231

非同期シリアル，パラレル，CAN，USB，Ethernetなど

第9章　周辺機器との通信系インターフェース ── 235

75	9-1	非同期シリアル・インターフェース	235
76	9-2	ソフトウェアによる非同期シリアル・インターフェース	241
77	9-3	非同期シリアル・インターフェースの通信モニタ	243
78	9-4	プリンタ用パラレル・インターフェース	248
79	9-5	SPIで制御できるスタンド・アローンCANコントローラ MCP2510	253
80	9-6	USBインターフェースを内蔵したPICマイコン PIC18F4550/2550	255
81	9-7	マイコンに手軽にUSB機能を付与できるUSB-シリアル変換IC FT232BM	257
82	9-8	SPIで制御可能なスタンドアローンEthernetコントローラ ENC28J60	258

第9章 Appendix　PICマイコンの非同期シリアル通信とSPIモードの同期シリアル通信 ─── 261

 PICマイコンの非同期シリアル通信 ……………………………………………… 261
 PICマイコンのSPIモードによる同期シリアル通信 ………………………… 265

DCブラシ・モータ，ステッピング・モータ，DCブラシレス・モータ，
ラジコン用サーボ・モータ

第10章　モータのインターフェース ─── 267

 83 10-1　小型DCブラシ・モータのインターフェース ……………………………… 267
 84 10-2　2相ステッピング・モータのインターフェース …………………………… 271
 85 10-3　DCブラシレス・モータのインターフェース ……………………………… 276
 86 10-4　ラジコン用サーボ・モータのインターフェース …………………………… 281

温度センサICやサーミスタ，加速度センサとの接続例

第11章　センサのインターフェース ─── 285

 87 11-1　温度センサTC77のSPIインターフェース ………………………………… 285
 88 11-2　温度センサLM75のI^2Cインターフェース ………………………………… 287
 89 11-3　温度センサMCP9803のI^2Cインターフェース …………………………… 290
 90 11-4　温度センサDS18S20の1-Wireインターフェース ………………………… 293
 91 11-5　電圧出力型の温度センサLM35DZとTC1047Aのインターフェース ……… 299
 92 11-6　サーミスタによる温度検知のためのインターフェース …………………… 301
 93 11-7　2軸加速度センサADXL320のインターフェース ………………………… 303

周波数や周期の測定，PLLやDDSによる信号発生，リアルタイム・クロック，
PWMによる定電圧電源や定電流電源

第12章　測定および信号発生のインターフェース ─── 307

 94 12-1　内蔵タイマによる周波数の測定 ……………………………………………… 307
 95 12-2　タイマ1のパルス・カウントによる周期の測定 …………………………… 311
 96 12-3　タイマ1のキャプチャ機能による周期の測定 ……………………………… 315
 97 12-4　PLLによる1M～2MHzのクロック・ジェネレータ ……………………… 317
 98 12-5　ダイレクト・ディジタル・シンセサイザAD9835による
　　　　　最大1MHzの正弦波ジェネレータ …………………………………………… 320
 99 12-6　発振器内蔵型リアルタイム・クロックDS3231SのI^2Cインターフェース … 324
 100 12-7　マイコンで電圧を設定できる定電圧電源回路 ……………………………… 328
 101 12-8　マイコンで電流を設定できる定電流出力回路 ……………………………… 329

第12章 Appendix　PICマイコンのタイマ1について ─── 331

索引 ……………………………………………………………………………………………… 333

　本書はインターフェースを網羅する都合上，PICマイコン自身の解説は最小限にとどめました．PICマイコンのハードウェアやレジスタの詳細については，必要に応じて文献やデータ・シートをご参照ください．
　本書のアセンブリ言語のプログラムはMPLAB ver. 7.5，C言語のプログラムはC18コンパイラ ver. 3.06で動作させました．

付属CD-ROMについて

本書の付属CD-ROMには,下記のプログラムやデータなどを収録しました.

▶収録記事のソース・リストなど

アセンブリ言語やC言語によるプログラムのソース・ファイルが含まれています.

▶開発ツール

"MPLAB IDE(ver. 7.6)","MPLAB C18コンパイラ(ver. 3.11 Student Edition)"とそれらの関連資料など

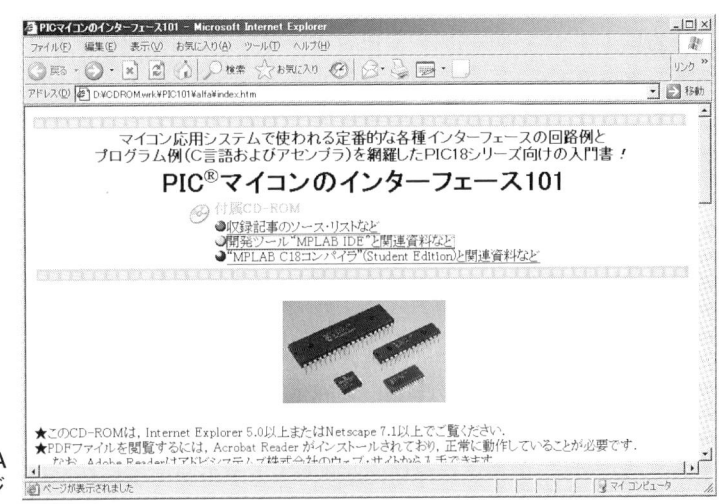

図A
最初に表示されるページ

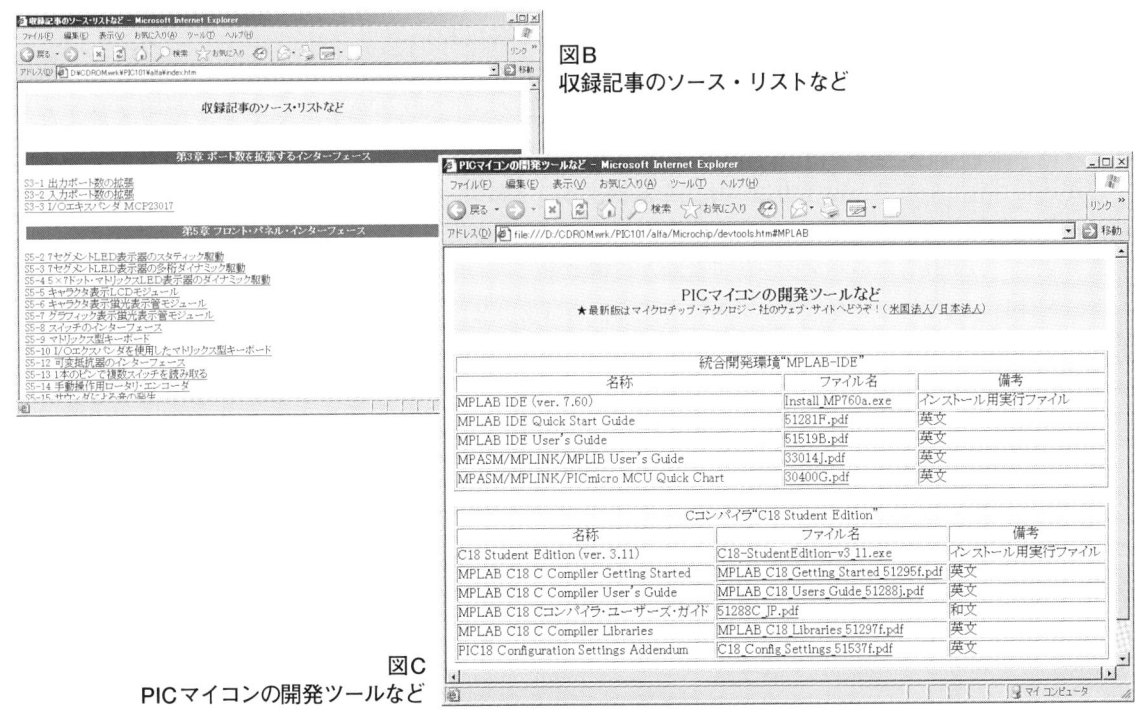

図B
収録記事のソース・リストなど

図C
PICマイコンの開発ツールなど

本CD-ROMのMicrochipディレクトリ以下に収録してあるプログラムやデータは,著作権保有者であるMicrochip Technology Inc.社による許諾のうえ収録してあります.文書による同社の事前承諾なしに転載・複製することはできません.

まえがき

　このたびCQ出版のお力を借りて本書を上梓することになりました．本書の底本となったのは1997年に発行した「PICインターフェース・ハンドブック」（株式会社マイクロアプリケーションラボラトリー刊）で，その内容を全面的に見直し，大幅に加筆して集大成しました．

　本書は，マイコン応用装置で使われる基本的な周辺回路を示し，回路設計におけるアイデアの糸口となるインターフェースをまとめたものです．いわばシステム設計段階における発想展開のスタートとなるデータ集であり，そのインターフェースの性質・問題点・プログラム規模などを概念的に把握し，マイコンの処理速度から見たハードとソフトのバランスを見極めていただくことを目的としています．

　PIC18シリーズを題材としてプログラム例や回路例を示しましたが，C言語を利用すればマイコン機種への依存性が低減されるので，他のマイコンへも応用できるよう配慮しました．PICマイコンのハードウェアに特化したインターフェースを利用した例もありますが，できる限りソフトウェア処理を使って実現しています．

　さて，マイコン技術はロー・コスト化や開発環境の充実によって，特殊な技能からポピュラな技能へと変化し，高機能なデバイスを誰でも利用できるといっても過言ではなくなりました．PICの世界では，新たに16ビット処理のマイコンがラインアップされ，DSPハードウェアの搭載や，高速・高性能な周辺機能へと強化され，C言語に容易に反映できるアセンブラ命令が強化されるなど，新世代的なマイコンが登場してきています．高機能マイコンは，数学的理論をベースにアナログ的制御や予測的制御が可能となり，マイコンの存在自体を大きく変えるものであることが感じ取れます．

　高度なマイコン技術が，さまざまな分野の技術発展をもたらすことはいうまでもありません．昨今の世の中の動きを見ていると，人間の存在を無視した技術発展を感じざるを得ず，人間の心の変化を越えた速度で技術が進歩しているようです．深刻な問題として地球温暖化がありますが，その防止を目的として原子力が注目されています．原子力は，原子を破壊することによって得られる莫大なエネルギです．また，遺伝子を組み換えて新たな植物や生物を生み出したり，再生させ，医療や薬を作り出すなどの高度な技術もあります．いずれも高いリスクを伴う危険な技術です．

　さほど注目されていない身近なところにも先端技術はあります．その一つが携帯電話です．多くの人の利便性を向上させるツールですが，若者には貴重な金銭と時間を無意味に浪費するツールとなり，夢や未来を奪っていることに気がつく人は少ないでしょう．技術の進歩は，人間の心の進歩と調和する必要があり，これが崩れるとその代償は大きなものになってしまうでしょう．

　私の母校の校舎の入り口には，

　　　　　　　　「神なき知育は知恵ある悪魔を作ることなり」

という玉川学園の創始者である故小原国芳先生の言葉が書かれています．マイコンというブレインは，高度な先端技術を支える中心的なパーツであり，不可能を可能にする宝箱であるといっても過言ではありません．このブレインが地球の存在，人間の存在と価値を忘れることなく，私たちの真の幸福のために威力を発揮してくれることを願っています．

　　　　　　　　　　　　　　　　　株式会社マイクロアプリケーションラボラトリー代表　小川　晃

イントロダクション

マイコン・インターフェースのための
PICマイコンの概要と開発環境

マイクロコンピュータからワンチップ・マイコンへ

　マイクロコンピュータが一般に利用されだしてから，およそ35年の歳月が流れました．初期にはCPUチップを中心にクロック，メモリ，I/Oポートなどをバスで接続してコンピュータ機能をまとめ上げるのに，基本機能を理解して，ハードウェアを設計・製作して，プログラム開発…と，システムを構築するのに多くの時間を要しました．その後，CPUと周辺機能が一つのチップに集積され，コンピュータとして単独で動作可能なワンチップ・マイコンが登場しました．

　ワンチップ・マイコンが主流になると，ユーザ層が多分野に広がり，多くの人が利用するようになりました．そうなると要求される技術はコンピュータ・システムを構築する技術ではなく，I/Oポートを利用したインターフェースの技術です．アナログ，ディジタル，メカトロ，センサなど各分野とのインターフェースがマイコンを取り巻く技術のポイントに変化したといえます．

　同時にマイコン内部に埋め込むプログラムも大きなものになってきました．かつてマイコンのプログラミングはアセンブラと決まっていたものですが，現在はCコンパイラに移行しています．Cコンパイラといえども，I/Oポート操作程度ならアセンブラと大差ありませんが，演算に関しては圧倒的に優位で高度な演算を盛り込むことができます．高性能なコンパイラによって最適化されたコードが得られるようになり，小メモリでも多くの処理がこなせるようになりました．

　PICマイコンに見られるマイコンの小型化も近年の一つの方向性だと思います．米粒と同程度の6ピン・マイコンや，8ピン，14ピンというTTLサイズのマイコンは，高度な処理を実現できる超小型ディジタル回路となり，電子化が難しかったセンサ内部や通信系に入り込んだり，サブ・マイコンとして処理を分担することで，システム設計自体に変化を与えています．いろいろなサイズのPICマイコンを使っていると基板上に二つ，三つとPICが並んでしまいます．メイン・コントローラ，モータ・コントローラ，表示コントローラというように，ロジックで構成するより容易にシステムをまとめることができます．またコントローラが分散すると，それらを結ぶデータ通信にフォーカスが移ります．SPI，I^{2}C，非同期シリアル，1-Wireなど，IC間の通信技術が重要になります．

　装置外の通信でもマイコンの活躍が目につきます．パソコン・インターフェースのUSBやEthernet，CANなどに特化したインターフェースをもつデバイスもマイコンの新たな方向性です．

PICマイコン各シリーズの位置づけ

　PICマイコンが日本のユーザに利用されはじめてから約10年になります．小規模な制御システム向けに徹底的に最適化されたアーキテクチャをもつマイコンです．8ビット処理を基本として，小型の6ピン・パッケージから80ピン・パッケージまでの製品群があります．これらはPIC16シリーズとPIC18シリーズに大別できます．PIC18シリーズは，2001年ごろから使われ出しています．

　また，2006年から本格的な動きを見せているのが16ビット処理で高速なdsPIC30F/33FやPIC24シリーズです．これらの位置づけを図1に，特徴などを表1にそれぞれ示します．

■ PIC16シリーズ

　命令幅が12ビットと14ビットの8ビット・マイコンをPIC16シリーズと呼んでいます．

　コストを重視したマイコンの選択では最適のデバイスで，14ピンや18ピンのデバイスが人気です．

　ポピュラなデバイスとしてはPIC16F84，PIC16F628，PIC16F877などがあり，PIC16F877が規模的に一番大きなデバイスです．パッケージは最大40ピンです．

　PIC16シリーズを小型化したデバイスとして8ピン・パッケージのPIC12シリーズと，6ピン・パッケージのPIC10シリーズもあり，TTL感覚で汎用ロジックICの置き換えに利用できます．

　本書では，一部にPIC16シリーズを利用したプログラムを掲載しています．

■ PIC18シリーズ

　PIC16シリーズの欠点をカバーし，各機能を拡張したもので，PIC16シリーズと同じ8ビット処理のマイコンです．ベースとなったのはPIC17シリーズであり，PIC18Cシリーズを経て現在のPIC18Fシリーズになりました．PIC18FではPIC18FXXXの3桁番号シリーズが初期バージョンで，周辺機能を強化し整理したPIC18FXXXXの4桁番号が新しいバージョンです．特殊な周辺機能である，USB，CAN，Ethernet，モータ・インターフェースなどに特化したデバイスがある点もPIC18シリーズの特徴です．3.3Vバージョンとして PIC18JとPIC18Kシリーズがあり，大変ロー・コストです．

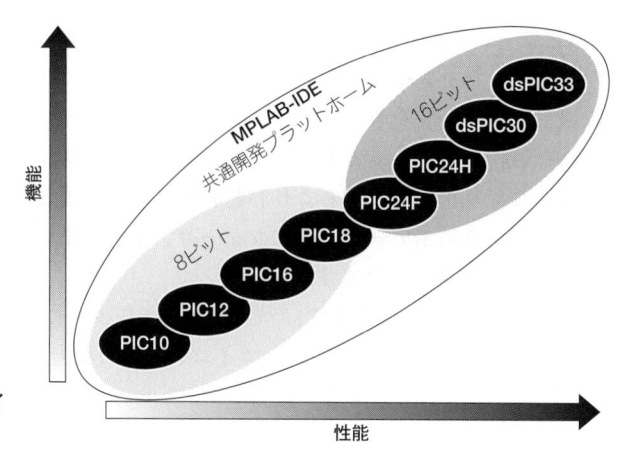

図1　PICマイコンのラインナップと位置づけ

PIC18Fシリーズは，DSP処理などの高機能な処理やメモリを多く使用する用途に利用できます．また，メモリの使い方がPIC16シリーズより楽になったため，プログラミングが簡単になり，アセンブラの記述もわかりやすくなりました．このようなことからPICマイコンを楽に理解できるデバイスとして教育用にも有効です．Cコンパイラを意識したアーキテクチャを導入したことも大きなポイントでしょう．
　本書はPIC18FシリーズのPIC18F452を使用したプログラム例を多く掲載しています．

■ PIC24シリーズ

　PIC24は16ビット処理のマイコンで，PIC24FとPIC24Hの二つに大別できます．はじめに完成した16ビット・シリーズであるdsPIC30FシリーズのDSPコアをなくし，マイコン機能を取り出して作られたデバイスです．PIC18シリーズより高速動作が可能です．とくにCコンパイラに最適化されたアーキテクチャをもち，命令体系も複雑化したことからCコンパイラによるプログラム開発が不可欠です．アセンブラには多くの高度な命令があってコードが最適化されているので，同じ40MIPSのマイコンと比較しても30〜50％ほど高いパフォーマンスが期待できます．周辺機能はさらに強化され，UART，SPI，CANなどの通信機能を2チャネル搭載し，タイマ，CCPユニットも五つ以上を搭載しています．
　PIC24シリーズは多くのメモリを使用する用途や，高度な演算を行う用途に適しており，PIC24Fはコスト的にも有利です．

表1　各シリーズの特徴

項目	PIC16シリーズ	PIC18シリーズ	PIC24シリーズ		dsPICシリーズ	
			PIC24Fシリーズ	PIC24Hシリーズ	dsPIC30Fシリーズ	dsPIC33Fシリーズ
特徴	低コストの基本シリーズ	PIC16シリーズの拡張版	dsPIC30FシリーズのDSPコア省略版		DSP演算コア搭載	DSP演算コア搭載
データ処理（ALU幅）	8ビット	8ビット	16ビット	16ビット	16ビット	16ビット
命令幅	12ビットおよび14ビット	16ビット	24ビット	24ビット	24ビット	24ビット
クロック発振周波数	最大20MHz	最大40MHz	最大32MHz	最大80MHz	最大120MHz	最大80MHz
命令実行クロック周波数	最大5MHz	最大10MHz	最大16MHz	最大40MHz	最大30MHz	最大40MHz
処理能力	最大5MIPS	最大10MIPS	最大16MIPS	最大40MIPS	最大30MIPS	最大40MIPS
プログラム・メモリ	最大8Kバイト[*1]	最大2Mバイト[*1]	最大128Kバイト[*1]	最大256Kバイト[*1]	最大144Kバイト[*1]	最大256Kバイト[*1]
RAM	最大512バイト[*1]	最大4Kバイト[*1]	最大8Kバイト[*1]	最大16Kバイト[*1]	最大8Kバイト[*1]	最大30Kバイト[*1]
EEPROMデータ・メモリ	最大256バイト[*1]	最大1Kバイト[*1]	–	–	最大4Kバイト[*1]	–
命令で1度にアクセス可能なRAM空間	128バイト（4ページ切替）	256バイト（16ページ切替）	全RAM空間	全RAM空間	全RAM空間	全RAM空間
動作電源電圧	2〜5V	2〜5V	3.3V	3.3V	5V	3.3V
パッケージ	6〜40ピン	18〜80ピン	28〜100ピン	18〜100ピン	18〜80ピン	18〜100ピン
備考	PIC12シリーズ（8ピン）やPIC10シリーズ（6ピン）も含まれる．	USB，CAN，Ethernet，モータ・インターフェース機能など．3.3V動作のPIC18Jシリーズもある．	UART，SPI，CANなどの通信機能を2チャネル搭載，タイマやCCPユニットも5ユニット以上を搭載．		最初のdsPICシリーズ	低電圧・高速版

▶ *1：最大値であってデバイスに実装されている容量はもっと少ない．

■ dsPIC30F/33Fシリーズ

　マイクロチップ・テクノロジー社の16ビット・マイコン・シリーズとして，最初に作られたのがdsPIC30Fシリーズです．5V動作で30MIPS動作のマイコンは数少ないと思います．また，dsPIC33Fは，電源電圧を3.3Vに落としてさらに高速化を図ったものです．

　これらは"dsPIC"と呼ばれるようにDSP演算コアを搭載しています．とはいえDSP演算コアの主要部分だけであり，プログラムと協調動作を行ってDSP処理を完結させます．こうして最小のハードウェア・ロジックで，高速のDSP演算処理が行えることが特徴です．いわばDSP機能は補助的な周辺機能という発想であり，このシリーズは基本的にマイコンです．

PIC18シリーズの定番：PIC18F452とPIC18F4520

■ 概要

　PIC18F452/4520は，40MHzクロックで10MHz動作(10MIPS)が得られる8ビット・マイコンです．図2にPIC18F452の内部ブロック図，図3にPIC18F452のピン配置，図4にPIC18F4520のピン配置をそれぞれ示します．なお，派生品として452/4520からI/Oポートだけを縮小したPIC18F252/2520があり，機能的には同一であることから小型化に有効です．

● クロック

　クロック発振用に10MHzの水晶発振子を外付けすると，PLLで4逓倍されて40MHzが供給されます．PIC18F4520では内蔵のRC発振器から8MHzの内部クロックを得ることができます．

● メモリ

　ワーク・メモリ(RAM)は4Kバイト空間のうち1.5Kバイトを搭載しており，16バンクを切り替えます．プログラム・メモリは2Mバイト空間のうち32Kバイトを搭載しています．プログラム・メモリはフラッシュ・メモリで構成され，10万回の書き換えが保証されています．完全にリニアな領域に配置されているためページ切り替えなどは不要です．

　データ・メモリとしてEEPROMが256バイトあり，こちらは100万回の書き換えが保証されています．

● 命令，割り込みなど

　命令は16ビット長で，命令数は75です．PIC16シリーズの35命令に加え，分岐，比較，演算機能をより強化して追加しています．乗算器を使った乗算命令も追加されています．

　割り込み機能は2レベルの優先割り込みがあり，高速スタックを使用することで，迅速な優先割り込み処理を実現できます．スタック・メモリは各メモリと別空間に用意され，意識することなく利用できます．PIC16マイコンの8レベルから31レベルにアップし，多くのサブルーチン・ネスティングにも問題なく対応できます．

● 周辺機能

　表2(p.16)にまとめて示します．

■ PIC18F452からPIC18F4520への移行

　本書ではプログラムが理解しやすいPIC18シリーズのPIC18F452を中心にまとめました．いっぽうマイクロチップ・テクノロジー社は，新しいPIC18F4520シリーズへの移行を進めています．基本的には

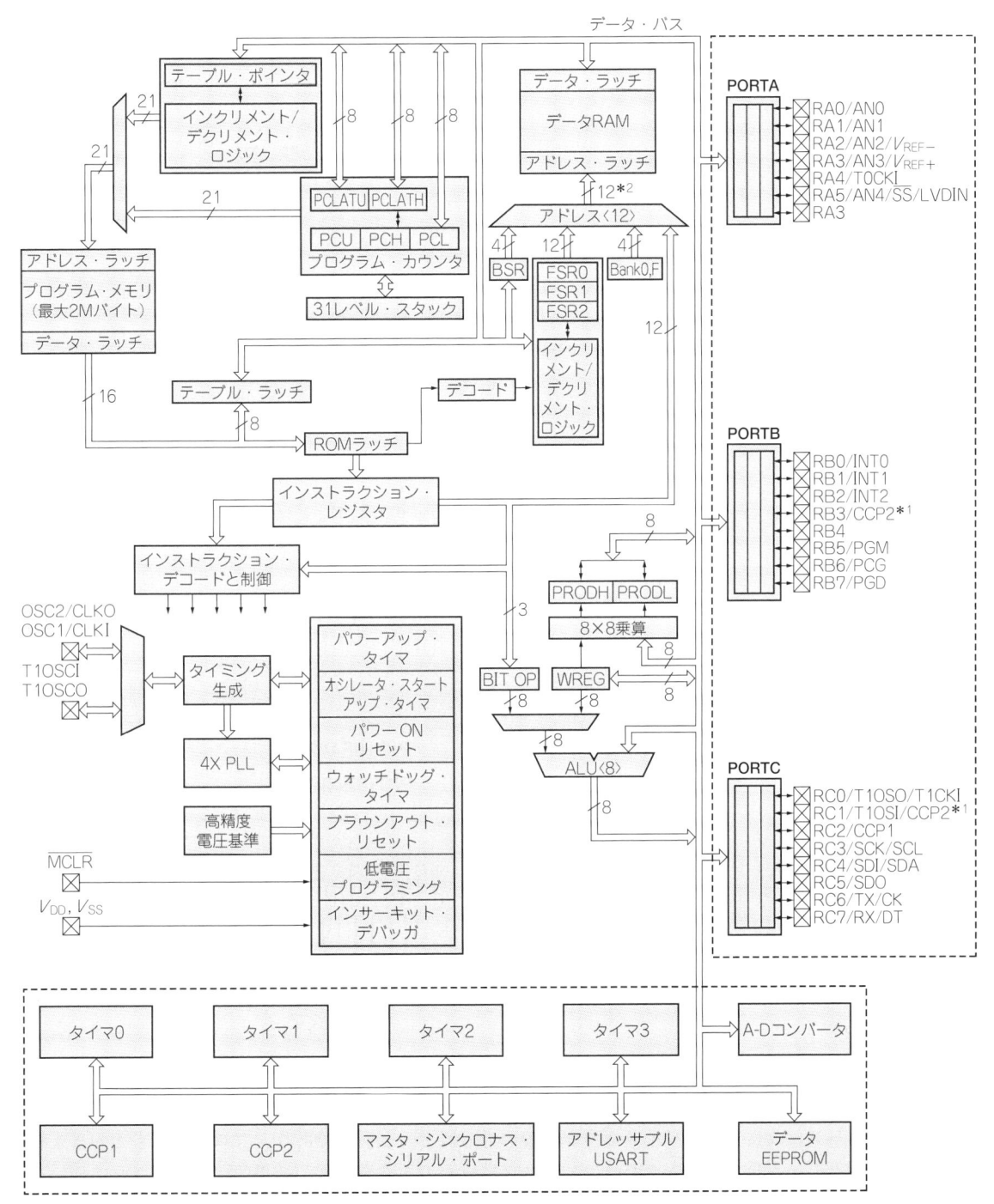

備考▶*1：CCP2に関するRB3との入出力マルチプレックスのオプションは，コンフィギュレーション・ビットの選択によって有効になる．
　　　*2：RAMの直接アクセスのための上位ビットは，BSRレジスタからである．(MOVFF命令を除く)
　　　*3：多くの汎用I/Oピンは，一つ以上の周辺機能モジュールとマルチプレックスされている．マルチプレックスの組み合わせはデバイス依存である．

図2　PIC18F452の内部ブロック図

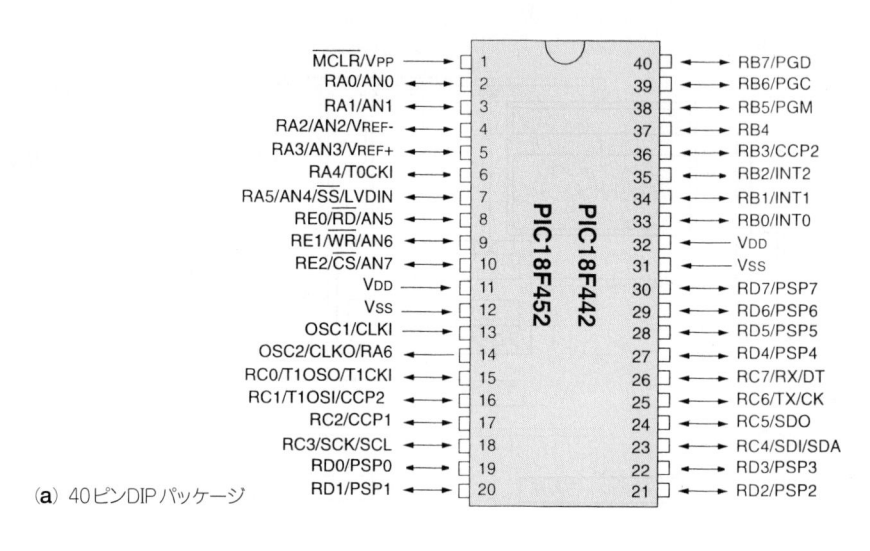

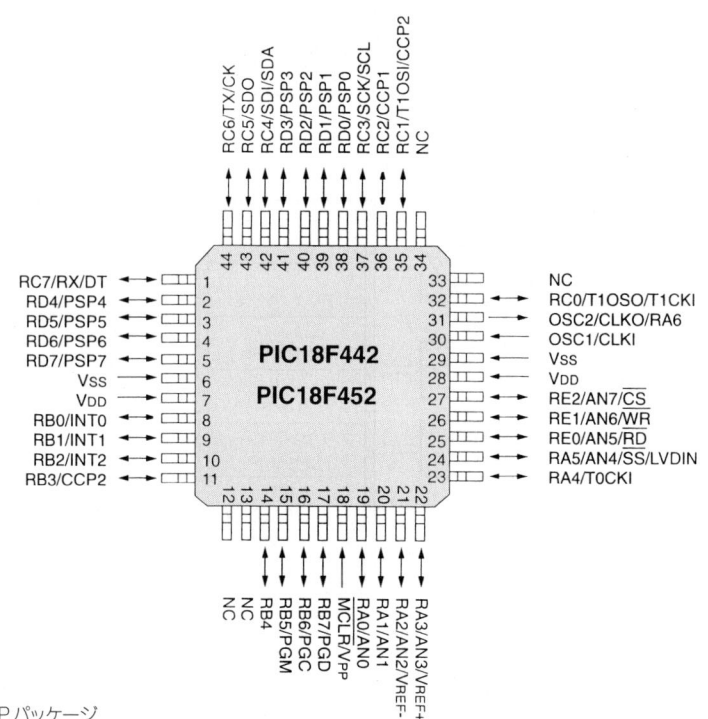

図3　PIC18F452の　ピン配置

(a) 40ピンDIPパッケージ

(b) 44ピンTQFPパッケージ

　PIC18F452をベースに改良したデバイスですから使い方もほとんど同じであり，プログラムもそのまま利用できます．ただし，A-Dコンバータだけはレジスタ構成が大きく変わり，結果的には整理されて使いやすいレジスタ構成になっています．
　PIC18F452から4520への移行については，同社のデータ・シート(DS39647A)[1]にまとめられています．主な変更内容は以下のとおりです．

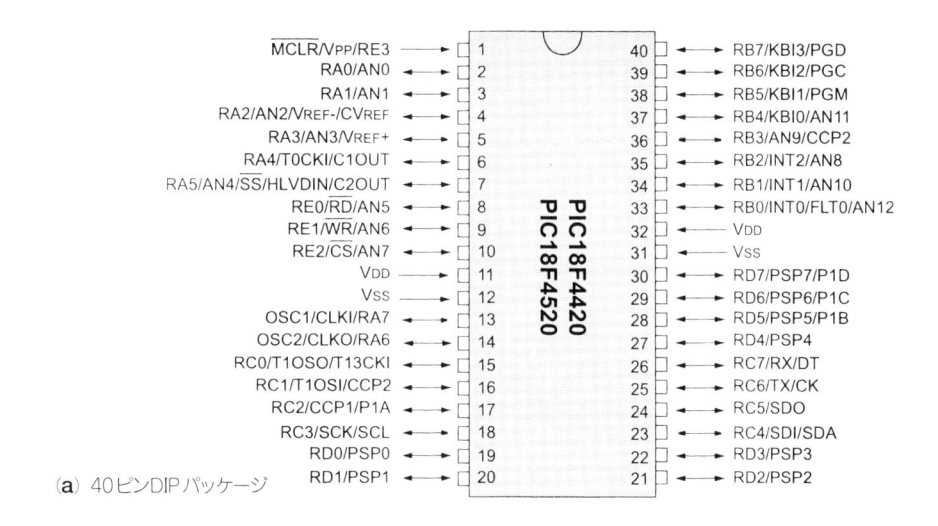

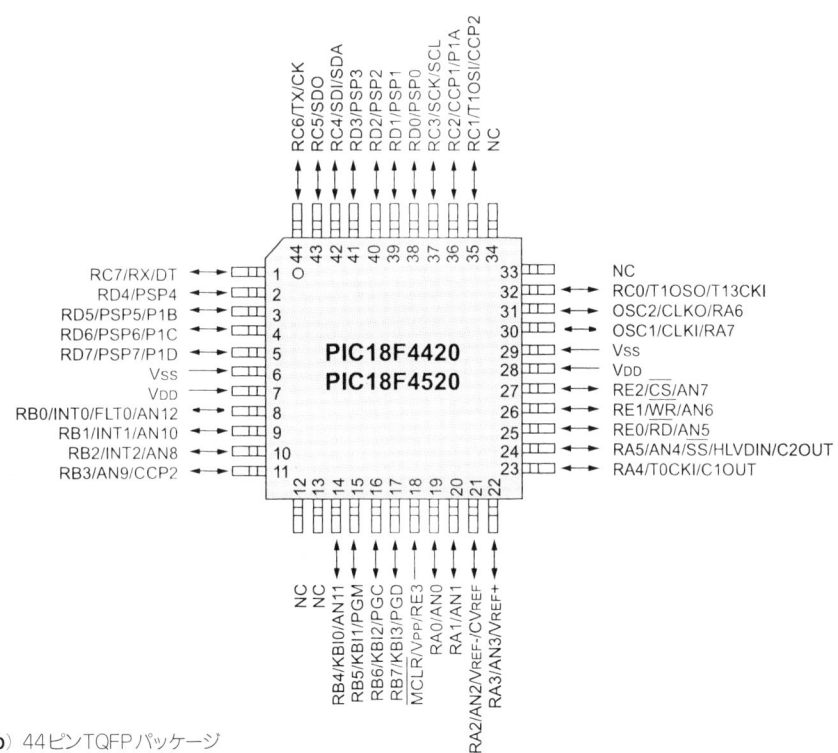

図4　PIC18F4520のピン配置

(a) 40ピンDIPパッケージ

(b) 44ピンTQFPパッケージ

● A-Dコンバータ

　大きな変更があります．変換速度が100kspsにアップしています．アクイジション・タイムの確保が自動的に行われるようになりました．この時間は変換時間に含まれるため，設定によっては変換速度が低下します．A-DポートとI/Oポートの割り振り設定が大きく変わりました．A-D変換スタート・ビットがビット2からビット1に移動しています．初期設定ビットが大きく移動したので，プログラムの移行では設定値の書き換えが必要です．

表2　PIC18F452とPIC18F4520の周辺機能

周辺機能	仕様など	備考
I/Oポート	35	
A-Dコンバータ	10ビット分解能×8チャネル・マルチプレクサ，変換速度50ksps	4520は13チャネルで変換速度100ksps
MSSP (Master Synchronous Serial Port)	SSPとI²Cに各1チャネル	SSPとI²Cは同時使用できない
USART (Universal Synchronous Asynchronous Receiver Transmitter)	1チャネル	4520はEUSART(Enhanced USART)
CCP (Capture Compare PWM)	2チャネル	コンペア，キャプチャ，PWM機能． 4520はEnhanced CCP機能．
タイマ	4チャネル	タイマ0，タイマ1，タイマ2，タイマ3
アナログ・コンパレータ	なし	4520は2チャネル

● プログラム・メモリへの書き込み

　プログラム・メモリのアクセスは8バイト単位でしたが，32バイト単位に変更されています．通常のオペレーションでは利用されない機能です．

● ブート・ブロック

　ブート・ローダに使用するブート・ブロックが512バイトから2Kバイトに増加しています．ただし，通常のファームウェアでは意識する必要がありません．

● MSSP I²Cモジュール

　I²Cマスタ・モードによるRCENビットの動作が変更されています．

● 追加命令

　八つの命令が追加されています．コンフィギュレーションによりこの命令が有効になります．Cコンパイラの変換効率が上がるようです．

● 電源管理

　電源の管理機能が強化されています．

● 内蔵RC発振回路

　CPUクロック・ソースとして8MHz動作のRC発振器が追加され，水晶発振子を付けずにデバイスを動作できます．また，PLLの設定によって32MHzのクロックが得られます．ソフトウェア切り替えによって，32kHzから32MHzまで8段階のクロックを選択できます．発振用の2端子はポートとしてユーザに開放されます．従来の利用は完全にサポートされています．

● コンパレータ

　アナログ・コンパレータが搭載されました．ポートAのビット0～ビット3をディジタル・ポートとして使用する場合，CMCONレジスタに7を設定します．

● 割り込み

　二つの割り込み要因が追加されています．従来のビットに影響はありません．

● ECCP(Enhanced Capture Compare PWM)モジュール

　CCPモジュールが機能強化されていますが，従来どおりのオペレーションが可能です．

● EUSART(Enhanced USART)モジュール

　USARTモジュールが機能強化され，自動ボー・レート検出機能，LIN(Local Interconnect Network)バス対応機能が加わっています．また，BRGレジスタが8ビットから16ビットにアップしています．従来

の使用方法はそのまま確保されています．

- **タイマ1**
  新しいビットが追加されていますが，従来どおり利用できます．
- **WDT**（ウォッチドッグ・タイマ）
  WDTの動作速度が最小4msになりました．設定範囲は4m～131sです．
- **LVD機能**（低電圧検出）
  検出モードが追加されています．
- **MCLRリセット**
  リセット機能が内蔵されたため，リセット端子をポートとして使用できます．指定はコンフィギュレーションにより行います．

PICマイコン統合開発環境 "MPLAB-IDE"

"MPLAB-IDE"（図5）は，マイクロチップ・テクノロジー社が無償で提供しているPICマイコンのソフトウェア開発用の統合開発環境です．すべてのPICマイコンをサポートしており，アセンブラとプログラム・シミュレータを標準装備しています．MPLABのプラットホームからはのインサーキット・エミュレータ（MPLAB-ICD2，REAL-ICE，ICE2000，ICE4000など）を接続すればプログラムをエミュレーションできますし，PIC-START-PLUSやPM3を接続すればファームウェアをデバイスに書き込むことができます．使用言語は，アセンブラが標準装備されているほか，インストールすればCコンパイラも利用できるようになります．PIC18用，PIC24/30/33用のCコンパイラは同社が用意しています．

このようにMPLABは，すべての開発作業をまかなうことができます．

■ MPLAB-IDE

- **入手とインストール**
  マイクロチップ・テクノロジー社（www.microchip.com）からダウンロードして入手します．40Mバイトを超える大きなファイルなのでダウンロードには時間を要します．ダウンロードした圧縮ファイルを解凍し，セットアップ・ファイルを起動してインストールします．インストール時にとくに設定する項目はなく，画面表示に答えていけば問題なく完了します．初めての場合は，インストール・フォルダを変更しないほうが良いでしょう．変更すると他の開発ソフトウェアと相違が出てトラブルの原因になります．
- **プロジェクトによる管理**
  MPLABは一つのプログラムをプロジェクトとして登録し，開発作業を行います．複数のソース・ファイルやオブジェクト・ファイルを総合的にコンパイルしたり，リンカにより合成するなど複数ファイルにわたる管理を行えます．しかし，簡単な実験プログラムでもプロジェクトを登録しなければならないため，少々使い勝手が悪いと感じることもあります．また，アセンブラでは単独にソース・ファイルをコンパイルできますが，Cコンパイラはリンクするファイルがいくつかあり，プロジェクト設定に手間取ります．
- **デバッグ機能**
  円滑なデバッグが進められるようバージョン・アップごとに改良が進められてきました．デバッグの基本操作であるブレークやステップ実行は円滑に進められます．本格的なインサーキット・エミュレータ

プロジェクト・ウィンドウ　　　　コード・ウィンドウ　　　　アウトプット・ウィンドウ

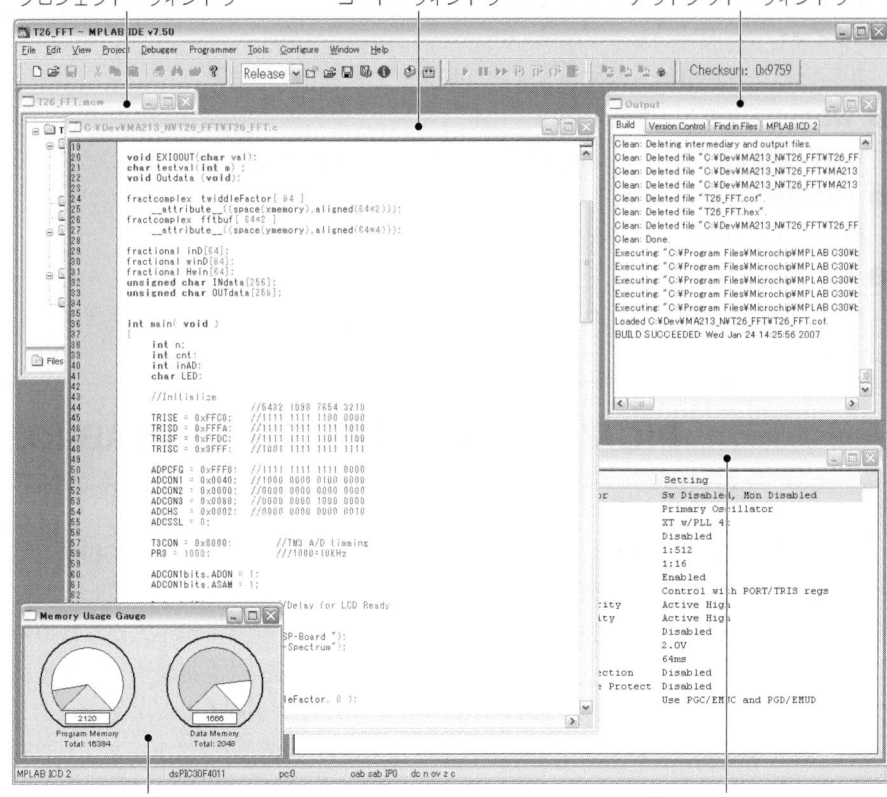

図5
MPLAB-IDEの画面　　　　メモリ・ウィンドウ　　　　　　コンフィギュレーション・ウィンドウ

（ICE2000/4000）ではブレーク条件を細かく設定可能です．メモリのモニタ機能ではさまざまなウィンドウでメモリを検証できます．ファイル・レジスタ，スペシャル・ファンクション・レジスタ（**図6**），プログラム・メモリ，EEPROMデータ・メモリです．ウォッチ・ウィンドウ（**図7**）は指定されたメモリをモニタでき，ターゲットを絞ったメモリ表示に有効で動作も高速です．

　メモリや配列のグラフィック表示が可能で，バッファ・メモリを見ることもできます．テスト・プログラム（**図8**）を動作させたときのメモリ表示のようすを**図9**に示します．シミュレータではI/Oポートの動きを**図10**のようにロジック・アナライザ風にモニタすることもできます．

■ MPLABのアセンブラによる操作

　MPLABによるアセンブラ・プログラムの入力からコンパイルまでの手順を簡単に示します．

❶ メニュー・バーのFileメニューからNewを選び，ソース・コードを入力してXXX.ASMの名称でセーブします．

❷ ConfigurerメニューからSelectDeviceを選び，使用するPICのデバイス名を選択します．

❸ Projectメニューから，Newを選び，プロジェクト名と使用フォルダ名を入力します．フォルダはソース・ファイルと同じフォルダを指定します．

❹ ProjectメニューからSelect_Language_Toolsuiteを選び，Microchip_MPASM_Toolsuiteを指定します．

図6　スペシャル・ファンクション・レジスタ・ウィンドウ

図7　ウォッチ・ウィンドウ

図8　テスト・プログラム

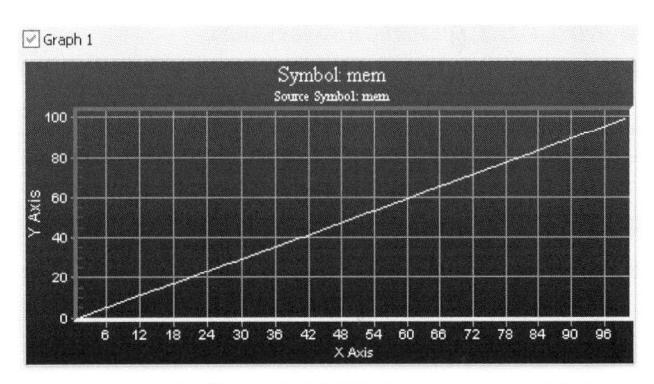

図9　テスト・プログラム(図8)を動作させたときのメモリ表示

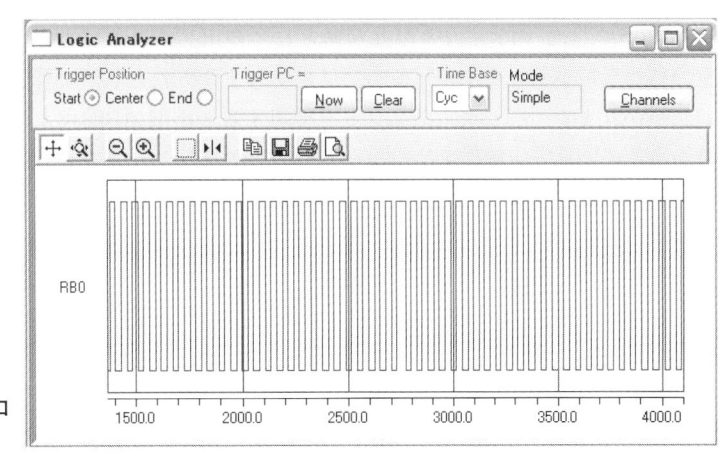

図10　シミュレータによるI/Oポートのロジック・アナライザ風表示

❺ 左上のプロジェクト・ウィンドウのソース・ファイルを右クリックして，Add_FilesからXXX.ASMのソース・ファイルを組み込みます．表示されたファイル名をダブル・クリックするとソース・ファイルが開きます．

❻ ProjectメニューからBuild_allを選択するとアセンブラが実行されます．

PICマイコン統合開発環境"MPLAB-IDE" | 19

出力ウィンドウにBUILD_SUCCEEDEDの文字が表示されれば成功です．XXX.hexのオブジェクト・ファイルがフォルダ内に作られます．

■ プログラム・シミュレーション

シミュレータは，作成したオブジェクト・ファイルをパソコン上で実行してシミュレーションします．起動方法は簡単で，メニュー・バーのDebuggerメニューから→Select Tool→MPLAB SIMを選択するだけです．デバッガ・ツールが表示され，ステップ実行(F7)をクリックすることでプログラムが実行されます．このとき連続実行しても意味がありません．

ウォッチ・ウィンドウからメモリを指定すれば，メモリ内容の変化を表示できます．プログラム・シミュレーションはI/Oポートや周辺機能を含むリアルタイムなデバッグには不向きですが，メモリ中のデータを演算するような関数の機能確認には動作が速く有効に活用できます．

■ MPLAB上から機能する開発装置

● ICE2000

PIC16に対応したインサーキット・エミュレータです．PICマイコンと同一のハードウェア環境を提供し，円滑なエミュレーションができます．小型PICマイコンの開発には必需品です．ICE2000本体と，プロセッサ・ユニットに分かれた構造で，プロセッサ・ユニットを各デバイスに合わせて用意し，交換して使用します．パソコンとはパラレル・ポートでインターフェースします．動作速度は最大20MHzです．

● ICE4000

ICE4000はICE2000の上位機種で，PIC18Fシリーズに対応します．動作速度40MHzでのエミュレーションが可能です．

● MPLAB-ICD2

すべてのフラッシュPICマイコンに対応したロー・コスト・タイプのインサーキット・エミュレータです．PICマイコンのメモリを動作領域として使用したり，ブレーク・ポイントが一つしか設定できないなどの制約事項がありますが，便利に活用できます．ただし，動作速度が遅いため，ステップ実行などに時間がかかります．ヘッダ・ユニットを使用すると小型のPICマイコンにも対応できます．安定性にやや問題があるので，安定動作を望むなら本格的なエミュレータを用意した方が賢明です．

● REAL-ICE

2007年から発売された新しいエミュレータで，ICD2と同様の取り扱いができICE2000/4000と同じ機能をもたせたエミュレータです．まだ新しいため，16ビットPICのPIC24，dsPIC30/33だけに対応しています．将来的にはPIC16やPIC18にも対応する予定のようです．

● PM3

PROMATE2という書き込み器の後継機種で，PICマイコン専用の量産向け書き込み器です．すべてのPICマイコンとメモリ・デバイスに対応しています．また，すべての形状のPICマイコンに対応している点も見逃せません．マイクロチップ・テクノロジー社の基本書き込み器に位置づけられ，書き込み障害が発生した場合の補償があります．書き込みは大変円滑です．SDカードにhexファイルを格納できる点が大変便利で，多種に及ぶPICマイコンを扱う上で円滑な書き込み操作ができます．

● PIC-START-PLUS

開発用PICマイコン書き込み器で，ロー・コストです．PIC16およびPIC18のすべてのPICマイコンに

対応しています．ただし，ICD2にICソケットを接続すれば書き込み器にもなるため，最近は利用者が少なくなってきています．

● PICkit2

マイクロチップ・テクノロジー社製ツールの中で一番ロー・コストなツールは，インサーキット書き込み器"PICkit2"です．当初はPIC12やPIC16などの6～20ピンの小型PIC専用の書き込み器として販売されていました．

2007年から16ビットPICを含む多くのPICマイコンが利用できるようになりました．PIC18F452やPIC18F4520も書き込み可能なので，評価ボードのMA183やMA179に直接接続してプログラムをダウンロードすることができます．さらにPIC16F887を搭載すれば，ICD2と同等のデバッグ機能も利用できます．

C18コンパイラの環境構築と動作確認

"C18コンパイラ"はPIC18マイコンに対応したCコンパイラとしてマイクロチップ・テクノロジー社が発売しています．このコンパイラの評価用バージョンである"C18 Student Edition"は個人ユーザと学校向けに限り，無償で提供されています．

■ 入手とインストール

入手するには同社ホーム・ページからダウンロードします．ホーム・ページからDevelopment Tools→MPLAB C18 Compilerと進み，MPLAB C18 vx.xx Student Editionをクリックし，registerからユーザ登録を行うとダウンロードが可能になります．要求された画面にしたがい，必要な項目を入力してください．登録が終了すればダウンロードが可能になります．MPLAB C18 vx.xx Student Edition with docsをクリックするとダウンロードが始まります．なお，これらの操作手順は本書執筆時点のもので，将来的には異なるかもしれません．

ダウンロードしたプログラムを起動して，C18コンパイラをインストールします．C:¥mcc18フォルダにプログラムが展開されます．説明書はdocフォルダに納められています．

■ 簡単なプログラムを動かす

MPLABの概要説明でも示した簡単なプログラム（**リスト1**）をC18コンパイラで動作させてみます．はじめにMPLABを起動しソース・ファイルを入力後セーブします．ここではファイル名TEST_c.cでセーブしています．

プロジェクトはWizardを使用すると簡単に作成できます．ProjectメニューからProject Wizardを選んで画面を開き，指定される項目を入力すれば，おおよその環境を構築できます．言語指定ではC18コンパイラを指定します．**図11**のようなプロジェクト画面が表示されます．C18ではリンカの指定が必要でC:¥mcc18¥lkrフォルダにあるデバイス名のついたリンカ・ファイルを組み込みます．

ProjectメニューからBuild_allを選択するとコンパイルが実行されます．この状態でオブジェクト・ファイルが作成されて，実行可能状態になっていますから，シミュレータを起動してステップ実行すればプログラムの動作を確認できます．

リスト1　テスト・プログラム(test_c.c)

```
#include <p18f452.h>
unsigned char mem[100];
void main (void)
{
    char n;

    TRISB = 0;
    PORTB = 0;

    while(1){
        for (n=0;n<100;n++)
        {
            PORTB=n;
            mem[n]=n;
        }
        n=0;
    }
}
```

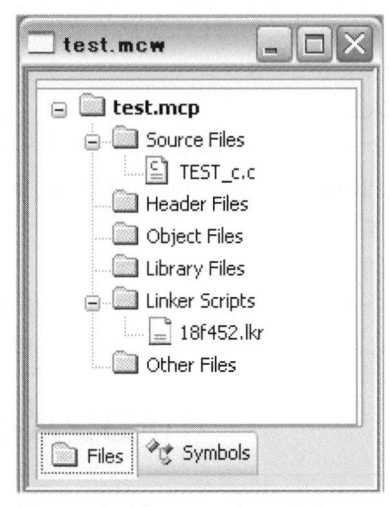

図11　プロジェクト・ウィンドウ

"MA183" PIC標準評価ボード

■ 概要

"MA183" PIC標準評価ボード(マイクロアプリケーションラボラトリー社製)は，PIC16とPIC18に対応する評価ボードです．仕様を表3に，ブロック図を図12にそれぞれ示します．外観は巻頭カラー・プレビューの写真2を参考にしてください．

PICマイコンの標準的なインターフェースが搭載され，基本的な周辺機能をすべて実験・実習可能です．MPLAB ICD2やPICkit2書き込み器を直結できるため，そのデバッグ機能を利用することにより，最適な環境を構築できます．また，PIC16F877ではプログラム・ローダを使用することでデバッガや書き込み器を必要とせずにオブジェクト・ファイルをリアルタイム実行できます．

■ MPLAB-ICD2と組み合わせた使い方

MA183は，MPLAB-ICD2デバッガ(以下ICD2)を直接接続でき，MPLAB上でプログラムのダウンロードやリアルタイム・デバッグができます．

ICD2はUSBインターフェースなのでMPLABフォルダ内のICD2用デバイス・ドライバを組み込んで使用します．ICD2をUSBコネクタに挿入するとドライバの入力画面が表示されるため，C:¥Program_Files¥microchip¥MPLAB IDE¥ICD2¥Driversフォルダにあるドライバを組み込みます．コンパイルが完了したら，DebuggerメニューからSelect_tool→MPLAB_ICD2でデバッガ装置を選択します．ICD2と同じ形のアイコンをクリックすると装置との通信が行われます．なお，内部ファームウェアの書き換えが起動した場合は，完全に終了するまでパソコンを操作しないでください．

実際にハードウェアを動かすには，コンフィギュレーション・レジスタの指定が必要です．ConfigureメニューからConfiguration_bitsを選んで発振器を"HS"に設定し，そのほかはすべてOFF(Disable)に

表3 MA183の仕様 [㈱マイクロ アプリケーション ラボラトリー]

項目	仕様
対応PICマイコン	PIC18F452，PIC18F4520，PIC16F877 ほか．40ピン・デバイスを実装可能
クロック発振	10MHz 水晶発振子
LCD表示	16文字×2行表示．コントラスト調整付き
LED表示	8ビット赤色LED
ブザー	マグネチック・サウンダ(100Hz～3kHz)
スイッチ	タクト・スイッチ×2個
シリアル通信	非同期シリアル通信機能(EIA-232相当，SD/RDのみ)
パルス出力	PIC内蔵PWM機能を使用したパルス出力(2チャネル)
A-Dコンバータ	PIC内蔵10ビット×2チャネル．基板上の可変抵抗器から電圧を入力可能．外部A-D入力あり
トーン出力	簡単なフィルタによるトーン信号出力．汎用的な2ビットI/O端子
サーボ・モータ	市販のラジコン用サーボ・モータを4台接続可能
電力ポート	+12V，1A，4ビットの電力出力端子．パルス・モータ直接ドライブ可能．多目的に利用可能
拡張I/O	シフトレジスタによる拡張I/O端子．入出力とも8ビット．SPIインターフェースの実験に使用可能
シリアルEEPROM	I²Cインタフェースの24LC02(2Kビット)を搭載．I²Cの実験に使用可能
デバッグ・ポート	MPLAB ICD 2を直接接続可能．MPLAB ICD専用モジュラ・ジャック搭載
電源	+5V，500mA 以下
基板寸法	125×150mm

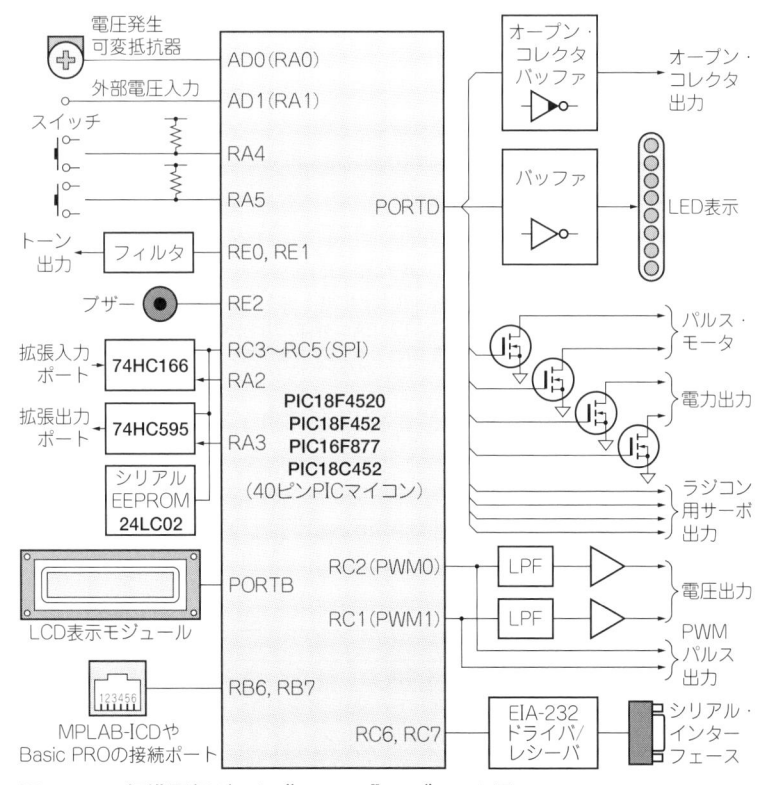

図12 PIC標準評価ボード"MA183"のブロック図

します．

　ICD2アイコンの左端のダウンロード・アイコンによりhexファイルをターゲットにダウンロードします．この状態でデバッグが可能状態です．RUNするとプログラムがスタートします．ブレーク，ステップのデバッグ機能が利用可能です．ただし，ICD2の場合はブレーク・ポイントを一つしか設定できません（新しいデバイスでは二つ）．

　ICD2は書き込み器としても機能します．MPLAB-ICD2を使ってプログラムを書き込むにはProgrammerメニューからSelect_Programmerへ進み，MPLAB-ICD2を選びます．このモードで書き込むとデバッグ機能が排除されてファームウェアとなり，ICD2を取り外すとプログラムが起動します．

"MA224" PIC標準評価ボードⅡ

■ 概要

　PIC書き込み器(USBインターフェース)を搭載した評価ボードがMA224 PIC標準評価ボードⅡ（マイクロアプリケーションラボラトリー社製）です．仕様を表4に，ブロック図を図13にそれぞれ示します．外観はカラー・プリビューの写真3を参考にしてください．

　本書で説明した各種インターフェースの動作評価に使用した実験ボードです．PIC18F452（または4520）を標準搭載し，LED，ブザー，スイッチなど基本インターフェースを利用して，迅速な操作でPICマイコンのプログラミングができます．

表4　MA224の仕様　[㈱マイクロ アプリケーション ラボラトリー]

項目	仕様
対応PICマイコン	PIC18F452I/P ほか．PIC18F4520，PIC16F877
クロック発振	10MHz(HS) または 40MHz(PLL)
リセット	パワーONリセット，基板上リセット・ボタン，PICIW18側リセット・ボタン
書き込み／デバッグ	PICIW内蔵，PIC16F877，PIC18F452，PIC18F4520を書き込み可能．ICD2を直結可能
A-Dコンバータ	RA0:可変抵抗器から電圧を入力可能，RA1とRA2:外部入力(AN0, AN1)，DC/AC入力切り替え，AC入力は2.5Vオフセット(20Hz以上)，リファレンス RA3：+2.5V供給可能
PWM	PIC CCP機能によるPWM出力(RC1, RC2)
D-Aコンバータ	PWM1とPWM2をLPFで積分してD-Aコンバータを構成．バッファ・アンプ付き
高速D-Aコンバータ	AD7801による8ビット高速信号出力．出力フィルタはなし
LED表示	ポートDの8ビット表示
LCD表示	通信ライン・モニタ形式
シリアル通信	非同期シリアル通信機能(EIA-232相当，SD/RDのみ)．LCD表示で送信ラインをモニタ可能．切り替えによりバイト・モニタ表示可能
ブザー	マグネチック・サウンダ(RE2)
スイッチ	タクト・スイッチ×2個(RA4, RA5)
パワー制御	+24V，2A コントロール
測定機能	簡易電圧測定，ロジック測定表示，周波数測定，パルス・カウント，PICIW18補助機能
内蔵オシレータ	サイン波，矩形波 2.5V_{p-p}，周波数 500Hz〜1.5kHz 可変，ロジック・レベル出力可能
ポート・モニタ	全ポート直接出力（ポートLEDモニタ接続用）40ピン・ヘッダ・コネクタ
拡張ボード接続	RB0〜RB5，RC0〜RC5，RA4，RA5，20ピン・ヘッダ・コネクタ
電源	+5±0.5V，1A 以下
外形	155×125mm

使用言語はアセンブラ，Cコンパイラを利用でき，これらの起動は書き込み器画面から操作できるため実験用のプログラミングがスムーズに進められます．

　アナログ信号に対する実験も考慮して交流入力端子や，パラレルD-Aコンバータによる交流出力機能をもっているほか，サイン波発振器を内蔵し，簡単なDSP処理の実験なども行うことができます．搭載された高速D-Aコンバータは音声帯域の信号を発生できます．

　LCD表示は非同期シリアル通信ポートで駆動でき，初期化処理も不要で，文字コードを送るだけですぐに表示されます．9600bpsの通信モニタとしても機能します．これらのラインはEIA-232に変換出力されます．

　電力制御回路はモータや電球などを駆動して帰還制御の実験ができます．

　ボード上のPIC書き込み器はUSB接続で機能します．これを駆動するPICIW18書き込みプログラム（図14）はMPASM，MPLAB-C18コンパイラへのダイレクトなリンクで，書き込み器から入力/コンパイル/書き込み操作ができて大変便利です．

　無料のC18コンパイラなども活用できます．このプログラムの書き込み環境は，MA224がスタンドアローンでプログラミングができることを意味しています．デバッガとしてMPLAB-ICD2を接続することも可能です．機能拡張用のコネクタを設けたことも特徴で，ユーザの特殊な目的にあった実験ボードを増設でき，実験の範囲を拡大します．さらに傾斜型固定台に設置されるI/Oポート・モニタ（カラー・プリ

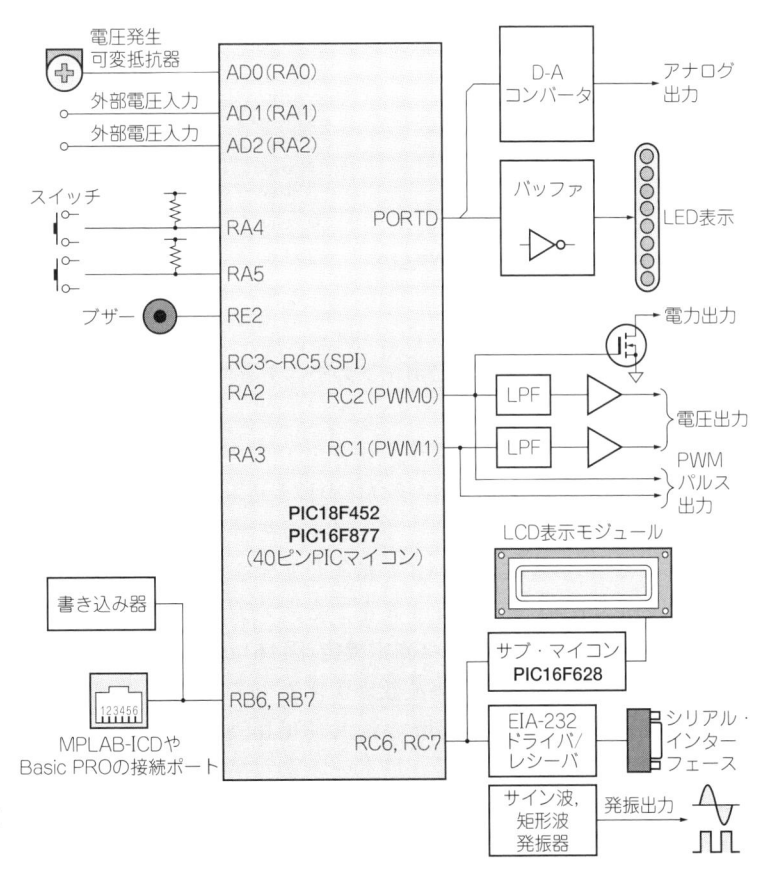

図13　PIC標準評価ボードⅡ "MA224"のブロック図

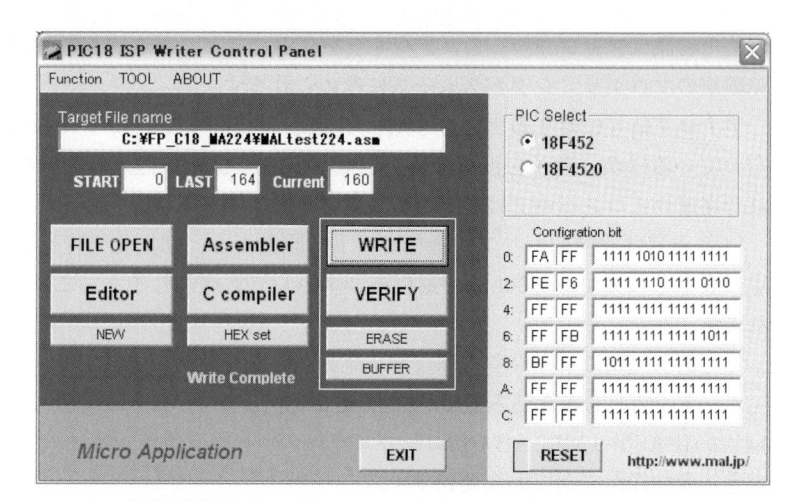

図14
PICIW18書き込みプログラム

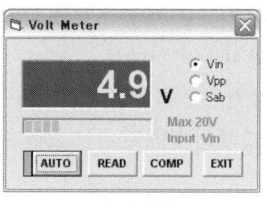

図15
PICIW18に付属の簡易測定プログラムの画面表示

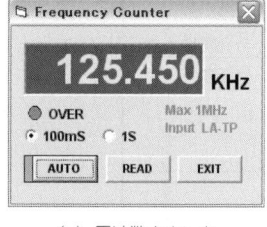

(a) 電圧計　　(b) ロジック・モニタ　　(c) 周波数カウンタ　　(d) パルス・カウンタ

ビューの**写真4**)はすべてのI/Oポートのモニタを可能にし，ポートの状態を一目で把握できます．

■ PICIW18

　MA224評価ボードは，PICマイコンの書き込み器をボード上に搭載しています．通常の書き込み器はデバイスに対するオブジェクト・ファイルのダウンロードを行いますが，PICIW18ではアセンブラ，C18コンパイラとリンクしてコンパイル機能も実行できます．Editorボタンからエディタを開き，ソース・プログラムを入力して，そのファイルをアセンブラにかけたりCコンパイルを実行することができます．

　さらに補助機能として簡単な測定機能(**図15**)があり，プログラムのデバッグをバックアップします．電圧計，ロジック・モニタ，周波数カウンタ，パルス・カウンタがあります．

　PICIW18はPIC18F452/4520用ですが，PIC16F87X用の書き込み器であるPICIWもあります．

◆参考文献◆

(1)　"PIC18F452→PIC18F4520 Migration"；DS39647A, Microchip Technology Inc.

第1部　基本的なインターフェース

第1章

出力ポートの特性，出力電流を増やす，高電圧や負電圧の出力，パルス出力

出力ポートのインターフェース

マイコンの用途は多種多様ですが，基本的には何らかの入力を取り込んで処理や判断をし，何らかのハードウェアへ出力します．制御対象は，LEDやLCD，スピーカ，モータなどですが，いずれもマイコンの出力ポートを通じて制御します．まずはマイコンの出力ポートとその基本的な使い方を説明しましょう．

1-1　PICマイコンの出力ポートの特性

■ 出力ポートの構造と特性

PICマイコンのI/Oポートは，その名の通り入力と出力が兼用です．一例としてPIC18F××2のI/Oポートを整理すると**表1-1-1**のような種類があります．表中で"RB7"はPORTBレジスタのRB7（ビット7）の名称です．また，コロン（：）を使って"RB7：RB4"のように表記した場合は「ビット7～ビット4」の範囲を意味します．

ここではI/Oポートを出力ポートとして使う場合に絞って説明します．

● 出力ポートの構造

2007年の時点で製造されているPICマイコンは，すべてCMOSプロセスです．出力ポートに設定した場合の各ピンは，ほとんどがCMOSトーテム・ポール出力（**図1-1-1**）で，一部だけNMOSオープン・ドレイン出力（**図1-1-2**）です．**図1-1-3**のようにトーテム・ポール出力は吸い込み（シンク $sink$）と吐き出し（ソース $source$）の両方が可能ですが，オープン・ドレイン出力は吸い込みだけです．

なお，各I/Oピンには保護用ダイオードが図のように内蔵されていますが，回路図などでは，たいてい

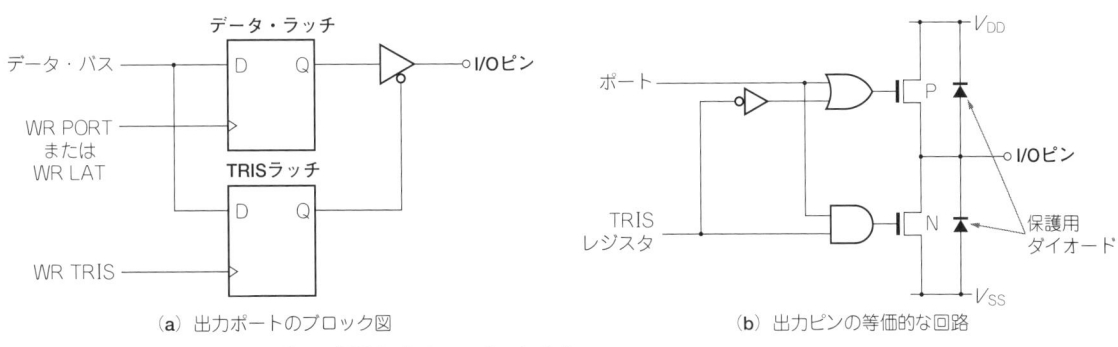

（a）出力ポートのブロック図　　　（b）出力ピンの等価的な回路

図1-1-1　CMOSトーテム・ポール回路による3ステート出力

表1-1-1 PIC18F××2のI/Oポート

項目	ピン数	入力 TTLコンパチブル	入力 シュミット・トリガ	入力 アナログ	出力 CMOSトーテム・ポール	出力 NMOSオープン・ドレイン	入出力 弱いPMOSプルアップ	電源投入直後の設定状態	備考
●ポートA									
RA6	1	○	×	×	○	×	×	ディジタル入力	
RA5	1	○	×	○	○	×	×	アナログ入力	アナログ入力可能
RA4	1	×	○	×	×	○	×	ディジタル入力	オープン・ドレイン出力
RA3：RA0	4	○	×	○	○	×	×	アナログ入力	アナログ入力可能
●ポートB									
RB7：RB4	4	○	○	×	○	×	○	ディジタル入力	TTL入力とシュミット・トリガ入力の両方可能．低電圧ICSPモードでは汎用I/Oピンとしては使えない．
RB3	1	○	×	×	○	×	○	ディジタル入力	
RB2：RB0	3	○	×	×	○	×	○	ディジタル入力	
●ポートC									
RC7：RC0	7	×	○	×	○	×	×	ディジタル入力	周辺機能出力と兼用
●ポートD									
RD7：RD0	7	×	○	×	○	×	×	ディジタル入力	PIC18F4X2だけ．パラレル・スレーブ・ポートと兼用．
●ポートE									
RE2：RE0	3	×	○	○	○	×	×	アナログ入力	PIC18F4X2だけ．パラレル・スレーブ・ポートと兼用．

図1-1-2 NMOSオープン・ドレイン出力

(a) 出力ポートのブロック図

(b) 出力ピンの等価的な回路

(a) 吐き出し出力（ソース出力）

(b) 吸い込み出力（シンク出力）

(c) オープン・ドレイン出力（吸い込み出力）

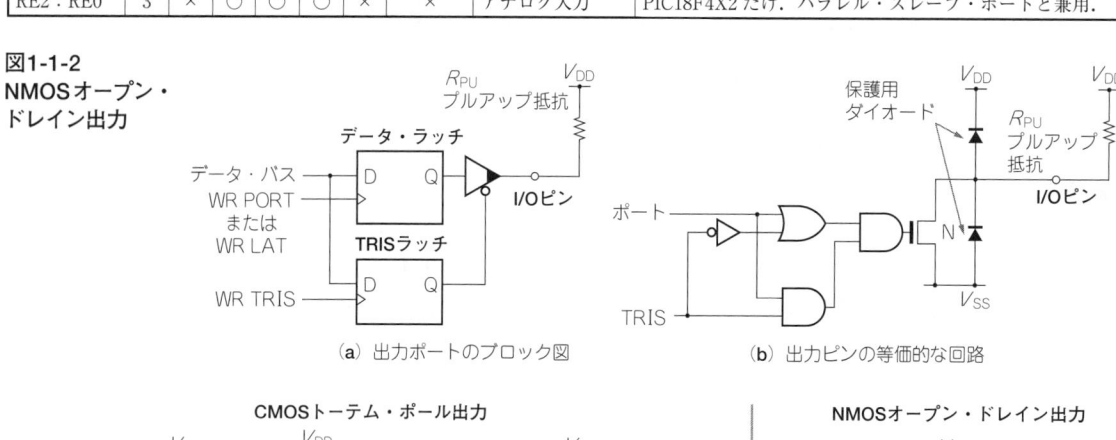

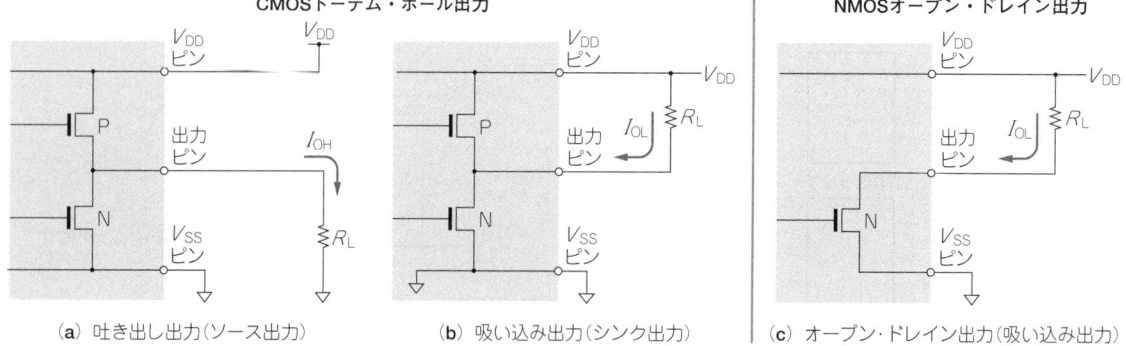

図1-1-3 吸い込み出力と吐き出し出力

省略されています．本書でも必要のない限り記していません．このダイオードの役割は第2-2節で述べます．

▶ CMOSトーテム・ポール出力

この出力ピンはPチャネルとNチャネルのMOSトランジスタから構成されており，Hレベル，Lレベル，ハイ・インピーダンスの三つの状態を出力することができます．このように三つの状態を出力できるので「スリー・ステート出力」とか「トライ・ステート出力」と呼ばれます．表1-1-2に示すように，Hレベルを出力するときはPチャネル・トランジスタがONし，Nチャネルのトランジスタが OFF します．Lレベルを出力するときはPチャネル・トランジスタがOFFし，Nチャネル・トランジスタがONします．ハイ・インピーダンス状態にするときは両方のトランジスタをOFFにします．

▶ NMOSオープン・ドレイン出力

この出力ピンはNチャネルのMOSトランジスタから構成されており，普通は抵抗を外付けしてプルアップして使います．プルアップ抵抗を接続した状態では，表1-1-2に示すように，Hレベル，Lレベル，ハイ・インピーダンスの三つの状態を出力することができます．

オープン・ドレイン出力は，マイコンの電源電圧（V_{DD}）を越える回路とインターフェースしたり，ワイヤードOR出力を構成するのに便利です．ただし，プルアップ抵抗を接続しないと，決してHレベルにはなりませんから，信号が出力されないと悩む羽目になりますから注意しましょう．

● 出力特性

PICマイコンの出力ポートは，（オープン・ドレイン出力のピンを除く）ほとんどすべてのピンが±20mAの電流を入出力できることが大きな特徴です．出力電圧はTTLレベルが保証されています．デバイスはCMOS構造ですから小電流なら電源電圧いっぱいに近い値を出力できますが，出力電流が増えるにつれて，Hレベルの電圧が低下したり，Lレベルの電圧が上昇します．

図1-1-4はPIC18F××2のデータ・シートに記載されている出力特性で，図1-1-5はV_{DD}＝5V時の実測値です．実測値によると，Hレベルで20mAを吐き出し出力すると，出力電圧は3.8V程度まで低下します．Lレベルでは20mAを吸い込み出力すると出力電圧は約0.5Vまで上昇します．

マイコンの種類によっては，出力ピンの出力特性が吐き出しと吸い込みで最大電流値が異なる場合や，ポートごとに異なることがあるので，設計時はこの点に注意します．

前述したようにPICマイコンの出力ポートの各ピンは，20mAの比較的大きな電流を扱うことができますが，同時にすべてのピンにこの電流を流せるわけではありません．ポート電流の流れる先は電源ピン（V_{DD}ピン）とグラウンド・ピン（V_{SS}ピン）ですから，ここにすべての電流が集中すると電圧降下によって内部電圧が低下し，マイコンが正常に動作しなくなってしまいます．そのため，デバイスとして許容可能な最大電流値が決められていますから，これを十分下回る範囲で利用しなければなりません．たとえばPIC18F452の場合，V_{DD}ピンは最大250mA，V_{SS}ピンは最大300mAです．

表1-1-2 出力ピンの状態とトランジスタの状態

出力ピンの状態	記号	CMOSトーテム・ポール出力		NMOSオープン・ドレイン出力
		Pチャネル MOSFET	Nチャネル MOSFET	Nチャネル MOSFET
Hレベル	"H"	ON	OFF	OFF [*1]
Lレベル	"L"	OFF	ON	ON
ハイ・インピーダンス	"Z"	OFF	OFF	OFF

注▶＊1：外付け抵抗でプルアップするか，内蔵MOSFETによる弱いプルアップを使う．

■ 出力ポートへデータを出力する方法

　各ポートは，ビット単位で出力ポートに設定できます．ポートBのすべてのビットを出力に設定するには，まず初期化のためTRISレジスタに"0"を書き込みます．次にWレジスタに出力したい値をロードし，Wレジスタの値をポートBに書き込みます．TRISレジスタ（トライ・ステート・コントロール・レジスタ）はポートの状態を設定するレジスタです．

● 1バイト出力

　ポートに数値を1バイト出力するときは次のように記述します．

▶ アセンブリ言語の記述例

```
CLRF    TRISB       ;ポートBを出力ポートに設定するため全ビットを0にする
MOVLW   H'55'       ;Wレジスタに55hをロードする
MOVWF   PORTB       ;Wレジスタの値をポートBに55hを出力する
```

▶ C言語の記述例

```
TRISB=0;            //ポートBを出力ポートにする
PORTB=0x55;         //ポートBに55hを出力する
```

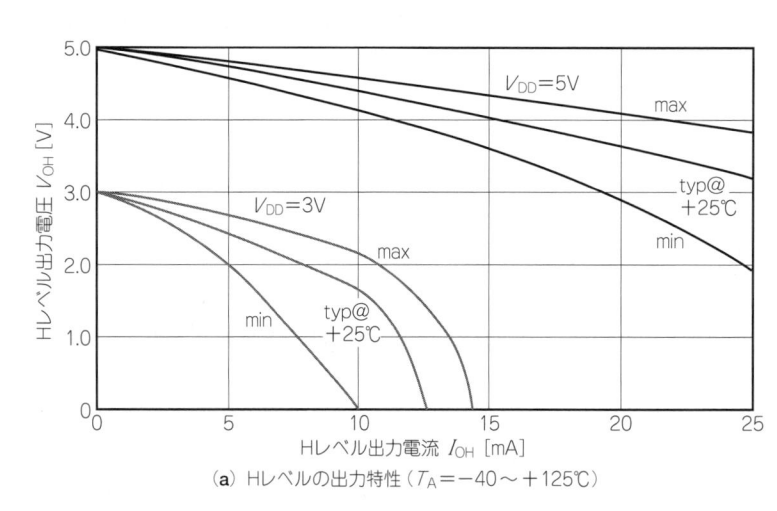

図1-1-4　PIC18F××2のデータ・シートに記載されている出力特性

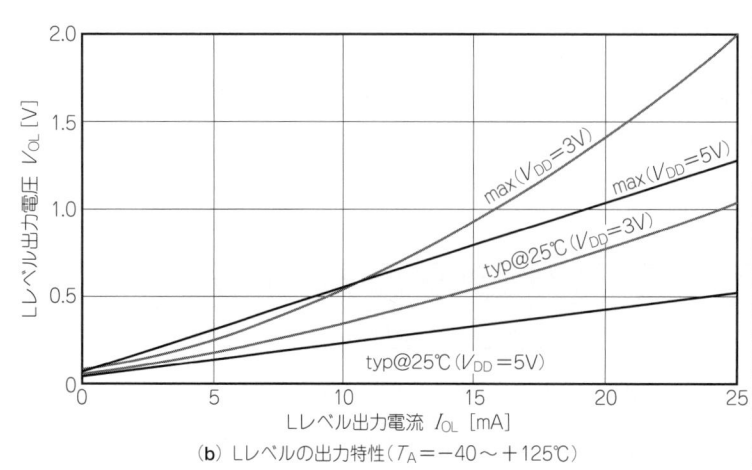

(a) Hレベルの出力特性（$T_A = -40 \sim +125℃$）

(b) Lレベルの出力特性（$T_A = -40 \sim +125℃$）

図1-1-5　PIC18F××2の実測出力特性

● 1ビット出力

ポートに1ビットの値を出力するときは次のように記述します．

▶ アセンブリ言語の記述例

```
BCF    TRISB,1         ;ポートBのビット1を出力ポートに設定
BSF    PORTB,1         ;ポートBのビット1をHレベルにする
BCF    PORTC,2         ;ポートCのビット2をLレベルにする
```

▶ C言語の記述例

```
TRISBbits.TRISB0=0;  //ポートBのビット1を出力ポートに設定
PORTBbits.RB1=1;     //ポートBのビット1をHレベルにする
PORTCbits.RC2=0;     //ポートCのビット2をLレベルにする
```

■ ポートに出力されるタイミング

● 命令を実行してから実際に出力されるまでの遅延時間

図1-1-6を見てください．PICマイコンの出力命令は内部ステートQ_1〜Q_4の4ステートで構成されています．たとえば水晶発振クロック周波数が40MHzの場合，1ステートは25nsですから出力命令は100nsの実行時間がかかります．出力ピンへは，ポート出力命令の最後のタイミング(次の命令のQ_1ステート開始時)で信号を送出しますから，少しの遅れ(ディレイ)があります．このディレイはデータシートに$T_{osH2ioV}$ (パラメータ番号17)として示されており，PIC18F××2シリーズの場合，負荷容量50 pFにおいて50ns(typ)，150ns(max)です．このディレイは負荷容量が0pFでも約47ns(typ)，約147ns(max)が見込まれるので，ほとんどマイコン内部で生じていると考えられます．

● ポートへ出力した直後にポートの状態を読み込む場合

入力ポートを読み込む命令は，その命令のQ_2ステート開始時のピンの状態を読み込みます．このためポートへの出力命令を実行した直後にポート入力命令を実行すると，クロック周波数が高い場合には，出力ピンへデータが反映される前の状態を読み込んでしまいます．この問題は上述のディレイ($T_{osH2ioV}$)が最悪値の150nsだとすれば，クロック周波数が約6.7MHz以上ならば生じる可能性があります．

この問題を避けるには，ポート出力命令を実行した直後に150ns以上の空き時間を設けることです．具体的にはポート出力命令とポート入力命令の間にNOP命令を必要なだけ挿入します．

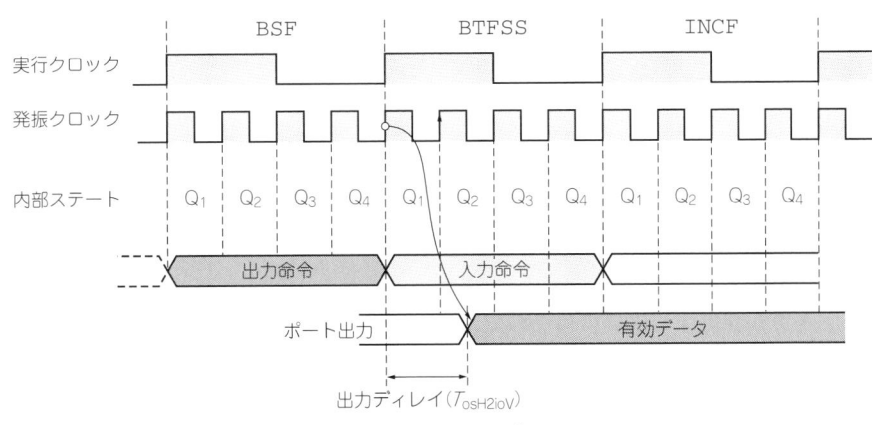

図1-1-6 出力ポートにデータが出力されるタイミング

1-2 出力電流を増やす —— 吸い込み型

■ 出力ピンで扱える電流を増やす

　PICマイコンの出力ピンで扱える電流値を越える負荷を扱う場合，外付け回路で増幅する必要があります．電球を点灯したり，モータを回したり，ブザーやスピーカを鳴らす，リレーをドライブするなど，電流増幅を利用するケースは多いものです．PICマイコンのほとんどの出力ピンは20mAの負荷を直接駆動できますが，実際の設計では余裕を見て，10mA程度を越えるようなら外付け回路を設けます．

　負荷を駆動する回路は，**図1-2-1**に示す吸い込み型，吐き出し型に分かれます．このほか吸い込みと吐き出しの両方を行うものもあります．さまざまな経緯や理由から，一般に吸い込み型が多く使われています．吸い込み型の回路は低電位側をスイッチングするので，ロー・サイド・スイッチともいいます．

■ 基本的な回路

　図1-2-2(a)が基本的な吸い込み型の電流増幅回路です．この回路の負荷を抵抗R_3に置き換えると，**図(b)**のトランジスタによるロジック・インバータ（NOT論理回路）と同じであることがわかります．

　PICマイコンの出力ピンがLレベルの場合，その電圧は0Vですからトランジスタのベース電圧は0Vです．したがってトランジスタのベース電流は流れず，トランジスタはOFF状態にあり，コレクタに接続されたOUT端子から見た抵抗は無限大に近い状態ですから，負荷に電流は流れません．

　いまPICマイコンの出力ピンがHレベルになると，その電圧は高い値になります．その値は出力ピンから流す電流値に応じて**図1-1-4(a)**や**図1-1-5**のような値になります．トランジスタのベース-エミッタ間に約0.7V以上の電圧をかけると，ベース電流I_Bが流れてトランジスタがON状態になり，コレクタ電流I_Cが流れ，OUT端子を0Vに駆動します．

　トランジスタは電流駆動のデバイスで，ベースから流入した小さな電流が増幅されてコレクタに流れます．ベース電流をI_B，コレクタ電流をI_Cとすると次のような関係になります．

$$I_C = h_{FE} I_B \quad \cdots\cdots\cdots\cdots\cdots\cdots\cdots\cdots\cdots\cdots\cdots\cdots\cdots\cdots\cdots\cdots\cdots\cdots\cdots (1\text{-}2\text{-}1)$$

　h_{FE}は直流電流増幅率と呼ばれ，$h_{FE} = 100$のトランジスタに10mAのベース電流を流せばコレクタには1Aの電流が出力できることを表します．

■ トランジスタの最大定格と電気的特性

　代表的な小信号NPNトランジスタである2SC1815（**写真1-2-1**）の最大定格と電気的特性の抜粋を**表1-2-1**に示します．これは$T_A = 25$℃すなわち周囲温度が25℃の場合の値です．マイコンの出力ポートに接続するトランジスタを選択するのに，知っておきたい値として，最大定格のV_{CEO}，I_C，P_Cおよび電気的特性のh_{FE}があります．最大定格を越えるような使い方をするとトランジスタが破損したり回復不可能な損傷を受けます．

　最大定格は，メーカが保証する限界の値なので，実際には1/2や1/3の値で使うように設計します．

● コレクタ-エミッタ間電圧 V_{CEO}

　コレクタ-エミッタ間に加えることができる最大の電圧です．いわゆる耐圧です．**表1-2-1**では最大50Vです．

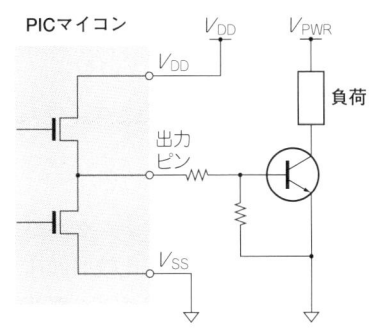

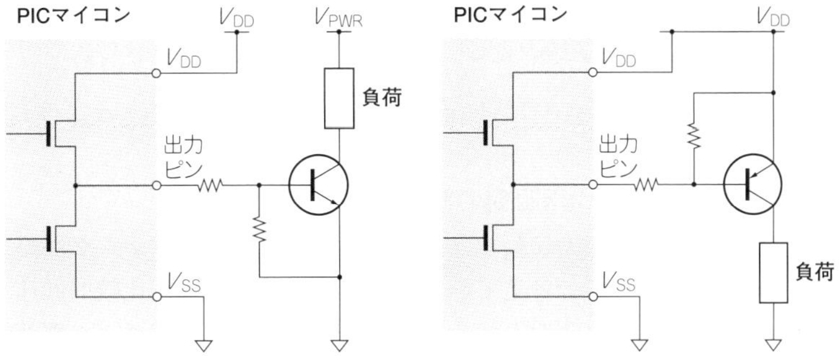

図1-2-1 負荷の駆動回路　（a）吸い込み型（ロー・サイド・ドライブ）　（b）吐き出し型（ハイ・サイド・ドライブ）

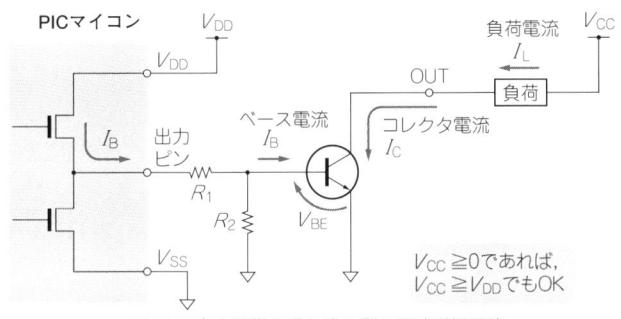

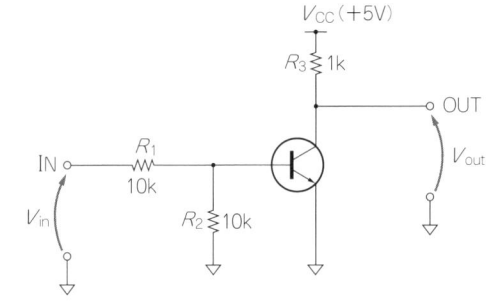

（a）もっとも簡単な吸い込み型の電流増幅回路　　（b）トランジスタによるロジック・インバータ回路

図1-2-2 基本的な吸い込み型の電流増幅回路

写真1-2-1 各種トランジスタの外観

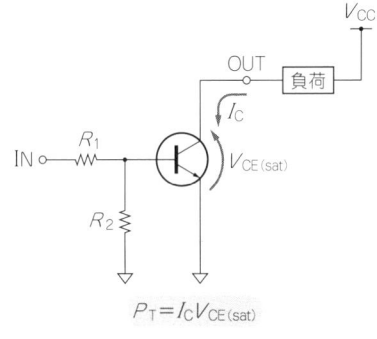

図1-2-3 スイッチング回路のトランジスタにおける電力損失

● コレクタ電流 I_C

　コレクタに流せる最大の電流です．同表から最大150mAです．

● コレクタ損失 P_C

　トランジスタが耐えうる最大の電力です．同表から最大400 mWです

● 直流電流増幅率 h_{FE}

　ベース電流 I_B とコレクタ電流 I_C の比です．表1-2-1で $h_{FE(1)}$ として記してあるのは小信号電流増幅率で

あり，$I_C = 2$mA時の値です．$h_{FE(2)}$のほうは大信号電流増幅率で$I_C = 150$mA時の値です．一般にh_{FE}の値は大電流域ほど小さな値になります．なお，h_{FE}はトランジスタの製造段階で大きくばらつくので，たいてい小信号電流増幅率$h_{FE(1)}$の値に応じて表の脚注に示してあるように分類してあります．たとえば2SC1815-Yならば$h_{FE(1)} = 120 \sim 240$です．

● トランジスタによる電流増幅回路の電力損失

マイコンのディジタル出力に接続する電流増幅回路はスイッチング回路であり，その動作速度と電力損失が問題になります．ここで考えているスイッチング回路は，比較的低速なので，おもに電力損失が問題です．トランジスタにおける電力損失は，熱となってトランジスタを発熱させ，その温度がトランジスタ内部の接合温度T_Jを越えるとトランジスタは壊れてしまいます．また，無駄な発熱は機器の消費電力を増大させ，電池動作の機器では電池の消耗を速めることになります．

図1-2-3に示すスイッチング回路におけるトランジスタの損失をP_Tとすると，次式で表せます．

$$P_T = I_C V_{CE} \quad \cdots\cdots\cdots\cdots\cdots\cdots\cdots\cdots\cdots\cdots\cdots\cdots\cdots\cdots\cdots\cdots\cdots\cdots\cdots\cdots\cdots\cdots\cdots\cdots\cdots\cdots\cdots\cdots\cdots\cdots\cdots (1\text{-}2\text{-}2)$$

すなわちトランジスタがON状態の時に流れるコレクタ電流I_Cとコレクタ-エミッタ間電圧V_{CE}を乗じた値です．トランジスタにベース電流を流していくと，それに応じてV_{CE}が下がります．十分にベース電流を流すともはや飽和してV_{CE}が下がらなくなり，そのときの値をコレクタ-エミッタ間飽和電圧$V_{CE(sat)}$といいます．この状態までベース電流を流せばトランジスタの損失を抑えることができます．表1-2-1によれば2SC1815の$V_{CE(sat)}$は最大0.25V@$I_C = 100$mAです．

一般のトランジスタは小信号域では100以上のh_{FE}をもっていますが，大電流域ではh_{FE}が低下します．また，トランジスタを十分に飽和するまでベース電流を流したいので，設計時はh_{FE}を10程度の値で考えます．つまり100mA程度の出力電流を得たいなら，マイコンからは10mAで駆動します．

● トランジスタによる電流増幅回路のスイッチング速度

図1-2-4は図1-2-2(b)に示すスイッチング回路の動作波形です．トランジスタのターン・オン時は100nsで出力（コレクタ電圧）が立ち下がっていますが，ターン・オフ時は2μsも遅れています．この回路

表1-2-1 汎用小信号増幅用NPNトランジスタ2SC1815（東芝）の最大定格と電気的特性

項目	記号	定格	単位
コレクタ-ベース間電圧	V_{CBO}	60	V
コレクタ-エミッタ間電圧	V_{CEO}	50	V
エミッタ-ベース間電圧	V_{EBO}	5	V
コレクタ電流	I_C	150	mA
ベース電流	I_B	50	mA
コレクタ損失	P_C	400	mW
接合温度	T_j	125	℃

(a) 最大定格（$T_A = 25$℃）

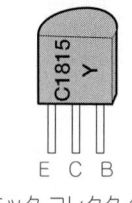

(c) ピン配置　エミッタ　コレクタ　ベース

項目	記号	測定条件	最小	標準	最大	単位
コレクタ遮断電流	I_{CBO}	$V_{CB} = 60$V, $I_E = 0$	—	—	0.1	μA
エミッタ遮断電流	I_{EBO}	$V_{EB} = 5$V, $I_C = 0$	—	—	0.1	μA
直流電流増幅率	$h_{FE(1)}$ *1	$V_{CE} = 6$V, $I_C = 2$mA	70	—	700	
	$h_{FE(2)}$	$V_{CE} = 6$V, $I_C = 150$mA	25	100	—	
コレクタ-エミッタ間飽和電圧	$V_{CE(sat)}$	$I_C = 100$mA, $I_B = 10$mA	—	0.1	0.25	V
ベース-エミッタ間飽和電圧	$V_{BE(sat)}$	$I_C = 100$mA, $I_B = 10$mA	—	—	1.0	V

注▶*1：$h_{FE(1)}$区分　O：70〜140，Y：120〜240，GR：200〜400，BL：350〜700

(b) 電気的特性（$T_A = 25$℃）

の出力の立ち下がりはトランジスタによってLレベルに駆動されますが，Hレベルへはコレクタ抵抗を通じて徐々に立ち上がりますから，高速スイッチングには適していません．また，トランジスタを飽和させようとベース電流を余計に流すほど，ターン・オフ時間が長くなるため，この回路は低速スイッチング用と割り切って使います．

■具体的な回路例
● 出力50mAの電流増幅回路

図1-2-5の回路で考えます．PICマイコンの電源電圧は $V_{DD}=5V$ とします．この回路では，負荷側の電源電圧 V_{CC} が正の電圧であればよく，たとえマイコンの電源電圧 V_{DD} を越えていても問題なく使えます．トランジスタには前出の汎用小信号NPNトランジスタ2SC1815の h_{FE} ランクYを使います．このトランジスタの最大定格は $I_C=150mA$ ですが，せいぜい100mA程度でしか使用できないため，大きな電流増幅には利用できません．

$I_C=50mA$ の負荷を駆動したい場合を考えます．h_{FE} がYランクの最小値120とし，トランジスタを十分飽和させるため I_B を必要値の5倍流すことにします．すると，ベース電流 I_B は，

$$I_B = \frac{I_C}{h_{FE}/5} = \frac{0.05}{120/5} \fallingdotseq 0.0021(2.1mA) \quad \cdots\cdots (1\text{-}2\text{-}3)$$

から，約2.1mAです．PICマイコンの出力ピンがHレベルのとき2.1mA流すと図1-1-4(a)から $V_{OH} \fallingdotseq 4.9V$（最小値）です．この電流を流すためのベース抵抗 R_1 は，ベース-エミッタ間電圧 $V_{BE}=0.7V$ とすると，

$$R_1 = \frac{V_{OH}-V_{BE}}{I_B} = \frac{4.9-0.7}{0.0021} \fallingdotseq 2000(2k\Omega) \quad \cdots\cdots (1\text{-}2\text{-}4)$$

図1-2-4　図1-2-2(b)の回路のスイッチング波形(500 μs/div.，入力と出力：2V/div.，ベース電圧：1V/div.)

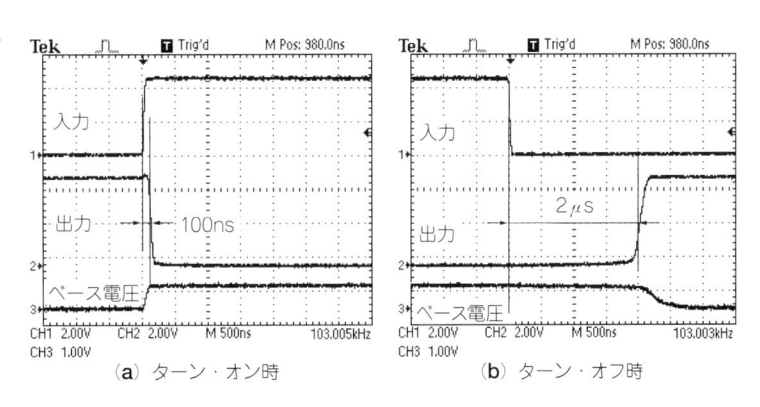

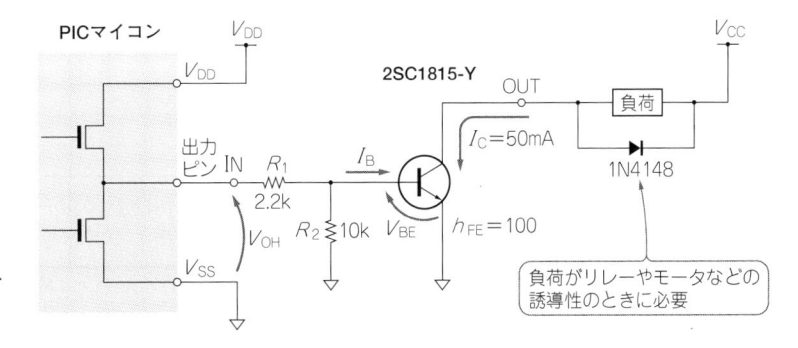

(a) ターン・オン時

(b) ターン・オフ時

図1-2-5　出力50mAのスイッチング回路

となり2kΩです．E-6系列でもっとも近い2.2kΩを採用します．

　R_2は，このインターフェースの入力であるIN端子が開放または高インピーダンス状態にあるときにトランジスタが確実にOFFするために入れます．I/Oポートは，PICマイコンに電源を投入した直後に初期化が完了するまでは，たいていディジタル入力かアナログ入力に設定されています．このときIN端子は開放または高インピーダンス状態にあり，IN端子にノイズが混入したり，なんらかの原因でトランジスタのベースへ微弱電流が流れると，トランジスタがONしてしまう可能性があります．もし，負荷がリレーで，リレー経由で機械を駆動していたら，思わぬ誤動作を招きます．R_2は，低すぎると出力ポートの電流を無駄にしますし，大きすぎても効果を期待できません．ここでは10kΩ程度が望ましいでしょう．

　また，負荷がリレーやモーターなどの誘導性の場合，OFF時にキックバック電圧が発生し，トランジスタを破壊することがあるので，保護のために負荷と並列にダイオードを入れるのを忘れないでください．

● 出力0.5Aの電流増幅回路

　もう少し大きな2SC3518トランジスタを使用して出力0.5Aを流せる回路を設計してみます．回路は図1-2-5と同じです．表1-2-2は，その最大定格と電気的特性です．PICマイコンの電源電圧は$V_{DD}=5$Vとします．

　最大コレクタ電流I_Cは5Aですから目的の0.5Aを十分クリアしています．h_{FE}をKランクの最小値200とし，トランジスタを十分飽和させるためI_Bを必要値の5倍流すことにします．するとベース電流I_Bは，

$$I_B = \frac{I_C}{h_{FE}/5} = \frac{0.5}{200/5} = 0.0125(12.5\text{mA}) \quad\cdots\cdots (1\text{-}2\text{-}5)$$

表1-2-2　小電力増幅用NPNトランジスタ2SC3518（NECエレクトロニクス）の最大定格と電気的特性

項目	記号	定格	単位
コレクタ-ベース間電圧	V_{CBO}	60	V
コレクタ-エミッタ間電圧	V_{CEO}	60	V
エミッタ-ベース間電圧	V_{EBO}	7.0	V
コレクタ電流（直流）	$I_{C(DC)}$	5.0	A
コレクタ電流（パルス）＊1	$I_{C(pulse)}$	7.0	A
ベース電流（直流）	$I_{B(DC)}$	1.0	A
全損失	$P_T(T_A=25℃)$	1.0	W
	$P_T(T_C=25℃)$	10	W
ジャンクション温度	T_j	150	℃

注▶＊1：パルス幅10ms以下，デューティ・サイクル50%以下

（a）最大定格（$T_A=25℃$）

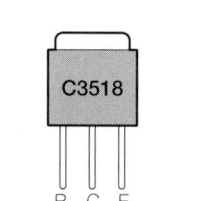

（c）ピン配置　B C E　C3518

項目	記号	測定条件	最小	標準	最大	単位
コレクタ遮断電流	I_{CBO}	$V_{CB}=50$V，$I_E=0$	−	−	10	μA
エミッタ遮断電流	I_{EBO}	$V_{EB}=7.0$V，$I_C=0$	−	−	10	μA
直流電流増幅率	h_{FE1} ＊2	$V_{CE}=1.0$V，$I_C=0.1$A	60	180	−	
	h_{FE2} ＊2	$V_{CE}=1.0$V，$I_C=2.0$A	100	200	400	
	h_{FE3} ＊2	$V_{CE}=1.0$V，$I_C=5.0$A	50	150	−	
コレクタ飽和電圧	$V_{CE(sat)}$ ＊2	$I_C=2.0$A，$I_B=0.2$A	−	0.09	0.3	V
ベース飽和電圧	$V_{BE(sat)}$ ＊2	$I_C=2.0$A，$I_B=0.2$A	−	0.85	1.2	V
ターン・オン時間	t_{on}	$I_C=2.0$A，$I_{B1}=-I_{B2}=0.2$A，	−	0.07	1.0	μs
蓄積時間	t_{stg}	$R_L=5.0$Ω，$V_{CC}≒10$V	0.8	2.5		μs
下降時間	t_f		−	0.12	1.0	μs

注▶（1）＊2：パルス幅350μs以下，デューティ・サイクル2%以下　（2）h_{FE2}区分　M：100～200，L：160～320，K：200～400

（b）電気的特性（$T_A=25℃$）

から，約12.5mAです．

PICマイコンの出力ピンがHレベルのとき12.5mA流すと図1-1-4(a)から$V_{OH} \fallingdotseq 3.8V$（最小値）です．この電流を流すためのベース抵抗$R_1$は，ベース-エミッタ間電圧$V_{BE} = 0.7V$とすると，

$$R_1 = \frac{V_{OH} - V_{BE}}{I_B} = \frac{3.8 - 0.7}{0.0125} \fallingdotseq 248（約250 \Omega）\cdots\cdots\cdots\cdots\cdots\cdots\cdots\cdots(1\text{-}2\text{-}6)$$

となり約250Ωです．

このトランジスタは2〜3Aの電流を扱えますが，h_{FE}がもっとも高いKランクを使ってもPICマイコンではコレクタ電流0.5A程度でしか利用できないことがわかります．

低速スイッチング回路では，ベース抵抗はトランジスタを十分にON状態にできさえすれば良く，ベース電流を少し多めに流しても差し支えないので，抵抗値はラフな値でかまいません．

表1-2-3 バイアス抵抗内蔵トランジスタRN1001〜RN1006（東芝）の最大定格とバイアス抵抗値

項目		記号	定格	単位
コレクタ-ベース間電圧	RN1001〜1006	V_{CBO}	50	V
コレクタ-エミッタ間電圧		V_{CEO}	50	V
エミッタ-ベース間電圧	RN1001〜1004	V_{EBO}	10	V
	RN1005, RN1006		5	V
コレクタ電流	RN1001〜1006	I_C	100	mA
コレクタ損失		P_C	400	mW
接合温度		T_J	150	℃

(a) 最大定格（$T_A = 25℃$）

型名	R_1 [kΩ]	R_2 [kΩ]
RN1001	4.7	4.7
RN1002	10	10
RN1003	22	22
RN1004	47	47
RN1005	2.2	47
RN1006	4.7	47

(b) バイアス抵抗値

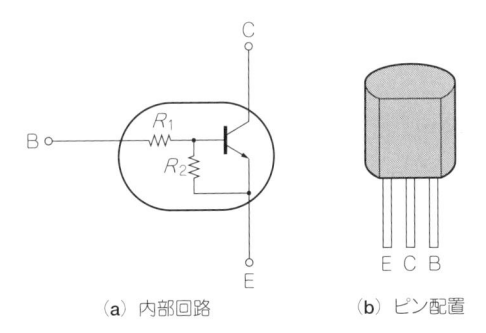

(a) 内部回路　(b) ピン配置

図1-2-6 バイアス抵抗内蔵トランジスタRN1001〜RN1006（東芝）の内部回路とピン配置

表1-2-4 NPNトランジスタ・アレイTD62583AP（東芝）の最大定格と電気的特性

項目	記号	定格	単位
出力耐圧	V_{CEO}	50	V
出力電流	I_{OUT}	50	mA/ch
入力電圧	V_{IN}	10	V
許容損失	P_D	1.47	W

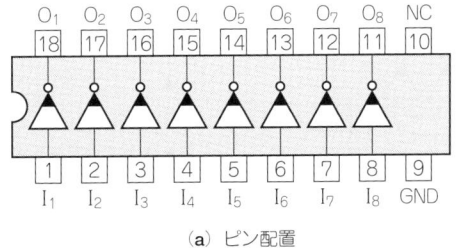

図1-2-7 NPNトランジスタ・アレイTD62583AP（東芝）のピン配置と基本回路

(a) ピン配置　(b) 基本回路

注▶破線で示すダイオードは寄生ダイオードなので使用しないこと．

1-2 出力電流を増やす——吸い込み型

■ 少し便利なデバイス

● バイアス抵抗内蔵トランジスタやトランジスタ・アレイ

　上述のような簡単なスイッチング回路はよく使われるので，バイアス抵抗を内蔵したスイッチング用トランジスタもあります．一例として表1-2-3と図1-2-6に示す東芝のRN1001～1006があり，最大コレクタ電流が100mAと小さいことからロジック・インバータ回路や小電流の電流増幅に利用されています．

　また，複数の抵抗内蔵トランジスタをICパッケージに収めたトランジスタ・アレイもあり，リレーのドライブなどに幅広く利用されています．代表的なデバイスとしては表1-2-4および図1-2-7に示すTD62583APがあげられます．最大コレクタ電流は50mAです．

● ダーリントン接続

　トランジスタを完全に飽和状態（ON状態）にするには，h_{FE}から見積もることになるため，大きなコレクタ電流を得たい場合は，マイコンの出力ピンから多くの電流を流す必要がありますが，安心して出力できるのは10mA程度，最大でも20mAという限界があります．よりh_{FE}の高いトランジスタを使えば解決できますが，単体のトランジスタのh_{FE}は高くともせいぜい数百程度です．

　これを解決するために図1-2-8のように二つのトランジスタを使って，見かけのh_{FE}を大きくするダーリントン接続があります．ダーリントン接続では，見かけのh_{FE}は二つのトランジスタのh_{FE}を乗じた値になり一挙に増大できますから，ベース電流を小さくできます．さきほどの2SC1815と2SC3518のトランジスタを組み合わせれば，2SC3518の扱える出力電流である2～3Aの電流をコントロールできます．

　Tr_1に2SC1815-Yを使い，そのh_{FE1}を最小値の120，Tr_2に2SC3518-Kを使い，そのh_{FE2}を最小値の200とすれば，ダーリントン接続した場合のh_{FE}は少なくとも，

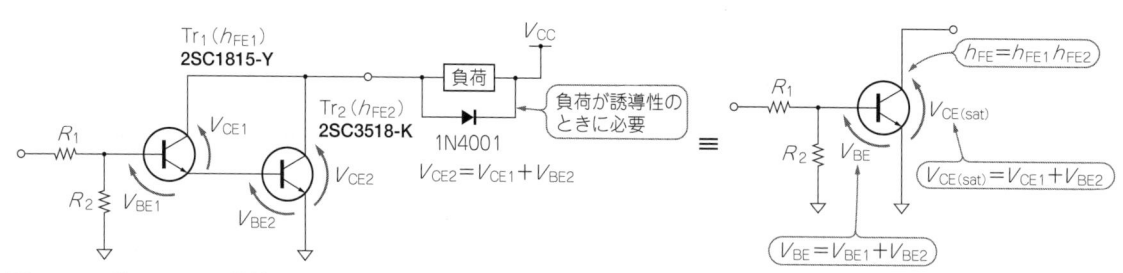

$$h_{FE} = h_{FE1} h_{FE2} = 120 \times 200 = 24000 \quad \cdots\cdots (1\text{-}2\text{-}7)$$

が得られます．

図1-2-8　ダーリントン接続回路

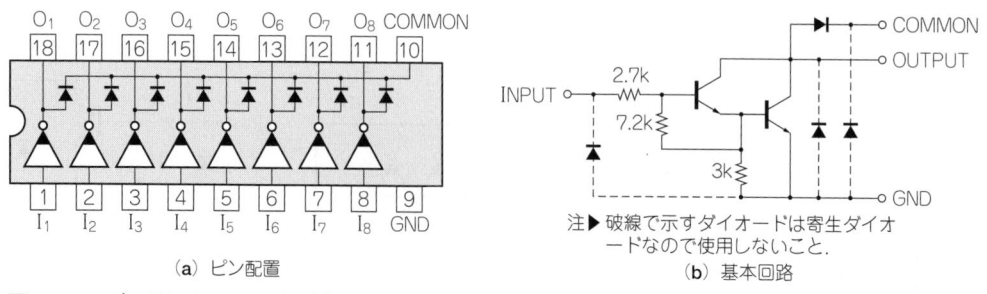

図1-2-9　ダーリントン・トランジスタ・アレイTD62083AP（東芝）のピン配置と基本回路
（a）ピン配置　　（b）基本回路

注▶破線で示すダイオードは寄生ダイオードなので使用しないこと．

負荷は3Aとし，トランジスタを十分飽和させるためI_Bを必要値の5倍流すことにします．するとI_Bは，

$$I_B = \frac{I_C}{h_{FE}/5} = \frac{3}{24000/5} = 0.000625 (0.625\text{mA}) \quad \cdots\cdots (1\text{-}2\text{-}8)$$

から，約0.625mAです．PICマイコンの電源電圧はV_{DD} = 5Vならば，出力ピンがHレベルのとき0.625mA流すと図1-1-4(a)から$V_{OH} ≒ 4.9$V(最小値)です．この電流を流すためのベース抵抗R_1は，ベース-エミッタ間電圧V_{BE} = 0.7Vとすると，

$$R_1 = \frac{V_{OH} - 2V_{BE}}{I_B} = \frac{4.9 - 1.4}{0.000625} ≒ 5600 (約 5.6\text{k}\Omega) \quad \cdots\cdots (1\text{-}2\text{-}9)$$

表1-2-5 ダーリントン・トランジスタ・アレイ TD62083APの最大定格

項目	記号	定格	単位
出力耐圧	$V_{CE(sus)}$	-0.5～50	V
出力電流	I_{OUT}	500	mA/ch
入力電圧	V_{IN}	-0.5～30	V
入力電流	I_{IN}	25	mA
クランプ・ダイオード耐圧	V_R	50	V
クランプ・ダイオード順電流	I_F	500	mA
許容損失	P_D	1.47	W

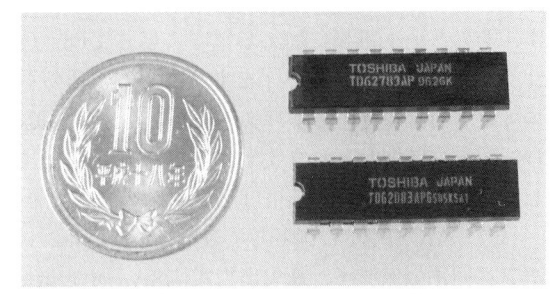

写真1-2-2 ダーリントン接続のトランジスタ・アレイ TD62083AP(東芝)

表1-2-6 Nチャネル・パワーMOSFET 2SK1288(NECエレクトロニクス)の最大定格(T_A = 25℃)

項目	記号	条件	定格	単位
ドレイン-ソース間電圧	V_{DSS}	V_{GS} = 0	100	V
ゲート-ソース間電圧	V_{GSS}	V_{DS} = 0	±20(AC) +20, -10(DC)	V
ドレイン電流(直流)	$I_{D(DC)}$	-	±15	A
ドレイン電流(パルス)	$I_{D(pulse)}$	パルス幅10μs以下，デューティ・サイクル1%以下	+60	A
全損失	P_T	T_C = 25℃	30	W
	P_T	T_A = 25℃	2.0	W
チャネル温度	T_{ch}	-	150	℃

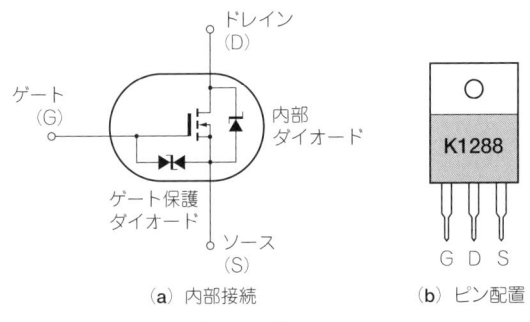

図1-2-10 Nチャネル・パワーMOSFET 2SK1288(NECエレクトロニクス)
(a) 内部接続
(b) ピン配置

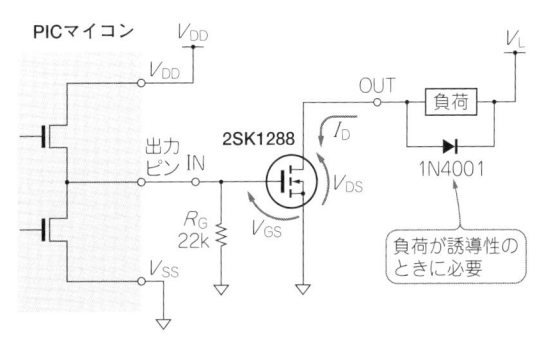

図1-2-11 Nチャネル・パワーMOSFETによる吸い込み型スイッチング回路

となり約5.6kΩです．

　ダーリントン接続の欠点はベース-エミッタ間 V_{BE} が2個ぶんの1.4Vになり，Tr_2 のコレクタ-エミッタ間電圧 V_{CE2} が $V_{CE1} + V_{BE2}$ ぶん必要になることです．このため同じ電流なら通常の回路より Tr_2 の消費電力が多いという欠点があります．

　また，ダーリントン構成のトランジスタ・アレイとして**表1-2-5**および**図1-2-9**に示すTD62083AP（**写真1-2-2**）があります．1回路あたり最大0.5Aの電流を流すことができるため，複数のリレーを駆動するなどの用途に適しています．

■ パワーMOSFETによる電流増幅回路

　電圧だけで駆動でき，高速でスイッチングできる理想的な半導体素子としてパワーMOSFETがあります．そのゲート電極に加える電圧に応じてON/OFFでき，出力ポートからほとんど電流を供給することなく数Aの電流を制御できます．また，普通のトランジスタ（バイポーラ・トランジスタ）は，コレクタ-エミッタ間飽和電圧を下げようとしてベース電流を多めに流すと，少数キャリアの蓄積効果が増大してターン・オフ時間が遅れますが，パワーMOSFETにはそのような現象がないので，高速スイッチングに適しています．ただし，価格はトランジスタより一般に高価です．

　パワーMOSFETの例として**表1-2-6**と**図1-2-10**に2SK1288の定格などを示します．**図1-2-11**がスイッチング回路の例です．最大出力電流8A，オン抵抗0.2Ω以下の能力があり，マイコン制御を考慮してゲート-ソース間電圧 $V_{GS} = 4V$ 以上で出力がONになるよう設計されています．

　ゲートの抵抗 R_G は，ポートが入力に設定された場合にMOSFETが誤動作しないために必要です．

1-3　出力電流を増やす——吐き出し型

■ 基本的な回路

　NPNトランジスタによる吸い込み型の電流増幅回路に対し，PNPトランジスタを使用すると吐き出し型の電流増幅回路を構成できます．回路図を**図1-3-1**に示します．負荷の一端をグラウンド（0V）に接続しておき，負荷の正電位側をスイッチングしたいときに使います．高電位側をスイッチングするので，ハイ・サイド・スイッチともいいます．

　この回路はベース電位をエミッタ電位より0.7V以上電圧を下げる，つまり $V_{EB} = 0.7V$（つまり $V_{BE} = -0.7V$）にすると，ベース電流が流れて，トランジスタがON状態になり，コレクタ電流が流れて負荷に

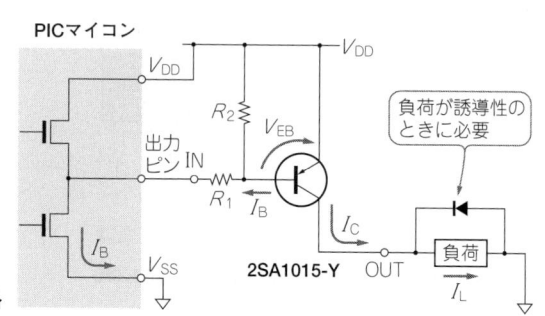

図1-3-1　基本的な吐き出し型の電流増幅回路

電流を供給します．つまり入力電圧がLレベルになるとHレベルの電圧を出力します．負荷に対して電源から電流を供給するような用途で使います．

■ トランジスタの最大定格と電気的特性

代表的な小信号PNPトランジスタである2SA1015の最大定格と電気的特性の抜粋を**表1-3-1**に示します．外観は前出の**写真1-2-1**を見てください．

■ 具体的な回路例
● 出力50mAの電流増幅回路

図1-3-1の回路で考えます．トランジスタには2SA1015のh_{FE}ランクYを使います．このトランジスタの最大定格はI_C = 150mAですが，せいぜい100mA程度でしか使用できないため，大きな電流増幅には利用できません．

I_C = 50mAの負荷を駆動したい場合を考えます．h_{FE}がYランクの最小値120とし，トランジスタを十分飽和させるためI_Bを必要値の5倍流すことにします．すると，ベース電流I_Bは，

$$I_B = \frac{I_C}{h_{FE}/5} = \frac{0.05}{120/5} = 0.0021(2.1\text{mA}) \cdots\cdots\cdots (1\text{-}3\text{-}1)$$

から，約2.1mAです．PICマイコンの電源電圧はV_{DD} = 5Vとします．PICマイコンの出力ピンがLレベルのとき2.1mA流すと**図1-1-4(b)**からV_{OL} ≒ 0.15V（最大値）です．この電流を流すためのベース抵抗R_1は，ベース-エミッタ間電圧V_{EB} = 0.7Vとすると，次式のように約2kΩです．

$$R_1 = \frac{V_{DD} - V_{OL} - V_{EB}}{I_B} = \frac{5 - 0.15 - 0.7}{0.0021} ≒ 1976（約2kΩ） \cdots\cdots\cdots (1\text{-}3\text{-}2)$$

R_2は，NPNトランジスタによる吸い込み型と同様，IN端子が開放または高インピーダンス状態のときにトランジスタが確実にOFFするように入れます．PICマイコンの初期化が完了するまで，I/Oポートは

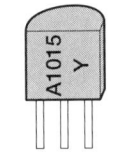

表1-3-1 汎用小信号増幅用PNPトランジスタ2SA1015（東芝）の最大定格と電気的特性

項目	記号	定格	単位
コレクタ-ベース間電圧	V_{CBO}	-50	V
コレクタ-エミッタ間電圧	V_{CEO}	-50	V
エミッタ-ベース間電圧	V_{EBO}	-5	V
コレクタ電流	I_C	-150	mA
ベース電流	I_B	-50	mA
コレクタ損失	P_C	400	mW
接合温度	T_J	125	℃

(a) 最大定格（T_A = 25℃）

(c) ピン配置

項目	記号	測定条件	最小	標準	最大	単位
コレクタ遮断電流	I_{CBO}	V_{CB} = -50V, I_E = 0	-	-	-0.1	μA
エミッタ遮断電流	I_{EBO}	V_{EB} = -5V, I_C = 0	-	-	-0.1	μA
直流電流増幅率	$h_{FE(1)}$ *1	V_{CE} = -6V, I_C = -2mA	70	-	400	-
	$h_{FE(2)}$	V_{CE} = -6V, I_C = -150mA	25	80	-	
コレクタ-エミッタ間飽和電圧	$V_{CE(sat)}$	I_C = -100mA, I_B = -10mA	-	-0.1	-0.3	V
ベース-エミッタ間飽和電圧	$V_{BE(sat)}$	I_C = -100mA, I_B = -10mA	-	-	-1.1	V

注▶ *1：$h_{FE(1)}$区分　O：70～140，Y：120～240，GR：200～400

(b) 電気的特性（T_A = 25℃）

表1-3-2 バイアス抵抗内蔵PNPトランジスタRN2001～RN2006(東芝)の最大定格とバイアス抵抗値

(a) 最大定格($T_A = 25℃$)

項目		記号	定格	単位
コレクタ-ベース間電圧	RN2001～2006	V_{CBO}	-50	V
コレクタ-エミッタ間電圧		V_{CEO}	-50	V
エミッタ-ベース間電圧	RN2001～2004	V_{EBO}	-10	V
	RN2005, RN2006		-5	V
コレクタ電流		I_C	-100	mA
コレクタ損失	RN2001～2006	P_C	400	mW
接合温度		T_J	150	℃

(b) バイアス抵抗値

型名	R_1 [kΩ]	R_2 [kΩ]
RN2001	4.7	4.7
RN2002	10	10
RN2003	22	22
RN2004	47	47
RN2005	2.2	47
RN2006	4.7	47

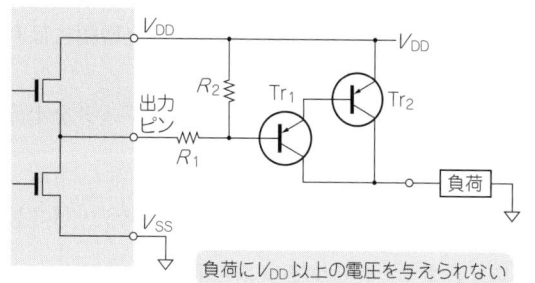

図1-3-2 PNPトランジスタによるダーリントン接続回路

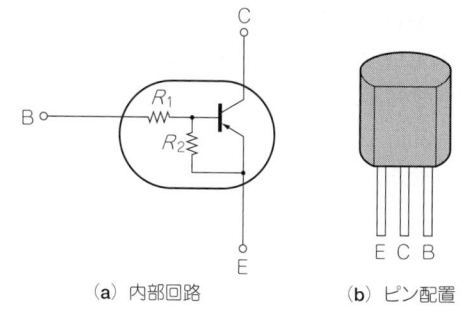

図1-3-3 バイアス抵抗内蔵PNPトランジスタ RN2001～RN2006(東芝)

(a) 内部回路　(b) ピン配置

ディジタル入力またはアナログ・ポートに設定されていることを忘れないでください．R_2は，低すぎると出力ポートの電流を無駄にしますし，大きすぎても効果を期待できません．ここでは10kΩ程度が望ましいでしょう．

● 出力3Aの電流増幅回路

PNPトランジスタでも図1-3-2のようにダーリントン接続にすることができます．ダーリントン接続にすれば，トランジスタのh_{FE}の上限とI/Oポートの出力電流の上限によって，負荷電流が0.5A程度しかとれない問題を解決できます．ところがこの回路には，もう一つ制約があります．すなわち負荷の電源電圧をマイコンの電源電圧V_{DD}より高くできないのです．Tr_1をOFFにするためには，I/OポートのHレベルの出力電圧V_{OH}は，$V_{DD} - 0.7V$を越えなければなりません．ですから負荷の電源電圧とマイコンの電源電圧を同じ電圧にせざるを得ません．これではたとえば12Vで動作する負荷をスイッチングするには，V_{DD}も12Vにしなければなりません．しかし，PICマイコンの電源電圧は最大7.5Vぐらいまでです．どうすれば良いかは次節で述べます．

■ バイアス抵抗内蔵トランジスタ

バイアス抵抗を内蔵したスイッチング用PNPトランジスタもあります．一例として表1-3-2と図1-3-3に示す東芝のRN2001～1006があります．最大コレクタ電流が100mAと小さいことからロジック・インバータ回路や小電流の電流増幅に利用されています．

1-4 高電圧や負電圧の出力

■ 高電圧の出力
● 吸い込み型
　第1-2節で述べたNPNトランジスタによる吸い込み型の電流増幅回路は，負荷の電源をマイコンの電源電圧V_{DD}より高い電圧にしても問題なく動作します．つまりトランジスタの耐圧(最大コレクタ電圧V_{CEO})が十分高いなら50Vや100Vなどの大きな電圧を駆動することもできます．ただし，あまり高い電圧をスイッチングすると，マイコン回路にノイズが混入するなどして誤動作する可能性が高まるので，十数V以上をスイッチングする場合は，負荷とマイコンの電源回路を絶縁して使用することが多くなります．
　図1-4-1はRN1003を使って0～+12Vの出力パルスを得る回路です．V_{CC}を24Vにすれば，24Vのパルスを得られます．

● 吐き出し型
　図1-4-2のようにすれば少ないベース電流でドライブでき，負荷側の電源電圧V_{CC}をマイコンの電源電圧V_{DD}と無関係に選ぶことができます．図は$V_{DD} = 5V$，$V_{CC} = 12V$，負荷電流3Aとして設計しました．

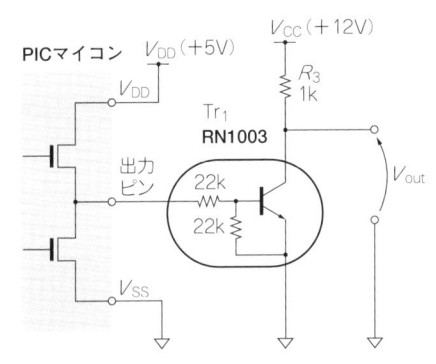

図1-4-1　RN1003を使って0～+12Vの出力パルスを得る回路

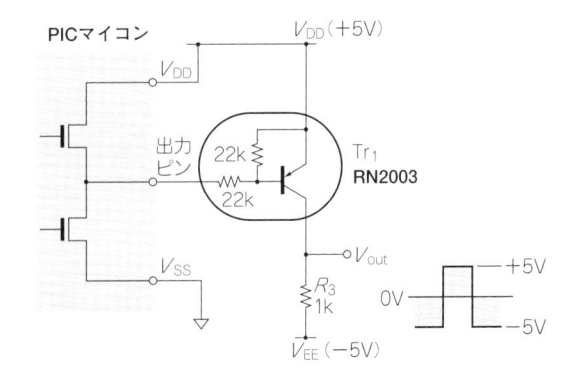

図1-4-3　正負電圧のパルスが得られる回路

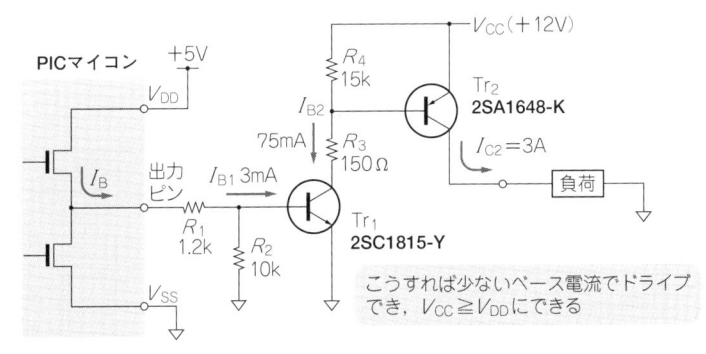

図1-4-2　少ないベース電流で駆動できる吐き出し型電流増幅回路

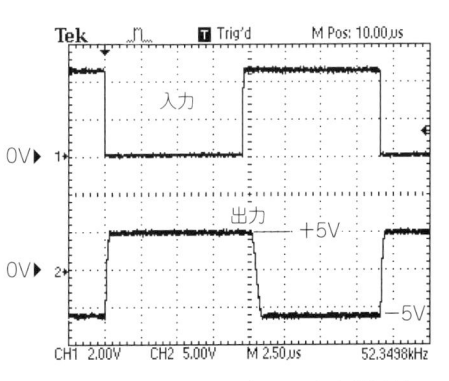

図1-4-4　図1-4-3の回路の入出力波形（2.5 μs/div., 入力：2V/div., 出力：5V/div.）

■ 負電圧の出力

　図1-4-3は，正と負の出力電圧が得られる回路です．PNPトランジスタはベース電位がエミッタ電位より約0.7V下がるとONします．コレクタ側にマイナス電源$V_{EE}(-5V)$を接続しておけば，マイコンの出力ピンがHレベルのときトランジスタがOFFして$V_{out}=-5V$，LレベルのときトランジスタがONして+5Vが得られます．図1-4-4は，その動作波形です．

1-5　パルスを出力する──マイコンの動作速度を考える

　マイコンでパルスを出力するには，たとえば出力ポートをLレベル→Hレベル→Lレベルと操作します．HレベルまたはLレベルの期間に時間処理を入れると，一定の幅をもつパルス信号が得られます．

■ アセンブリ言語による記述例

　下記はPICマイコンのアセンブリ言語によるパルス出力ルーチンの例です．

```
        MOVLW   D'10'      ;Wレジスタへ10(十進数)をセット
        MOVWF   PCNT       ;それをワーク・エリアPCNTへコピー
        BSF     PORTB,1    ;PORTBレジスタのビット1をHレベルにする
PLOOP   DECFSZ  PCNT,F     ;ループ・カウンタ(PCNT)が0になるまで1減らす
        GOTO    PLOOP      ;ラベルPLOOPへループ
        BCF     PORTB,1    ;PORTBレジスタのビット1をLレベルにする
```

　このプログラムの実行クロック数は31クロックであり，クロック10MHz動作ではパルス幅12.4μsの信

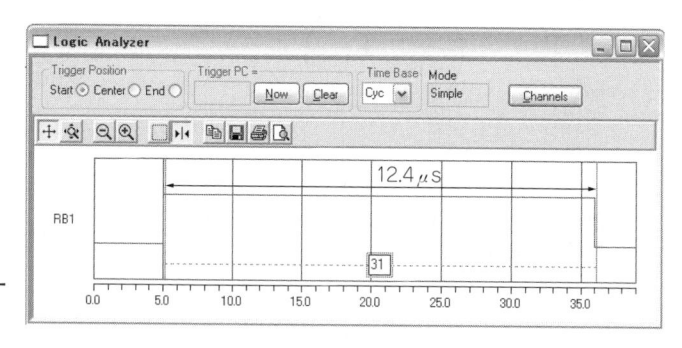

図1-5-1　アセンブリ言語のプログラムによるポート出力のシミュレーション

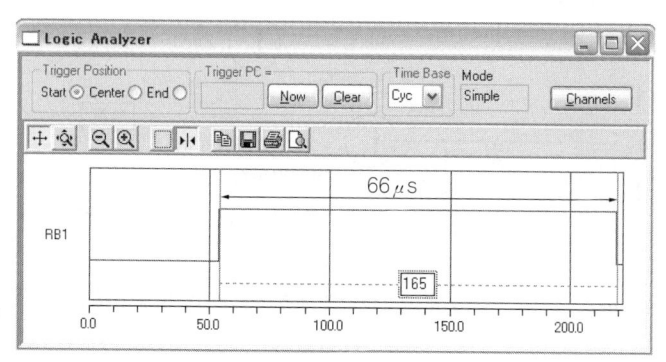

図1-5-2　C言語のプログラムによるポート出力のシミュレーション

号をポートから出力できます．MPLABにはシミュレータが付属しているので，仮想的に動作させてポートの動きを知ることができます．さらにViewメニューのSimulator Logic Analyzerからグラフィカルにポートの動作を図1-5-1のように表示できます．

■ C言語による記述例

上記のプログラムをC言語に書き直すと次のようになります．

```
char n;                    //変数nがchar(文字)型であることを宣言
LATBbits.LATB1=1;          //PORTBレジスタのビット1をHレベルにする
for(n=0;n<10;n++);         //変数nが10未満なら1増やす
LATBbits.LATB1=0;          //PORTBレジスタのビット1をLレベルにする
```

同じような処理ですが，Cコンパイラでは66μs(実行クロック数165)のパルスになり，アセンブラの約5倍の時間になります．図1-5-2がそのようすです．同じプログラムで変数nをint(整数)型に書き直すと92μs(実行クロック数230)になります．

ソフトウェアのループ処理を利用して時間を作り出してパルスを得る場合，C言語では同じような処理でも使用する変数の型によって処理時間が異なります．

1-6 ワンショット・マルチバイブレータによるパルス出力

第1-5節で述べた方法でパルスを発生する場合，ソフトウェアはパルス出力にかかりっきりであり，マイコンにとっては無駄な時間です．そこでソフトウェアの処理を軽減するために割り込み処理を使ったり，ここで述べるハードウェアによるパルスを発生する方法があります．

なお，これらの回路はCRの時定数を利用しているため，電圧変化，温度変化，経年変化などによってパルス幅が変動するので，精密なタイミングを生成するのには適しません．

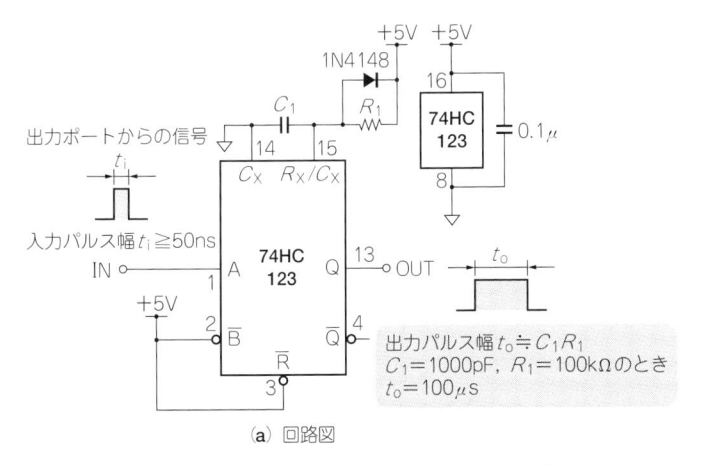

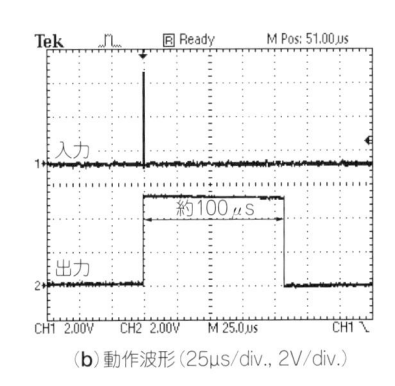

図1-6-1 74HC123によるワンショット・マルチバイブレータとその出力波形

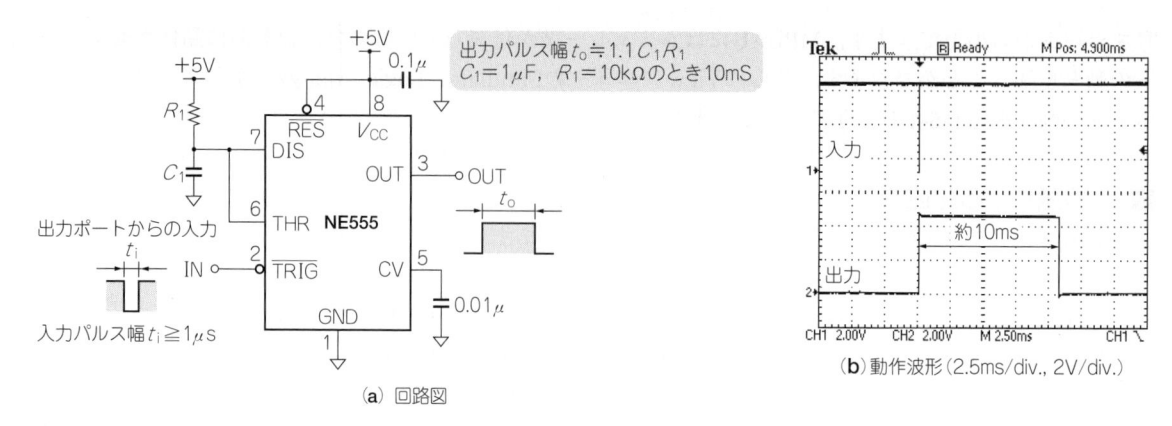

図1-6-2 タイマIC NE555によるワンショット・マルチバイブレータとその出力波形

(a) 回路図 — 出力パルス幅 $t_o \fallingdotseq 1.1 C_1 R_1$，$C_1 = 1\,\mu F$，$R_1 = 10\,k\Omega$ のとき10mS

(b) 動作波形（2.5ms/div., 2V/div.）

■ 標準ロジックICのワンショット・マルチバイブレータ

　簡単にハードウェアで行うには74HC4538や74HC123などのワンショット・マルチバイブレータを使用する方法があります．I/Oポートから短いパルス信号を出力し，それを拡大して幅の広いパルスを作ります．入力パルス幅を拡大して出力するので，パルス・ストレッチャとも呼ばれます．74HC4538や74HC123には，1個のICに2回路ぶん入っています．

　図1-6-1(a) は74HC123を使用した回路です．抵抗R1を可変抵抗にすればパルス幅をアナログ的に調節することもできます．図(b)はI/Oポートからのトリガ・パルスを拡大したようすで，100kΩと1000pFのCRにより約100μs幅のパルスを作り出しています．74HC123は数μ～数msのパルス発生に適しており，秒単位のパルスに対しては次に述べるタイマIC555がよく利用されます．

■ タイマIC 555によるワンショット・マルチバイブレータ

　555はアナログ・コンパレータを内蔵したタイマICで，簡単にパルス波形を作り出せることから広く利用されています．**図1-6-2**の例では10kΩの抵抗と1μFのCRにより，約10ms幅のパルスを作り出しています．555は数十秒を越える長いパルスも作ることができます．タイマIC555は，各社から同様の型名で発売されています．

第2章

入力ポートの特性，高電圧の入力，コンパレータ，エッジ検出など

入力ポートのインターフェース

制御用マイコンの入力としては，ディジタル信号とアナログ信号が考えられますが，本章ではディジタル信号との基本的なインターフェースについて説明します．

2-1 PICマイコンの入力ポートの特性

■ 入力ポートの構造と特性
● 等価的な回路

PICマイコンの入力ポートには，ディジタル入力ポートとアナログ入力ポートがあります．ここでは前者の特性を説明します．ディジタル入力ポートは前出の表1-1-1に示したようにTTLコンパチブル・バッファ付きの入力ピンと，シュミット・トリガ・バッファ付きの入力ピンがあります．これらの一例を図2-1-1に示します．

CMOSデバイスですから，入力ポートは高入力インピーダンスです．そのため同じ電源電圧系ならばインターフェース相手の回路から電流が流れることはありません．しかし，各I/Oピンには保護用ダイオードが入っていますから，高い電源系と不用意にインターフェースすると図2-1-2のように入力ピンを通じてPICマイコンへ電流が流れこんでしまいます．これらの保護用ダイオードは，等価回路や回路図ではたいてい省略されていますから注意してください．

また，高速なインターフェースでは，入力容量を無視できないことがあります．

● 入力特性

入力ポートはTRISレジスタの対応する各ビットを1に初期化することで機能します．入力ポートで判定される電圧レベルは，図2-1-3のようにTTLレベルとシュミット・トリガ・レベルによって異なります．

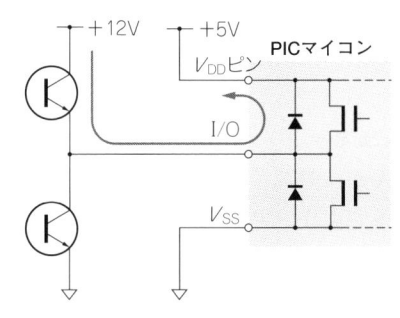

図2-1-2 高電源系と不用意にインターフェースすると入力ピンを通じてマイコン側電源へ電流が流れる

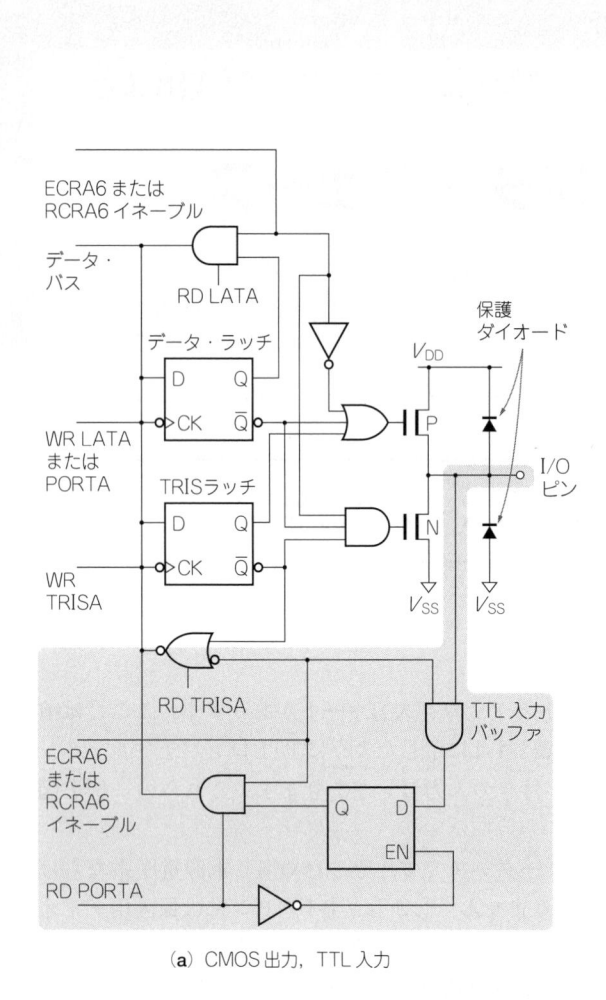

(a) CMOS出力，TTL入力

(b) NMOS オープン・ドレイン出力，シュミット・トリガ入力

(c) 弱いプルアップ設定可能，CMOS出力，TTL入力

図2-1-1 PICマイコンのディジタル入力ポートの種類

図2-1-4と図2-1-5は実測例です．

どのポートがTTL入力なのかシュミット・トリガ入力なのかは，PICマイコンの品種によって割り当てが異なるので一概にはいえませんが，外部インターフェースの可能性が高いポートCやポートDはシュミット・トリガ入力である場合が多いようです．

▶ TTL入力

電源電圧が5Vの場合は2V以上がHレベル，0.8V以下がLレベルです．ほかの電圧では電源電圧の

図2-1-3 TTL入力とシュミット・トリガ入力の判定レベル

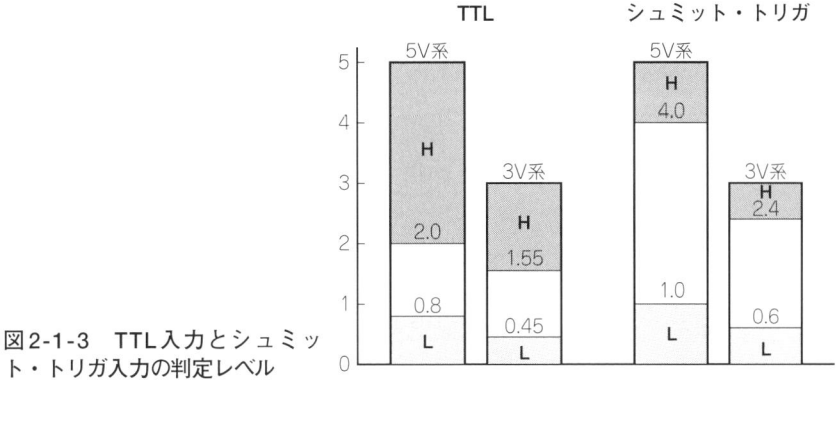

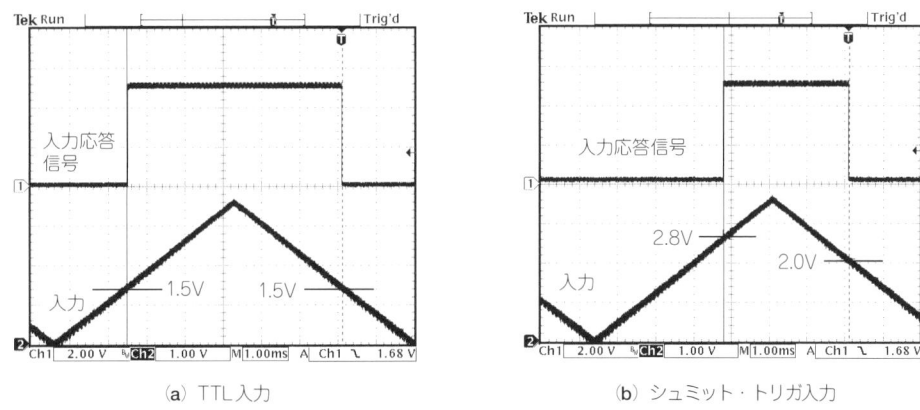

図2-1-4 電源電圧5V時の入力特性（1ms/div., 上：2V/div., 下：1V/div.）
(a) TTL入力
(b) シュミット・トリガ入力

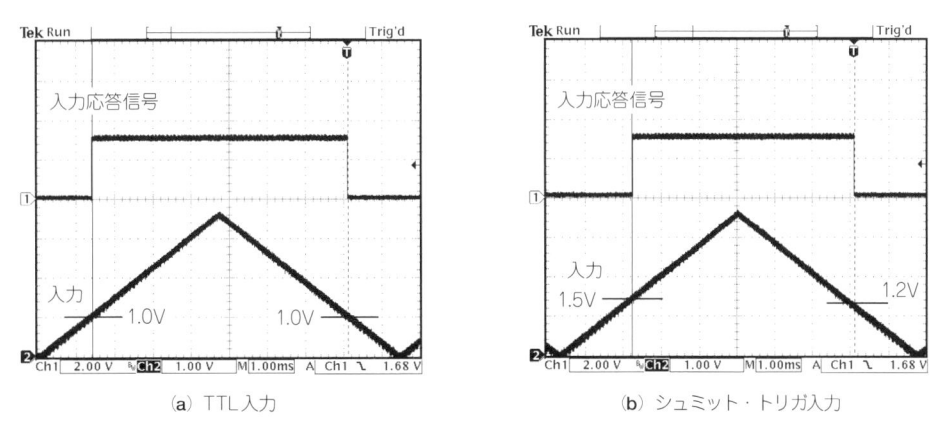

図2-1-5 電源電圧3V時の入力特性（1ms/div., 上：2V/div., 下：1V/div.）
(a) TTL入力
(b) シュミット・トリガ入力

25％＋0.8V以上がHレベルで，電源電圧の15％以下がLレベルとなるので，3V系ではそれぞれ1.55Vと0.45Vです．実測してみると5V電源では約1.5Vで，3V電源では約1Vで変化します．

▶シュミット・トリガ入力

電源電圧の80％以上がHレベルで，20％以下がLレベルになります．5V系ではそれぞれ4Vと1Vで，

3V系ではそれぞれ2.4Vと0.6Vです．実測してみると，5V電源ではL→Hが約2.8V，H→Lが約2Vです．3V電源ではL→Hが約1.5V，L→Hが約1.2Vで変化していました．

■ 入力ポートからデータを読み込む方法

ポートから数値データを読み込む方法は2種類あります．1バイト読み込む方法と，1ビットだけ読み込む方法です．

● 1バイト読み込み

▶アセンブリ言語の記述例

```
    MOVLW  H'FF'     ;ポートBを入力ポートに設定するためFFhをWREGへロード
    MOVWF  TRISB     ;TRISBレジスタへ書き込む
    MOVF   PORTB     ;ポートBから1バイト読み込む
    COMF   PORTC     ;ポートCの各ビットを反転した1バイト読み込む
```

▶C言語の記述例

```
    TRISB=0xFF;       //ポートBを入力ポートに設定する
    n=PORTB;          //ポートBから1バイト読み込む
    n=~PORTC;         //ポートCから各ビットを反転して1バイト読み込む
```

● 1ビット読み込み

ポートからビット入力するときは，ビット検査スキップ命令を使って次のように記述します．

▶アセンブリ言語の記述例

```
    BSF    TRISC,6   ;ポートCのビット6を入力ポートに設定する
    BTFSS  PORTC,6   ;ポートCのビット6がHレベルなら次命令をスキップして処理Xへ
    GOTO   other     ;Lレベルなら別の処理へ
       処理X
            ･･････････････
    BTFSC  PORTA,4   ;ポートAのビット4がLレベルなら次命令をスキップして処理Yへ
    GOTO   other     ;Hレベルなら別の処理へ
       処理Y
```

▶C言語の記述例

```
    TRISCbits.TRISC6=1;        //ポートCのビット6を入力ポートに設定する
    if ( PORTCbits.RC6== 1 )   //ポートCのビット6がHレベルなら処理Xを実行
    {
        処理X
    }
            ･･････････････
    if ( !PORTAbits.RA4 )      //ポートAのビット4がLレベルなら処理Yを実行
    {                          //（このような書き方もできる）
        処理Y
    }
```

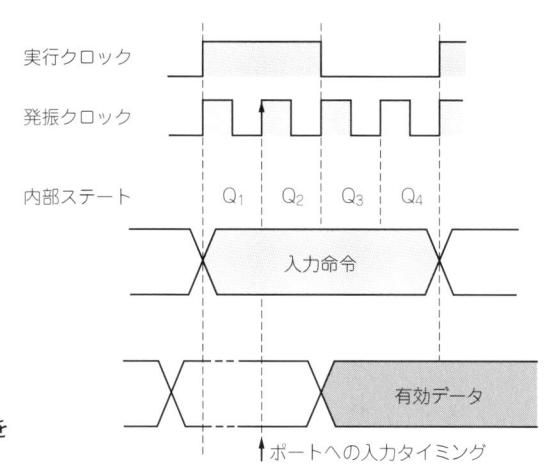

図2-1-6　ポートからデータを読み取るタイミング

■ ポートからデータを読み取るタイミング

図2-1-6を見てください．プログラムがポートからデータを読み取るタイミングは，読み取り命令の開始から1ステート・クロック後（Q_2ステートの立ち上がり）です．高速クロックで動作している場合，先の図1-1-6に示したようにポートへの出力と信号の読み取りには1クロックしかありませんから，プログラムにNOP命令を挿入するなどして時間稼ぎをしなければならないので，インターフェースによってはタイミングが厳しいケースも考えられます．

2-2　高電圧との入力インターフェース
──入力保護回路とクランプ回路

■ クランプ回路

入力ポートへ加えることができる信号は電源電圧の範囲内，つまり5V電源なら0～5V，3V電源なら0～3Vがリミットです．この範囲外の信号を入力したい場合は，外部にクランプ回路（リミッタ回路ともいう）を接続します．MOS-ICは入力インピーダンスが高く，静電気などの高電圧によって内部素子が破損することがあります．このようなパルス的な高電圧を吸収する働きもクランプ回路の役割です．

さて，クランプ回路は図2-2-1のようなダイオードと抵抗からなる簡単な回路です．ダイオードは信号ラインへ電源電圧（V_{DD}）より高い電圧や0V（V_{SS}）より低い負電圧を電源へバイパスするので，マイコンへの入力電圧は（$V_{SS}-0.7$）V～（$V_{DD}+0.7$）Vの範囲内に抑制されます．この場合の入力電流を決定するのが直列抵抗です．抵抗値が高ければ高いほど高電圧に効き目がでますが，入力ポートのインピーダンスよりは十分小さな値にしなければなりません．通常1k～1MΩぐらいを使用します．図2-2-2はクランプ回路の入力に±10Vを加えたときの波形で，マイコンの入力ピンの信号レベルが-0.7～+5.7Vにクランプされていることがわかります．

ダイオードの定格電流が100mA，電源電圧+5V，入力電圧+10Vの条件では電圧降下が5Vですから50Ω以上ならよいわけで，1kΩ，10kΩあたりが最適です．さらに送出電流が少ないときは100kΩ以上で

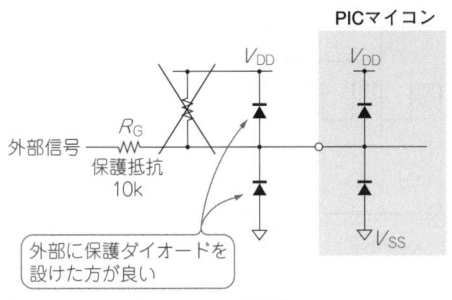

図2-2-1 入力のクランプ回路

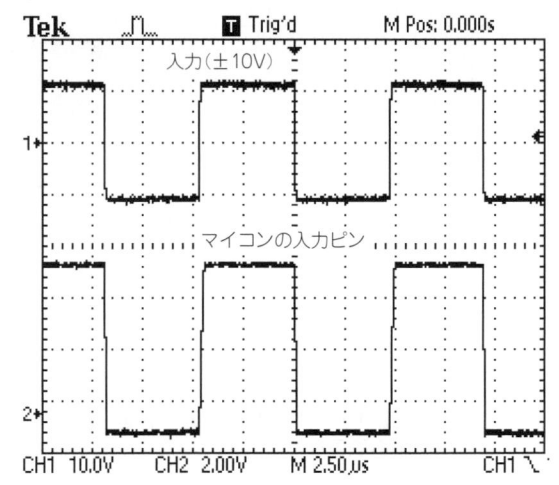

図2-2-2 クランプ回路の動作（$R_G = 10\text{k}\Omega$，$2.5\ \mu\text{s/div.}$，上：10V/div.，下：2V/div.）

も動作するでしょう．ノイズ入力からみると10kΩの場合に1kVまで耐えることができます．

■ 内蔵保護ダイオード

MOS-ICの入力ピンには，取り扱い中の静電気による破壊からICを保護するため，たいてい保護用ダイオードが内蔵されています．この内蔵ダイオードは定格が明確ではないため，あまりあてにできないものの，入力がわずかにオーバする程度なら外付けダイオードを省くこともできます．マイコンが3V動作のときに5V電源系のデバイスから入力信号を得たい場合，電圧差は2Vですから，10kΩの抵抗でつなげば$200\ \mu\text{A}$が流れるだけですみ，簡単にインターフェースできます．

2-3 シュミット・トリガ入力

■ 波形整形

シュミット・トリガ回路は**図2-3-1**に示すように，入力信号の立ち上がり時の電圧判定レベルと立ち下がり時の判定レベルが異なります．PICマイコンは，シュミット・トリガ入力のポートをもっていますが，この機能をもたないポートには74HC14などを前置すれば実現できます．

シュミット・トリガ入力は，電圧変化の遅いディジタル信号をきれいなディジタル信号に変換するときに有効で，波形整形の機能があるといえます．図では三角波を方形波に整形しています．

■ ノイズ除去

ディジタル信号に小レベルのノイズ信号が混入している場合，シュミット・トリガで除去できる場合もありますが，ノイズ・レベルが大きいと誤整形することもあります．このようなノイズを含む信号を入力するのに，ローパス・フィルタを使って信号をなまらせてからシュミット・トリガ回路に入力してノイズを除去する方法（**図2-3-2**）があります．ただし，信号に遅延が生じるのが欠点です．

ローパス・フィルタの時定数τは，目的とする信号パルスの遅延が許容できる範囲でなるべく大きく設

図2-3-1 シュミット・トリガ回路の入出力波形

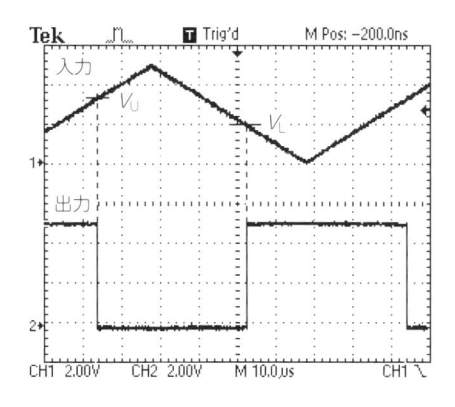

(a) 74HC14の動作波形(10 μs/div., 2V/div.)

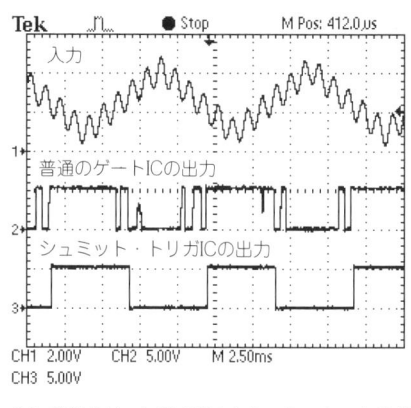

(b) 普通のゲートICの出力とシュミット・トリガICの出力(2.5ms/div., 入力：2V/div., 出力：5V/div.)

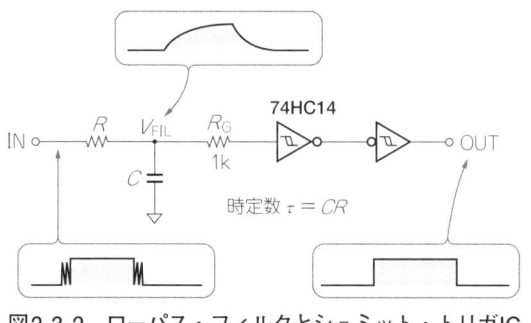

図2-3-2 ローパス・フィルタとシュミット・トリガICでノイズを除去する

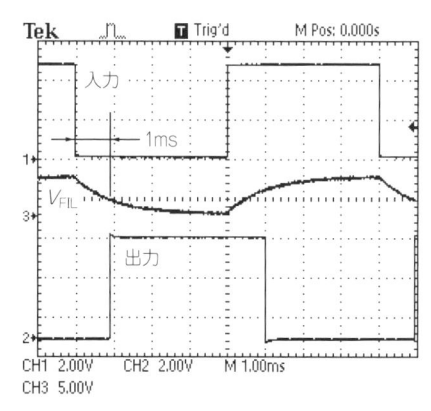

図2-3-3 ローパス・フィルタを使用した波形整形回路の入出力波形(1ms/div., 2V/div.)

定します．ローパス・フィルタを使用した波形整形のようすを**図2-3-3**に示します．ローパス・フィルタは10kΩと0.1μFの1次フィルタであり，時定数は1ms，入力信号は約100Hzです．時定数に相当する信号遅れが発生しています．

2-4 コンパレータの利用

■ アナログ・コンパレータとは

　アナログ信号をディジタル化してマイコンに入力するのはA-Dコンバータを使う方法が一般的ですが，それ以外に任意の電圧レベルで2値化してマイコンに取り込む方法があります．アナログ・コンパレータICの差動入力の片側を基準電圧(V_{ref})に接続し，他方にアナログ信号を入力すれば，基準電圧とアナログ信号が比較され，HレベルかLレベルで出力されます．いわばコンパレータは1ビットのA-Dコンバータ

と考えることもできます．コンパレータICは広帯域のOPアンプICを高利得で使用した状態と似ています．

■ ポピュラなコンパレータIC

よく使われるのはLM393やLM311です．

● LM311

1回路入りのコンパレータで，正負両電源動作を想定したICです．使用できる電源電圧範囲は両電源動作で合計36Vまで(例えば±18V)と広く，負極性を含むアナログ信号をディジタル信号に変換できます．例えば±12Vの電圧範囲の1点を基準電圧としてTTLレベルのディジタル信号を作れます．出力はオープン・コレクタ構成ですが，正電源(V_+)とGND(0V)間をスイングするので，図2-4-1のように抵抗でプルアップするだけで任意の正電源動作のディジタル回路へインターフェースできます．

● LM393

2回路入りのコンパレータで，単電源動作を想定したICです．2～36Vの電源で動作します．単電源動作のため負電圧を入力することはできません．

出力はオープン・コレクタ構成であり，図2-4-2のように抵抗でプルアップするだけで任意の正電源動作のディジタル回路へインターフェースできます．

● MCP6541，MCP6542，MCP6544

マイクロチップ・テクノロジー社もアナログ・コンパレータとしてMCP654×シリーズを発売しています．これらは1パッケージにそれぞれ1回路，2回路，4回路入りです．これらのコンパレータは低消費電力が特徴で，待機電流は最大1μAです．+1.6V～+5Vで動作し，マイコンにインターフェースしやすい設計です．MCP6523は1コンパレータを内蔵した8ピン・パッケージですが，パワー・ダウン端子により

(a) 回路図 　　　(b) ピン配置(上面図)

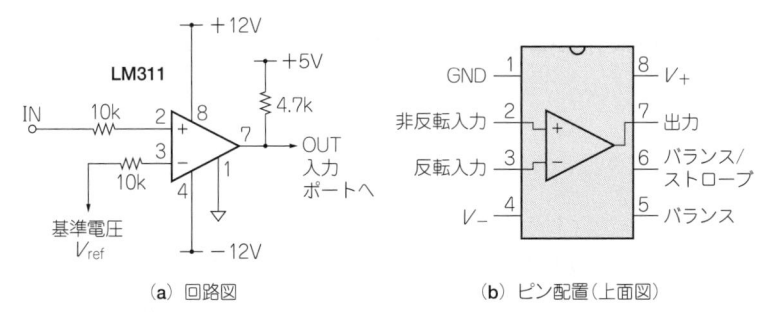

図2-4-1 正負電圧を判定できるコンパレータLM311の回路例とピン配置

(a) 回路図 　　　(b) 入出力波形 　　　(c) ピン配置(上面図)

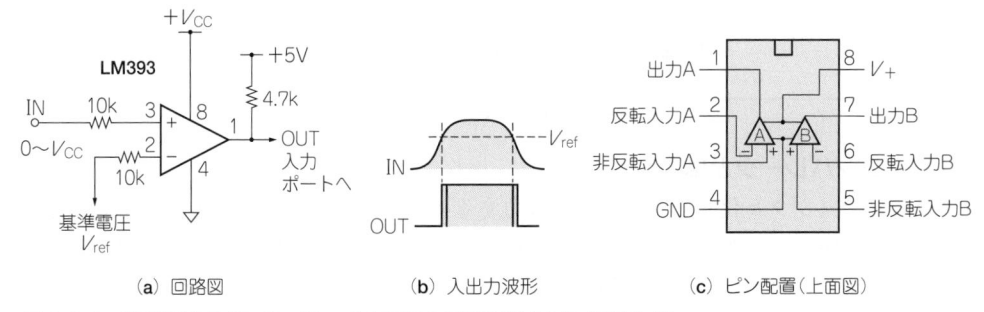

図2-4-2 単電源動作用コンパレータLM393の回路例とピン配置など

待機電力をセーブできます．

いずれもトーテムポール出力なので立ち上がりがきれいですが，ウィンドウ・コンパレータを構成する場合は外部にロジックを必要とします．

■ コンパレータIC使用上の問題点

問題点は，スレッショルド電圧付近で出力信号が発振してしまうことです．コンパレータの周波数特性が良いほど動作感度が高く，発振現象が顕著です．これを防ぐため，コンパレータにはヒステリシス特性をもたせます．すなわち図2-4-3のようにコンパレータ出力が変化する電圧が，入力信号の立ち上がりと立ち下がり時で異なるような応答特性です．図2-4-4の回路では，出力がHレベルのとき，入力電圧がV_{UT}を越えないとコンパレータ出力は変化しません．また，出力がLレベルのとき入力がV_{LT}より低下しないと出力は変化しません．つまりヒステリシスの幅がノイズに対するマージンになります．

ヒステリシスの有無によるコンパレータ動作の違いを図2-4-5に示します．

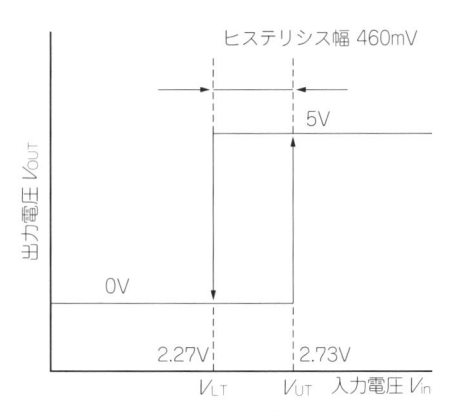

図2-4-3 ヒステリシス特性

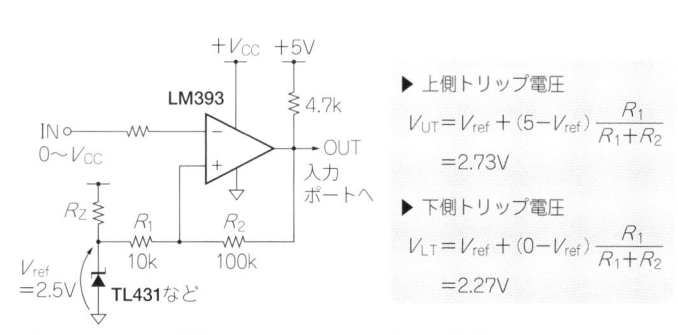

▶ 上側トリップ電圧
$$V_{UT} = V_{ref} + (5 - V_{ref}) \frac{R_1}{R_1 + R_2}$$
$$= 2.73 \text{V}$$

▶ 下側トリップ電圧
$$V_{LT} = V_{ref} + (0 - V_{ref}) \frac{R_1}{R_1 + R_2}$$
$$= 2.27 \text{V}$$

図2-4-4 ヒステリシスをもたせたコンパレータ回路

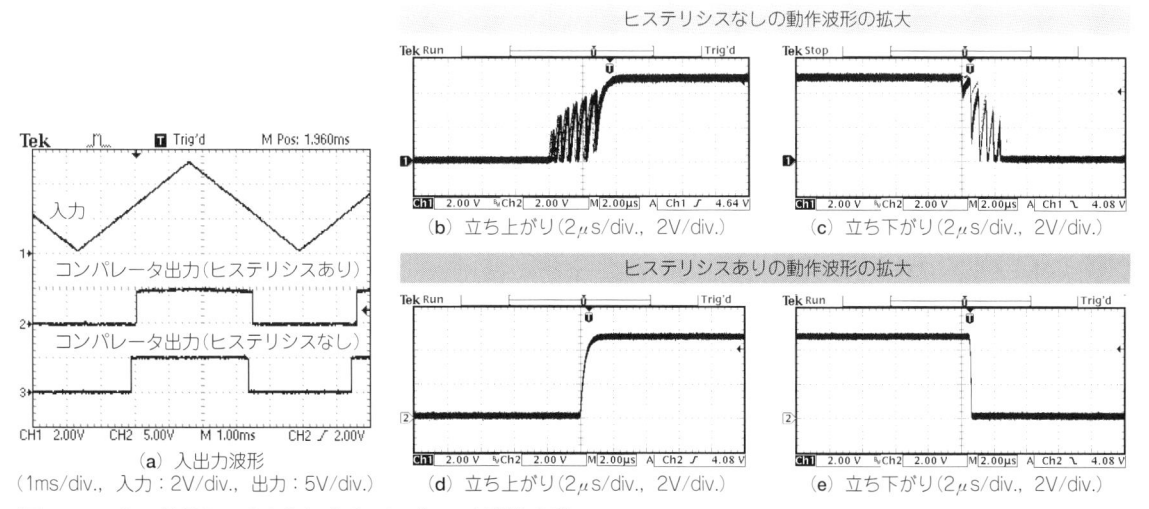

(a) 入出力波形
(1ms/div., 入力：2V/div., 出力：5V/div.)

(b) 立ち上がり(2μs/div., 2V/div.)

(c) 立ち下がり(2μs/div., 2V/div.)

(d) 立ち上がり(2μs/div., 2V/div.)

(e) 立ち下がり(2μs/div., 2V/div.)

図2-4-5 ヒステリシスの有無によるコンパレータ動作の違い

2-5 交流信号のゼロ・クロス検出

　LM311を±12V電源で動作させると±12Vの信号を入力できます．出力はオープン・コレクタで，グラウンドと任意の正電源の間をスイングします．したがって，0Vをまたぐ電圧を比較してディジタル信号に変換するようなインターフェースに利用できます．

　具体的には図2-5-1のように基準電圧をグラウンド(0V)にすれば，ゼロ・クロス検出ができます．正弦波などの交流信号を入力すると0Vを通過するごとに出力が変化するので，交流信号をパルスに変換してポートに入力できます．

　コンパレータのゼロ・クロス出力の観測波形を図2-5-2に示します．LM311はオープン・コレクタ出力であることからLレベルへの立ち下がりは速いのですが，Hレベルへの立ち上がりは遅れが生じています．

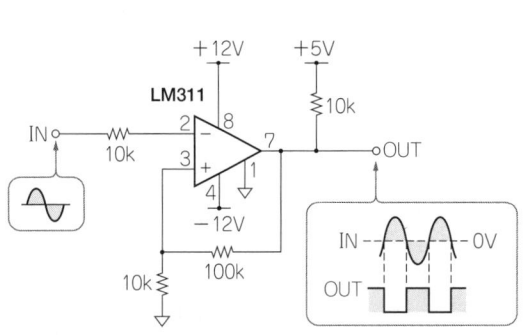

図2-5-1　ゼロ・クロス・コンパレータ

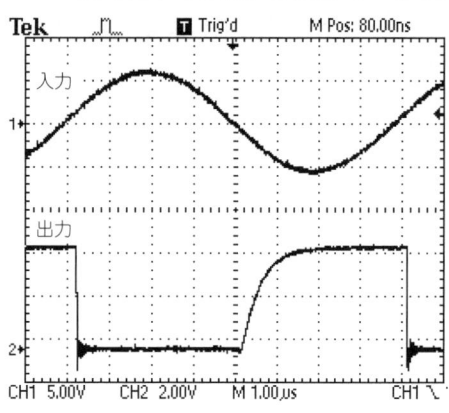

図2-5-2　ゼロ・クロス・コンパレータの動作波形($1\ \mu s/div.$，上：5V/div.，下：2V/div.)

2-6 ウィンドウ・コンパレータ──範囲内かどうかを検出する

　コンパレータの基準電圧としてV_{ref1}とV_{ref2}の二つを設定し，アナログ入力電圧V_{in}とを比較して，入力電圧が$V_{ref1} < V_{in} < V_{ref2}$を満たす範囲にあるときにディジタル出力をHレベル(またはLレベル)に変化さ

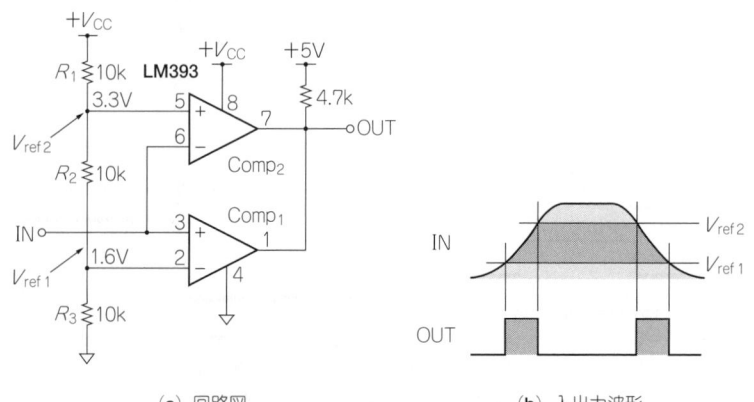

図2-6-1　ウィンドウ・コンパレータ回路

　　　　　　　　　　　(a) 回路図　　　　　　　(b) 入出力波形

せるコンパレータをウィンドウ・コンパレータと呼びます．

図2-6-1を見てください．LM393の出力はオープン・コレクタです．$Comp_1$の出力は$V_{in} < V_{ref1}$ならばLレベル，$Comp_2$の出力は$V_{in} > V_{ref2}$ならばLレベルになります．したがって，$V_{ref1} < V_{in} < V_{ref2}$ならば出力はHレベルになります．

2-7 パルス・エッジの検出──立ち上がり/立ち下がりを知る

　入力ポートから信号を読みとる場合，HレベルかLレベルかの「状態」を知ることは容易ですが，信号の「立ち上がり」や「立ち下がり」を検出するには工夫が必要です．

　信号の変化点を検出するには，入力ポートを周期的に読み取り，現在の読み取り値と前回の読み取り値をエクスクルーシブORゲート（XOR）で比較すると，変化点でHレベルを得ることができます．例えば**図2-7-1**で，ポイント1とポイント2のXORをとると結果は"H"，ポイント2とポイント3のXORをとると"L"，ポイント4とポイント5のXORをとると"H"となるように，変化があるとXOR出力値は"H"を示します．

　このように信号の1回前の読み取り値をメモリに保存しておくことにより，XORゲートを利用して信号の変化を検出でき，エッジ検出などと呼びます．これを回路図で表したのが**図2-7-2**です．サンプリング・クロックで状態をメモリし，XORゲートで検出しています．入力をサンプリング・クロックで取り込むので，希望する入力信号周波数の2倍以上のサンプリング速度が必要です．

　XORによる信号のエッジ検出の出力を利用して，**図2-7-3**のようにさらにAND処理を加えると，そのエッジの立ち上がり，立ち下がりを捕らえることもできます．

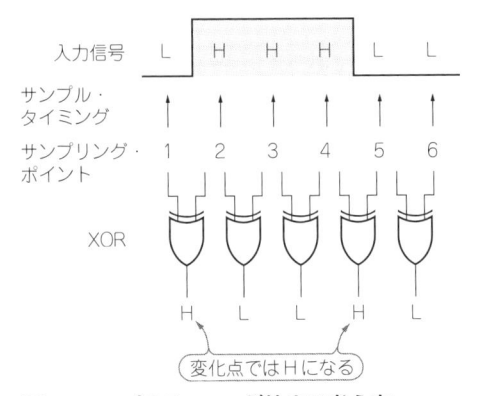

図2-7-1　パルス・エッジ検出の考え方

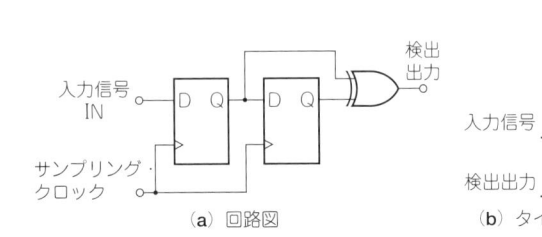

図2-7-2　パルス・エッジの検出回路
(a) 回路図
(b) タイムチャート

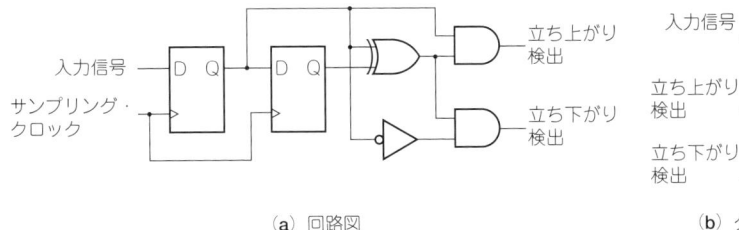

図2-7-3　パルスの立ち上がりエッジと立ち下がりエッジの検出回路
(a) 回路図
(b) タイムチャート

■コラム　新しいインサーキット書き込み器"PICkit2"

●構成

インサーキット書き込み器"PICkit2"（写真A）は2007年から多くのPICマイコンをサポートし，本格的なPICマイコン用開発ツールとして利用できるようになりました．手のひらに収まる携帯型で，スタイルも使いやすさも良好です．PICkit2は，パソコンとUSBケーブルで接続してhexファイルをダウンロードできます．

ターゲット側は2.54mmピッチの6ピン・コネクタなので，各種の同ピッチのコネクタによって接続できます．インサーキット書き込みで利用するのでターゲット・ボードにつなぐスタイルになり，ポートRB6とRB7と$\overline{MCLR}$ピンを接続します．書き込み器として使うにはICソケットを接続します．

PICkit2は，16ビットPICマイコンのPIC24，dsPIC30，dsPIC33もサポートされていますので，幅広い利用方法が期待できます．

●使い勝手

PICkit2のダウンロード画面を図Aに示します．現在はMPLABから独立した専用画面をもっており，MPASMアセンブラを直接起動することでMPLABのプロジェクトを使用せずにオブジェクト・ファイルを作ってダウンロードできることから，簡単なプログラム開発では使いやすいといえます．また，書き込みだけなら効率よく作業できそうです．将来的にはMPLABからもコントロールできるようになるようです．

なお，PICkit2の画面ではコンフィギュレーションを指定できないため，アセンブラの書式を利用してコンフィギュレーション情報をhexファイルに埋め込まなければなりません．

●PIC16F887と組み合わせてブレーク・ポイントやステップ実行が可能

PIC16F887はPICkit2用のデバッグ回路を搭載しています．そのためブレーク・ポイントやステップ実行ができるので，ICD2に匹敵するツールになります．

写真A　インサーキット書き込み器"PICkit2"

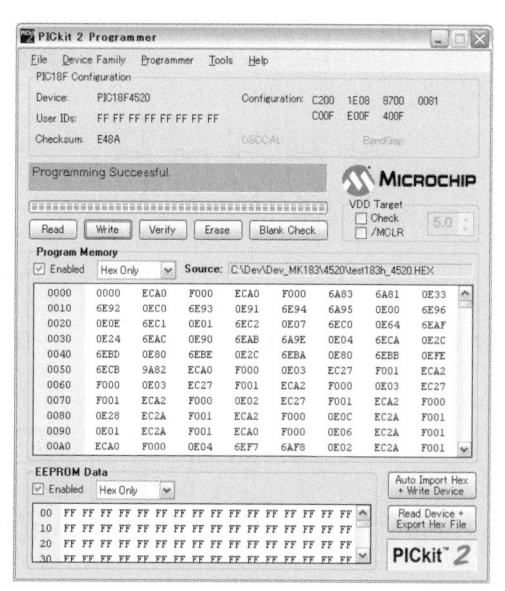

図A　ダウンロード画面

第3章

汎用ロジックICによる出力数の拡張や専用ICによる拡張方法

ポート数を拡張するインターフェース

多数のスイッチ入力やLED表示出力を扱いたい場合には，ポート数が不足することがあります．そんなとき，本章に示すような方法で追加することができます．標準ロジックICを使う方法のほか，専用ICを使う方法があります．

3-1　標準ロジックICによる出力ポート数の拡張

出力ポート数を拡張する手軽な方法の一つは，シフトレジスタの利用です．シリアル入力でパラレル出力のシフトレジスタに，データをクロックとともに送り込めば8ビットのパラレル・データを出力できます．しかし，単純にデータを送るとシフトレジスタ出力が逐次変化してしまうので，シフトレジスタの出力側にラッチを用意してシフト完了後にパラレル・データをラッチさせ，8ビット同時に出力を変化させなければなりません．

ワンチップで出力ラッチをもったシフトレジスタとして**図3-1-1**に示す74HC595があります．74HC595はSER（シリアル・データ），SCK（シリアル・クロック），RCK（レジスタ・クロック）の3本の線でインターフェースできます．ポートから74HC595へデータをロードする操作は次の通りです．

図3-1-2を見てください．まずSERにデータを送り出し，その後クロックをSCKに送りデータをシフトします．これを8回繰り返しすべてのビットを送り出した後に，ラッチ・パルスをRCKに送り，展開された8ビット・データをまとめて出力します．74HC595は**図3-1-3**のようにカスケード接続で拡張できるため，3本の線で何ビットでもデータを送り出すことが可能です．

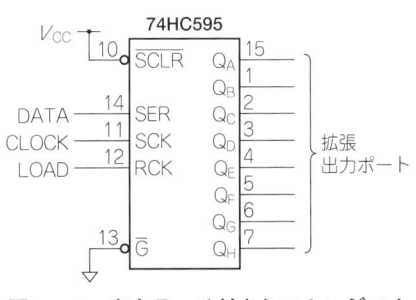

図3-1-1　出力ラッチ付きシフトレジスタ74HC595による出力ポート数の拡張

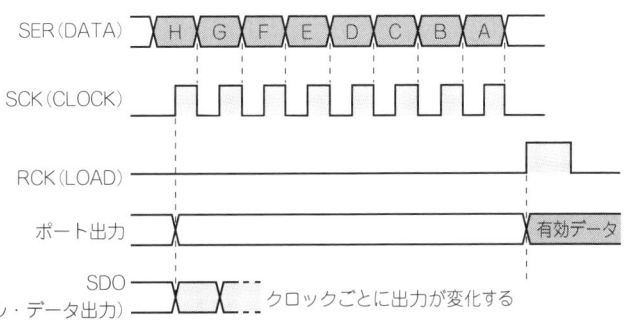

図3-1-2　74HC595の動作タイムチャート

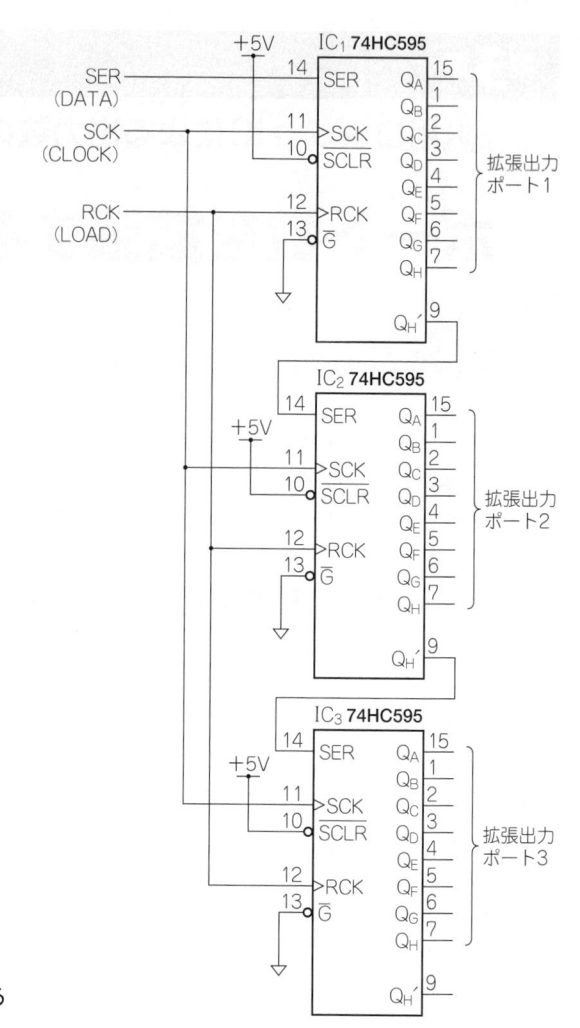

図3-1-3 カスケード接続によってさらにポート数を拡張する

　シフトレジスタを使用した出力ポート数拡張の欠点は，出力操作に時間がかかる点です．そのため高速操作が必要なポートには適しません．また，バイト単位で扱うため，ビット操作を行うにもバイト操作が必要です．

3-2　標準ロジックICによる入力ポート数の拡張

■ シフトレジスタを使う方法

　入力ポートの拡張にもシフトレジスタが利用できます．74HC166が使いやすいデバイスです．S/$\overline{L}$信号をLにして，8ビット・データを同時に取り込み，その後にクロックを送るとクロックに合わせてデータが順番に出力されます．マイコンへは1ビットごとにデータが送られるため，すべてのデータがそろうのには時間がかかりますから，高速に変化する信号を捕らえることはできません．

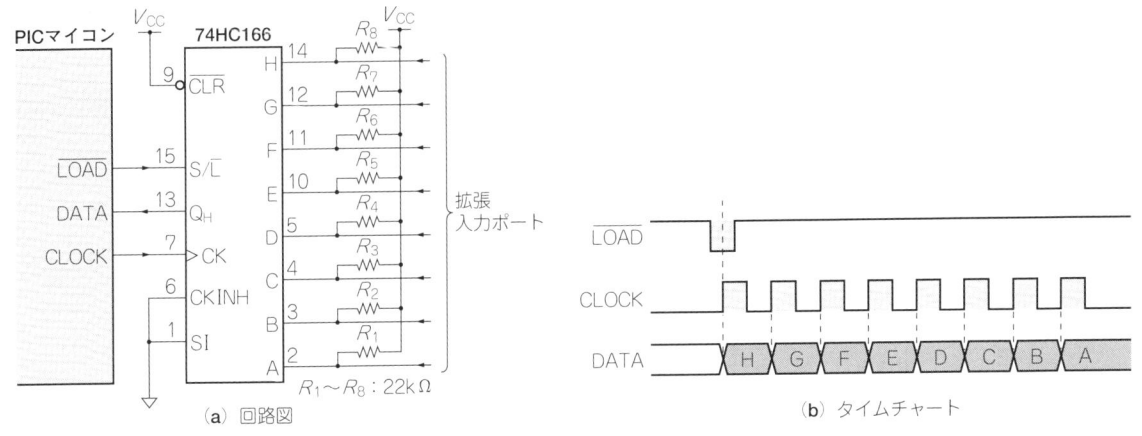

図3-2-1　シフトレジスタ74HC166による入力ポート数の拡張

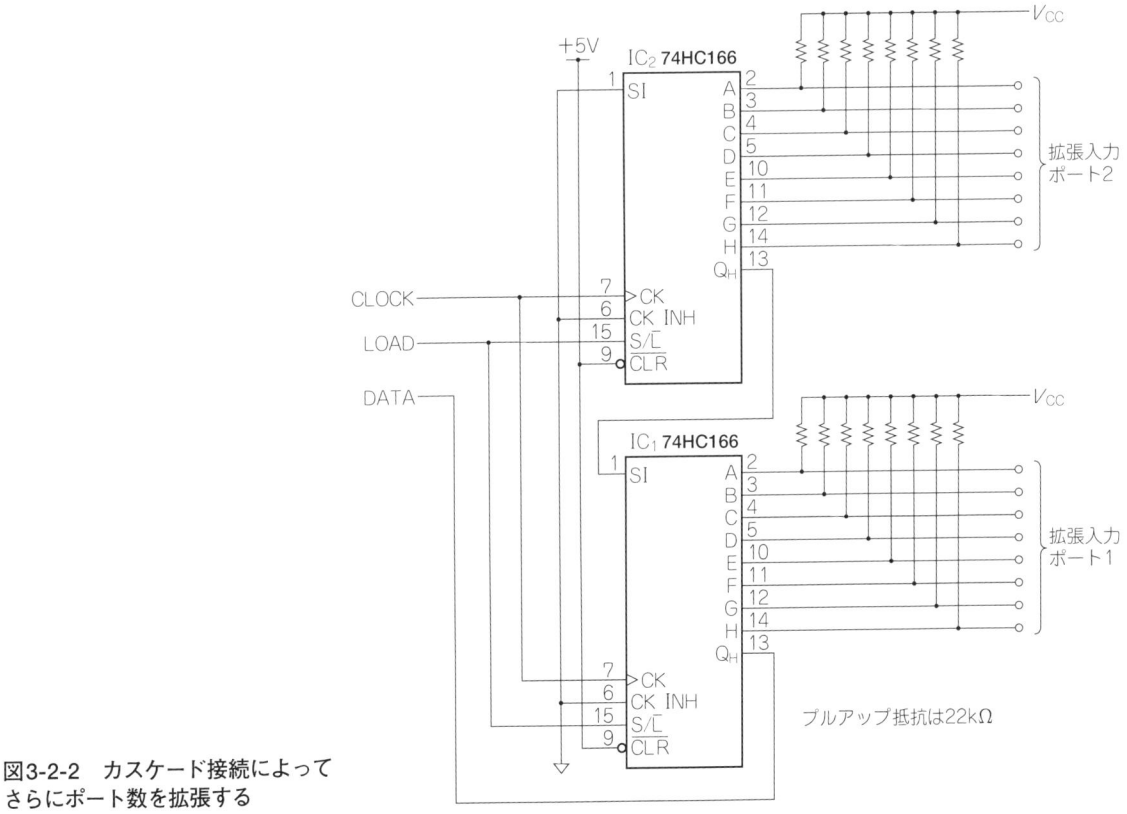

(a) 回路図

(b) タイムチャート

**図3-2-2　カスケード接続によって
さらにポート数を拡張する**

　マイコンの出力ポートからの操作は次の通りです．**図3-2-1**を見てください．まず$\overline{\text{LOAD}}$信号を送り，入力データをラッチします．この時点でビット7(H)のデータが出力されるので読み取ります．クロックを1パルス送るとビット6(G)のデータが出力されるのでこれを読み取ります．このようにクロックを送りながら順次8回でデータを読み取ります．読み取ったデータをメモリ上にシフト命令で展開すると，もとの8ビット・データが再現されます．**図3-2-2**のように74HC166を複数個カスケード接続すれば，16ビッ

図3-2-3 データ・セレクタ74HC151による入力ポート数の拡張

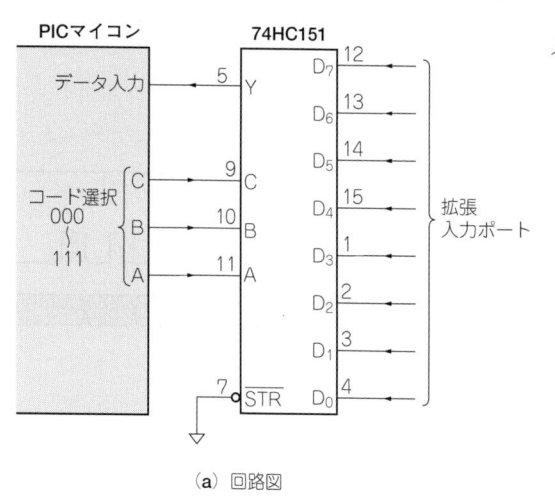

ト，24ビット，…と入力数を増やせます．

■ データ・セレクタを使う方法

図3-2-3がその回路です．74HC151などのデータ・セレクタは，選択信号（A，B，C）によって複数の信号ラインのうち一つを選択することができます．このためシフトレジスタと違い，リアルタイムで一つの信号ラインの変化を捕らえることができるので，1本のラインを監視するのに適します．この方法は高速にデータを読み取れる反面，8ビット・データを取り込むのに必要な線が4本，16ビットの場合は5本とシフトレジスタに比べてI/O数を使用してしまいます．

3-3　I/OエキスパンダMCP23008

■ I/Oエキスパンダとは

マイクロチップ・テクノロジー社のI/OエキスパンダMCP23008はワンチップ・マイコンのI/Oポートを拡張するための専用デバイスです．図3-3-1に内部ブロック図，図3-3-2にピン配置を示します．I^2Cインターフェースによって8ビット16ビットのI/Oポートを拡張できます．シリーズとしては表3-3-1に示すデバイスがあります．

拡張したI/Oポートは入出力をビットごとに指定でき，入出力混在させて使えます．また，割り込み機能をもち，PICマイコンの外部割り込み端子を使って割り込み信号を拡張できる利点があります．

I/Oエキスパンダの利点として以下のような点があげられます．

- コストの安い小さなPICマイコンにI/Oを拡張できる．

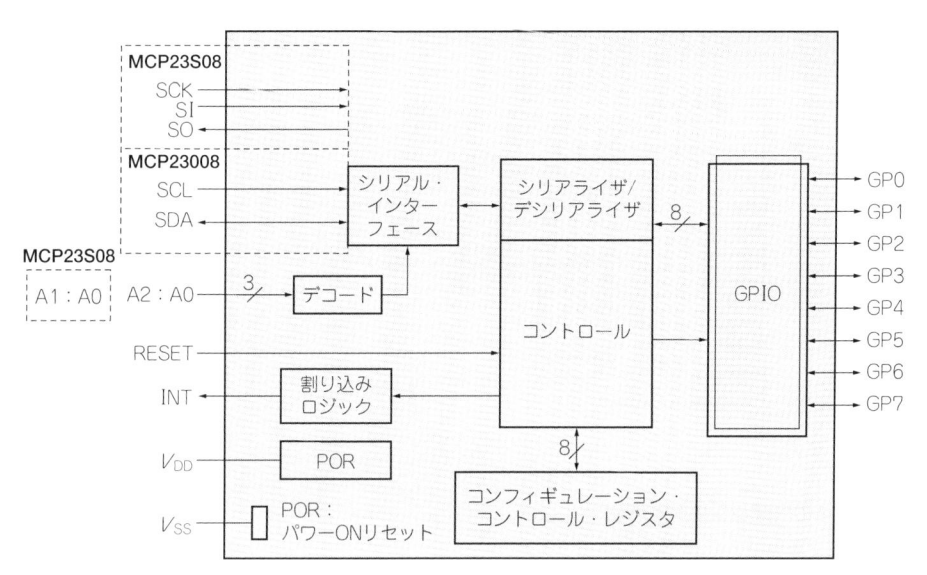

図3-3-1　I/OエキスパンダMCP23008のブロック図

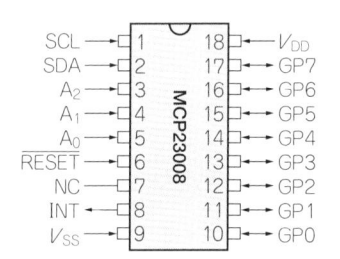

図3-3-2　I/OエキスパンダMCP23008のピン配置

表3-3-1　I/Oエキスパンダのラインアップ

型名	I/O数	マイコン・インターフェース	パッケージ
MCP23008	8	I^2C	18 ピン DIP/SOIC
MCP23S08	8	I^2C	18 ピン DIP/SOIC
MCP23S17	16	SPI	28 ピン DIP/SOIC
MCP23017	16	SPI	28 ピン DIP/SOIC

- 操作パネルのスイッチやLED表示などの独立ユニットと少ない信号線で接続できる．
- マイコン基板のI/O配線を分散することで，基板上の部品密度を高められる．
- マイコンの電流出力には制限があるため，I/Oを分散させることで電流集中を防げる．

■ MCP23008の概要

　このICは電源電圧＋2～5Vで動作し，各I/OピンはPICマイコンと同様に20mAの駆動ができます．I^2Cではアドレス指定により最大8デバイスを，SPIでは最大4デバイスをカスケード接続できます．**図3-3-3**はMCP23008の使用例で，**写真3-3-1**はその外観です．

　1ポートあたり**表3-3-2**のようなレジスタをもっています．

　IODIRレジスタはビットごとにポートの方向を指定します．入力ポートは，プルアップ抵抗（100kΩ）の指定，入力論理指定ができます．実際のポートはGPIOレジスタです．

　IOCONレジスタはデバイスの初期化のためのレジスタで，起動時に通信手順の設定や割り込みピンのモード指定などを設定します．

図3-3-3 MCP23008の内蔵レジスタ使用例

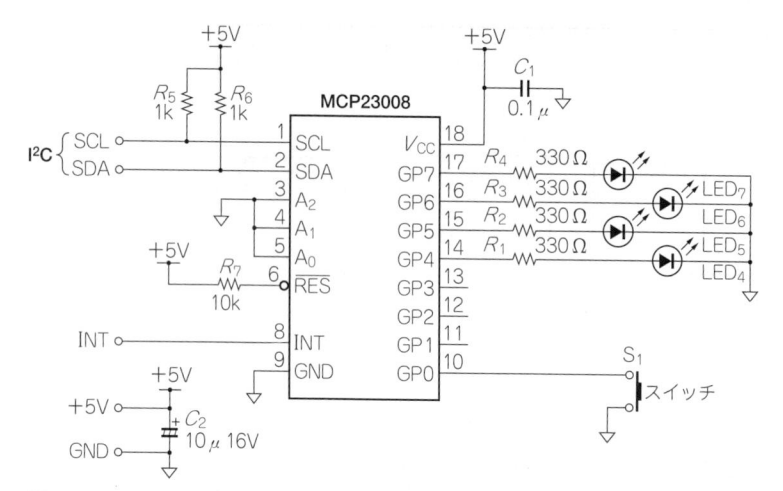

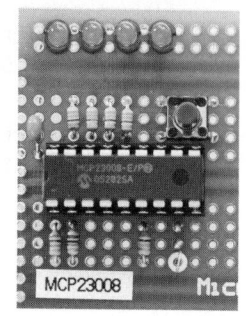

写真3-3-1 I/OエキスパンダMCP23008（マイクロチップ・テクノロジー）

表3-3-2 MCP23008の内蔵レジスタ

内部レジスタ名	アドレス(hex)	機能
IODIR	00	方向指定レジスタ
IPOL	01	入力反転指定レジスタ
GPINTEN	02	割り込み有効指定レジスタ
DEFVAL	03	割り込み用比較値設定レジスタ
INTCON	04	数値比較割り込み有効指定レジスタ
IOCON	05	デバイス機能設定レジスタ
GPPU	06	プルアップ抵抗指定レジスタ
INTF	07	割り込みフラグ・レジスタ
INTCAP	08	割り込みポート・キャプチャ・レジスタ
GPIO	09	I/Oポート
OLAT	0A	ラッチ・ポート(高速出力ポート)

■ I²C通信でMCP23008を制御するプログラム例

プログラム例を**リスト3-3-1**に示します．このプログラムは初期化の後，四つのLEDを0.4秒ごとに順に点灯していき，すべてが点灯したままになります．

レジスタやポートをアクセスするための関数として，下記を作成しました．

▶初期化ルーチン

`void InitMCP23008(void)`

▶レジスタ設定ルーチン(adr：レジスタ・アドレス, dat：出力データ)

`void MCP23008_SetREG(unsigned char adr,unsigned char dat)`

▶レジスタ読み出しルーチン(adr：レジスタ・アドレス)

`unsigned char MCP23008_InPort(unsigned char adr)`

▶ポート出力専用ルーチン(dat：出力データ)

`void MCP23008_OutPort(unsigned char dat)`

`Delay10TCYx()`や`Delay10KTCYx()`は，遅延時間を作るソフトウェア・タイマです．前者は10命令サイクル，後者は10000命令サイクルを指定した回数だけループして遅延時間を作ります．たとえば，`Delay10KTCYx(100)`は10000×100命令を実行しますので，その所要時間Tは水晶発振子の周波数を

リスト3-3-1① MCP23008のドライバ・ルーチン ［MA224＋拡張ボード，PIC18F452（10MHz），C18コンパイラ］

```c
#include <delays.h>
#include <i2c.h>                //ライブラリ必要

//MCP23008 初期化ルーチン
void InitMCP23008(void)
{
        MCP23008_SetREG(0x05,0b000000);       //<Conig>
        MCP23008_SetREG(0x06,0b00001111);     //<GPPU>
        MCP23008_SetREG(0x00,0b00001111);     //<IODIR>
        MCP23008_SetREG(0x01,0b00001111);     //<IPOL>
        MCP23008_SetREG(0x02,0b00000001);     //<GPINTEN>
        MCP23008_SetREG(0x07,0b00000000);     //<INTF>
}

//MCP23008 Set REG ルーチン
void MCP23008_SetREG(unsigned char adr,unsigned char dat) {
        StartI2C();             //Send start
        Delay10TCYx(10);
        WriteI2C(0b01000000);   //Out Adder
        Delay10TCYx(10);
        WriteI2C(adr);          //Select REG
        Delay10TCYx(10);
        WriteI2C(dat);          //Set Data
        Delay10TCYx(10);
        StopI2C();              //Send stop
        Delay10TCYx(10);
}

//MCP23008 REG Read ルーチン
unsigned char MCP23008_InPort(unsigned char adr) {
        unsigned char s;

        StartI2C();             //Send start
        Delay10TCYx(10);
        WriteI2C(0b01000000);   //Out Adder
        Delay10TCYx(10);
        WriteI2C(adr);          //Select REG
        Delay10TCYx(10);
        StopI2C();              //Send stop
        Delay10TCYx(10);
        StartI2C();             //Send start
        Delay10TCYx(10);
        WriteI2C(0b01000001);   //Out Adder
        Delay10TCYx(10);
        s = ReadI2C();          //In data
        Delay10TCYx(10);
        StopI2C();              //Send stop
        Delay10TCYx(10);
        return s;
}

//MCP23008 Port Out ルーチン
void MCP23008_OutPort(unsigned char dat) {
        StartI2C();             //Send start
        Delay10TCYx(10);
        WriteI2C(0b01000000);   //Out Adder
        Delay10TCYx(10);
        WriteI2C(0x09);         //Select REG <PORT>
        Delay10TCYx(10);
        WriteI2C(dat);          //Set Data
        Delay10TCYx(10);
        StopI2C();              //Send stop
```

リスト3-3-1② MCP23008のドライバ・ルーチン ［MA224＋拡張ボード，PIC18F452(10MHz)，C18コンパイラ］

```
        Delay10TCYx(10);
}

//メイン処理参考
void main(void) {
        TRISD = 0;
        TRISCbits.TRISC3=1;
        TRISCbits.TRISC4=1;
        SSPADD = 15;
        OpenI2C(MASTER, SLEW_ON);

        InitMCP23008();         //初期化

        while(1) {
                MCP23008_OutPort(0x80);        //Display LED b7
                Delay10KTCYx(100);
                MCP23008_OutPort(0x40);        //Display LED b6
                Delay10KTCYx(100);
                MCP23008_OutPort(0x20);        //Display LED b5
                Delay10KTCYx(100);
                MCP23008_OutPort(0x10);        //Display LED b4
                Delay10KTCYx(100);
                PORTD = MCP23008_InPort(0x9);
        }
}
```

f_{xtal} [Hz] とすると，

$$T = \frac{f_{xtal}}{4} \times 10000 \times 100 = \frac{10 \times 10^6}{4} \times 10000 \times 100 = 0.4 \text{ [sec]} \cdots\cdots\cdots\cdots\cdots (3\text{-}3\text{-}1)$$

から，0.4秒となります．ただし，この関数は数%の誤差があります．

第4章

リレー，フォト・カプラ，iCouplerトランス，商用交流制御など

絶縁インターフェース

電力負荷をマイコンと共通の電源ラインで制御すると，負荷の動作に伴う電圧変動やノイズなどが電源ラインを通じてマイコン側へ侵入し，異常を引き起こすことがあります．また，AC100Vのような商用交流は片側が接地されているため，接地されていない側に人間が触れると感電することがあります．

マイコンと負荷を絶縁すれば，これらの問題を解決できます．本章ではそれらを紹介します．

4-1　リレーによる絶縁接点出力

■ リレーについて

写真4-1-1は代表的なリレーの形状です．リレーは図4-1-1のように電磁石とスイッチからなる構造で，電磁石に電流を流して励磁すると，接点が動いてONまたはOFFになるしくみです．接点と電磁石が完全に独立しているので，高い絶縁耐圧が期待できます．直流でも交流でも，リレーによっては高周波を含むような電気信号もON/OFF可能です．もちろん電磁石側と負荷側のグラウンドを共通に接続する必要もありません．

写真4-1-1　代表的なリレーの形状

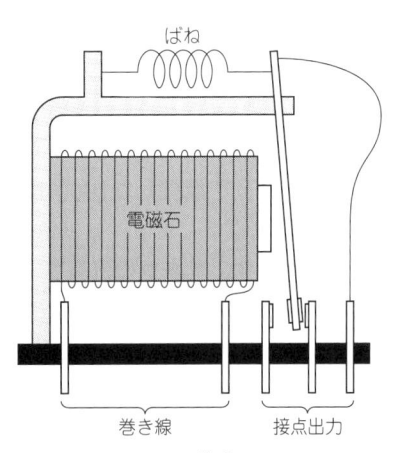

図4-1-1　リレーの構造

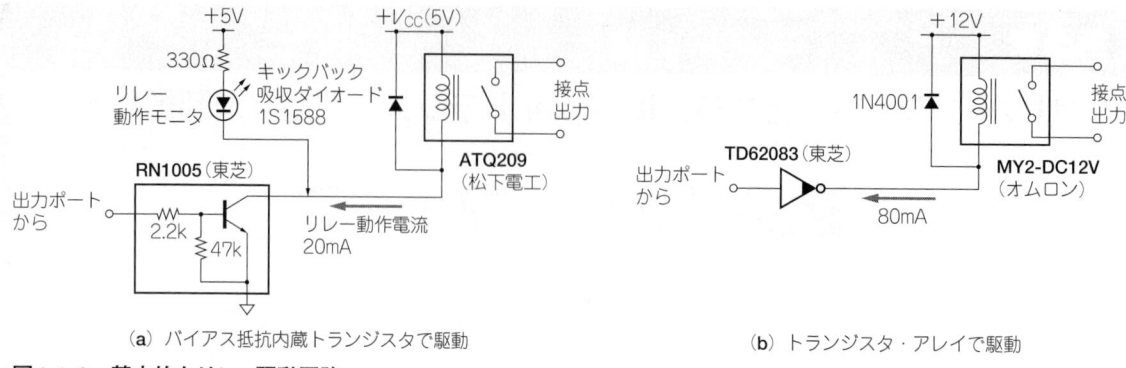

図4-1-2　基本的なリレー駆動回路

（a）バイアス抵抗内蔵トランジスタで駆動　　　（b）トランジスタ・アレイで駆動

■ 基本的な駆動回路

図4-1-2が基本的な駆動回路です．リレーの電磁石は一般に10mA以上が必要で，マイコンで駆動するには，その巻き線を吸い込み型の電流増幅回路で駆動します．電磁石の巻き線は大きなインダクタンスを持つ誘導負荷です．このため電流を切るときに大きな逆起電力（キックバック電圧，サージ電圧）が発生し，駆動用のトランジスタを破壊してしまいます．この電圧を抑えるためにダイオードをコイルと並列に接続します．このダイオードを内蔵したリレーもあり，マイコン制御には使いやすいでしょう．

なお，リレーの動作状態をモニタするためにコイルと並列にLEDを接続しておくと便利です．

リレーは簡単に確実な絶縁インターフェースを得ることができますが，消費電力が多く，形状が大きく，動作速度が遅く，寿命が短いなど欠点の多い部品でもあります．

接点容量が2A以下ならDIP-ICと同程度のサイズでプラスチック・モールドされた市販品があり，基板に実装しやすいものです．松下電工のTQリレーは，さらに小型で高密度実装ができます．

4-2　フォト・カプラによる入力と出力

フォト・カプラはリレーより長寿命であり，ディジタル信号のアイソレーションに広く使用されています．代表的なフォト・カプラはLEDとフォト・トランジスタを組み合わせた構成です．電流を流しLEDが点灯すると，その光をフォト・トランジスタが受光してON（$V_{CE} = 0V$）になります．フォト・カプラ経由で負荷を駆動する場合，マイコンのI/Oポートから見るとLEDそのものです．出力トランジスタは，完全に絶縁された状態でON/OFFできることから自由な回路を構成可能です．

■ フォト・カプラで絶縁した出力ポート

図4-2-1に回路例を示します．ηは電流伝達比と呼ばれ，フォト・カプラの入出力電流の比です．設計時は$\eta = 0.5$とします．代表的な汎用フォト・カプラTLP521シリーズの外観を写真4-2-1に，ピン配置を図4-2-2にそれぞれ示します．

図4-2-3は1kHzパルスでTLP521を駆動した場合の入出力波形です．負荷抵抗$R_L = 1k\Omega$ならきれいな矩形波が得られています．出力波形の立ち下がりはフォト・トランジスタなので高速ですが，立ち上がりは抵抗R_Lに依存するので，$R_L = 10k\Omega$だと立ち上がりが鈍っています．

汎用フォト・カプラは伝搬遅延があって，応答周波数はだいたい1kHz以下です．これが高速パルスを

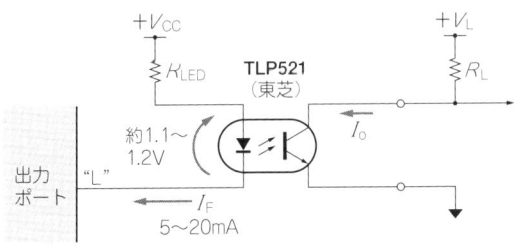

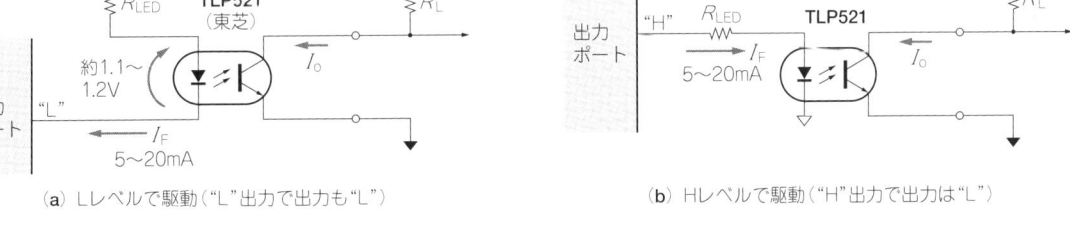

(a) Lレベルで駆動("L"出力で出力も"L")

(b) Hレベルで駆動("H"出力で出力は"L")

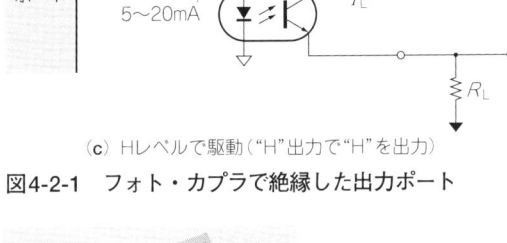

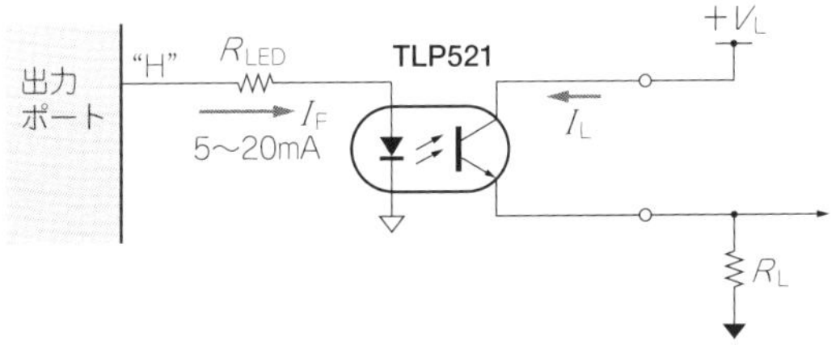

(c) Hレベルで駆動("H"出力で"H"を出力)

図4-2-1 フォト・カプラで絶縁した出力ポート

$$R_{LED} = \frac{V_{CC} - 1.2}{I_F}, \quad I_o = \eta I_F, \quad R_L = \frac{V_L}{I_o}$$

$\eta ≒ 4.5$ 程度

⇂ はマイコン側GND　↡ は絶縁出力側GND

写真4-2-1 汎用フォト・カプラTLP521シリーズ(東芝)

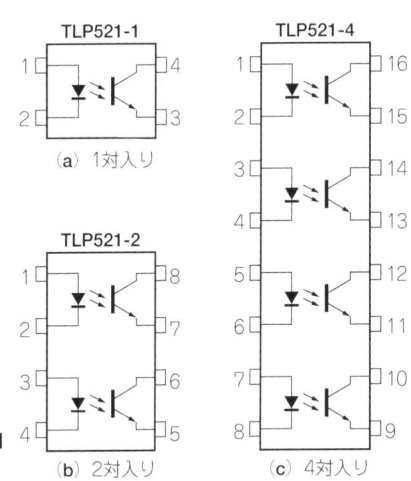

(a) 1対入り

(b) 2対入り

(c) 4対入り

図4-2-2 汎用フォト・カプラTLP521シリーズ(東芝)のピン配置

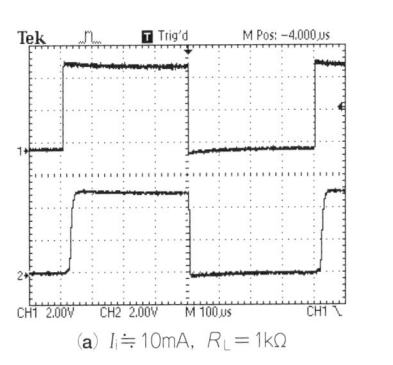

(a) $I_i ≒ 10mA$, $R_L = 1k\Omega$

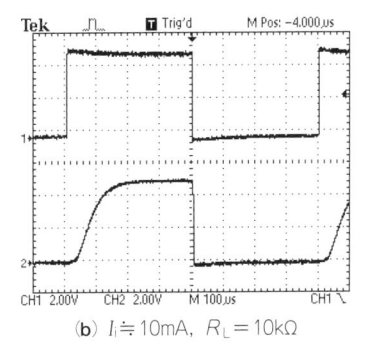

(b) $I_i ≒ 10mA$, $R_L = 10k\Omega$

図4-2-3 1kHzパルスでTLP521を駆動した場合の入出力波形(100 μs/div., 2V/div.)

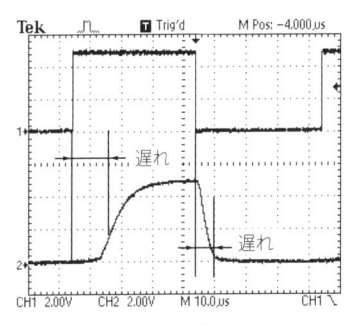

図4-2-4 12.5kHzパルスでTLP521を駆動した場合の入出力波形(10 μs/div., 2V/div.)

4-2 フォト・カプラによる入力と出力

図4-2-5 フォト・カプラで絶縁した入力ポート
(a) 基本的な回路
(b) ノイズ環境が厳しい場合

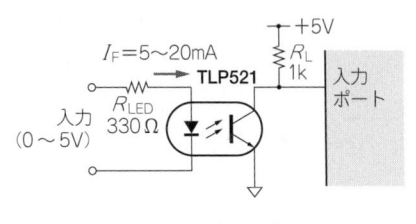

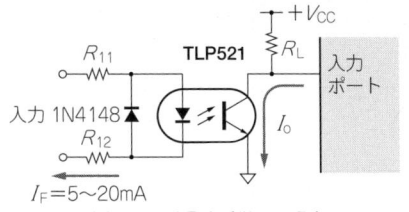

写真4-2-2 高速フォト・カプラ6N136

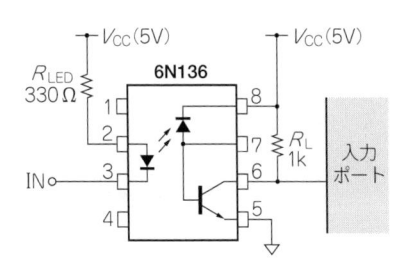

図4-2-6 500kHzまで応答する高速フォト・カプラ6N136

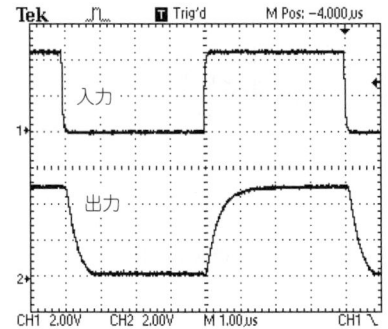

図4-2-7 6N136に125kHzを入力したときの入出力波形（1 μs/div., 2V/div.）

伝送できない原因になっています．図4-2-4は12.5kHzを入力した場合で，遅延がはっきりわかります．

■ フォト・カプラで絶縁した入力ポート
　機械系の装置から電気信号や接点信号を受ける場合などにフォト・カプラを使えば，グラウンド系を分離したインターフェースが可能です．フォト・カプラを入力に使用すると，機械系のノイズがマイコン系に侵入しにくい，外部から混入する静電気や高電圧からマイコンを保護できるといった利点があります．
　図4-2-5が回路例です．ノイズ環境が厳しい場合は抵抗を分割して外部からのノイズを侵入しにくくしたり，逆方向電圧からLEDを保護するダイオードを付加したりします．

■ 高速フォト・カプラ
　6N136（写真4-2-2）は，トランジスタ・バッファを内蔵した500kHzまで応答する高速フォト・カプラです．図4-2-6の回路に125kHzを入力して実測したのが図4-2-7の波形です．

4-3　iCouplerトランスによるアイソレーション

■ iCouplerとは

　アナログ・デバイセズ社のiCouplerは，パルス・トランス絶縁によるディジタル信号伝送デバイスです．パルス・トランスはLANなどのインターフェースでよく使われています．iCouplerは，半導体プロセスによるパルス・トランスと，高速CMOSロジックによる送受信エンコーダ/デコーダをモノリシックICに集積したもので，ユーザはトランスを意識することなくディジタル的に利用できます．

　伝送周波数は最大12.5MHzであり，NRZデータに換算の伝送速度は最大25Mbpsです．トランスを使っていますが，直流から伝送できます．入力側と出力側は絶縁されているため，内部回路を駆動する電源やグラウンドも独立しています．電源電圧は2.7～5Vです．

　図4-3-1に回路図，写真4-3-1に外観をそれぞれ示します．ADuM1200は1チップに単方向2チャネル，ADuM1201は送受各1チャネルを内蔵しています．

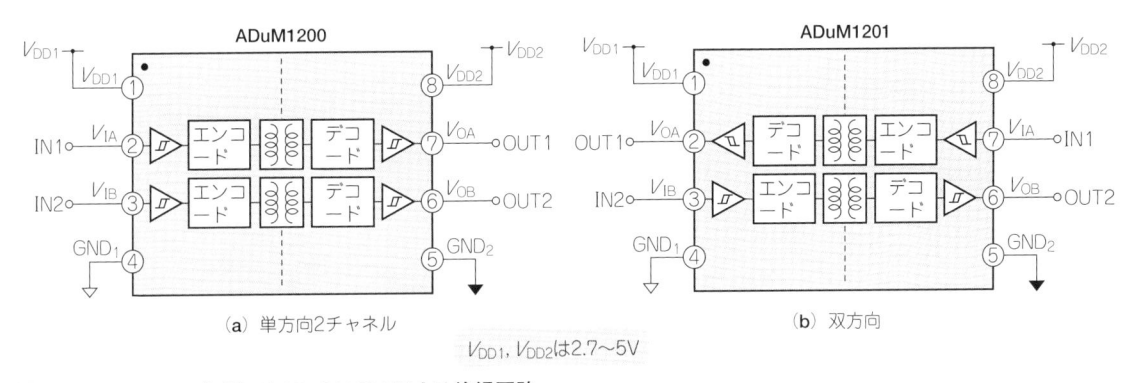

図4-3-1　iCouplerトランスADuM1200による絶縁回路

写真4-3-1　iCouplerトランスADuM1200
（アナログ・デバイセズ）

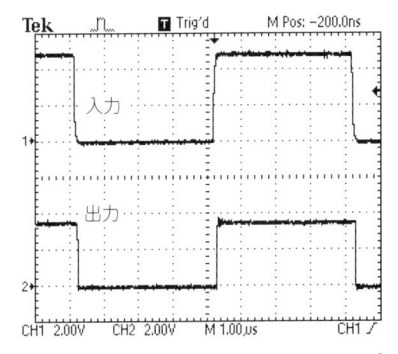

図4-3-2　図4-3-1の回路に125kHzパルスを入力したときの入出力波形（1μs/div.，2V/div.）

■ 動作波形

図4-3-2は約125kHzの信号を通したようすです．入力側を電源電圧5V，出力側を同3Vで駆動しています．

4-4　AC電源ラインの制御

I/OポートからAC100V等の商用電源に接続された負荷を制御する場合は，安全のため必ずアイソレーションします．リレーを利用するのが簡単ですが，電子的にはフォト・トライアック・カプラを使うのが簡単です．

図4-4-1が回路例です．フォト・トライアック・カプラTLP561は，ゼロ・クロス・トリガ回路を内蔵しています．マイコンのI/Oポートからの制御に対し，負荷側の交流電圧が0VになったときにON/OFFするのがゼロ・クロス・トリガ回路です．交流電圧がゼロのときにスイッチがONになることで通電直後の過大電流や，それによるノイズの発生を低減できます．

フォト・トライアックの出力は小さいため，図ではさらに大電力のトライアックを接続しています．ヒータを制御して温度コントロールをするようなアプリケーションに適します．

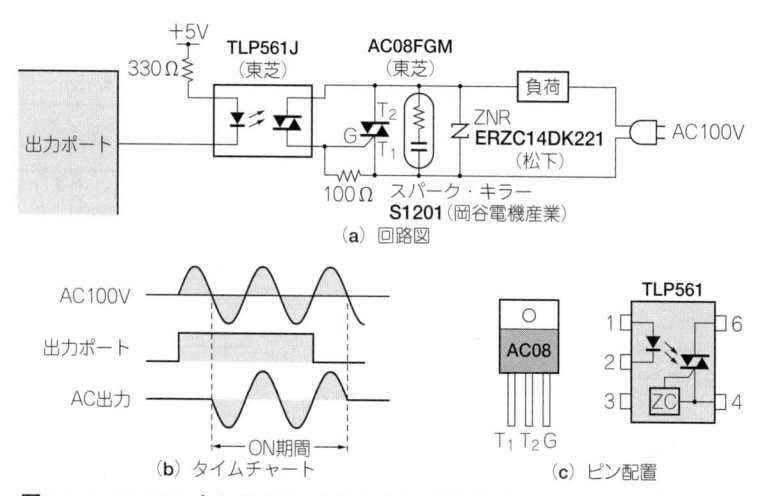

図4-4-1　TLP561とトライアックによるAC電源ラインのON/OFF回路

第5章

LED，LCD，蛍光表示管，スイッチ，キーボード，可変抵抗，サウンダなど

フロント・パネル・インターフェース

ここでいうフロント・パネル・インターフェースとは，マイコン応用機器と人間を結ぶヒューマン・インターフェースのことです．単なる各種表示器，操作スイッチ/ノブ，発音器などがあります．本章ではそれらとのインターフェース例を説明します．

5-1 LEDランプの駆動

■ LEDの特性

LED（発光ダイオード）は，私たちの生活のあらゆる場所に使用されるデバイスになりました．LEDはダイオードそのものですから，その特性もダイオードと同じ性質があります．

図5-1-1はLEDの順方向特性の例です．図からわかるように赤・黄・緑色などは順方向電圧 $V_F ≒ 2V$，白・青・紫外などは $V_F ≒ 3.5V$，フォト・カプラやリモコンに使われる赤外線用は $V_F ≒ 1.2V$ です．順方向電流は用途によりますが，だいたい5〜20mAで使います．高輝度タイプでは約半分の電流でドライブできます．図5-1-2はLEDに応じた電流制限抵抗の例です．

PICマイコンは出力ピンあたり最大20mAの電流を出力できることから，5V電源では電流制限抵抗として直列に220〜470Ω程度を入れれば使えます．

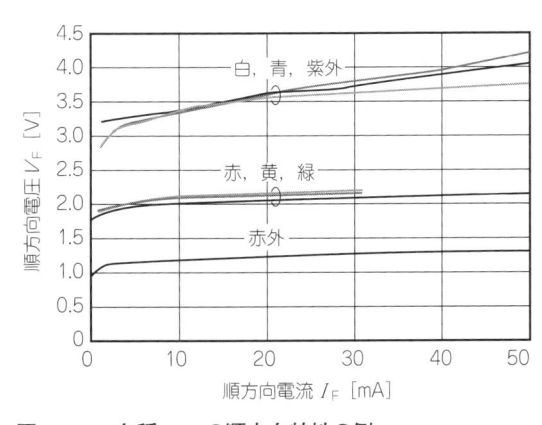

図5-1-1 各種LEDの順方向特性の例

図5-1-2 各種LEDの順方向特性と電流制限抵抗

波長[nm]		V_F	I_F	R_{LED}（+5V電源）	R_{LED}（+3V電源）
430	紫外線 ↑				
	青	3V	20mA	100Ω	10〜20Ω
460					
	青緑				
500					
	緑	2V	18mA	180〜220Ω	47〜56Ω
570					
	黄				
590					
	橙	2V	15mA	220〜330Ω	56〜100Ω
610					
	赤				
780	↓ 赤外線				

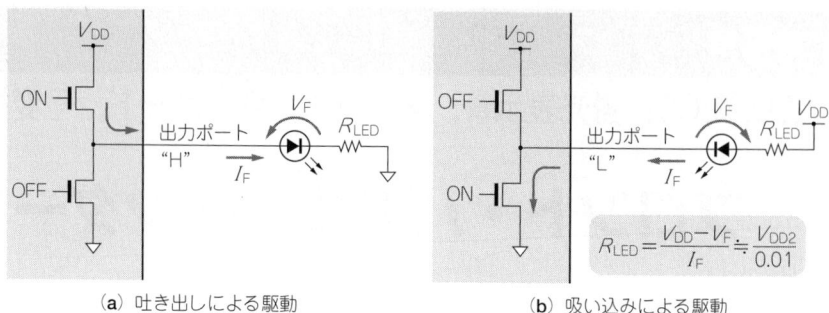

図5-1-3　LEDの駆動回路　　(a) 吐き出しによる駆動　　(b) 吸い込みによる駆動

$$R_{LED} = \frac{V_{DD} - V_F}{I_F} \fallingdotseq \frac{V_{DD2}}{0.01}$$

■ プログラム例

　PICマイコンの出力ピンは吐き出し/吸い込みとも可能ですが，ポートにHレベルを出力したときに点灯する方がプログラム的にはわかりやすいと思います．図5-1-3に回路例を示します．
　LEDをポートBのb0(ビット0)に接続したときの最も単純なプログラムは，以下のようになります．
　ビット・セット命令(BSF)，ビット・クリア命令(BCF)で操作します．マイコンの種類によっては吐き出し電流値と吸い込み電流が異なるものや，ドライブ能力が不十分なこともあります．

▶アセンブリ言語の記述例

```
BSF  PORTB,0          ;LED点灯
BCF  PORTB,0          ;LED消灯
```

▶C言語の記述例

```
LATBbits.LATB0=1;    //LED点灯
LATBbits.LATB0=0;    //LED消灯
```

5-2　7セグメントLED表示器のスタティック駆動

■ 7セグメントLED表示器

　数字表示のための7個のLEDと小数点(DP)表示のための1個のLEDで1桁を構成した写真5-2-1のようなものが代表的です．図5-2-1にセグメント名との対応などを示します．内部接続によってカソード・コモンとアノード・コモンの2種類があります．

■ デコーダ・ドライバICによるスタティック駆動

　マイコンからBCDコードを出力し，7セグメント表示器専用のデコーダ・ドライバICを使って，コードに相当する数字を表示する方法です．回路を図5-2-2に示します．74HC4511は汎用ロジックICであり，各社から同様の型名で発売されています．ABCDの各入力に0～9に相当するBCDコードを与えると，数字に対応したセグメントが点灯します．1桁あたり4本の線が必要なので，8ビット・ポートなら2桁を表示できます．
　各セグメントはコードに応じて常に点灯しており，このような表示方法を「スタティック駆動」（スタティック・ドライブ）といいます．後述する「ダイナミック駆動」のようなチラつきを考慮する必要があ

写真5-2-1 7セグメントLED表示器

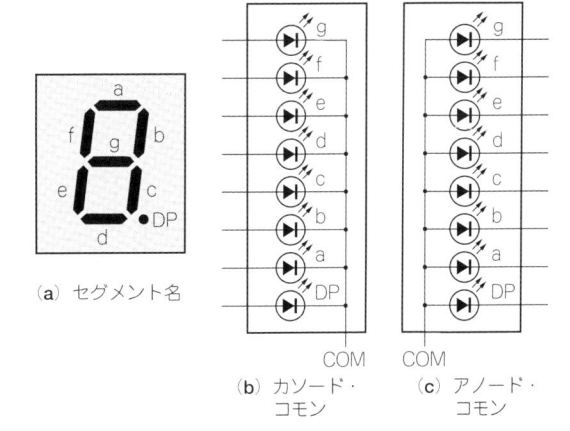

(a) セグメント名

(b) カソード・コモン

(c) アノード・コモン

図5-2-1 7セグメントLED表示器の内部接続とセグメント名

(a) 回路図

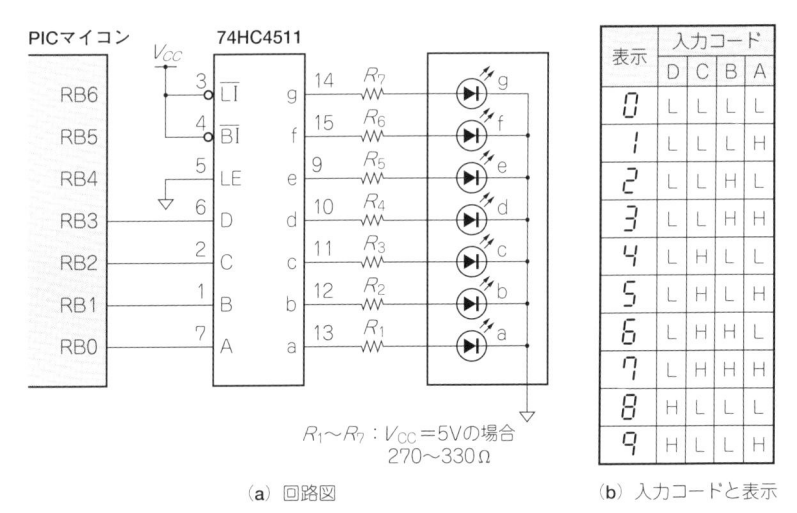

R_1〜R_7：V_{CC}＝5Vの場合 270〜330Ω

(b) 入力コードと表示

図5-2-2 74HC4511による7セグメントLED表示回路

りません．

　なお，74HC4511には制御信号が3本あります．$\overline{LT}$はランプ・テストで，Lレベルにするとすべてのセグメントが点灯します．$\overline{BI}$はブランキング入力で，Lレベルにするとすべてのセグメントが消灯します．また，Ah〜Fhのコードを入力しても消灯します．LEはラッチ・イネーブルであり，Hレベルでラッチされます．この機能をうまく使い，データ線をバス形式にすれば，多くの桁を少ない信号線で制御可能です．デコーダを利用するとWレジスタの数値をそのままポートへ出力するだけ表示できるのでプログラムは大変簡単になり，次に述べるプログラムによるセグメント・デコードに比べてI/Oポート数も約半分ですみます．

　しかし，7セグメントLEDデコーダ・ドライバを使う方法は，表示できる文字が基本的には0〜9に限定され，自由なパターンを表示できません．また，桁数が少ないうちはハードウェアがシンプルですが，桁数が増えてくると，そういえなくなってきます．

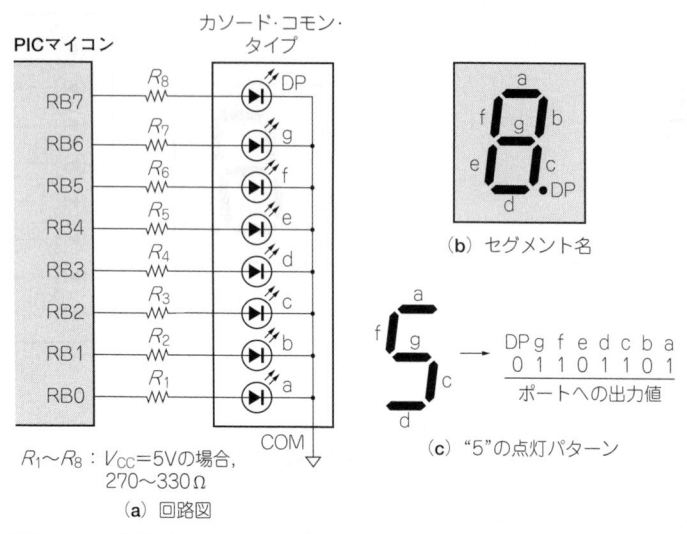

図5-2-3 出力ポートから7セグメントLEDを直接駆動する回路

■ ソフトウェア・デコーダによるスタティック駆動

　図5-2-3のようにポートBの各ビットに各セグメントを対応させて接続すると，7セグメントLEDに数字の"5"を表示したい場合，a，c，d，f，gの五つのLEDを点灯させればよいことがわかります．
　このときプログラムは次のように記述すれば良いはずです．
▶アセンブリ言語の記述例
```
    MOVLW B'01101101'
    MOVWF PORTB
```
▶C言語の記述例
```
    PORTB=0b01101101;
```
　つまりポートBへ6Dhを出力すれば数字の"5"を表示できます．これをもっと汎用的にするため，Wレジスタの値に応じて変換テーブルにある表示パターンをWレジスタにセットするサブルーチンが**リスト5-2-1**と**リスト5-2-2**です．
　アセンブリ言語では，表示したい数字の数値をWレジスタにロードしてからサブルーチンCNV7をコールすると，WレジスタにLEDの点灯パターンをロードしてくれますから，それをポートBへ書き込みます．
　C言語では変換テーブルをconst romの定数配列として宣言することで，メイン・ルーチンから配列として扱うことができます．
　このソフトウェア・デコーダなら，外付けのデコーダ・ドライバICが不要ですが，8ビット・ポート一つで1桁ぶんしか表示できません．

リスト5-2-1　7セグメントLED表示のプログラム(アセンブリ言語)

```
DSP7    MOVWF   TEMP            ;TEMPはワーク
        RLNCF   TEMP,W
        ANDLW   H'1F'
        CALL    CNV7            ;サブルーチンCNV7をコール
        MOVWF   PORTB           ;Wレジスタの内容に応じてLEDを点灯
        RETURN

CNV7    ADDWF   PCL,F           ;7セグメント・データ変換サブルーチン
        RETLW   B'00111111' ;0
        RETLW   B'00000110' ;1
        RETLW   B'01011011' ;2
        RETLW   B'01001111' ;3
        RETLW   B'01100110' ;4
        RETLW   B'01101101' ;5
        RETLW   B'01111101' ;6
        RETLW   B'00100111' ;7    各セグメントに対応する
        RETLW   B'01111111' ;8    ビットの変換テーブル
        RETLW   B'01101111' ;9
        RETLW   B'01110111' ;A
        RETLW   B'01111100' ;B
        RETLW   B'00111001' ;C
        RETLW   B'01011110' ;D
        RETLW   B'01111001' ;E
        RETLW   B'01110001' ;F
```

リスト5-2-2　7セグメントLED表示のプログラム(C言語)

```c
PORTB = SEGTBL[8];  //メイン・ルーチン内

const rom unsigned char SEGTBL[16] =
{
    0b00111111, //0
    0b00000110, //1
    0b01011011, //2
    0b01001111, //3
    0b01100110, //4
    0b01101101, //5
    0b01111101, //6
    0b00100111, //7    各セグメントに対応する
    0b01111111, //8    ビットの変換テーブル
    0b01101111, //9
    0b01110111, //A
    0b01111100, //B
    0b00111001, //C
    0b01011110, //D
    0b01111001, //E
    0b01110001, //F
};
```

5-3　7セグメントLED表示器の多桁ダイナミック駆動

■ ダイナミック駆動とは

　セグメント信号と桁信号に分け，1桁ごとに順番に点灯する方法をダイナミック駆動（ダイナミック・ドライブ）と呼びます．これは多桁の表示器を駆動する配線数や回路規模を最小限にするために考えられた手法です．たとえば4桁の7セグメントLED表示器をスタティック駆動すると，4×7＝28本の線が必要になりますが，これを図5-3-1のように桁とセグメントのマトリックスに分割して駆動すると4＋7＝11本の線で駆動できます．8桁に増やしても8＋7＝15本の線ですみます．

　ダイナミック駆動では，アニメーションのコマ送りのように1桁ずつ数字を表示し，素早く桁切り替え（スキャン，走査）をすると視覚の残像によって，全桁が同時に点灯しているように見えることを利用しています．

　配線数が減るとはいえ，桁数ぶんのドライブ回路が必要で，プログラムも複雑になります．また，桁数を増やすと1桁あたりの点灯時間が減り輝度が低下することから，8桁以上は実用的ではありません．このため高輝度が求められる屋外使用にはあまり適していません．最近の高輝度LEDはダイナミック駆動しても輝度を確保しやすいので有効です．

　LEDはスタティック駆動の場合，1セグメントあたり10～20mAで使用しますが，ダイナミック駆動では輝度を上げるために40mA程度のパルス電流を流します．パルス駆動のため，LEDにダメージを与えることはありませんが，デバッグ中になんらかの原因で常時点灯状態になるとLEDを傷めてしまいます．桁ドライブは8桁ならば，40mA×8＝320mAとかなり大電流が求められます．ポートから駆動するには，電流増幅率の大きいダーリントン・トランジスタが便利です．セグメント側のドライブは最大40mAなので，あまり大きな電流増幅の必要はありません．

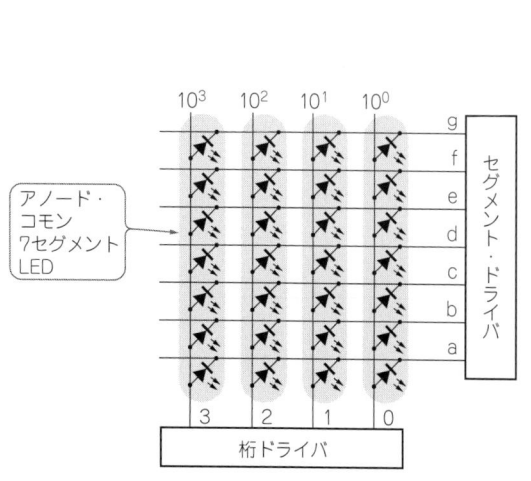

図5-3-1　桁ドライバとセグメント・ドライバで駆動する

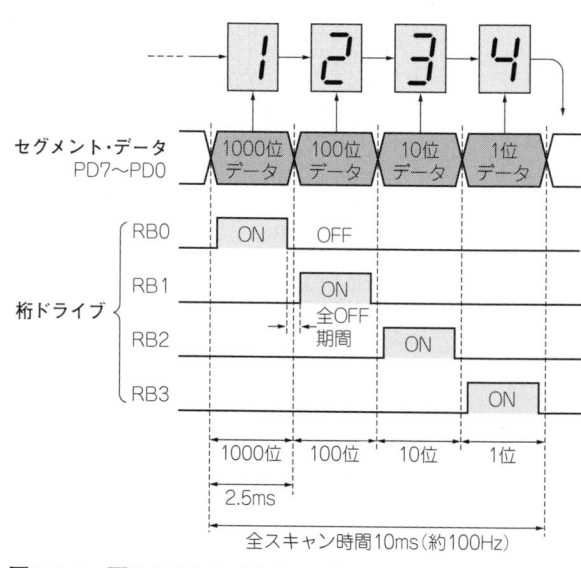

図5-3-3　図5-3-2のタイムチャート

■ 7セグメントLED表示器4桁のダイナミック駆動方法

　回路を図5-3-2，タイムチャートを図5-3-3，プログラムをリスト5-3-1にそれぞれ示します．写真5-3-1は試作した基板ですが，回路図と違って2SB794を8桁ぶん搭載してあります．

　プログラムはタイムチャートのように桁信号とセグメント信号を出力します．LEDの表示パターンはsegTBLの定数配列で固定的に宣言しています．LEDのダイナミック点灯はメイン・ルーチンで動かし，スキャン時間は時間遅延ルーチンで調整しています．実際は2.5ms程度の定周期タイマ割り込みでこのルーチンを駆動します．

(a) 回路図

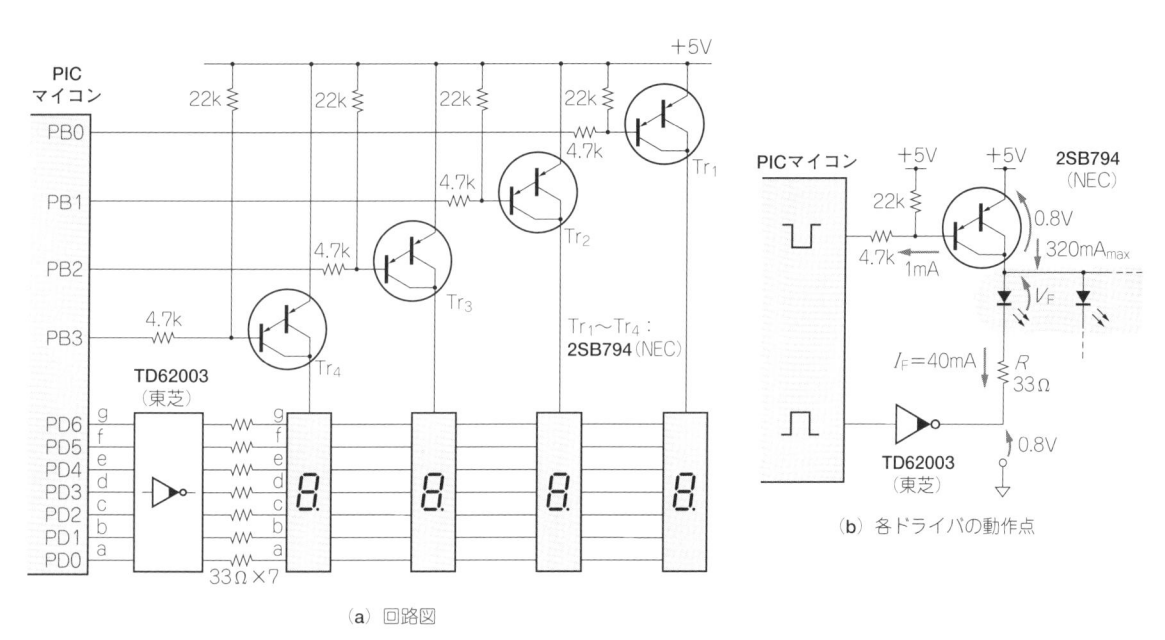

図5-3-2　7セグメントLED表示器4桁のダイナミック駆動回路

(b) 各ドライバの動作点

写真5-3-1　試作した回路

5-3　7セグメントLED表示器の多桁ダイナミック駆動

リスト5-3-1
7セグメントLED表示器4桁のダイナミック駆動プログラム
[MA164N＋ユニバーサル・ボード，PIC18F452(10MHz)，C18コンパイラ]

```c
//    PORTB(0,1,2,3)=桁   PORTD=セグメント(DP,g,f,e,d,c,b,a)
#include <p18f452.h>
#include <delays.h>
const rom unsigned char segTBL[20] =
{
    0b00111111,   //$30 0
    0b00000110,   //$31 1
    0b01011011,   //$32 2
    0b01001111,   //$33 3
    0b01100110,   //$34 4
    0b01101101,   //$35 5
    0b01111101,   //$36 6
    0b00100111,   //$37 7
    0b01111111,   //$38 8
    0b01101111,   //$39 9
    0b01110111,   //$41 A
    0b01111100,   //$42 B
    0b00111001,   //$43 C
    0b01011110,   //$44 D
    0b01111001,   //$45 E
    0b01110001,   //$46 F
    0,0,0,0,
};
void main (void)
{
    unsigned char n , cnt;
    unsigned char LEDBUF[8];        //LEDデータ・バッファ
    TRISD = 0;
    PORTD = 0xFF;
    TRISB = 0;
    PORTB = 0;
    LEDBUF[0] = 1;
    LEDBUF[1] = 2;
    LEDBUF[2] = 3;
    LEDBUF[3] = 4;

    while(1){
        PORTB = 0;//全桁off
        Delay10TCYx(50);
        if(n==0) {
            PORTD = ~segTBL[ LEDBUF[0] ];//Set segment1
            LATBbits.LATB0 = 1;         //第1桁on
        }
        else if(n==1) {
            PORTD = ~segTBL[ LEDBUF[1] ];//Set segment2
            LATBbits.LATB1 = 1;         //第2桁on
        }
        else if(n==2) {
            PORTD = ~segTBL[ LEDBUF[2] ];//Set segment3
            LATBbits.LATB2 = 1;         //第3桁on
        }
        else if(n==3) {
            PORTD = ~segTBL[ LEDBUF[3] ];//Set segment4
            LATBbits.LATB3 = 1;         //第4桁on
        }
        n++;
        n &= 0b11;
        Delay1KTCYx(5);
    }
}
```

このルーチンをタイマ割り込み処理で実行する

全体の割り込み周期が80〜100Hz程度になるような時間を選びます．4桁表示では400Hz（2.5ms）の割り込みがよいでしょう．このループ時間が安定に確保できるなら，割り込み処理を使わずに実現してもかまいません．ただし，全体の周期が60Hzを下回ると文字のちらつきが気になります．桁間の干渉が見られるときは，桁ドライブ・パルス間に全桁OFFの期間を設けると解決します．

ダイナミック駆動は配線量や回路規模を節約できるほか，消費電力を減らせる長所もあります．しかし，LEDの輝度が低くなりがちで，低速スキャンだと表示がちらつく欠点があります．

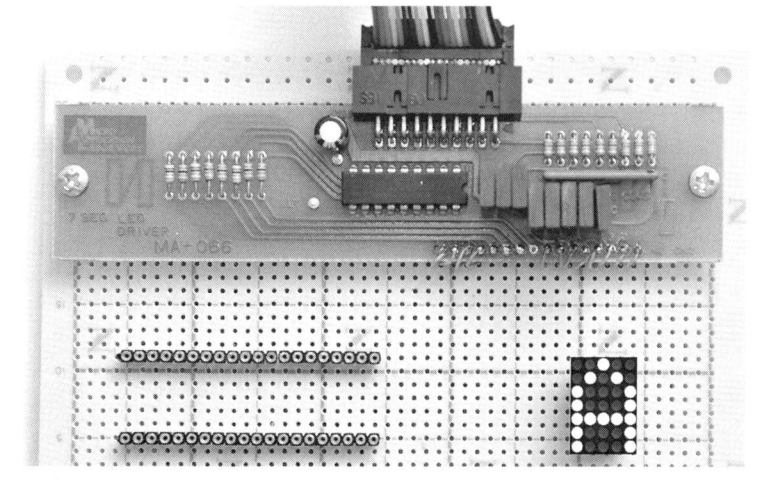

5-4 5×7ドット・マトリックスLED表示器のダイナミック駆動

■ ドット・マトリックスLED表示器

数字とアルファベットを表示するデバイスとしてドット・マトリックスLED（**写真5-4-1**）があります．横5ドット縦7ドットの配列で文字を表示します．内部はLEDがマトリックス接続されており，7セグメントLED表示器と同じようにダイナミック駆動します．ドット・マトリックスでは縦横をそれぞれカラム（column），ロウ（row）と呼びます．

■ 5×7ドット・マトリックスLED表示器1桁のダイナミック駆動方法

図5-4-1が駆動回路の抜粋，**写真5-4-2**は試作した基板です．ダイナミック駆動回路の詳細は前節を参考にしてください．

プログラムの基本は7セグメントLED表示器と同様ですが，1文字が5桁に相当します．**リスト5-4-1**は"ABCD"の4文字を順次表示します．

DOTTBLが文字の表示パターンの定数配列であり，5バイトで1文字を表現します．Scandot()関数が呼ばれると1文字分のスキャンを行い表示します．指定されたポインタ位置から5バイトのデータを表示器に出力します．このルーチンは，関数内で一連のスキャンを行うので，タイマ割り込みなどを使用する場合は1カラムごとに分けて割り込みルーチン内でデータを出力しなければなりません．

写真5-4-1 5×7ドット・マトリックスLED表示器

写真5-4-2 5×7ドット・マトリックスLED表示器の駆動回路

リスト5-4-1 5×7ドット・マトリックスLED表示器1桁のダイナミック駆動プログラム
[MA164N＋ユニバーサル・ボード，PIC18F452(10MHz)，C18コンパイラ]

```c
#include <p18f452.h>
#include <delays.h>
const rom unsigned char DOTTBL[20] =
{
   0b00111110,  //A
   0b01001000,
   0b10001000,
   0b01001000,
   0b00111110,

   0b01101100,  //B
   0b10010010,
   0b10010010,
   0b10010010,
   0b11111110,         ┐
                        ├ 表示パターンのデータ・テーブル
   0b01000100,  //C
   0b10000010,
   0b10000010,
   0b10000010,
   0b01111100,

   0b01111100,  //D
   0b10000010,
   0b10000010,
   0b10000010,
   0b11111110,         ┘
};
void Scandot(char pos)
{
   char n;

   for(n=0;n<5;n++){
      PORTB = 0;
      if(n==0) {
         PORTD = ~DOTTBL[pos+4];   //set row data
         PORTB = 1;         //column1
      }
      else if(n==1) {
         PORTD = ~DOTTBL[pos+3];   //set row data
         PORTB = 2;         //column2
      }
      else if(n==2) {
         PORTD = ~DOTTBL[pos+2];   //set row data
         PORTB = 4;         //column3
      }
      else if(n==3) {
         PORTD = ~DOTTBL[pos+1];   //set row data
         PORTB = 8;         //column4
      }
      else if(n==4) {
         PORTD = ~DOTTBL[pos+0];   //set row data
         PORTB = 0x10;      //column5
      }
      Delay1KTCYx(2);         //スキャン時間
   }
}
void main (void)
{
   unsigned char cnt;

   TRISD = 0;
   PORTD = 0xFF;
   TRISB = 0;
   PORTB = 0;

   while(1){ //Dif number test
      for(cnt=0;cnt<255;cnt++) {
         Scandot(0);   //A表示
      }
      for(cnt=0;cnt<255;cnt++) {
         Scandot(5);   //B表示
      }
      for(cnt=0;cnt<255;cnt++) {
         Scandot(10); //C表示
      }
      for(cnt=0;cnt<255;cnt++) {
         Scandot(15); //D表示
      }
   }
}
```

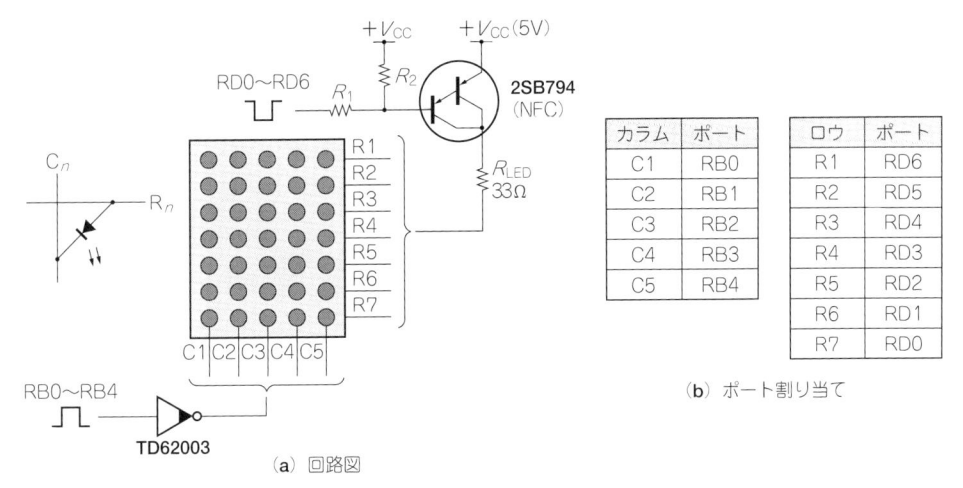

カラム	ポート
C1	RB0
C2	RB1
C3	RB2
C4	RB3
C5	RB4

ロウ	ポート
R1	RD6
R2	RD5
R3	RD4
R4	RD3
R5	RD2
R6	RD1
R7	RD0

(a) 回路図　　　(b) ポート割り当て

図5-4-1　5×7ドット・マトリックスLED表示器1桁のダイナミック駆動回路

　メイン・ルーチンでは，ABCDの4文字を順番に出力するため，時間を調節しながらScandot()関数を呼んでいます．

5-5　キャラクタ表示LCDモジュール

■ LCD表示モジュール

　LCD表示モジュールには，文字（と簡単な記号）を表示できる「キャラクタ表示モジュール」と，図形も表示できる「グラフィック表示モジュール」があります．LCD（液晶ディスプレイ）は自ら発光する表示デバイスではないので明るい場所で使用するのに適し，暗い場所ではバック・ライトを併用しなければなりません．また，広視角タイプがあるとはいえ，視野角に制約があります．表示のコントラストは周囲温度の影響を受けるので，用途によってはコントラスト調整が必要なこともあります．

■ 標準的なキャラクタLCDコントローラHD44780

　キャラクタLCD表示モジュールの多くは，内蔵コントローラにHD44780"LCDⅡ"（日立製作所，現ルネサステクノロジー）またはその互換品を搭載したものが大半です．HD44780は，最大2行×40文字の表示空間の制御が可能であり，5×7ドット英数カナのキャラクタ・フォントを内蔵しているため，ASCIIコードやJISコードを送り込めば，すぐに表示可能です．また，特殊な文字や図形もフォントを登録すれば表示可能です．写真5-5-1は，その表示例です．

　HD44780のインターフェースはM6800系8ビット・マイコンの流れをもつパラレル・インターフェースであり，基本的には8ビット・バス接続です．データ線8ビット，E，$R/\overline{W}$，RSの制御線の合計11本を操作します．しかし，4ビット・マイコンとの接続用に4ビット・インターフェース・モードがあり，こちらは7本ですむため，こちらがよく使われます．制御線の機能は下記の通りです．

▶ $R/\overline{W}$　データの読み書き方向指定で，Lレベルで書き込み，Hレベルで読み出しです．
▶ E　データ有効信号であり，Hレベルで有効です．

写真5-5-1 LCD表示モジュールの表示例

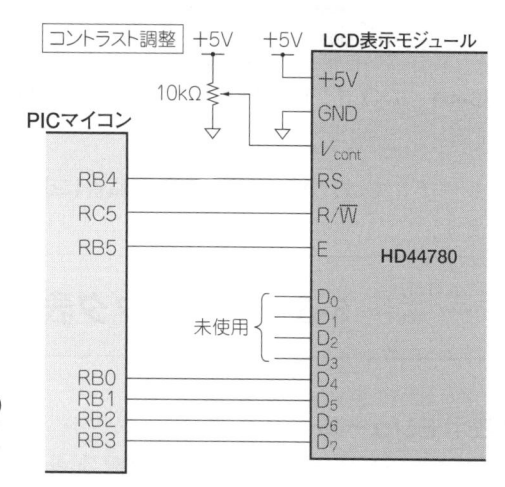

図5-5-1 LCD表示モジュール（HD44780互換コントローラ）と4ビット・モードでインターフェースする回路例

▶RS　レジスタの選択信号です．Lレベルではアドレス0が選択されコマンド操作ができます．Hレベルではアドレス1が選択されデータ操作ができます．RSが"L"，R/$\overline{W}$が"H"のとき，ビット7にBUSYフラグが"H"で出力されます．

■ 表示モジュールの使い方
● 制御タイミング

図5-5-1は，4ビット・モードでインターフェースする例です．制御タイミングは図5-5-2のタイムチャートでわかるようにアドレス，データ，R/$\overline{W}$信号を出力後，E信号を有効にすることでデータを伝送できます．LCDコントローラへはコマンドとデータを組み合わせた構成の8ビット・コマンド（インストラクション）を送ることで，さまざまな表示機能を実現します．これらの概要を表5-5-1に示します．コマンド実行には最大約2msの実行時間がかかり，この間は次のコマンドを転送できません．

HD44780はBUSYフラグをデータ・ビット7に出力しており，この信号を確認しながらハンドシェイクすることができます．

● プログラム例

リスト5-5-1がプログラム例です．LCDの初期化とコマンド転送ドライバ，文字列表示のために下記の関数を作りました．I/OポートとLCD表示モジュールを直接接続し，LCD表示モジュールの動作タイミ

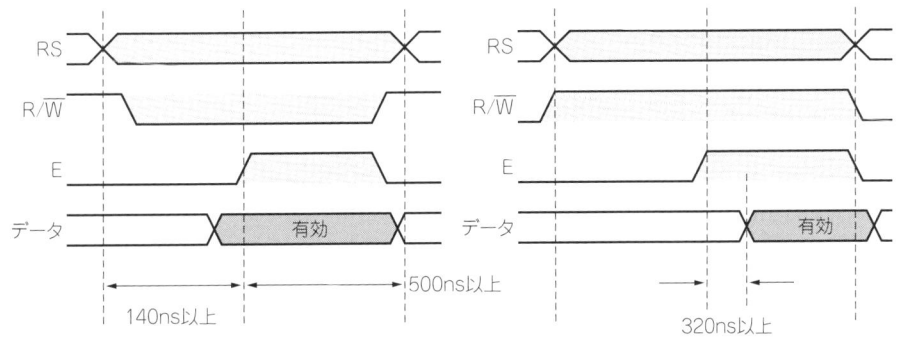

図5-5-2　LCD表示モジュール(HD44780互換コントローラ)インターフェースのタイムチャート

(a) LCD表示モジュールへの書き込みタイミング　　(b) LCD表示モジュールからの読み出しタイミング

表5-5-1　LCDコントローラのコマンド(インストラクション)

コマンド(インストラクション)	RS	R/$\overline{W}$	D_7	D_6	D_5	D_4	D_3	D_2	D_1	D_0	オペレーション	実行時間
表示クリア	0	0	0	0	0	0	0	0	0	1	全表示クリアの後,アドレス・カウンタにDD RAMの0番地をセットする.	1.7ms
カーソル・ホーム	0	0	0	0	0	0	0	0	1	X	アドレス・カウンタにDD RAMの0番地をセットする.シフトしていた表示も元に戻す.DD RAMの内容は変化しない.	1.8ms
エントリ・モード・セット	0	0	0	0	0	0	0	1	I/D	S	カーソルの進む方向,表示をシフトするかどうかを設定する.データの書き込み,読み出し時に行われる. I/D = 1:インクリメント,0:デクリメント S = 1:表示のシフトを伴う	40μs
表示 ON/OFF コントロール	0	0	0	0	0	0	1	D	C	B	全表示ON/OFF,カーソルON/OFF,カーソル位置の文字ブリンクのセット D = 1:全表示ON,C = 1:カーソルON B = 1:ブリンクON	40μs
カーソル表示シフト	0	0	0	0	0	1	S/C	R/L	X	X	DD RAMの内容を変えずにカーソル移動,表示シフトをする. S/C = 1:表示シフト,S/C = 0:カーソル移動 R/L = 1:右シフト,R/L = 0:左シフト	40μs
ファンクション・セット	0	0	0	0	1	DL	1	X	X	X	インターフェース・データ長,表示行数(2行),文字フォント5×7を設定する. DL = 1:8ビット,DL = 0:4ビット	40μs
CG RAM アドレス・セット	0	0	0	1	ACG(CG RAM アドレス)						CG RAMのアドレスをセットする.この後,送受するデータはCG RAMのデータになる.	40μs
DD RAM アドレス・セット	0	0	1	ADD(DD RAM アドレス)							DD RAMのアドレスをセットする.この後,送受するデータはDD RAMのデータになる.	40μs
ビジー・フラグ・アドレス読み出し	0	1	BF	AC(アドレス・カウンタ)							内部動作中を示すビジー・フラグがBFで示される.BF = 1の場合はアクセスしてはならない.アドレス・カウンタ(A/C)の読み出し.	1μs
データ書き込み	1	0	ライト・データ								DD RAM,CG RAMに対しデータを書き込む.	46μs
データ読み出し	1	1	リード・データ								DD RAM,CG RAMからデータを読み出す.	46μs

注▶ Xは0または1のいずれでもよい.

ングに合わせた信号をプログラムで作り出しています.以下のものがあります.

```
void INLCD0(void) ……………………………………LCDモジュールの状態取得
void OUTLCDL(char Tdata) …………………………初期化時のアクセス
```

リスト5-5-1①　キャラクタLCD表示モジュールの駆動プログラム [MA183, PIC18F452 (10MHz), C18コンパイラ]

```c
#include <p18f452.h>
#include <delays.h>

unsigned char INLCD0(void)     //Status input
{
    unsigned char Rdata;

    TRISB = TRISB | 0xF;
    PORTBbits.RB4 = 0;              //RS=0
    PORTCbits.RC5 = 1;              //R/W=1
    Nop(); Nop(); Nop(); Nop();
    PORTBbits.RB5 = 1;              //E=1
    Nop(); Nop(); Nop(); Nop();
    Rdata = (PORTB & 0x0F) << 4;    //Get MSB
    PORTBbits.RB5 = 0;              //E=0

    PORTBbits.RB4 = 0;              //RS=0
    PORTCbits.RC5 = 1;              //R/W=1
    Nop(); Nop(); Nop(); Nop();
    PORTBbits.RB5 = 1;              //E=1
    Nop(); Nop(); Nop(); Nop();
    Rdata |= PORTB & 0x0F;          //Get LSB
    PORTBbits.RB5 = 0;              //E=0

    return(Rdata);
}
```
― LCDモジュールの状態取得

```c
void OUTLCDL(char Tdata)       //Out LCD Low_data to ADDR0
{
    TRISB = TRISB & 0xF0;
    PORTB = Tdata & 0x0F;           //Get LSB
    PORTBbits.RB4 = 0;              //RS=0
    PORTCbits.RC5 = 0;              //R/W=0
    Nop(); Nop(); Nop(); Nop();
    PORTBbits.RB5 = 1;              //E=1
    Nop(); Nop(); Nop(); Nop();
    PORTBbits.RB5 = 0;              //E=0
    PORTCbits.RC5 = 1;              //R/W=1
    TRISB = TRISB | 0xF;
}
```
― 初期化時のアクセス

```c
void OUTLCD0(char Tdata)       //Out LCD data to ADDR0
{
    while((INLCD0()&0x80)==0x80);   //Busy

    TRISB = TRISB & 0xF0;
    PORTB = (Tdata>>4) & 0x0F;      //Get MSB
    PORTBbits.RB4 = 0;              //RS=0
    PORTCbits.RC5 = 0;              //R/W=0
    Nop(); Nop(); Nop(); Nop();
    PORTBbits.RB5 = 1;              //E=1
    Nop(); Nop(); Nop(); Nop();
    PORTBbits.RB5 = 0;              //E=0

    PORTB = Tdata & 0x0F;           //Get LSB
    PORTBbits.RB4 = 0;              //RS=0
    PORTCbits.RC5 = 0;              //R/W=0
    Nop(); Nop(); Nop(); Nop();
```
― アドレス0にデータ出力（コマンド操作）

リスト5-5-1②　キャラクタLCD表示モジュールの駆動プログラム　[MA183，PIC18F452 (10MHz)，C18コンパイラ]（つづき）

```c
    PORTBbits.RB5 = 1;          //E=1
    Nop(); Nop(); Nop(); Nop();
    PORTBbits.RB5 = 0;          //E=0
    PORTCbits.RC5 = 1;          //R/W=1
    TRISB = TRISB | 0xF;
}

void OUTLCD1(char Tdata)        //Out LCD data to ADDR1
{
    while((INLCD0()&0x80)==0x80);   //Busy

    TRISB = TRISB & 0xF0;
    PORTB = (Tdata>>4) & 0x0F;  //Get MSB
    PORTBbits.RB4 = 1;          //RS=1
    PORTCbits.RC5 = 0;          //R/W=0
    Nop(); Nop(); Nop(); Nop();
    PORTBbits.RB5 = 1;          //E=1
    Nop(); Nop(); Nop(); Nop();
    PORTBbits.RB5 = 0;          //E=0

    PORTB = Tdata & 0x0F;       //Get LSB
    PORTBbits.RB4 = 1;          //RS=1
    PORTCbits.RC5 = 0;          //R/W=0
    Nop(); Nop(); Nop(); Nop();
    PORTBbits.RB5 = 1;          //E=1
    Nop(); Nop(); Nop(); Nop();
    PORTBbits.RB5 = 0;          //E=0
    PORTCbits.RC5 = 1;          //R/W=1
    TRISB = TRISB | 0xF;
}
```
アドレス1に
データ出力
（データ書き込み）

```c
void OpenLCD(void)      //Inital LCD unit for HD44780controller
{
    TRISCbits.TRISC5 = 0;  //R/W=out
    PORTCbits.RC5 = 1;     //R/W=1
    PORTBbits.RB5 = 0;     //E=0
    PORTBbits.RB4 = 0;     //RS=0
    Delay1KTCYx(125);      //50ms
    OUTLCDL(0x03);
    Delay1KTCYx(25);       //10ms
    OUTLCDL(0x03);
    Delay1KTCYx(25);
    OUTLCDL(0x03);
    Delay1KTCYx(25);
    OUTLCDL(0x02);
    Delay1KTCYx(25);
    OUTLCD0(0x28);         //Set function
    OUTLCD0(0x0C);         //Set display ON/OFF
    OUTLCD0(0x01);         //Set all clear
    OUTLCD0(0x06);         //Set entry mode
}
```
LCD表示
モジュールの
初期設定

```c
void LCDRomStr(const rom char *buffer)
{
    while(*buffer)
    {
        OUTLCD1(*buffer);  // Write character to LCD
        buffer++;          // Increment buffer
```
LCDモジュール
を初期設定

リスト5-5-1③　キャラクタLCD表示モジュールの駆動プログラム［MA183, PIC18F452 (10MHz), C18コンパイラ］（つづき）

```c
    }
}

/*------------------ Main routine ----------------------*/
void main (void)
{
    TRISA = 0b110011;
    TRISB = 0b11001111;
    TRISC = 0b10010001;
    TRISD = 0;
    TRISE = 0b000;

    OpenLCD();              //LCD inital

    OUTLCD0(0x02);          //Set home possition
    LCDRomStr("MA-183 TestBoard"); //Message out to upper line
    OUTLCD0(0x80 | 0x40);   //Move cursol
    LCDRomStr("MicroApplication"); //Message out to lower line

    while(1);
}
```

メインルーチン

　void OUTLCD0(char Tdata) ……………………アドレス0にデータ出力（コマンド操作）
　void OUTLCD1(char Tdata) ……………………アドレス1にデータ出力（データ書き込み）
　void OpenLCD(void) ……………………………LCDモジュールの初期化
　void LCDRomstr(const rom char *buffer) …LCDモジュールに表示文字列を出力する
OUTLCDL，OUTLCD0，OUTLCD1ルーチンは，タイムチャートにしたがったパラレル・インターフェース信号を作り出しています．アドレス0, アドレス1へのアクセスをそれぞれの関数に分けています．

● 表示モジュールを初期化する手順
手順は次の通りです．
　（1）起動時に約50ms程度待つ
　（2）ファンクション設定(03hをライト)
　（3）約10ms待つ
　（4）ファンクション設定(03hをライト)
　（5）約5ms待つ
　（6）ファンクション設定(03hをライト)
　（7）4ビット・モードを指定(02hをライト)
　（8）4ビット・モードファンクション(02h, 08hを連続ライト)
　（9）表示ON/OFF(00h, 0Chを連続ライト)
　（10）画面クリア，アドレス設定(00h, 01hを連続ライト)
　（11）エントリ・モード(00h, 06hを連続ライト)

																16文字				20文字				40文字
0	1	2	3	4	5	6	7	8	9	A	B	C	D	E	F	10	11	12	13					23	24	25	26
40	41	42	43	44	45	46	47	48	49	4A	4B	4C	4D	4E	4F	50	51	52	53					63	64	65	66

図5-5-3　HD44780のDDRAMの表示アドレス

● 文字表示の手順

　初期化が済んだら文字表示です．文字を表示するには，表示アドレスと文字コードを送ります．1文字送ると表示アドレスはインクリメントするので，連続的な表示では文字コードだけを連続して送ります．表示アドレスはカーソルとして示され，そのカーソルの表示や，表示のクリア，表示ウィンドウのシフトなど操作できるコマンドがあります．

　メイン・ルーチンではLCDを初期化した後"MK-183 TestBoard"と"MicroApplication"の文字列を表示します．初期化後，カーソルをホーム・ポジションに移動します．コマンド表から02hがホーム・ポジションへの移動です．2行目への移動はカーソル・アドレスを40hに設定します．そしてDDRAMアドレス・セット・コマンドのためビット7を1にします．

　1行目と2行目のアドレスは連続しておらず，図5-5-3のように2行目のアドレスは40h番地からスタートしています．アドレスを指定して必要な文字数だけ書き込めば，ほかの表示を壊さずに部分的に書き変えることもできます．

5-6　キャラクタ表示蛍光表示管モジュール

■ 蛍光表示管とは

　真空管の一種である蛍光表示管は便利な表示デバイスとして進化し，多くの産業機器で使われています．蛍光表示管ディスプレイ・モジュールはVFD(Vacuum Fluorescent Display)などと呼ばれます．VFDを点灯させるには50V程度の高い電圧や数Vのフィラメント電源が必要で，インターフェースが複雑でしたが，最近はユニット化されて5V単一電源で動作するものが多く出まわっています．

　VFDは発光体であるため見やすい文字表示が行えます．青系の色が基本ですが，色フィルタを表示面に取り付けることで赤，黄，緑なども表示可能です．

■ キャラクタ表示モジュールM202MD07HB

　M202MD07HB(双葉電子工業製)は，5×7ドット構成の文字を10.5×5.5mmと比較的大きく表示できるキャラクタ表示モジュールであり，20文字×2行を表示できます．

　表示可能な文字を表5-6-1に示します．ASCIIコード(20h～FEh)を送ると，その文字はカーソル位置にすぐに表示されます．

　特殊な操作はコントロール・コードを送ると機能します．コントロール・コードは表5-6-2の通りです．マイコン・インターフェースは，8ビット・パラレル・インターフェースと非同期シリアル・インターフェースの双方を搭載しています．TTLレベルの非同期シリアル・インターフェースを使うと，1本の線で接続できるためワンチップ・マイコンには最適です．通信速度は1200～62500bpsまで設定できます．

表5-6-1 　M202MD07HBで表示可能な文字とその文字コード

■ 表示モジュールの使い方

　ここでは非同期シリアル・インターフェースで接続した例を示します．図5-6-1が回路例，写真5-6-1が表示例です．PIC18F8720は二つのUARTインターフェースを搭載しており，リスト5-6-1のプログラムでは2番のユニットを使用しています．CコンパイラのC18にはシリアル通信のための組み込み関数が用意されており，これを利用するとVFDを簡単に駆動できます．プログラムはOpenUSART関数でUARTを初期化した後，コード0Dhを送り，表示を消去しています．そしてputrsUSART関数を使用して，メッセージ"MicroApplication Lab"を上の段に表示しています．さらに2行目の表示を行うために

表5-6-2　M202MD07HBのコントロール・コード

機能名	コード(16進)	説明
DIM	04	輝度設定．次に送る1バイトが6段階の輝度を示す．(00h, 20h, 40h, 60h, 80h, FFh)
BS	08	カーソル1文字左移動と文字消去．
HT	09	カーソル1文字右移動．
CLR	0D	全表示クリアとカーソル左上初期化．
ALD	0F	全ドットを点灯する．RSTで解除．
DP	10	カーソル位置移動．次に送る1バイトがカーソル位置を表す．(0～13h, 14～27h)
DC	17	カーソル表示．次の1バイトが表示モードを表す．(0h:消灯，88h:点滅，FFh:点灯)
TON	18	指定桁の▼マークを点灯．次に送る1バイトが桁位置を表す．
TOF	19	指定桁の▼マークを消灯．次に送る1バイトが桁位置を表す．
TFF	1A	すべての桁の▼マークを消灯．
RST	1F	ユニットをリセットする．

(a) 回路図

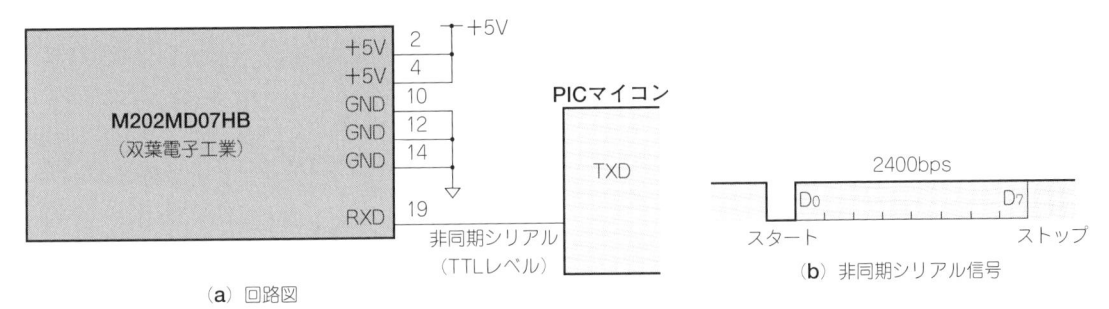

(b) 非同期シリアル信号

図5-6-1　キャラクタVFDモジュールM202MD07HB（双葉電子工業）のインターフェース回路

写真5-6-1　キャラクタVFD表示モジュールの表示例

カーソルを移動します．WriteUSART関数でDCコマンド10hとカーソル位置14hを送り，次の"MES200 PIC CPUsystem"を表示しています．

　非同期シリアル・インターフェースは，低速ならばソフトウェアでI/Oポートを操作しても実現できますから，UARTを搭載していないマイコンでも使えます．C18にもソフトウェアによるUART関数があるので，これを利用すればUART専用ピン以外のI/Oピンを割り当てることができます．

リスト5-6-1　キャラクタVFD表示モジュールの駆動プログラム［MA200, PIC18F8720(25MHz), C18コンパイラ］

```
#include <p18f8720.h>
#include <delays.h>
#include <usart.h>

void main (void)
{
unsigned char n;
unsigned char m;

    Open2USART(USART_TX_INT_OFF & USART_RX_INT_OFF & USART_ASYNCH_MODE &
            USART_EIGHT_BIT & USART_CONT_RX & USART_BRGH_HIGH , 160);

    Write2USART(0x0d); //Clear Display
    Delay100TCYx(30);

    putrs2USART("MicroApplication Lab");  //Message1

    Write2USART(0x10);

    while ( Busy2USART() );
    Write2USART(0x14);

    putrs2USART("MES200 PIC CPUsystem");   //Message2

    while(1);

}
```

5-7　グラフィック表示蛍光表示管モジュール

■ グラフィック表示蛍光表示管モジュール GU256X64D-3100

　256×64ドットのグラフィック表示ができる蛍光表示管モジュールとしてGU256X64D-3100（ノリタケカンパニーリミテド）を取り上げます．漢字ROMを内蔵しており日本語文字列を表示できます．発光は青白い色です．グラフィック描画が簡単にできる表示モジュールであり，コマンド形式で座標を指定して表示します．

　インターフェースは非同期シリアルと，パラレルの両方をもっています．

■ 表示モジュールの使い方

　ここでは図5-7-1のように接続してパラレル接続で使います．写真5-7-1が表示例です．データ・ラインをポートDに割り付けて，$\overline{WR}$の書き込みラインをRE0に，$\overline{RDY}$ラインをRE1に割り付けました．この$\overline{RDY}$ラインだけは入力で，ほかの信号はすべて出力です．

　パラレル・インターフェースはプログラム的にも比較的簡単です．データを出力し，$\overline{WR}$をLレベルからHレベルにするだけです．ただし，データを出力する前に$\overline{RDY}$を監視し，モジュールがデータ受け付け可能な状態であることを確認する必要があります．

　GU256X64D-3100は初期化処理を行わなくてもすぐに機能します．ASCII文字コードを送り込めば，画

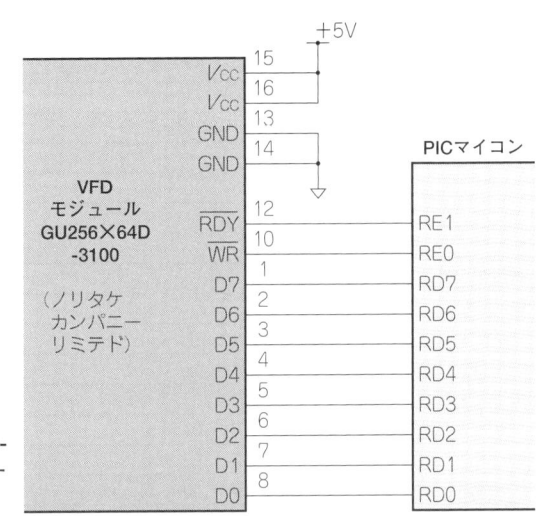

図5-7-1 グラフィックVFDモジュールGU256X64D-3100(ノリタケカンパニーリミテド)とのインターフェース回路

写真5-7-1 グラフィックVFD表示モジュールの表示例

面左端から順に文字を表示していくので,キャラクタ・タイプの表示ユニットとして即座に機能します.

　機能は大変種類が多く,よく使いそうなものを**表5-7-1**に列挙します.拡張機能はEsc(1Bh)コードまたはUS(1Fh)コードに続いて指定します.詳しい内容は仕様書を参照してください.

　リスト5-7-1のプログラムでは**表5-7-2**のような関数を作成しました.多くのコマンドがあっても一部しか用意していませんが,同じような作り方で関数を自由に増やすことは容易だと思います.

　メイン・ルーチンは初期化後に"Micro Application VFD GU256X64D"を表示し,箱と塗りつぶした箱を描画しています.

表5-7-1　GU256X64D-3100の主なコマンド

機能名	コード（16進）	説明
キャラクタ表示	20 ～ FF	指定文字表示
バック・スペース	08	カーソル左1文字移動
ホリゾンタル・タブ	09	カーソル右1文字移動
ライン・フィード	0A	カーソル1行移動
ホーム・ポジション	0B	カーソル左端移動
キャリッジ・リターン	0D	カーソル行頭移動
表示画面クリア	0C	画面の消去とカーソル左端移動
表示輝度設定	1F + 58 + n	表示画面全体の明るさを指定
カーソル指定	1F + 24 + xl + xh + yl + yh	カーソルをポジションに指定
カーソル ON/OFF	1F + 43 + n	カーソルの表示・非表示指定
国際文字セット	1B + 52 + n	英語，フランス語，イタリア語，ドイツ語ほか
フォント・サイズ指定	1F + 28 + 67 + 01 + n	フォント・サイズ（6×8, 8×16, 16×32）
漢字モード	1F + 28 + 67 + 02 + m	漢字モードの指定と解除
文字拡大表示	1F + 28 + 67 + 40 + x + y	x倍，y倍の文字に拡大
文字ボールド指定	1F + 28 + 67 + 41 + b	ボールド表示モードに切り替え
ドット表示	1F + 28 + 64 + 10 + pen + xl + xh + yl + yh	指定座標にドットを表示
ライン・ボックス描画	1F + 28 + 64 + 11 + mode + pen + $xl1$ + $xh1$ + $yl1$ + $yh1$ + $xl2$ + $xh2$ + $yl2$ + $yh2$	指定座標に直線や箱を描画
リアルタイム・ビット・イメージ表示	1F + 28 + 66 + 11 + xl + xh + yl + yh + 01 + $d(1)$ ……$d(s)$	カーソル位置からビット・イメージを表示

表5-7-2　表示用に制作した関数

関数	説明
void Open_GU256X64D(void)	VFDモジュールを初期化する．I/Oポートを初期化し，画面消去コマンドを出力する．
void OUT_GU256X64D(char Tdata)	VFDモジュールのパラレル・インターフェースへのアクセスを行う最下位のルーチンである．
void CHR_GU256X64D_RomStr(const rom char *buffer)	指定された固定文字列をVFDモジュールに出力する．
void GU256X64D_Draw_Line(unsigned char pen, unsigned char posx1, unsigned char posy1, unsigned char posx2, unsigned char posy2)	画面上に直線を描画する．座標posx1. posy1から座標posx2. posy2を結ぶラインを描画する．
void GU256X64D_Draw_Box(unsigned char pen, unsigned char posx1, unsigned char posy1, unsigned char posx2, unsigned char posy2)	画面上に箱を描画する．座標posx1. posy1から座標posx2. posy2を対角とする箱を描画する．
void GU256X64D_Draw_FillBox(unsigned char pen, unsigned char posx1, unsigned char posy1, unsigned char posx2, unsigned char posy2)	画面上に塗りつぶした箱を描画する．座標posx1. posy1から座標posx2. posy2を対角として描画する．

リスト5-7-1①　グラフィックVFD表示モジュールの駆動プログラム［MA200，パラレル・インターフェース，PIC18F8720（25MHz），C18コンパイラ］

```c
#include <p18f8720.h>
#include <delays.h>

void OUT_GU256X64D(char Tdata)
{
   while( PORTEbits.RE1 == 0 );     //Wait RDY
   PORTD = Tdata;                   //out data
   PORTEbits.RE0 = 0;               //WR=low
   Nop(); Nop();
   PORTEbits.RE0 = 1;               //WR=Hi
}
```
VFDモジュールの
パラレル・インターフェースへ
出力

```c
//--------------------------------------------
// OPEN GU256X64D connect to I/O
//--------------------------------------------
void Open_GU256X64D(void)
{
   PORTEbits.RE0 = 1;
   TRISEbits.TRISE0 = 0;   //RE0(WR) =>out
   TRISEbits.TRISE1 = 1;   //RE1(RDY)=>in
   TRISD = 0;              //RD(DATA)=>out
   OUT_GU256X64D(0x1B);
   OUT_GU256X64D(0x40);    //Init VFD
}
```
VFDモジュール
およびI/Oポートの
初期化

```c
//--------------------------------------------
// GU256X64D Display ROM Strings
//--------------------------------------------
void CHR_GU256X64D_RomStr(const rom char *buffer)
{
      int n=0;

   while(*buffer)
   {
      OUT_GU256X64D(*buffer);   //byte send
      buffer++;          //Increment buffer
      n++;
   }

   Delay100TCYx(150);            //Wait 2ms
}
```
指定された
固定文字列を
表示

```c
//--------------------------------------------
// GU256X64D Draw Line or Box
// pen=0,1 : posx1,2=0 to 255 posy1,2=0 to 63
//--------------------------------------------
void GU256X64D_Draw_Line(unsigned char pen,unsigned char posx1
     ,unsigned char posy1,unsigned char posx2,unsigned char posy2)
{
   OUT_GU256X64D(0x1F);  OUT_GU256X64D(0x28);
   OUT_GU256X64D(0x64);  OUT_GU256X64D(0x11);
   OUT_GU256X64D(0);
   OUT_GU256X64D(pen);
   OUT_GU256X64D(posx1); OUT_GU256X64D(0);
   OUT_GU256X64D(posy1); OUT_GU256X64D(0);
   OUT_GU256X64D(posx2); OUT_GU256X64D(0);
   OUT_GU256X64D(posy2); OUT_GU256X64D(0);
```
直線を描画

リスト5-7-1②　グラフィックVFD表示モジュールの駆動プログラム［MA200，パラレル・インターフェース，PIC18F8720（25MHz），C18コンパイラ］（つづき）

```c
}

void GU256X64D_Draw_Box(unsigned char pen,unsigned char posx1
     ,unsigned char posy1,unsigned char posx2,unsigned char posy2)
{
   OUT_GU256X64D(0x1F);   OUT_GU256X64D(0x28);
   OUT_GU256X64D(0x64);   OUT_GU256X64D(0x11);
   OUT_GU256X64D(1);
   OUT_GU256X64D(pen);
   OUT_GU256X64D(posx1);  OUT_GU256X64D(0);
   OUT_GU256X64D(posy1);  OUT_GU256X64D(0);
   OUT_GU256X64D(posx2);  OUT_GU256X64D(0);
   OUT_GU256X64D(posy2);  OUT_GU256X64D(0);
}
```
　　　　　　　　　　　　　　　　　　　　　　　　箱を描画

```c
void GU256X64D_Draw_FillBox(unsigned char pen,unsigned char posx1
     ,unsigned char posy1,unsigned char posx2,unsigned char posy2)
{
   OUT_GU256X64D(0x1F);   OUT_GU256X64D(0x28);
   OUT_GU256X64D(0x64);   OUT_GU256X64D(0x11);
   OUT_GU256X64D(2);
   OUT_GU256X64D(pen);
   OUT_GU256X64D(posx1);  OUT_GU256X64D(0);
   OUT_GU256X64D(posy1);  OUT_GU256X64D(0);
   OUT_GU256X64D(posx2);  OUT_GU256X64D(0);
   OUT_GU256X64D(posy2);  OUT_GU256X64D(0);
}
```
　　　　　　　　　　　　　　　　　　　　　　　　塗りつぶした箱を描画

```c
/*---------------- Main routine ----------------------------*/
void main (void)
{
   CMCON = 7;
   ADCON1 = 0x0F;
   TRISA = 0b111111;
   TRISB = 0b11111111;
   TRISC = 0b10010011;
   TRISD = 0b00000000;
   TRISE = 0b11111110;
   TRISF = 0b00000111;
   TRISG = 0b11111111;
   TRISH = 0b11111111;
   TRISJ = 0b00000001;
   PORTJ = 0b01111000;
   LATJ  = 0b01111000;

   Open_GU256X64D();
   Delay10KTCYx(250);

   CHR_GU256X64D_RomStr("Micro Application VFD GU256X64D"); //start msg

   GU256X64D_Draw_Box(1,197,0,255,63);       //Box
   GU256X64D_Draw_FillBox(1,200,4,251,60);   //Box

   while(1);
}
```
　　　　　　　　　　　　　　　　　　　　　　　　メイン・ルーチン

5-8 スイッチのインターフェース

■ フロント・パネル・インターフェースで使用する主なスイッチ

主なスイッチの外観を**写真5-8-1**に示します．

スナップ・スイッチはトグル・スイッチとも呼ばれ，操作レバーの付いたスイッチです．チャタリングが多く，他のスイッチに比べて高価ですが，寿命の長いスイッチです．

スライド・スイッチは，左右につまみをスライドさせるスイッチで，安価なため民生用によく使用されますが，寿命はあまり長くありません．

プッシュ・スイッチ(押しボタン・スイッチ)は，リセット・ボタンやスタート・ボタンなどによく使うスイッチで，構造的に単純で低価格ですが，チャタリングが多いのが欠点です．

タクト・スイッチはプッシュ・スイッチの一種で，押したときにクリック感があります．

■ スイッチのインターフェース

一般には**図5-8-1**のような回路を使用します．プルアップ抵抗R_1によりポートは常時Hレベルに保たれていて，スイッチがONのときLレベルになります．スイッチがONの時にHレベルになる方がプログラムから見るとわかりやすいのですが，慣習的にグラウンドにショートさせる回路が多く使われます．プルアップ抵抗は10k～50kΩあたりが適します．抵抗を高くすると無駄な電力を抑えられる反面，インピーダンスが高くなりノイズに応答しやすくなります．

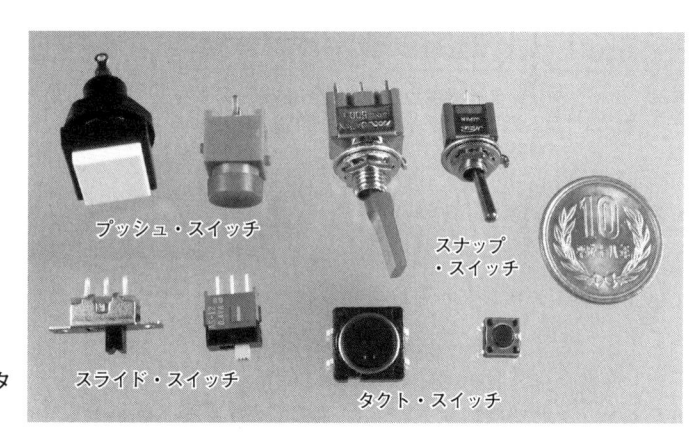

写真5-8-1 フロント・パネル・インターフェースで使用する主なスイッチ

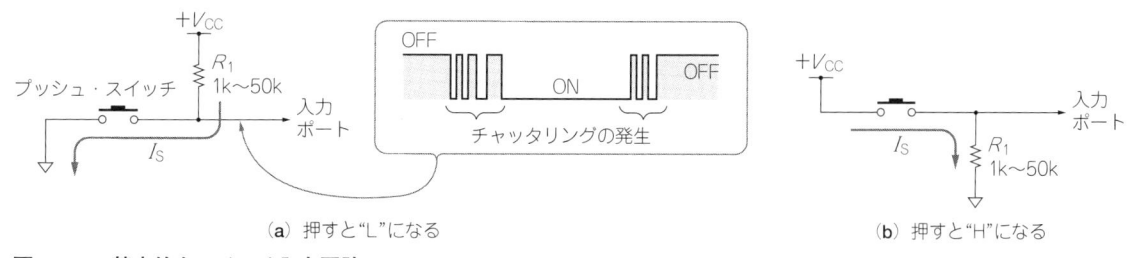

図5-8-1 基本的なスイッチ入力回路

（a）押すと"L"になる

（b）押すと"H"になる

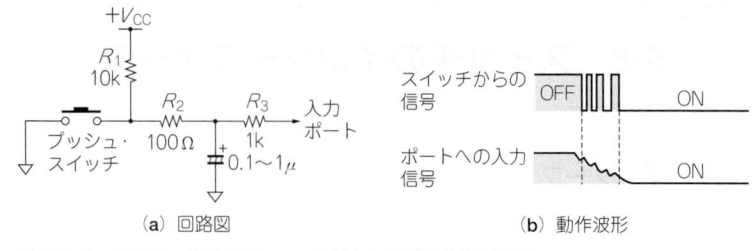

図5-8-2 CRフィルタでチャッタリングを軽減する回路
(a) 回路図
(b) 動作波形

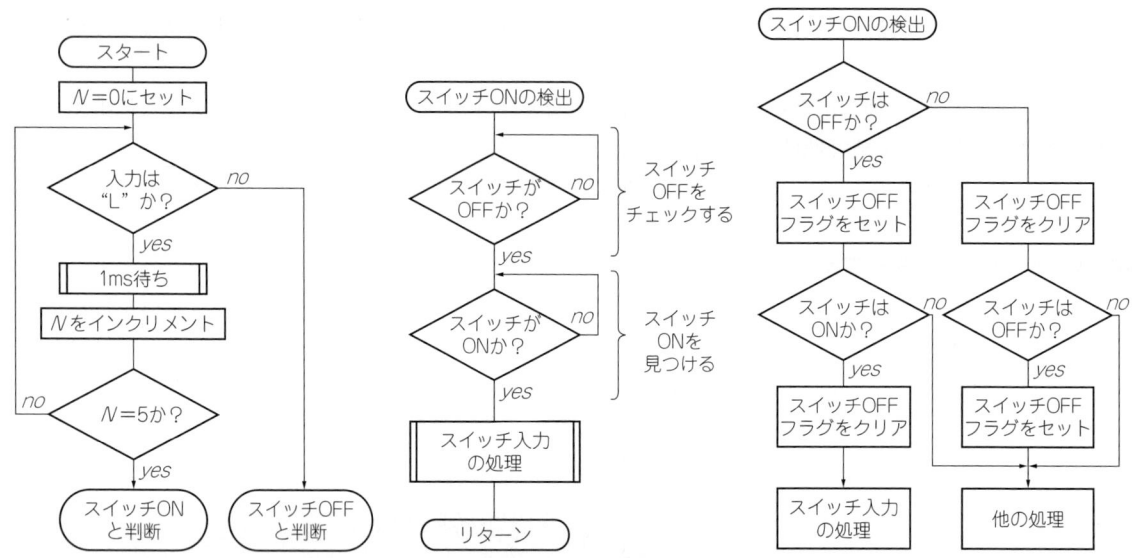

図5-8-3 チャッタリングを考慮したスイッチ入力プログラムのフローチャート

図5-8-4 スイッチがONに変化した瞬間を検出するフローチャート

図5-8-5 スイッチ監視とほかの処理を同時に行う例

　スイッチ入力を扱うプログラムにおいて問題になるのはチャッタリングの影響です．トグル・スイッチやプッシュ・スイッチは，接点が接触する際にバウンドして短時間にON/OFFを繰り返す現象があり，これを「チャッタリング」と呼んでいます．チャッタリングは数μsから5msの不連続なパルスとなって現れます．チャッタリングは，接触面の汚れや平たん度，ばねなどの影響で発生し，スイッチの経年変化によっても長くなります．

　チャッタリングを吸収するために図5-8-2のようにコンデンサを接続する方法があります．R_2はスイッチ接点に流れる放電電流から接点を保護するための抵抗です．R_3は静電気などの外部ノイズを防ぐ目的があります．この方法は部品点数が増えますし，完全には取り除けないことがあります．そこで後述するプログラムによるチャッタリング対策が使われます．

▶アセンブリ言語の記述例

　スイッチを読み取るには，下記のようにビット検査命令を使用します．

```
BTFSS   PORTA,0   ;ポートAのビット0のスイッチがONならば，
BSF     PORTD,0   ;ポートDのビット0をONにする
```

リスト5-8-1 チャッタリングを考慮したスイッチ入力ルーチン
[MA183, PIC18F452(10MHz), MPASM]

```
                LIST    P=18F452,F-INHX8M,R=DEC
                include "p18F452.inc"

                ORG     H'0'
DLYH    EQU     1
DLYL    EQU     2

                MOVLW   H'7'
                MOVWF   ADCON1
                CLRF    TRISD
MAIN
SW_OFF  BTFSS   PORTA,4     ;OFFの検査
        GOTO    SW_OFF      ;チャッタリングの除去
        CALL    DLY         ;WAIT
        BTFSS   PORTA,4     ;SW-ON??
        GOTO    SW_OFF
        CALL    DLY         ;WAIT
        BTFSS   PORTA,4     ;SW-ON??
        GOTO    SW_OFF

SW_ON   BTFSC   PORTA,4     ;ONの検査
        GOTO    SW_ON       ;チャッタリングの除去
        CALL    DLY         ;WAIT
        BTFSC   PORTA,4     ;SW-ON??
        GOTO    SW_ON
        CALL    DLY         ;WAIT
        BTFSC   PORTA,4     ;SW-ON??
        GOTO    SW_ON

        MOVLW   1           ;キー入力処理
        XORWF   PORTD,F     ;LED toggle

        GOTO    MAIN

DLY     CLRF    DLYH        ;Time delay routine
DLYLP2  CLRF    DLYL
DLYLP1  DECFSZ  DLYL,F
        GOTO    DLYLP1
        DECFSZ  DLYH,F
        GOTO    DLYLP2
        RETURN

        END
```

▶C言語の記述例

C言語ではif文やwhile文で読み取ります.

```
If (PORTAbits.RA0==0 ) {   //ポートAのビット0のスイッチがONならば,
    PORTDbits.RD0=1;       //ポートDのビット0をONにする
}
```

■ プログラムによるチャッタリング対策

チャッタリングを考慮したプログラム(図5-8-3)は,スイッチが接続された入力ポートを数msの時間を

リスト5-8-2 チャッタリングを考慮したスイッチ入力ルーチン
[MA183, PIC18F452(10MHz), C18コンパイラ]

```c
#include <p18f452.h>
#include <delays.h>

void main (void)
{
    ADCON1 = 0b1110;
    TRISA = 0b111111;
    TRISD = 0;

    while(1){
        while (1) {         //OFFの検査
            if (PORTAbits.RA4==0) continue;
            Delay1KTCYx(12);      //Delay 5ms
            if (PORTAbits.RA4==0) continue;
            Delay1KTCYx(12);      //Delay 5ms
            if (PORTAbits.RA4==1) break;
        }
        while (1) {         //ONの検査
            if (PORTAbits.RA4==1) continue;
            Delay1KTCYx(12);      //Delay 5ms
            if (PORTAbits.RA4==1) continue;
            Delay1KTCYx(12);      //Delay 5ms
            if (PORTAbits.RA4==0) break;
        }
        //キー入力処理
        PORTD ^= 1;    //LED toggle
    }
}
```

空けて数回読み取り，その結果が一致したらチャッタリングが収まっていると判断して，ONかOFFかを判断します．

アセンブリ言語とC言語によるチャッタリングを考慮したスイッチ入力ルーチンを**リスト5-8-1**と**リスト5-8-2**にそれぞれ示します．**図5-8-4**と等価なルーチンです．

■ スイッチ操作に関するプログラムの処理

スイッチ操作に関する一般的なプログラムは，スイッチがON（またはOFF）に変化した時点で何らかの処理を開始するトリガ的な動作です．このような動作は，スイッチがONに変化した瞬間を検出する必要があります．**図5-8-4**のルーチンは，このような動作に利用するサブルーチンで，スイッチが動作するまで待機し，ONの瞬間を捕らえてリターンします．最初のループ処理ではスイッチONのときにループしているので，スイッチが離れるまで待機しています．次のループではスイッチOFFのループ処理ですから，スイッチがONするとループを抜け出します．最初のループがないとスイッチがONして何らかの処理を実行し，再びこのプログラムに戻ってきたとき処理がスタートしてしまいますから，スイッチから手が離れるまで何度も同じ処理を繰り返してしまいます．

この方法の問題点は，スイッチがOFFになるまでプログラムがループし，さらにスイッチがONするまでループを繰り返すので，スイッチの監視以外の処理ができません．スイッチ監視とほかの処理を同時に行うには，**図5-8-5**のようにフラグを設けてスイッチの状態を記憶してから，監視処理を行い，プログラ

(a) ブロック図　　　　　　　　(b) タイムチャート

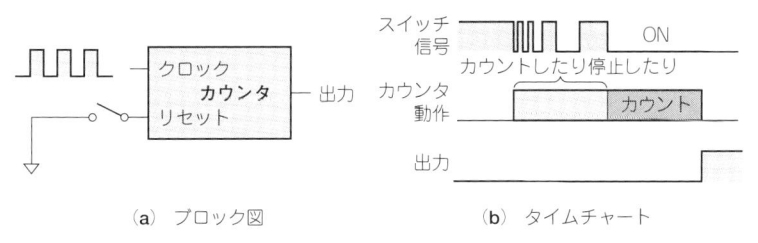

図5-8-6　カウンタを使ったチャッタリング対策の考え方

リスト5-8-3　カウンタを使ったチャッタリング対策プログラム　[MA183, PIC18F452 (10MHz), MPASM]

```
            LIST    P=18F452,F=INHX8M,R=DEC
            include "p18F452.inc"

            ORG     H'0'
SWCNT       EQU     0
DLYH        EQU     1
DLYL        EQU     2

            MOVLW   H'7'
            MOVWF   ADCON1
            CLRF    TRISD
MAIN

SWTEST      BTFSC   PORTA,4   ;Test port
            GOTO    SWRES     ;SW OFF
            INCF    SWCNT,1   ;Count up
            BZ      SWON      ;to ON
            GOTO    NEXT
SWRES       CLRF    SWCNT
            BCF     PORTD,0
NEXT        CALL    DLY       ;他の処理
            GOTO    MAIN

SWON
            ;キー入力処理
            BSF     PORTD,0   ;LED

            GOTO    MAIN

DLY         CLRF    DLYL
DLYLP1      DECFSZ  DLYL,F
            GOTO    DLYLP1
            RETURN

            END
```

ム全体に連続性をもたせています．

■ カウンタを使ったチャッタリング対策

　スイッチからの接点信号を読み取る方法としてカウンタを使用する方法があります．その動作はハード

リスト5-8-4　カウンタを使ったチャタリング対策プログラム〔MA183, PIC18F452 (10MHz), C18コンパイラ〕

```c
#include <p18f452.h>
#include <delays.h>

void main (void)
{
    unsigned char SWCNT;

    ADCON1 = 0b1110;
    TRISA = 0b111111;
    TRISD = 0;

    while(1){
        if (PORTAbits.RA4==0) {    //SW ON
            SWCNT++;        //SWCNT+1
        }
        else { //SW OFF
            SWCNT = 0;      //clear SWCNT
            LATDbits.LATD0 = 0; //
        }
        Delay1KTCYx(1);     //Delay 0.5ms

        if ( SWCNT==0xFF ) {    //Counter over
            LATDbits.LATD0 = 1; //キー入力処理
        }

    }
}
```

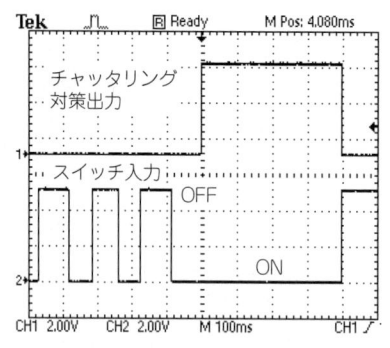

図5-8-7　カウンタでチャタリングを除去するプログラムの動作(100ms/div., 2V/div.)

ウェアで考えると簡単です．図5-8-6においてリセッタブル・カウンタのリセット信号にスイッチを接続しておき，スイッチOFFの状態でリセットがかかるようにしておきます．スイッチがONになるとカウンタがカウントを開始します．

チャッタリングがあると再リセットがかかりますが，スイッチが安定にON状態になるとカウント動作が進み，タイムアップします．この動作をそのまま置き換えたプログラムが**リスト5-8-3**と**リスト5-8-4**です．**図5-8-7**は，チャッタリングと似た状態をスイッチで再現したもので，カウンタの動作を多少遅くして動作させています．スイッチがしっかりとONになったときにプログラムが応答していることがわかります．

5-9　マトリックス型キーボード

16キー，20キー，さらにはASCIIフル・キーボードなど，多くの接点を直接マイコンの各ポートに接続すると，キーの数だけ入力ピンが必要で，入力ポート数を消費してしまいます．そこで通常は，キー接点をマトリックス状に接続して，入力ポート数を節約する手法をとります．

■ マトリックス接続したキー接点を読み取るしくみ

図5-9-1を見てください．マトリックスの横と縦のラインをそれぞれXライン，Yラインとし，Yラインを出力に設定して初期状態をHレベルにします．Xラインは入力ポートに設定し，抵抗でプルアップしておきます．

次に図5-9-2のようにYラインのうち1本をLレベルにし，Xラインが接続されたポートBの下位4ビットを読み取ります．このときポートBの下位4ビットが，すべてHレベルならばスイッチが何も押されていないことがわかり，1ビットでもLレベルがあれば，X_0〜X_3のいずれかのスイッチがONになっていることがわかります．こうしてLレベルを出力したYラインの番号とLレベルを検出したXラインの番号か

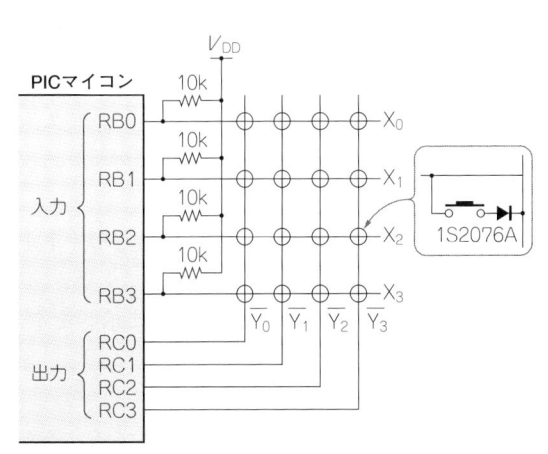

図5-9-1　マトリックス型キーボードの回路

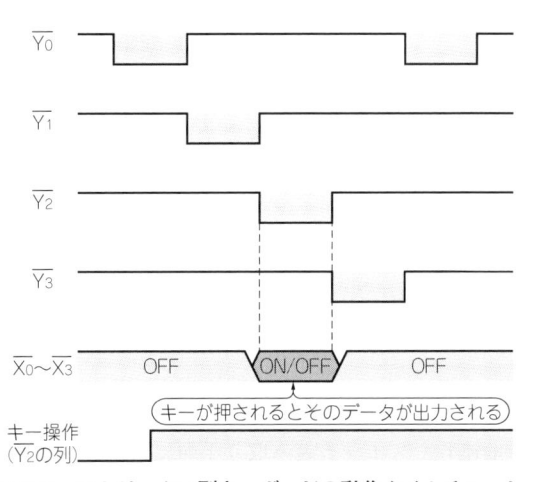

図5-9-2　マトリックス型キーボードの動作タイムチャート

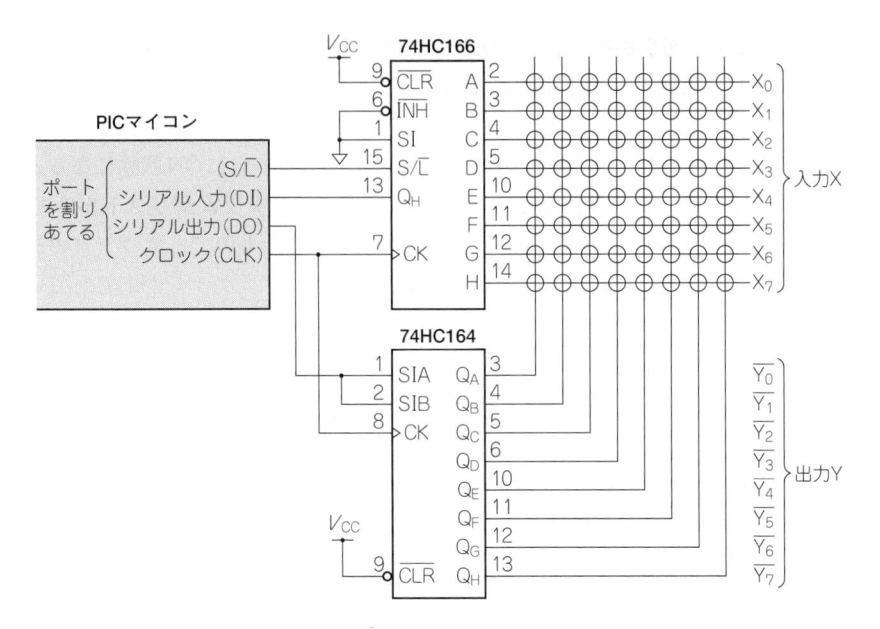

図5-9-3 マイコンの使用I/Oピン数を減らした回路

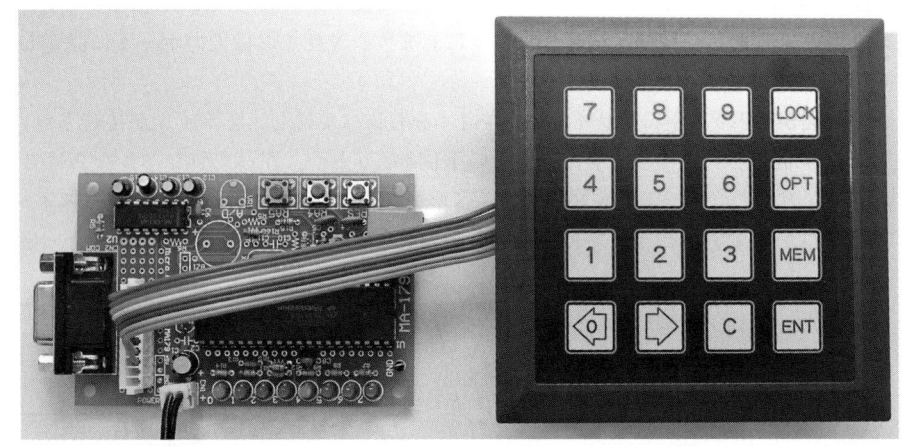

写真5-9-1 試作した回路

ら押されたスイッチを特定できます．このようにして順番にYラインを変化させながらXラインを読み取り，すべてのキーの状態を検知します．Yラインを順番に走査しながら検出する動作をキー・スキャニングと呼びます．

　キーの各接点にダイオードを直列接続してあるのは，スイッチが同時に押された場合に，出力ポートを保護するためです．

　キー・スキャンの本数が多い場合は，ポート拡張の手法を活用できます．回路例を図5-9-3に示します．

■ プログラム例

　前述したスイッチ読み取り手順によるマトリックス・キーの読み取りルーチンを示します．スイッチなのでチャタリングも考慮しなければなりません．

リスト5-9-1　マトリックス・キーボードの読み込みルーチン［MA179＋インターフェース回路，PIC18F452(10MHz)，C18コンパイラ］

```
#include <p18f452.h>
#include <delays.h>
void main (void)
{
    unsigned char Y=0xF , X=0xF , cnt;

    TRISD = 0;
    PORTD = 0xFF;
    TRISB = 0b11111111;
    PORTB = 0;
    TRISC = 0b11110000;
    PORTC = 0xF;

    cnt = 0;
    while(1){
        if (cnt==0) LATCbits.LATC0=0;        //Y0 act
        else if (cnt==1) LATCbits.LATC1=0;   //Y1 act     各YラインをLレベルにする
        else if (cnt==2) LATCbits.LATC2=0;   //Y2 act
        else if (cnt==3) LATCbits.LATC3=0;   //Y3 act
        //Get X
        Delay1KTCYx(1);                      //1ms
        if (( PORTB & 0xF )!=0xF) {          //X on??
            Delay1KTCYx(10);                 //5ms
            if (( PORTB & 0xF )!=0xF) {      //X on??
                Delay1KTCYx(10);             //5ms           Xラインを読み込む
                if (( PORTB & 0xF )!=0xF) {  //X on??
                    X = PORTB & 0xF;
                    Y = PORTC & 0xF;
                }
            }
        }
        PORTC = 0xF;  //Y off
        cnt = ++cnt & 0x3;
        PORTD=~(X + Y*16);          //Display Key data     LED表示
        Delay1KTCYx(20);            //Time interval 10ms
    }
}
```

写真5-9-1は試作した回路です．マトリックス・キーボードは4×4ラインの16キーを想定し，XラインはポートBの下位を入力に，YラインはポートCの下位を出力に設定しました．

リスト5-9-1と**リスト5-9-2**がプログラム例です．プログラムではYラインを順番にLレベルにスキャンし，XラインがLレベルになっていないか検査します．Lレベルならキーが押されていると判断してチャッタリングを除去し，正しい入力を得ています．正しい入力を得たら，XとYのポジションをメモリに記憶し，XとYの値を8ビット・データに組み合わせてポートDに出力しLEDに表示します．

アセンブラのルーチンも同様の処理です．ただし，スキャンの位置管理を数値ではなくビット・シフトに変えています．C言語でも，この処理にすると実行速度を速くできると思います．

リスト5-9-2　マトリックス・キーボードの読み込みルーチン［MA179＋インターフェース回路，PIC18F452(10MHz)，MPASM］

```
            LIST    P=18F452,F=INHX8M,R=DEC              SUBLW   H'FF'
            include "p18F452.inc"                        BZ      K1              ;OFF
                                                 ;
            ORG     H'0'                                 COMF    PORTB,W         ;Key push
                                                         ANDLW   H'F'
DLYH    EQU     1                                        MOVWF   X               ;Set X
DLYL    EQU     2                                        COMF    PORTC,W
X       EQU     3                                        ANDLW   H'F'
Y       EQU     4                                        MOVWF   Y               ;Set Y
CNT     EQU     5                                K1
                                                         SWAPF   Y,W
            MOVLW   H'7'                                 IORWF   X,W             ;Display X,Y
            MOVWF   ADCON1                               MOVWF   PORTD
            CLRF    TRISD                                RLNCF   CNT,F           ;Scan
            MOVLW   H'F0'                                MOVLW   1
            MOVWF   TRISC                                BTFSC   CNT,4           ;OVER??
            MOVLW   1                                    MOVWF   CNT
            MOVWF   CNT
                                                         GOTO    MAIN
MAIN
            COMF    CNT,W                        DLYS
            MOVWF   PORTC                                MOVLW       D'10'       ;Time delay routine
            CALL    DLYS                                 MOVWF       DLYH
            MOVF    PORTB,W  ;test key1          DLYLP3   CLRF       DLYL
            IORLW   H'F0'                        DLYLP4   DECFSZ     DLYL,F
            SUBLW   H'FF'                                 GOTO       DLYLP4
            BZ      K1          ;OFF                     DECFSZ     DLYH,F
            CALL    DLYS
            MOVF    PORTB,W  ;test key2                  GOTO        DLYLP3
            IORLW   H'F0'                                RETURN
            SUBLW   H'FF'
            BZ      K1          ;OFF             END
            CALL    DLYS
            MOVF    PORTB,W  ;test key3
            IORLW   H'F0'
```

5-10　I/Oエクスパンダを使用したマトリックス型キーボード

　I/Oエクスパンダはマイコンのl/Oポート数を拡張する専用ICです．そのI^2CやSPIインターフェースを使えば，マイコンとキーボード部と接続するのに2～3本のラインを接続するだけですみます．

■ 回路構成

　図5-10-1は，第3章で紹介したI^2CインターフェースのMCP23008を使用したキーボード・インターフェースの例です．外観を**写真5-10-1**に示します．このデバイスは8本のI/Oピンがあるので，XとYに各4ラインを割り当てることで4×4構成で16キーのキーボードを実現できます．上位4ビットをY出力とし，下位ビットをX入力にします．プルアップ抵抗はデバイスに内蔵されているため省略できます．割り込み機能は使用しないので接続不要です．

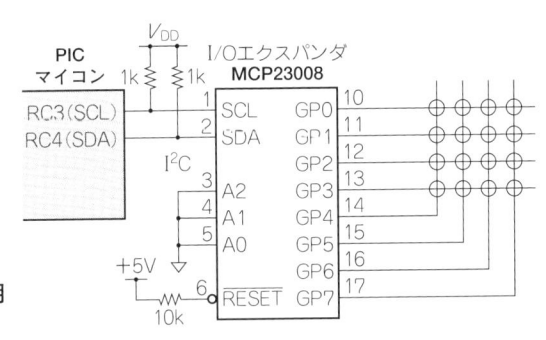

図5-10-1 I/OエクスパンダMCP23008を使用したマトリックス型キーボード回路

写真5-10-1 試作した回路

■ プログラム例

　リスト5-10-1がプログラム例です．ポートの方向を決めるIODIRレジスタは0Fhを書き込み，下位4ビットを入力に指定しています．扱うデータがLowアクティブなのでIPOLレジスタは反転させた方がいいのですが，キーボード・プログラムと同一にするために反転なしの設定にしています．プログラムはキーボードのプログラムとまったく同一で，ポートBへのアクセスをMCP23008_InPort(0x9)関数に置き換え，ポートCのアクセスをMCP23008_OutPort(0xXX)に置き換えています．

　Yラインの出力にビット・セット・コマンドを使うこともできますが，上位バイトは出力ですから書き込みを行っても問題を起こさないことからバイト指定でYラインを制御しています．また，キー・ポジションの値を変数Xと変数Yでもっていたのに対し，ポートを読むだけでY出力の値とX入力の状態が同時に読み出せることから，ポートの読み出し値をKEYという変数に単純に転送しているだけです．XとYが同じポートに存在するなら，このような記述を省略できます．キーが押されたときの位置データはポートDのLEDに表示しています．

　初期化ルーチンであるvoid InitMCP23008(void)は少し変更したので再掲載します．

　下記の関数は第3章の3-3節で紹介したので説明は省略します．

```
void MCP23008_SetREG(unsigned char adr,unsigned char dat)… MCP23008のレジスタ設定
```

```
unsigned char MCP23008_InPort(unsigned char adr)……MCP23008のレジスタ読み出し
void MCP23008_OutPort(unsigned char dat)…………MCP23008のポート出力専用ルーチン
```

リスト5-10-1 I/OエクスパンダMCP23008を使用したマトリックス型キーボード駆動プログラム
[MA224＋インターフェース回路，PIC18F452(10MHz)，C18コンパイラ]

```
#include <delays.h>
#include <i2c.h>          //ライブラリ必要

//MCP23008 初期化ルーチン
void InitMCP23008(void)
{
    MCP23008_SetREG(0x05,0b000000);     //<Conig>
    MCP23008_SetREG(0x06,0b00001111);   //<GPPU>
    MCP23008_SetREG(0x00,0b00001111);   //<IODIR>
    MCP23008_SetREG(0x01,0b00000000);   //<IPOL>    全て正論理に指定
    MCP23008_SetREG(0x02,0b00000001);   //<GPINTEN>
    MCP23008_SetREG(0x07,0b00000000);   //<INTF>
}

void main(void) {
    unsigned char KEY=0 , cnt;

    TRISD = 0;
    TRISCbits.TRISC3=1;
    TRISCbits.TRISC4=1;
    SSPADD = 15;
    OpenI2C(MASTER, SLEW_ON);

    InitMCP23008(); //初期化

    while(1) {
        if (cnt==0) MCP23008_OutPort(0xE0);        //Y0 act
        else if (cnt==1) MCP23008_OutPort(0xD0);   //Y1 act
        else if (cnt==2) MCP23008_OutPort(0xB0);   //Y2 act
        else if (cnt==3) MCP23008_OutPort(0x70);   //Y3 act
        //Get X
        Delay1KTCYx(1); //1mS
        if (( MCP23008_InPort(0x9) & 0xF )!=0xF) {         //X on??
            Delay1KTCYx(10);    //5ms
            if (( MCP23008_InPort(0x9) & 0xF )!=0xF) {     //X on??
                Delay1KTCYx(10);    //5ms
                if (( MCP23008_InPort(0x9) & 0xF )!=0xF) { //X on??
                    KEY = MCP23008_InPort(0x9);
                }
            }
        }

        MCP23008_OutPort(0xF0);  //Y off
        cnt = ++cnt & 0x3;
        PORTD=~KEY;              //Display Key data
        Delay1KTCYx(20);         //Time interval 10ms

    }
}
```

5-11 ディジタル・スイッチの入力

ここでいうディジタル・スイッチとは，ディジタル値などを設定するスイッチのことで，写真5-11-1に代表的な形状を示します．これらは装置の機能設定によく利用されます．

■ 種類

● DIPスイッチ
ICパッケージとしておなじみのデュアル・インライン・パッケージ(DIP)の形状にした集合スイッチです．

● ロータリDIPスイッチ(ロータリ・スイッチ)
中央の回転部を回して値を設定するスイッチです．出力コードが10進のものと16進のものがあります．

● サミール・スイッチ(サム・ホイール・スイッチ)
ホイールを指で操作したり，数字の上下にある押しボタンを操作すると，ホイールが回転して対応するコードが接点に出力されます．出力コードが10進のものと16進のものがあります．

■ インターフェース例

図5-11-1が基本的な回路です．多くのスイッチを読み取る場合，図5-11-2のようにマトリックス型のキーボード・インターフェースと同様な構成にして読み取るとI/Oポート数を節約できます．

キーボードは瞬間的にどれかのキーがONになりますが，ディジタル・スイッチは常時ONまたはOFFの状態が継続するため，各スイッチにダイオードが必ず必要です．

桁信号の1ラインをLレベルにして，その桁を読み取ります．ダイオードは桁どうしの影響をなくすためのものです．

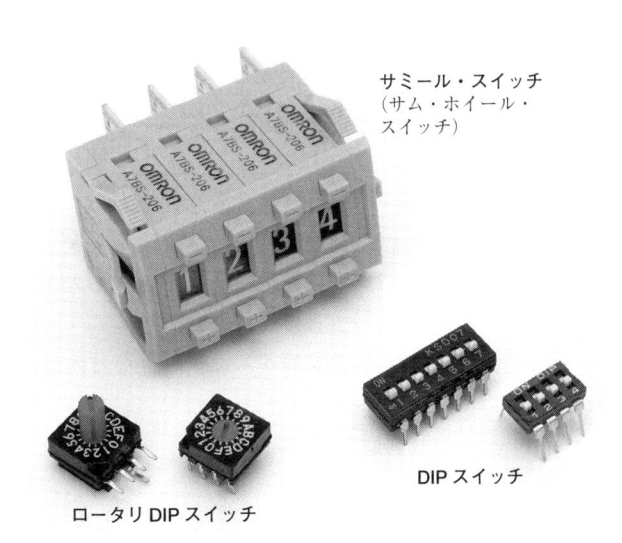

写真5-11-1 代表的なディジタル・スイッチの例

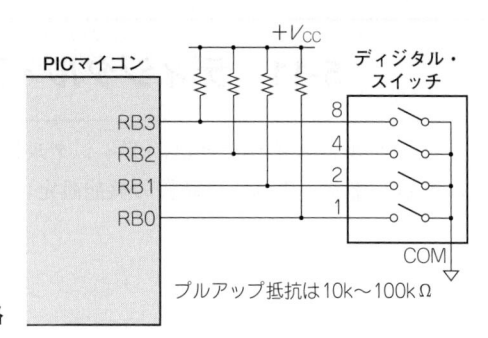

図5-11-1　ディジタル・スイッチの入力回路

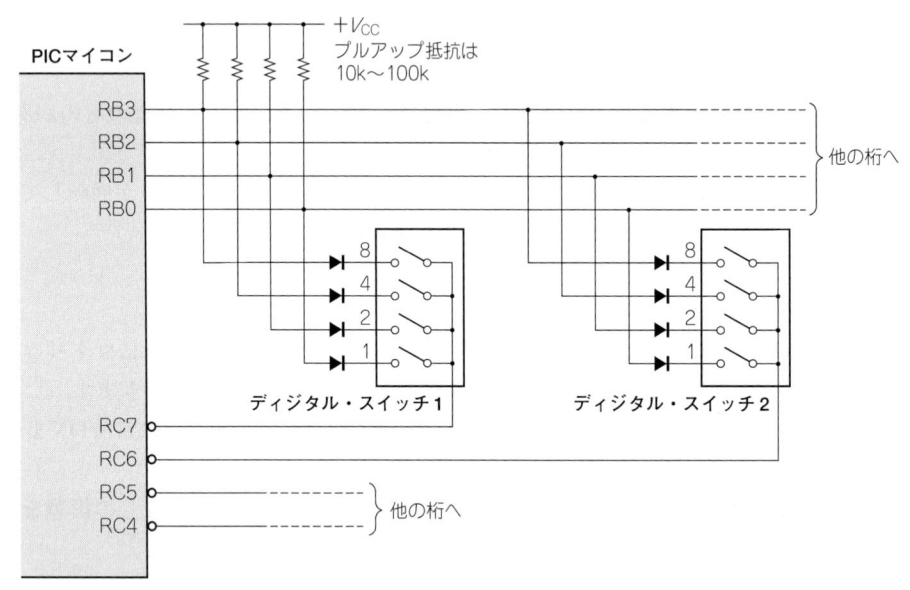

図5-11-2　多桁ディジタル・スイッチの入力回路

5-12　可変抵抗器のインターフェース

　人間のアナログ的な操作を読み取る方法の一つは可変抵抗器を使うもので，廉価なアナログ・ジョイスティックなどで使われています．可変抵抗器は電源を切っても位置情報を保持できる特徴もあります．
　可変抵抗器の値を読み取るにはA-Dコンバータを使って電圧を読み取るのが容易ですが，A-Dコンバータを内蔵していない低コストのマイコンから利用する方法もあります．
　このような可変抵抗器の位置検出は，ゲーム機のジョイスティックなどの簡単なヒューマン・インターフェースに利用されています．

■ 積分回路のステップ応答特性を利用

　図5-12-1のように可変抵抗器とコンデンサで積分回路を構成し，出力ポートからステップ信号を加えると，その応答はエクスポーネンシャル・カーブになります．その信号を入力ポートに加えると，入力ポ

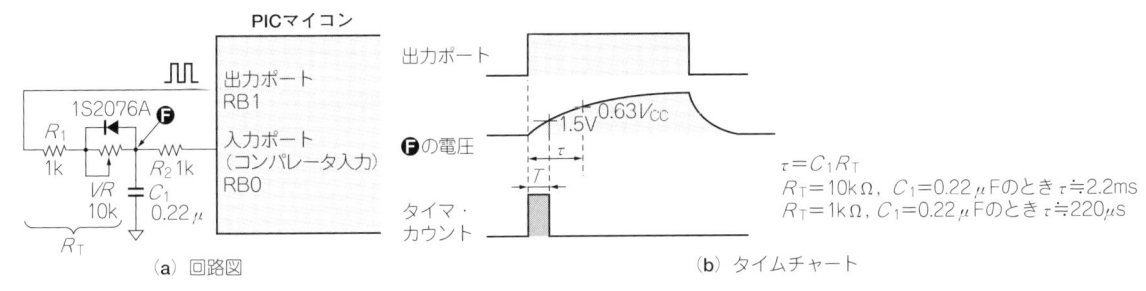

図5-12-1 可変抵抗器をコンパレータ入力で読み取る回路

(a) 回路図
(b) タイムチャート

$\tau = C_1 R_T$
$R_T = 10\mathrm{k}\Omega$, $C_1 = 0.22\mu\mathrm{F}$ のとき $\tau \fallingdotseq 2.2\mathrm{ms}$
$R_T = 1\mathrm{k}\Omega$, $C_1 = 0.22\mu\mathrm{F}$ のとき $\tau \fallingdotseq 220\mu\mathrm{s}$

図5-12-2 積分回路のパルス応答波形
(2.5ms/div., 2V/div.)

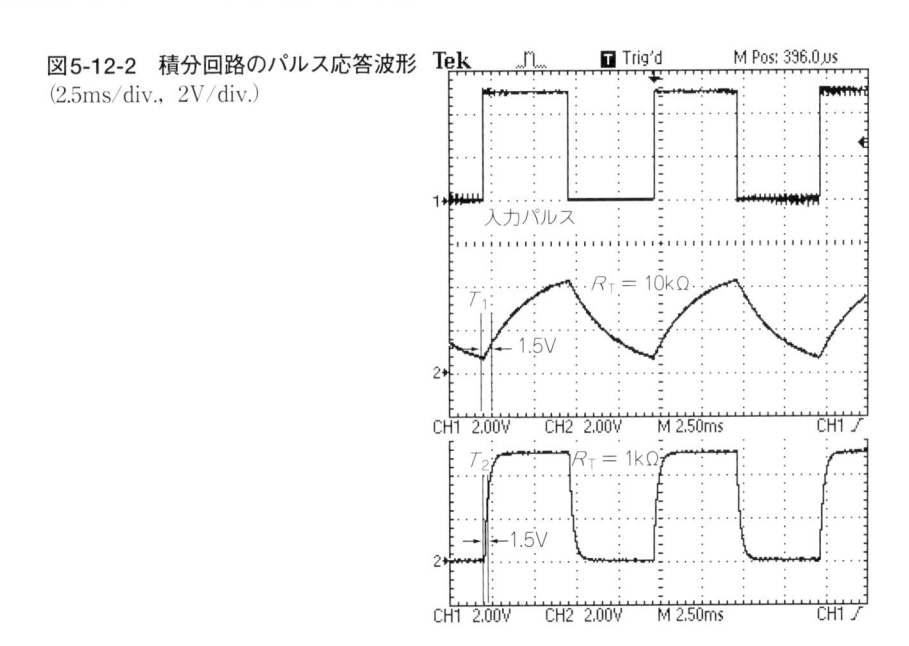

ートのスレッショルド・レベルでHレベルかLレベルのディジタル値に変換されます．パルス出力から，電圧がスレッショルド・レベルを越えるまでには時間遅れが生じるため，この時間を測定すれば，可変抵抗器の抵抗値に応じた数値に変換できます．図において抵抗R_TはR_1と可変抵抗器VRの抵抗値の合計です．

コンデンサC_1を0.22μFとして抵抗R_Tを1kΩと10kΩにした場合のパルス応答波形を**図5-12-2**に示します．❺点の電圧が0Vから約$0.63V_{CC}$に立ち上がる時間は時定数τと呼ばれ，$\tau = C_1 R_T$です．1kΩと10kΩではそれぞれ220μs，2.2msです．τはV_{CC}の約63％に立ち上がるまでの時間であり，5V出力では約3Vのポイントです．PICマイコンの入力ポートのスレッショルド・レベルは5V動作時に約1.5Vなので，この時間をカウントすると時定数τの半分くらいの時間になります．

■ プログラム例
● 二つのI/Oピンを使う例

リスト5-12-1がプログラムです．A-Dコンバータを搭載しないマイコンを想定してPIC16シリーズのア

リスト5-12-1
可変抵抗器の位置を読み取るプログラム
[MA164N, PIC16F877(4MHz), MPASM]

```
        LIST    P=16F877,F=INHX8M,R=DEC
;==========================================
;   PIC16F877   VR プログラム
;   CLOCK 4MHz RB0=PLS_OUT RB1=RESPONS_IN
;==========================================
        INCLUDE "P16F877.INC"

DLYL    EQU     H'20'
DLYH    EQU     H'21'
VALH    EQU     H'22'
VALL    EQU     H'23'

        ORG     0
        CLRF    PORTD           ;ポートDをクリア
        BSF     STATUS,RP0      ;BANK1切換 (STATUS-bit5=1)
        CLRF    TRISD           ;ポートD方向指定 全部出力
        BSF     TRISB,0         ;RB0=in
        BCF     TRISB,1         ;RB1=out
        BCF     STATUS,RP0      ;BANK0戻し (STATUS-bit5=0)
        MOVLW   B'00000000'     ;タイマ1を設定する
        MOVWF   T1CON

LOOP
        BSF     PORTB,1         ;PLS OUT
        BSF     T1CON,0         ;TMR1=ON
L1      BTFSS   PORTB,0         ;ON EDGE??
        GOTO    L1
        BCF     T1CON,0         ;TMR1=OFF
        BCF     PORTB,1         ;PLS OFF

        MOVF    TMR1H,W         ;TMR1->VAL
        MOVWF   VALH
        MOVF    TMR1L,W
        MOVWF   VALL

        RRF     VALH,F          ;Display
        RRF     VALL,F          ;VAL / 4
        RRF     VALH,F
        RRF     VALL,F
        MOVF    VALL,W          ;VAL(H)->PORTD
        MOVWF   PORTD
        CLRF    TMR1H           ;CLEAR TMR1
        CLRF    TMR1L
        CALL    DLY5MS          ;Interval TM
        GOTO    LOOP

;--------------------------------
;    TIME DELAY
;--------------------------------
DLY5MS  MOVLW   5
        MOVWF   DLYH
DLYLP2  MOVLW   166;SET TIME 4MHz 1ms Delay
        MOVWF   DLYL    ;
DLYLP1  NOP
        NOP
        NOP
        DECFSZ  DLYL,1;
        GOTO    DLYLP1
        DECFSZ  DLYH,1;
        GOTO    DLYLP2
        RETURN
        END
```

図5-12-3 可変抵抗器を最小から最大まで変えたときの入出力波形(100 μs/div., 2V/div.)

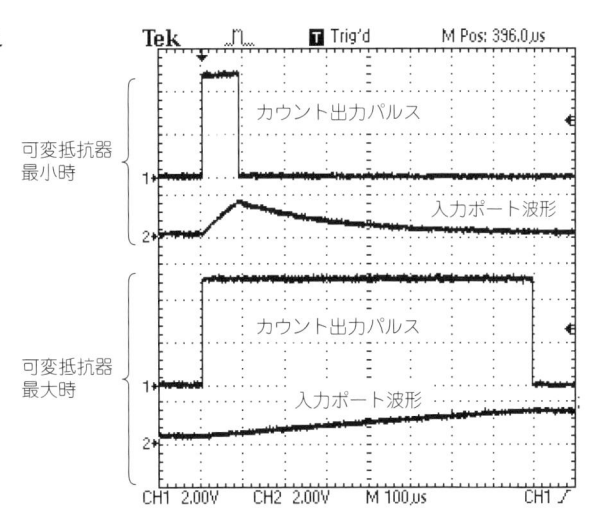

センブラで記述しました．使用デバイスはPIC16F877です．出力ポート側にある1kΩの固定抵抗は，可変抵抗器を最小にしても抵抗値がゼロになるのを防いでいます．コンデンサは0.22μFで，放電時間を短縮するためにダイオードを設けています．また，入力ポートを保護するために1kΩの保護抵抗を入れてあります．

プログラムでは時間測定にタイマ1を利用して，システム・クロックをカウントするようにしています．ポート(RB1)からパルスを出力して，同時にタイマをスタートします．積分出力(RB0)を監視して出力がHレベルになるまで待ちます．

Hレベルを検出したらタイマを停止し，パルス出力をLレベルにして，タイマ値をメモリに取り出してタイマをクリアします．タイマの有効値8ビットをポートDのLEDに表示します．コンデンサにはチャージが貯まっており，すぐに次のパルスを出力できません．ダイオードで放電を早めていますが，それも0.7Vまでなので，ゼロまでの時間を確保しなければなりません．実際に試してみると**図5-12-3**のように可変抵抗器を絞ったときは90μs，可変抵抗器最大で800μsの結果となり，時定数τの約40％の値となりました．

入力ポートのスレッショルド・レベルに頼る方法は，使用するポートによってスレッショルド電圧が少し異なるため時間差が生じたり，温度や電圧変動によっても測定値が変化する可能性がありますから，簡易型と割り切りましょう．

タイマ値は，システム・クロック4MHzから1MHz(1μs)がタイマに入力されることから，可変抵抗器を可変すると50～890の値が得られました．パルス幅とほぼ同じ値です．最大値が37Ahであることから2ビット右シフトを行い，上位8ビットを表示させています．

● **一つのI/Oピンで済ませる例**

前述の例はパルスの発生と変化の読み取りを二つのI/Oピンで行っていますが，**図5-12-4**のように一つのI/Oピンで実現することも可能です．PICマイコンのI/Oピンは入力と出力を簡単に切り替えることができるため，コンデンサの放電を出力で行い，入力に切り替えて充電時間を測定する方法です．

なお，コンデンサ放電時に抵抗(R_2)があるため放電に時間がかかります．この抵抗はMOS入力ポートを保護するためですが，放電時間が気になるときは小さな値にしても良いですし，ダイオードを直列に挿

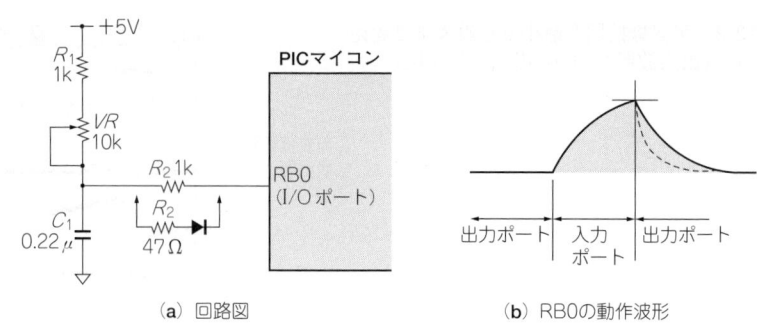

図5-12-4
1本のI/Oピンで実現する回路　　　　　（a）回路図　　　　　　　　　　　　　　　（b）RB0の動作波形

入して放電時だけ抵抗値を下げることもできます．
　プログラムは，パルスの出力部分をポートの方向切り替えに変更するだけで，そのまま利用できます．

5-13　1本のピンで複数スイッチを読み取る

　たった1本のI/Oピンしか使わなくとも，複数のスイッチを読み取ることができます．複数のスイッチによってD-Aコンバータを形成し，押したスイッチに応じて変化する電圧をA-Dコンバータで読み取る方法です．これはA-Dコンバータ内蔵の小型マイコンに有利なスイッチ・インターフェースです．

■ 1本のI/Oピンで複数のスイッチを読み取るしくみ
● 同一値の抵抗器を使う場合

　図5-13-1(a)は同一値の抵抗によるD-A型スイッチ・インターフェースです．同一値の抵抗で構成した場合，出力電圧をグラフにすると**図5-13-2**のようにスイッチ数に比例して対数的に出力電圧が上昇します．スイッチ間の電位差は逆に低下していきます．+5Vの電源電圧でA-Dコンバータを駆動すると10ビ

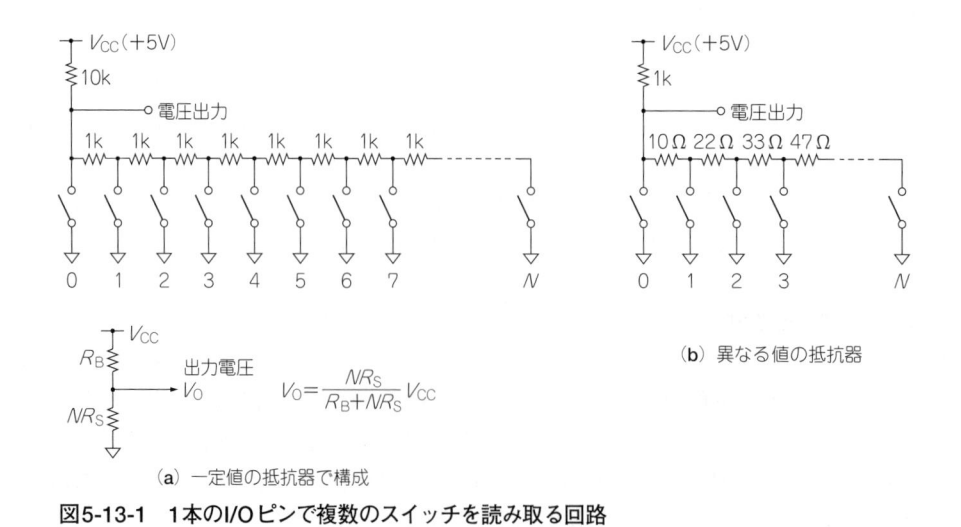

$$V_O = \frac{NR_S}{R_B + NR_S} V_{CC}$$

（a）一定値の抵抗器で構成　　　　　　　　　　　　　　　　　（b）異なる値の抵抗器

図5-13-1　1本のI/Oピンで複数のスイッチを読み取る回路

ットA-Dコンバータの場合，分解能は約5mVです．スイッチ間の電圧差を数値4で判別するならば電圧は20mVであり，グラフから約40スイッチを判別できることがわかります．しかし，簡単なプログラムでは20mVを安定に識別することは困難ですし，抵抗値の誤差や温度ドリフトも考慮する必要があります．電圧差を数値8とすれば2倍の40mVとなり，30スイッチを識別できることになります．
　このようなことから複数スイッチ読み取りは20～30スイッチが限界と思われます．

● 異なる値の抵抗器を使って電圧変化を直線化した場合

　各スイッチの抵抗値を変えると直線的な変化に近づけることができ，スイッチ間の電圧差の変化を抑えることができるので，ノイズに対する動作安定性も高まります．ただし，抵抗値はE24系列，E96系列などが定められていることから特注の抵抗を用意しない限り完全な直線を得ることができません．E24系列の抵抗を使って構成した回路を**図5-13-1(b)**に示します．また，30スイッチまでに得られる出力電圧を**表5-13-1**にまとめました．E24系列でスイッチ間の電圧差を40mVまで抑えると表のような抵抗値になります．この表から得られる出力電圧のグラフ(**図5-13-3**)を見てもわかるように出力電圧はかなり直線に近くなりますが，使いやすい抵抗値で構成した場合は希望する特性を得ることができません．こちらも実用上は20スイッチ程度で，同一値の抵抗による回路と同じ結果ですが，動作の安定性としてはこちらの方が優れているといえます．

表5-13-1　E24系列の抵抗器を使った場合の抵抗値と出力電圧

キー数	抵抗値[Ω]	出力電圧[V]	キー数	抵抗値[Ω]	出力電圧[V]	キー数	抵抗値[Ω]	出力電圧[V]
1	10	0.050	11	180	0.482	21	3.3k	1.328
2	22	0.107	12	220	0.527	22	5.1k	1.455
3	33	0.155	13	270	0.573	23	8.2k	1.594
4	47	0.211	14	330	0.614	24	15k	1.841
5	56	0.240	15	430	0.690	25	27k	1.993
6	68	0.275	16	560	0.761	26	56k	2.263
7	82	0.311	17	750	0.847	27	120k	2.462
8	100	0.353	18	1k	0.921	28	270k	2.628
9	120	0.390	19	1.5k	1.083	29	680k	2.848
10	150	0.444	20	2.2k	1.205	30	2M	3.131

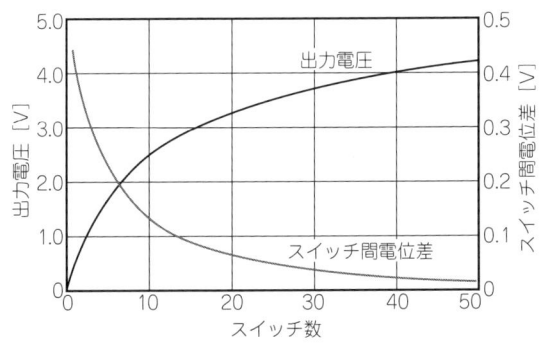

図5-13-2　同一値の抵抗によるD-A型スイッチ・インターフェースの出力電圧

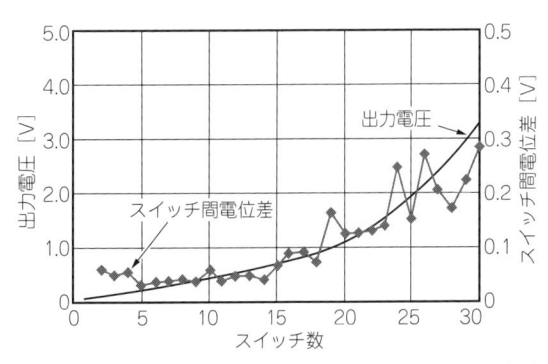

図5-13-3　異なる値の抵抗器を使って電圧変化を直線化した場合の出力電圧とスイッチ間の電位差

■ 8スイッチの判別プログラム

　同一値の抵抗を使った8スイッチの判別プログラムを**リスト5-13-1**に示します．**図5-13-1**(a)を試作したのが**写真5-13-1**です．スイッチの電圧判定レベルは**図5-13-4**のように設定し，定数テーブルに置いて参照しています．

　回路の出力電圧を観測すると，**図5-13-5**のようにスイッチが押された直後は電圧が安定せず，スイッチの誤判別が発生することがわかりました．そこで，はじめにA-D変換値に大きく変化があった場合にスイッチ入力ありとして読み取りルーチンに入り，電圧が安定するまで(この場合20ms)待ちます．この待ち時間は使用する回路に応じて決めてください．電圧が安定したところで再度A-D変換して，スイッチを判別します．プログラムでは判別結果をポートDのLEDに表示しています．A-DコンバータはPIC18F452のAD1を使用しました．

リスト5-13-1　1本のI/Oピンによる8スイッチの判別プログラム［MA224のAD1入力(PIC内蔵A-Dコンバータ)，PIC18F452(10MHz)］

```
//宣言
const rom unsigned int KEYTBL[8] = { 47,132,203,264,317,363,403,438,} ;//スイッチ判定テーブル
unsigned int ADVAL; //A-D変換値
//初期化
TRISA = 0b111111;
TRISD = 0;
ADCON1 = 0b10001110;
ADCON0 = 0b11001001;        //AD1

//スイッチ読み取りルーチン
ADCON0bits.GO = 1;          //Start AD
while(ADCON0bits.GO);
ADVAL = ADRES;
If ( ADVAL<800 ) {
    Delay1KTCYx(50);        //Delay 20ms
    ADCON0bits.GO = 1;      //Start AD
    while(ADCON0bits.GO);
    ADVAL = ADRES;
    PORTD=0;
    if(KEYTBL[0]>ADVAL) PORTDbits.RD0=1;                 //SW1 LED0-ON
    else if( KEYTBL[0]<ADVAL && KEYTBL[1]>ADVAL )  PORTDbits.RD1=1;   //SW2 LED1-ON
    else if( KEYTBL[1]<ADVAL && KEYTBL[2]>ADVAL )  PORTDbits.RD2=1;   //SW3 LED2-ON
    else if( KEYTBL[2]<ADVAL && KEYTBL[3]>ADVAL )  PORTDbits.RD3=1;   //SW4 LED3-ON
    else if( KEYTBL[3]<ADVAL && KEYTBL[4]>ADVAL )  PORTDbits.RD4=1;   //SW5 LED4-ON
    else if( KEYTBL[4]<ADVAL && KEYTBL[5]>ADVAL )  PORTDbits.RD5=1;   //SW6 LED5-ON
    else if( KEYTBL[5]<ADVAL && KEYTBL[6]>ADVAL )  PORTDbits.RD6=1;   //SW7 LED6-ON
    else if( KEYTBL[6]<ADVAL && KEYTBL[7]>ADVAL )  PORTDbits.RD7=1;   //SW8 LED7-ON
    else PORTD=0;
}
```

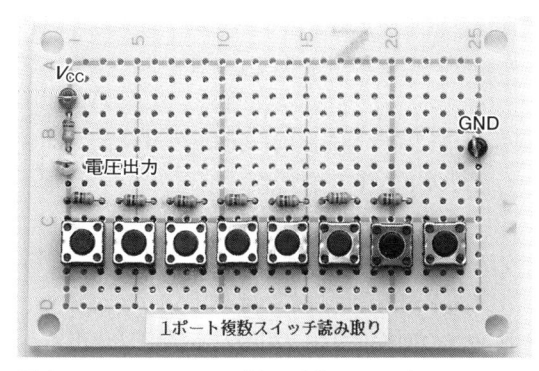

写真5-13-1 図5-13-1(a)を試作した回路

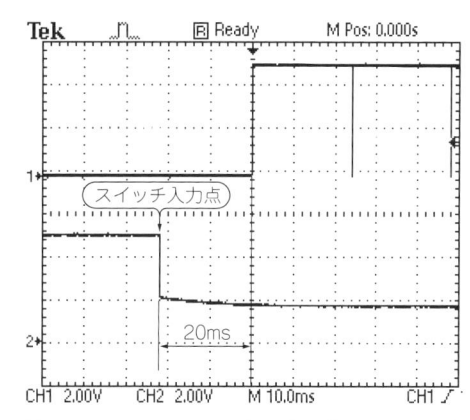

図5-13-5 8スイッチ判別プログラムの動作波形（10ms/div., 2V/div.）

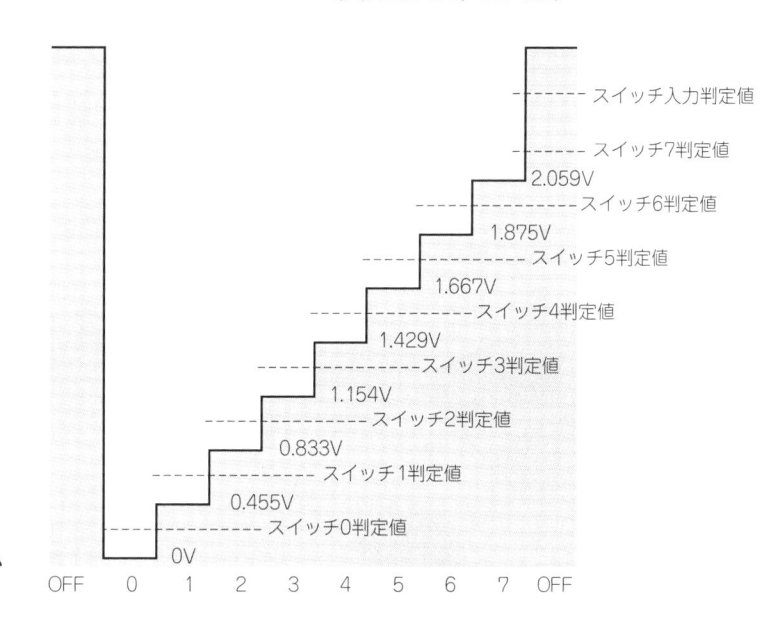

図5-13-4 8スイッチ判別プログラムの入力判定レベル

5-14 手動操作用ロータリ・エンコーダ

■ ロータリ・エンコーダとは
● 用途など
　これは回転速度と方向を検出するパーツで，おもにモータの回転検出などに利用されています．ここではフロント・パネルなどに取り付けて手で操作するロータリ・エンコーダとのインターフェースを説明します．

　測定機器などで値の設定によく利用されています．ロータリ・エンコーダには，機械接点を使ったもの，

フォト・カプラを使った光電式のものがあります．接点式はソフトウェアによるチャッタリング処理が必要ですが，光電式はきれいなディジタル信号が出力されるためプログラムが簡単になりますし，マイコンの割り込み入力に直結して使うこともできます．

接点式は光電式よりコストが安いことが特徴です．写真5-14-1に示すBourns社のロータリ・エンコーダは接点式ですがメカの精度や感触がよく，良質の接点をもちコストも手ごろです．

● 内部構造と信号

スイッチ式のロータリ・エンコーダは図5-14-1(a)のように，二つのスイッチが組み込まれているような構造です．光電式は接点の代わりに光源とフォト・トランジスタが内蔵されています．

ロータリ・エンコーダの出力信号は図5-14-1(b)のようにノブの回転により2相のパルス信号が出力されます．ノブを回転させると二つのスイッチのON/OFF状態が90°位相がずれた形で動作するしくみです．2相信号の位相遅れが回転方向に応じてプラスかマイナスに切り替わることから，どちらかの信号をクロック・パルスとして考えると，クロック・パルスの立ち上がりエッジで相手の信号がHレベルかLレベルであるかを判定すれば回転方向を検出できます．回転量はパルス数を積算することで得られ，回転速度はパルスの周期を測れば検出できます．

これをブロック図で表したのが図5-14-2です．プログラムで読み取る場合は，クロックとなる信号のチャッタリングを除去してから，立ち上がりエッジを検出し，そのときの相手信号がHレベルならば設定

写真5-14-1　手動操作用ロータリ・エンコーダの例

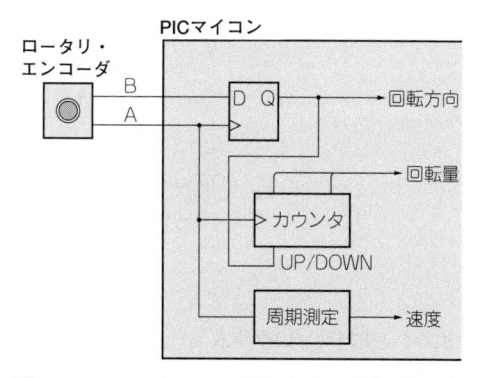

図5-14-2　マイコンで回転方向，回転量，速度を測定するための機能ブロック

(a) 回路図

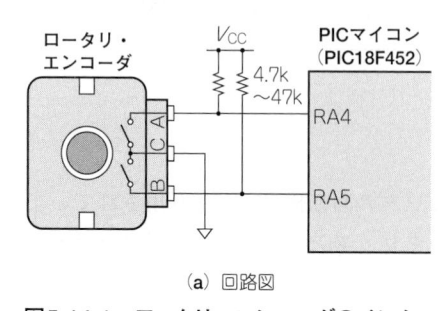

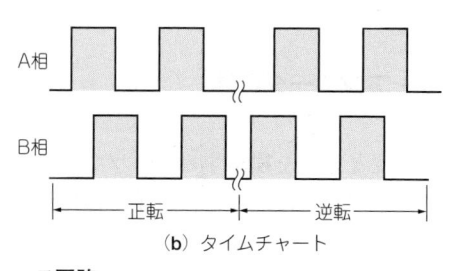

(b) タイムチャート

図5-14-1　ロータリ・エンコーダのインターフェース回路

値を+1し，Lレベルならば設定値を-1するような処理になります．

■ プログラム例

リスト5-14-1は，スイッチの読み取りルーチンを応用したロータリ・エンコーダ読み取りプログラムです．ロータリ・エンコーダの回転検出はunsigned char getRE(void)ルーチンで1パルス入力があるまでループし，パルス入力があったら抜け出します．戻り値として回転方向データ(0または1)をもって戻ります．

ロータリ・エンコーダのA，B端子をポートAのビット4，ビット5にそれぞれ接続し，RA4側をクロックとして扱い，入力を検出しています．使用したロータリ・エンコーダはBourns社のもので，チャタリングが少ないことからチャタリング検出時間を小さくし，早い回転操作にも応答できるようにしました．回転結果はポートDのLEDを利用してカウンタを構成して，数値を表示させています．右回転ではアップ・カウンタとして動作し，左回転ではダウン・カウンタとして動作するようにしていますので，回転のようすをLEDで目視確認できます．実際の用途では，これを変数に割り当てれば設定値を可変できます．

リスト5-14-1　手動操作用ロータリ・エンコーダのインターフェース・プログラム
[MA224，PIC18F452(10MHz)，C18コンパイラ]

```
#include <p18f452.h>
#include <delays.h>
//ロータリ・エンコーダのセンス・ルーチン
unsigned char getRE(void)
{
    while (1) {    //OFFの検査
        if (PORTAbits.RA4==0) continue;
        Delay100TCYx(10);      //Delay 0.5ms
        if (PORTAbits.RA4==0) continue;
        Delay100TCYx(10);      //Delay 0.5ms
        if (PORTAbits.RA4==1) break;
    }
    while (1) {    //ONの検査
        if (PORTAbits.RA4==1) continue;
        Delay100TCYx(10);      //Delay 0.5ms
        if (PORTAbits.RA4==1) continue;
        Delay100TCYx(10);      //Delay 0.5ms
        if (PORTAbits.RA4==0) break;
    }
    return PORTAbits.RA5;
}
void main (void)
{
    ADCON1 = 0b1110;
    TRISA = 0b111111;
    TRISD = 0;
    PORTD = 0;

    while(1){
        if (getRE()==0) PORTD++;  else PORTD--;
    }
}
```

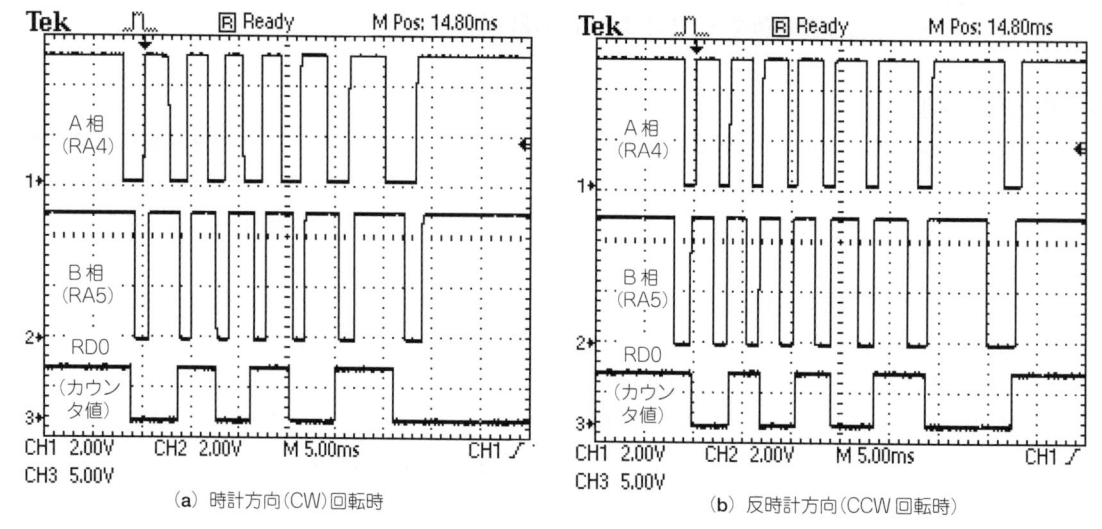

図5-14-3 ロータリ・エンコーダの出力波形とプログラムの応答 (5ms/div., A相およびB相：2V/div., RD0：5V/div.)

(a) 時計方向(CW)回転時
(b) 反時計方向(CCW回転時)

ロータリ・エンコーダの回転とその応答を**図5-14-3**に示します．応答はカウンタの最下位(PD0)にあたるLEDをモニタしましたから，1パルスごとに応答するようすがわかります．高速に回すとチャッタリング除去処理によって，はじかれてしまうパルスが発生します．

5-15　サウンダによる音の発生

■ サウンダとは

マイコンでアラーム音や確認音などを鳴らすのに，サウンダと呼ばれる小さな発音部品がよく使われます．サウンダは，一般に小径スピーカーより小型で，周波数特性はスピーカよりかなり狭く数kHz程度の音を出すのに最適化されています．

サウンダには，大別して**写真5-15-1**に示す「圧電サウンダ」と「マグネチック・サウンダ」があります．サウンダは，発音素子と共鳴体から構成されており発振回路を内蔵していません．このため外部から発音のための信号を与えて駆動する必要がありますが，ある程度の音域の周波数を鳴らせるのでメロディなどを演奏することもできます．

● 圧電サウンダ

圧電とは，水晶やロッシェル塩，チタン酸バリウムなどの誘電体に機械的な圧力を加えると電気を生じ

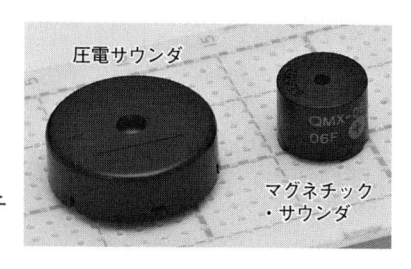

写真5-15-1　圧電サウンダとマグネチック・サウンダ

る現象のことで，この電気を圧電気(piezo-electricity)と呼びます．サウンダは，この特性を逆に使い，電界を与えることで振動を発生させ，音を出すのが圧電サウンダ（ピエゾ・サウンダ）です．

● マグネチック・サウンダ

一般のスピーカを小型化した構造で，コイル，振動板，磁石から構成され，電磁石の原理で振動板を動かします．

● 圧電ブザー，マグネチック・ブザー

圧電サウンダやマグネチック・サウンダに発振回路を組み込んだもので，数Vの直流電圧を加えるだけで鳴動します．発振周波数は内蔵の発振周波数によって決まるので，特定の1周波数の音しか発生できないのが普通です．

■ 特性

表5-15-1は市販の圧電サウンダとマグネチック・サウンダの定格・特性です．鳴動時の音を比較すると圧電サウンダは鋭くキラキラした強い音で，マグネチック・サウンダはソフトで力強い音がします．

発音体には共鳴周波数があって発生音圧の周波数特性は普通のスピーカとは異なり，図5-15-1のように大きく変化します．この特性はどちらのタイプも同様に存在しており，耳で聞く感じではマグネチック・サウンダは音圧差があまり気になりませんが，圧電サウンダは音圧差を感じ取れます．そのためメロディのように複数の周波数を再生する場合は，マグネチック・サウンダが適していると感じます．

表5-15-1 市販の圧電サウンダとマグネチック・サウンダの定格・特性

項目	圧電サウンダ	マグネチック・サウンダ
型名	PKM22EPPH4001-B0	QMX-05
メーカ	村田製作所	スター精密
動作電圧範囲	$25V_{P-P}$ 以下	3～8V（定格5V）
定格電流	−	40mA
共鳴周波数	4000Hz	2400Hz
静電容量	$0.012\mu F$	−
直流抵抗	−	50Ω
交流抵抗	3～5kΩ（実測）	−
音圧	70dB	85dB

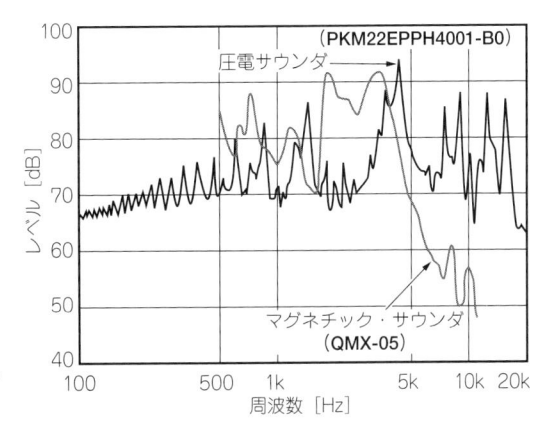

図5-15-1 圧電サウンダとマグネチック・サウンダの周波数特性

■ 基本的な使い方
● 駆動回路

　マイコンでサウンダから音を出すには，出力ポートからデューティ50%程度のパルス信号を発生させて駆動します．2kHzの音を出すときは250μsの間隔で出力ポートをON/OFFするわけです．単純なソフトウェア・ループで250μsのパルスを出すには処理に張り付いていなければならず，マイコンの処理に余裕が求められます．

　マイコンとのインターフェースは，マグネチック・サウンダと圧電サウンダでは回路が異なります．圧電サウンダの等価回路はコンデンサに似ているため電圧駆動できます．**図5-15-2**が回路例です．

　マグネチック・サウンダは電流駆動のため外付けドライブ回路が必要です．小電流ならマイコン直結でもかまいませんが，10～50mAを越えるなら電流増幅回路が必要です．**図5-15-3**が回路例です．

● 駆動波形

　図5-15-4は，1kΩの抵抗を直列に入れた場合の圧電サウンダの駆動波形です．周波数は共振周波数の

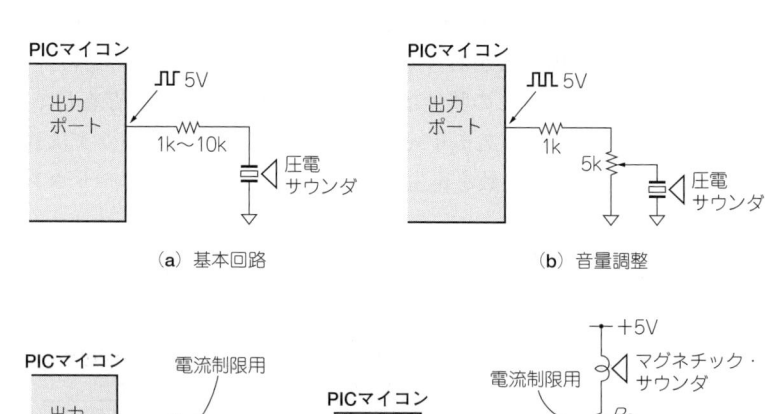

図5-15-2　圧電サウンダの駆動回路
　　(a) 基本回路　　(b) 音量調整

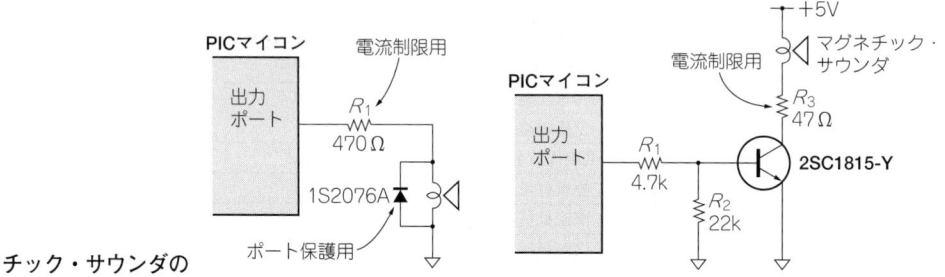

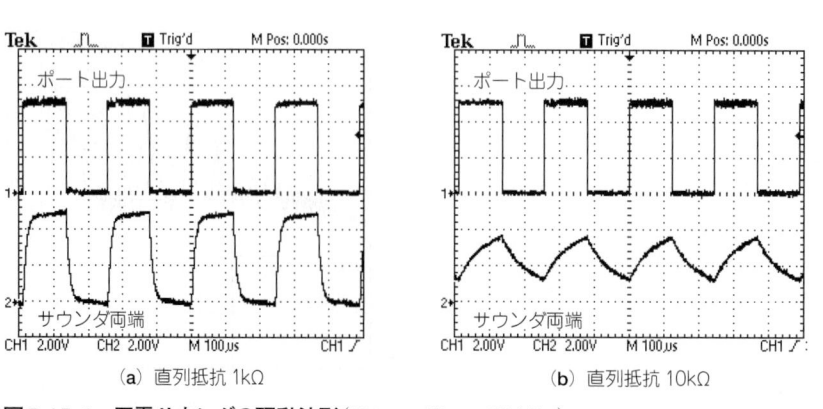

図5-15-3　マグネチック・サウンダの駆動回路
　　(a) ポート直結　　(b) トランジスタによる電流アンプ

　　(a) 直列抵抗 1kΩ　　(b) 直列抵抗 10kΩ

図5-15-4　圧電サウンダの駆動波形(100μs/div., 2V/div.)

4kHzです．直列抵抗の値を大きくするとサウンダ両端の電圧は自身の静電容量とで積分されて三角波に似てきます．

これらのサウンダは小さなボディの割に大きな音を発生します．ケースの中に収納しても通風穴から十分な音圧が得られます．

■ プログラム例
● 1kHz矩形波によるアラーム音の発生

プログラム例は発音体型のサウンダにおいて1kHzのアラーム音を発生するプログラムです．出力ポートをONにして500μs待ち，ポートをOFFにして再び500μs待って1パルスの出力を完了します．この処理を120回繰り返すことで，約100msの期間パルスを出力します．

リスト5-15-1はC言語によるプログラム例です．遅延関数Delay10TCYx()はC18コンパイラの組み込み関数で，よく利用する関数です．10という値が10命令数に相当する遅延を示しており，このほかに100，1K，10Kの関数があります．

アセンブリ言語による記述例もリスト5-15-2に示しておきます．

● 音階を発生させるプログラム

二つ目のプログラム（リスト5-15-3）はサブルーチンを関数に置き換えて，いろいろな周波数の音を出せるようにしています．発音用関数は下記のものです．

```
void buzzer ( unsigned char LEN,unsigned char FRQ )
```

音には周波数と時間の二つの要素があります．図5-15-5を見てください．この関数はLENの値で発振するパルス数を指定し，FRQで「発振する音の周期÷8μs」の値を指定します．8μsは半周期であることから÷2を行い，残りの4μsがDelay10TCYx()関数の1に相当する数値になります．

リスト5-15-1　1kHz矩形波によるアラーム音の発生プログラム［MA224搭載マグネチック・サウンダ，PIC18F452(10MHz)，C18コンパイラ］

```c
#include <p18f452.h>
#include <delays.h>

void main (void)
{
    int bzcnt;

    TRISD = 0;
    TRISE = 0b001;    //RE2=サウンダ
    PORTD = 0b11110000;

    while(1){
        PORTD = ~PORTD;      //LED点灯
        bzcnt=120;           //パルス数
        while(bzcnt>0)
        {
            PORTEbits.RE2 = 1;   //ON
            Delay10TCYx(120);    //ON Delay
            PORTEbits.RE2 = 0;   //OFF
            Delay10TCYx(120);    //OFF Delay
            bzcnt--;
        }
        Delay10KTCYx(100);
    }
}
```

リスト5-15-2　1kHz矩形波によるアラーム音の発生プログラム［MA224搭載マグネチック・サウンダ，PIC18F452 (10MHz)，MPASM］

```
            LIST    P=18F452
            include "p18f452.inc"

BZCNT   EQU     0
DLYL    EQU     1
DLYH    EQU     2

        BCF     TRISE,2
        CALL    BZCALL

loop    GOTO    loop

;--------------------------------
;   Buzzer Call Subroutine
;   OUT:RE2    WORK:BZCNT
;--------------------------------
BZCALL
        MOVLW   100
        MOVWF   BZCNT

BC1     BSF     PORTE,2     ;BUZZ=1
        CALL    DLY500U
        BCF     PORTE,2     ;BUZZ=0
        CALL    DLY500U
        DECF    BZCNT,F
        BNZ     BC1
        RETURN

DLY500U MOVLW   1
        MOVWF   DLYH
DLYLP5  MOVLW   196
        MOVWF   DLYL
DLYLP6  DECFSZ  DLYL,1
        GOTO    DLYLP6
        DECFSZ  DLYH,1
        GOTO    DLYLP5
        RETURN

        END
```

図5-15-5　音を構成する要素

音の周波数 $f = \dfrac{1}{T}$

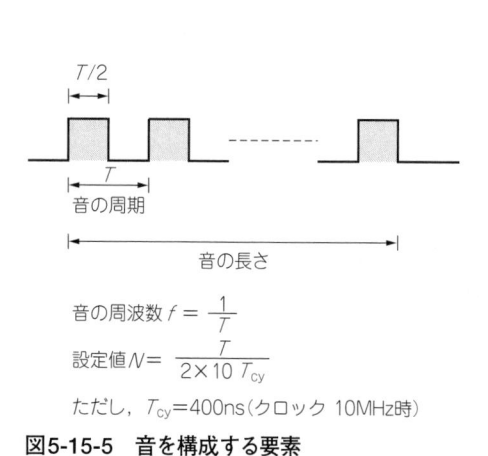

設定値 $N = \dfrac{T}{2 \times 10\, T_{cy}}$

ただし，$T_{cy}=400\text{ns}$（クロック 10MHz時）

表5-15-2　演奏しやすい音階の周波数と設定値

音階	記号	周波数[Hz]	周期[ms]	設定値
ド	C5	523	1.911	239
レ	D5	587	1.703	213
ミ	E5	659	1.517	190
ファ	F5	699	1.432	179
ソ	G5	784	1.276	159
ラ	A5	880	1.136	142
シ	B5	987	1.013	127
ド	C6	1046	0.956	120
レ	D6	1175	0.851	106
ミ	E6	1319	0.758	95
ファ	F6	1397	0.716	89
ソ	G6	1568	0.638	79
ラ	A6	1760	0.568	71
シ	B6	1974	0.507	63
ド	C7	2092	0.478	60

Delay10TCYx()は10命令相当の遅延であり，動作クロック10MHz，実行クロック2.5MHzですから1命令あたり400nsです．この10倍で4μsが算出されます．

　発振しやすい周波数の音階を**表5-15-2**に示します．この周波数から値を計算し，関数に設定するとメロディを作ることができます．ここでは単純にドレミファの順に並べてみました．この関数の設定値はchar型の値を取ったため周波数範囲が狭く，Int型で分解能を上げればもう少し広い範囲の周波数が出せると思います．また，その場合は組み込み関数の遅延ルーチンにも問題があるので，このルーチンから作る必要があるでしょう．音の長さも高い音が限界になりますからint型をとる必要があります．

● メロディを演奏するプログラム
　先ほどのプログラムを利用して簡単な曲「メリーさんの羊」（**図5-15-6**）を演奏します．**リスト5-15-4**

リスト5-15-3 音階を発生するプログラム［MA224搭載マグネチック・サウンダ，PIC18F452(10MHz)，C18コンパイラ］

```c
#include <p18f452.h>
#include <delays.h>
void buzzer(unsigned char LEN,unsigned char FRQ)
{
    while(LEN>0)
    {
        PORTEbits.RE2 = 1;
        Delay10TCYx(FRQ);
        PORTEbits.RE2 = 0;
        Delay10TCYx(FRQ);
        LEN--;
    }
}
void main (void)
{
    TRISE = 0b001;

    while(1){
        buzzer(104,120);     //ド
        buzzer(117,106);     //レ
        buzzer(131,95);      //ミ
        buzzer(139,89);      //ファ
        buzzer(156,79);      //ソ
        buzzer(176,71);      //ラ
        buzzer(197,63);      //シ
        buzzer(209,60);      //ド

        Delay10KTCYx(100);

        buzzer(209,60);      //ド
        buzzer(197,63);      //シ
        buzzer(176,71);      //ラ
        buzzer(156,79);      //ソ
        buzzer(139,89);      //ファ
        buzzer(131,95);      //ミ
        buzzer(117,106);     //レ
        buzzer(104,120);     //ド

        Delay10KTCYx(100);
    }
}
```

がそれです．音域が狭いため用意した関数で十分演奏できます．曲の演奏では音を出す時間が長くなってくるため変数LENをint型に変更します．Int型では処理が大きく遅れるため周波数への影響が多少あります．楽譜を使用して音程と長さを調べてLENの指定値を変更します．また，音と音の間に多少の無音時間を設けてアクセントを付けました．実際に演奏してみるとスピードが早いために調子が悪く，LENの長さを2倍に拡張しました．このような処理を加えておくと全体のスピードを調節できます．

　音程を数値で扱うのも面倒なので名称を付け，音程に対応した長さにも名称を付けました．LENの長さは100ms出力時の値になっていますのでこれを八分音符にあてはめ，1として扱います．四分音符は×2，付点四分音符は×1.5，十六分音符は×0.5の処理で表しています．音符の決まりでは四分音符が1の決

まりなので，これに合わせた方がいいのかもしれません．

このプログラムはブザー関数をたくさん並べましたが，長い演奏を行うときは定数配列によるテーブル形式にすると良いでしょう．

リスト5-15-4　メロディーを演奏するプログラム
[MA224搭載マグネチック・サウンダ，PIC18F452(10MHz)，C18コンパイラ]

```
#include <p18f452.h>
#include <delays.h>

#define    C6  120
#define    D6  106
#define    E6  95
#define    F6  89
#define    G6  79
#define    A6  71
#define    B6  63
#define    C7  60

#define    LENC6  104
#define    LEND6  117
#define    LENE6  131
#define    LENF6  139
#define    LENG6  156
#define    LENA6  176
#define    LENB6  197
#define    LENC7  209

void buzzer(unsigned int LEN,unsigned char FRQ)
{
    LEN *= 2;
    while(LEN>0)
    {
        PORTEbits.RE2 = 1;
        Delay10TCYx(FRQ);
        PORTEbits.RE2 = 0;
        Delay10TCYx(FRQ);
        LEN--;
    }
    Delay1KTCYx(50);
}

void main (void)
{
    TRISE = 0b001;

    while(1){

        buzzer(LENA6*1.5,A6); //ラ
        buzzer(LENG6*0.5,G6); //ソ
        buzzer(LENF6,F6);     //ファ
        buzzer(LENG6,G6);     //ソ

        buzzer(LENA6,A6);     //ラ
        buzzer(LENA6,A6);     //ラ
        buzzer(LENA6*2,A6);   //ラ

        buzzer(LENG6,G6);     //ソ
        buzzer(LENG6,G6);     //ソ
        buzzer(LENG6*2,G6);   //ソ

        buzzer(LENA6,A6);     //ラ
        buzzer(LENC7,C7);     //ド
        buzzer(LENC7*2,C7);   //ド

        buzzer(LENA6*1.5,A6); //ラ
        buzzer(LENG6*0.5,G6); //ソ
        buzzer(LENF6,F6);     //ファ
        buzzer(LENG6,G6);     //ソ

        buzzer(LENA6,A6);     //ラ
        buzzer(LENA6,A6);     //ラ
        buzzer(LENA6,A6);     //ラ
        buzzer(LENA6,A6);     //ラ

        buzzer(LENG6,G6);     //ソ
        buzzer(LENG6,G6);     //ソ
        buzzer(LENA6*2,A6);   //ラ
        buzzer(LENG6*0.5,G6); //ソ
        buzzer(LENF6*1.5,F6); //ファ

        Delay10KTCYx(200);
    }
}
```

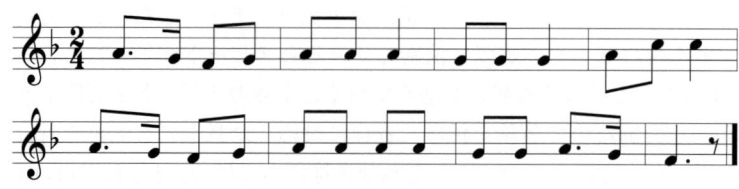

図5-15-6　メリーさんの羊

第2部 応用インターフェース

第6章

各種A-Dコンバータ，アナログ入力の増幅・切り替え・演算，絶縁型インターフェースなど

A-Dコンバータとアナログ入力のインターフェース

光，音，動きなど，現実の物理量をマイコンで扱うにはアナログ量をディジタル値に変換しなければなりません．一口にA-D変換といっても，コンパレータを使った簡易なものから，高速・高精度なものまでさまざまです．最近のセンサは，マイコン・インターフェースを考慮しているためディジタル・インターフェースだけで接続できるものもありますが，それでもアナログ信号を扱う前段でちょっとした増幅，切り替え，演算などが求められます．そこで本章ではアナログ信号をマイコンに入力するためのインターフェースについて説明します．

6-1 PWMとコンパレータによるA-D変換

■ A-Dコンバータを内蔵していないマイコンで簡単なA-D変換を実現する

このような場合，PWM発生機能とアナログ・コンパレータを利用して実現する方法があります．PICマイコンではPIC16F628などが双方の機能をもち合わせているデバイスです．

アナログ・コンパレータとD-Aコンバータを組み合わせたA-Dコンバータは図6-1-1のような構成です．D-Aコンバータで作り出した基準電圧と入力電圧をコンパレータに入力して数値を得るしくみです．

■ 回路

図6-1-2のようにPWM出力をCRによるローパス・フィルタに通して直流化し，アナログ・コンパレータの非反転入力に加えます．被測定電圧は反転入力に加えます．アナログ・コンパレータは動作速度が速

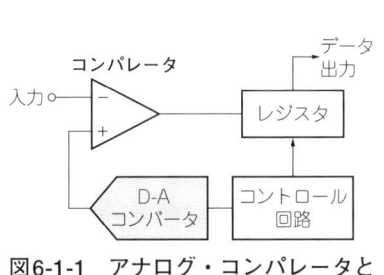

図6-1-1 アナログ・コンパレータとD-Aコンバータを組み合わせたA-Dコンバータの基本的な構成

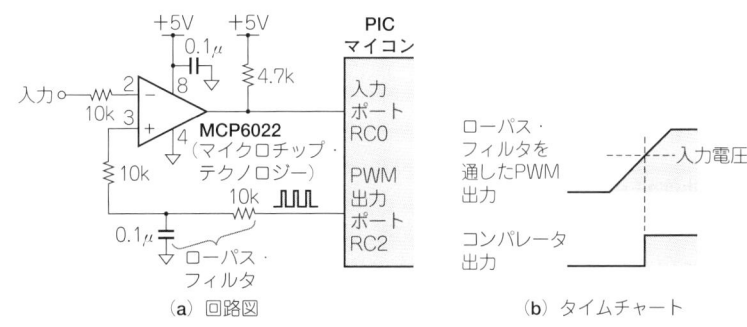

図6-1-2 PWMとアナログ・コンパレータによるA-Dコンバータ
(a) 回路図
(b) タイムチャート

リスト6-1-1　PWMとコンパレータによるA-D変換のプログラム［MA224＋コンパレータ回路，PIC18F452(10MHz)，C18コンパイラ］

```c
#include <p18f452.h>
#include <delays.h>
#include <pwm.h>

void main (void)
{
    unsigned int n=0;
    TRISC = 0b10111001;
    TRISD = 0;

    OpenPWM1(1023);            //Initial PWM

    while(1){
        for(n=0;n<1024;n++) {
            SetDCPWM1(n);                  //PWM0にパルス出力
            Delay10TCYx(10);               //フィルタの動作時間調整
            if(PORTCbits.RC0==1) {         //コンパレータの変化を検出
                Delay10TCYx(10);
                if(PORTCbits.RC0==1) break; //再度検出
            }
        }
        Delay1KTCYx(20);    //Hold time
        SetDCPWM1(0);       //PWM0=off
        LATD = n>>2;        //Display to LED
        Delay1KTCYx(80);    //Reset time
    }
}
```

く，フィルタ後のPWM信号のリプルによって誤動作する場合があります．そこで，コンパレータの代わりに汎用OPアンプのMCP6022を使用しました．

■ プログラム

　リスト6-1-1がプログラムです．PWM出力のデューティ比を徐々に大きくしていくと，ローパス・フィルタを通った出力電圧は徐々に増大します．その電圧をコンパレータに加えて入力電圧と比較して測定します．PWMは10ビットの分解能があるため，そのまま0から1023まで1ステップずつ上昇させます．この間にコンパレータ出力を監視して，LレベルからHレベルへ変化したらPWMの操作を中断します．

　A-D変換結果はPWMのパルス幅設定値をそのまま使用し，上位8ビットをLEDに表示しています．表示前に少し時間待ちをしているのは波形観測のためです．また，表示の最後の時間待ちはコンデンサを放電する処理で，次の測定のためにPWMのデューティを急にゼロにしてもローパス・フィルタ出力がすぐにはゼロに戻らないからです．

■ 動作結果

　図6-1-3は実測した動作波形です．これはE0hを出力した状態で，4.1Vを測定しています．測定終了から再スタートのためゼロに戻すとその応答に25ms程度かかっていることがわかります．図6-1-4はA-Dコンバータとしての直線性を示しています．おおむね直線的ですが，ゼロから0.3Vあたりまでは動作が不安定です．

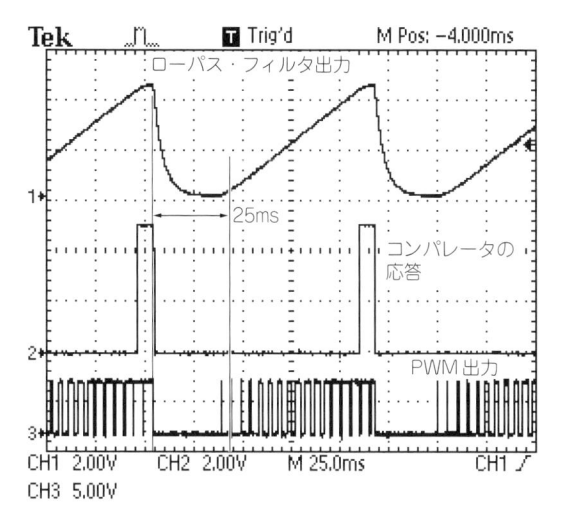

図6-1-3　動作波形(25ms/div., ローパス・フィルタ出力およびコンパレータの応答：2V/div., PWM出力：5V/div.)

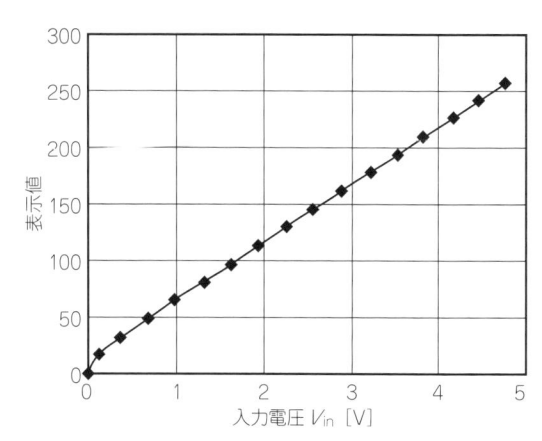

図6-1-4　入力電圧 対 表示値

6-2　A-Dコンバータの入力回路

■ 外部からの異常電圧に対する保護

　装置外部からアナログ入力へ信号が加えられる場合，外部からの過大電圧や異常電圧が入力されても容易に破壊することのないよう保護回路を設けておくべきです．図6-2-1は簡単な例で，簡易的には直列抵抗だけでも十分効果がありますが，クランプ・ダイオードやコンデンサを入れると効果的です．

　CMOSデバイスのアナログ入力ピンは，非常に高い入力抵抗をもっていますが，サンプル&ホールド回路が動作すると瞬間的にインピーダンスが低下します．PICマイコンでは約1kΩ程度に低下するので，1kΩより十分に低い抵抗を付けなければなりません．1kΩを越える値の場合はチャネル切り替え時のアクイジション・タイムに影響がありますが，この時間を大きくとれる場合は10kΩの外付け抵抗でも問題なく測定できます．このような入力抵抗の問題を回避するには図6-2-2のようにバッファ・アンプを設けます．バッファ・アンプにはマイコンと同じ電圧範囲で動作する，単電源でレール・ツー・レール動作の温

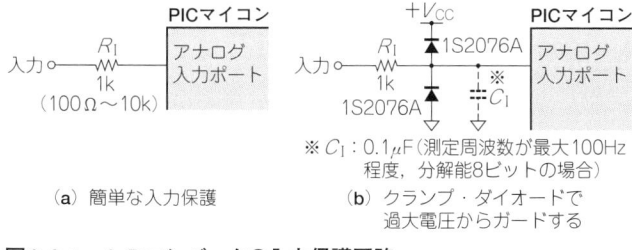

(a) 簡単な入力保護

(b) クランプ・ダイオードで過大電圧からガードする

※ C_1：0.1μF（測定周波数が最大100Hz程度，分解能8ビットの場合）

図6-2-1　A-Dコンバータの入力保護回路

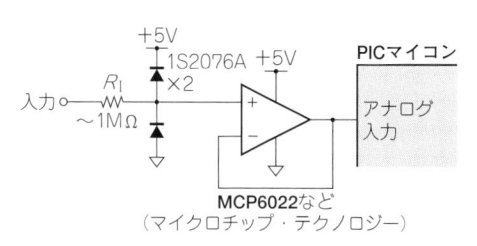

MCP6022など（マイクロチップ・テクノロジー）

図6-2-2　アナログ入力に付加するバッファ・アンプ

度ドリフトが低いOPアンプを選択します．MCP6022はこの条件を備え，入出力ともレール・ツー・レールでコストも安いOPアンプです．バッファ・アンプを取り付けると入力のインピーダンスは数MΩまで増大します．

■ マイコンの電源電圧より高い電圧を測定するには分圧器を入れる

　PICマイコンの内蔵A-Dコンバータは，マイコン自身の電源電圧範囲内の電圧しか測定できません．さらに高い電圧を測定するには抵抗器で分圧します．分圧器を構成する抵抗値は，被測定側のインピーダンスより十分に高くなければ計算どおりの分圧比が得られません．通常は10k〜1MΩあたりの高抵抗で構成します．OPアンプによるバッファ回路がなく，直接A-Dコンバータに接続するときはあまり大きな抵抗値で構成できないことから，$R_1 + R_2 = 5kΩ$以下とします．

　1/10の分圧比にするには$R_1 = 91kΩ$，$R_2 = 10kΩ$の抵抗の構成で約1％誤差の分圧回路になります．$R_1 = 90kΩ$を使用すると誤差1％以下になります．抵抗器は金属酸化被膜抵抗器の誤差0.1〜0.5％品，温度係数25〜50ppm/℃を使用します．安価な金属酸化被膜抵抗器は1％，100ppm/℃あたりですが，温度範囲40℃として0.5％以下の範囲です．低コストの金属酸化被膜抵抗器でも2％以下の誤差になりそうです．

■ 周波数特性を考慮した分圧器

　分圧器に高抵抗を使うと寄生容量などで周波数特性が悪化します．高域の周波数特性を改善するには，図6-2-3(a)のようにR_1と並列にコンデンサを接続します．$R_1 = 100kΩ$と$R_2 = 10kΩ$で構成した1/10の分圧器の100Hzから10MHzの周波数特性を写真6-2-1に示します．写真(a)は100kHzあたりから特性が悪化

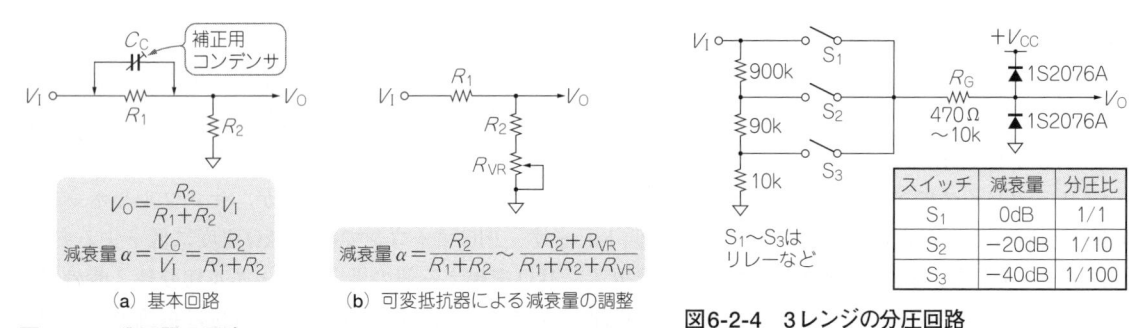

(a) 基本回路

$$V_O = \frac{R_2}{R_1 + R_2} V_1$$

$$減衰量\ \alpha = \frac{V_O}{V_1} = \frac{R_2}{R_1 + R_2}$$

(b) 可変抵抗器による減衰量の調整

$$減衰量\ \alpha = \frac{R_2}{R_1 + R_2} \sim \frac{R_2 + R_{VR}}{R_1 + R_2 + R_{VR}}$$

図6-2-3　分圧器の回路

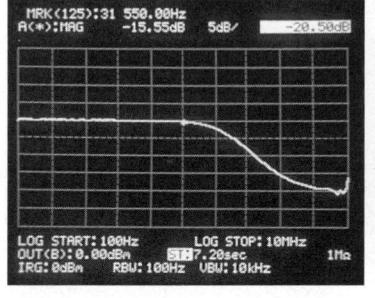

スイッチ	減衰量	分圧比
S_1	0dB	1/1
S_2	−20dB	1/10
S_3	−40dB	1/100

S_1〜S_3はリレーなど

図6-2-4　3レンジの分圧回路

(a) 補正コンデンサC_Cなし　　(b) 改善後($C_C = 10pF$)　　(c) 過補正($C_C = 20pF$)

写真6-2-1　分圧器の周波数特性(スパン：100Hz〜10MHz，5dB/div.)

しています．補正用コンデンサを接続したのが**写真**(b)(c)です．10pFではかなり改善され，20pFでは補正過多であることがわかります．補正用コンデンサはトリマ・コンデンサを使用して特性を見ながら調節します．

抵抗の誤差による減衰量の誤差を吸収するため，半固定抵抗で調整することがあります．通常R_1側は高抵抗なので**図6-2-3**(b)のようにR_2側を調整します．

図6-2-4のように構成すれば5V入力のA-Dコンバータの場合，1/100レンジで最大500Vを測定できます．しかし，1/1レンジでは，この電圧がA-Dコンバータに加わる可能性があるので入力の保護回路は必須です．また，分圧器の出力インピーダンスが高いため，A-Dコンバータ入力のバッファ・アンプも必要です．スイッチS_1～S_3をリレーで切り替えればオート・レンジにできます．

6-3　A-Dコンバータの基準電圧

■ 基準電圧の重要性

基準電圧(リファレンス電圧)は，A-Dコンバータの最大変換値に対応する入力電圧を決定するので，この電圧が変動するとA-D変換値が不正確になります．変動の原因は，温度変化や機械的振動，ノイズの混入などがあげられます．マイコンの電源電圧をリファレンス電圧に利用した場合は，基板上の回路の負荷変動による電源電圧変動，マイコン内部で発生するノイズや周辺のディジタル回路が発生するノイズが影響して測定誤差を発生しがちです．可変抵抗器の回転角を検出する程度のA-Dコンバータの応用では，さほど問題になりませんが，正確に電圧を測定したい場合は外部からリファレンス電圧を与えたいところです．

1ビットの重みは10ビットのA-Dコンバータで約5mV，12ビットのA-Dコンバータでは1.2mVの電圧です．一方，スイッチング電源の出力に含まれるリプル・ノイズは少なくとも50mVぐらいありますから，その影響を無視できません．やむを得ず電源電圧をリファレンス電圧にする場合は**図6-3-1**(b)のように，電源フィルタ回路を通せば少しは効果が期待できます．また，A-Dコンバータのアナログ・グラウンドが独立してピンに出力されているマイコンでは，それをノイズの影響が少ないグラウンド点に接続します．高周波ノイズの多くは電源フィルタで除去できますが，負荷変動による電源変動は取り除きにくいもので

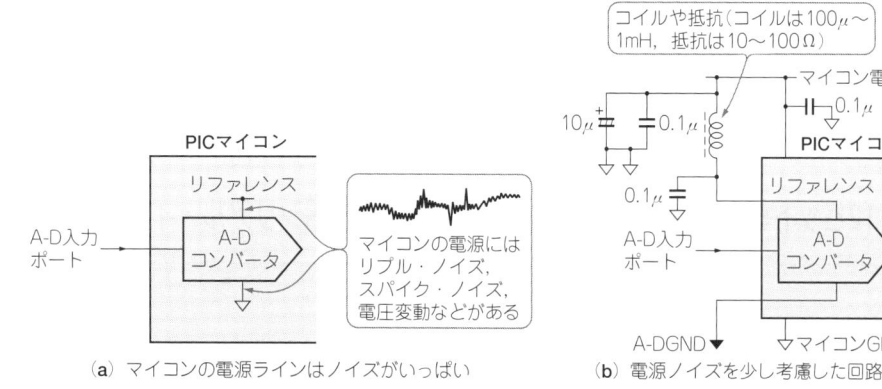

(a) マイコンの電源ラインはノイズがいっぱい

(b) 電源ノイズを少し考慮した回路

図6-3-1　A-Dコンバータの基準電圧

$$R = \frac{V_{CC} - V_{ref}}{I_{KA}} = \frac{V_{CC} - 2.5}{0.01}$$

$$V_{ref} = V_R\left(1 + \frac{R_1}{R_2}\right) + I_{KA} R_1$$
$$= 2.5\left(1 + \frac{R_1}{R_2}\right) + 2 \times 10^{-6} \times R_1$$

(a) 2.5V基準電源　　(b) 2.5Vを越える基準電圧を得る回路　　(c) ピン配置

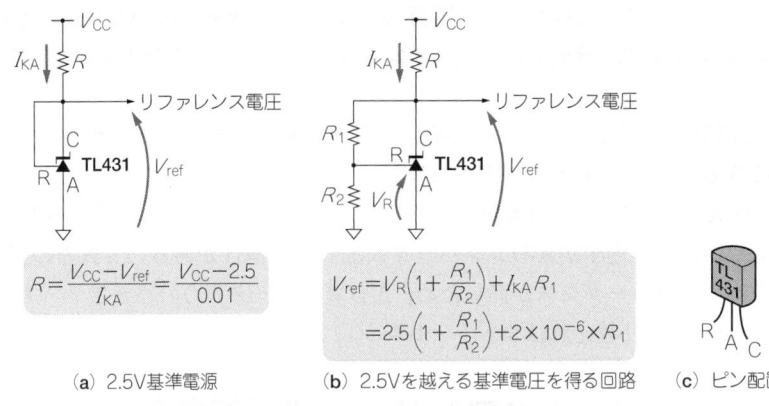

図6-3-2　シャント型レギュレータTL431による基準電圧源

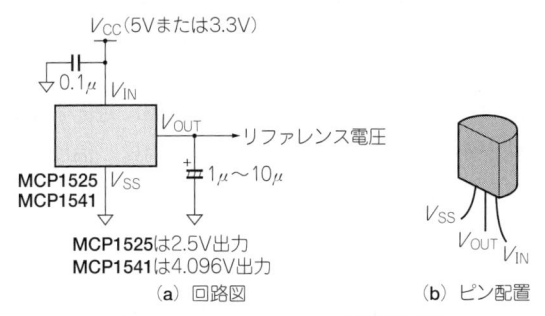

(a) 回路図　　(b) ピン配置

図6-3-3　MCP1525/1541による基準電圧源

す．このような場合はリファレンス電圧用ICを利用します．

■ 基準電圧発生用IC

リファレンス電圧の発生によく利用されるICは，テキサス・インスツルメンツ社製のTL431（**図6-3-2**）です．これは約10mAの動作電流で安定な2.5Vを出力します．外付け抵抗で2.5Vを越える基準電圧に設定することもできます．

マイクロチップ・テクノロジー社のMCP1525やMCP1541も使いやすいICです．回路を**図6-3-3**に示します．MCP1525は2.50V，MCP1541は4.096Vのリファレンス電圧に対応し，MCP1525は3.3V電源系で，MCP1541は5V系で利用しやすい電圧です．温度ドリフトは最大50ppm/℃と大変安定で，出力電流は±2mAです．EPROM技術で出荷時にトリミングすることによって電圧精度±1％を得ています．なお，外付け部品として発振防止用のコンデンサが必要です．

6-4　12ビット6μsの逐次比較型，AD7893AN-5の同期シリアル・インターフェース

■ AD7893AN-5の概要

アナログ・デバイセズ社製のAD7893AN-5はトラック＆ホールド回路内蔵の12ビット逐次比較型A-Dコンバータです．アナログ電圧入力範囲は5Vフル・スケールですが，±2.5Vのバイポーラ入力が可能な

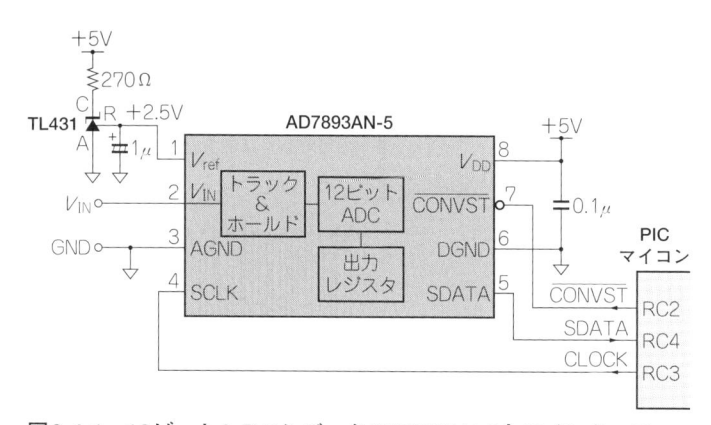

図6-4-1　12ビットA-DコンバータAD7893AN-5とのインターフェース回路

写真6-4-1　AD7893AN-5による試作基板

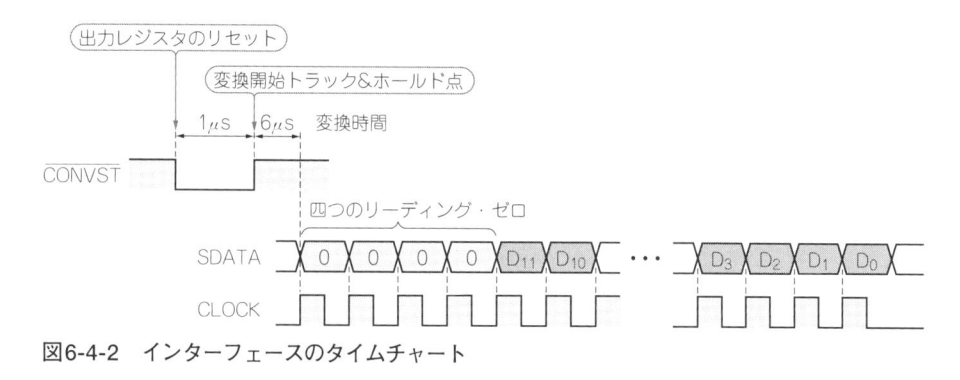

図6-4-2　インターフェースのタイムチャート

AD7893AN-3や，同±10VのAD7893AN-10もあります．変換速度は6μs変換と高速で，パッケージは8ピンと小型です．リファレンス電圧は外部から+2.5Vを加えます．

■ インターフェース回路

図6-4-1に回路，図6-4-2にタイムチャート，写真6-4-1に試作した基板をそれぞれ示します．マイコンとの間はSDATA（シリアル・データ出力），CLK（クロック入力），$\overline{\text{CONVST}}$（変換開始入力）の3本の信号でインターフェースします．$\overline{\text{CONVST}}$信号の立ち下がりで出力レジスタをリセットし，50ns(min)後に立ち上げるとトラック&ホールドが働き，アナログ電圧が安定した後で変換がスタートします．変換は6μsで完了するので，この間マイコンは休憩するか別の処理を行ってから，読み出し動作に入ります．

出力データは16ビット形式で上位ビットから出力されます．リファレンス電圧が2.5Vの場合，フルスケールは4095（$2^{12}-1$）です．CLKの立ち上がりでデータが出力されるので，データが安定してから読み取り，メモリにシフト入力します．

なお，次の変換開始までは600ns以上をとることが規定されています．このデバイスは変換終了信号がないので，変換の確認はタイマで管理しなければなりません．

リファレンス電圧にはTL431を使用しています．出力は2の補数で出力されるため，上位1ビットがサイン・ビットに割り当てられます．

リスト6-4-1　AD7893AN-5にアクセスする関数［PIC18F452(10MHz)，C18コンパイラ］

```
#include <delays.h>

#define    CONVST  LATCbits.LATC2     //CONVST
#define    ADCLK   LATCbits.LATC3     //CLOCK
#define    ADDATA  PORTCbits.RC4      //SDATA

int getAD7893( void )
{
    int ADBUF = 0;
    unsigned int n=0;

    CONVST = 0;
    Delay10TCYx(1);      //時間遅延
    CONVST = 1;
    Delay10TCYx(6);      //時間遅延
    for (n=0;n<16;n++) {
        ADCLK = 1;
        ADBUF <<= 1;
        if(ADDATA==1) ADBUF += 1;
        ADCLK = 0;
    }
    return ADBUF;
}
```

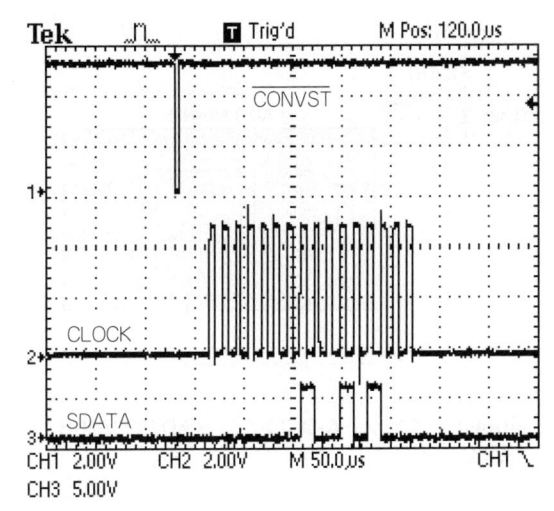

図6-4-3　動作波形（50μs/div.，$\overline{\text{CONVST}}$およびCLOCK：2V/div.，SDATA：5V/div.）

■ プログラム

リスト6-4-1にアクセス用関数を示します．ポートに対するビット操作で各信号を出力しています．図6-4-3は動作波形です．

6-5　2チャネル12ビット，100ksps の逐次比較型，MCP3202のSPIインターフェース

■ MCP320Xシリーズの概要

マイクロチップ・テクノロジー社の12ビットA-DコンバータMCP320Xシリーズは，小型8ピン・パッケージの1～2チャネル内蔵品から，14ピン・パッケージの4チャネル，16ピン・パッケージの8チャネルの4種がそろっています．

MCP3202（写真6-5-1）のブロック図とピン配置を図6-5-1に示します．このA-Dコンバータは逐次比較型で，サンプル＆ホールド回路を内蔵しています．電源電圧2.7～5Vで動作するためバッテリ駆動も可能です．精度は±1LSBであり，12ビット品としてはロー・コストなデバイスです．サンプリング速度は5V動作時に100kHz(10μs)と高速です．

なお，1チャネル品のMCP3201は差動入力であり，コモン・モード・ノイズを除去するのに利用できます．この場合，IN−ピンはグラウンドより100mV以上でなければなりません．

リファレンス電圧は電源電圧範囲内の電圧を外部から入力し，リファレンス電圧が最大変換値4095になります．サンプル＆ホールドは始めの2クロックで行われ，逐次比較動作とデータ出力が平行して行われます．インターフェースはクロック同期のSPI方式で，$\overline{\text{CS}}$端子によってデバイスを選択すれば，SPI通信ライン上に複数のデバイスを接続できます．

図6-5-1 2チャネル12ビットA-DコンバータMCP3202のブロック図とピン配置

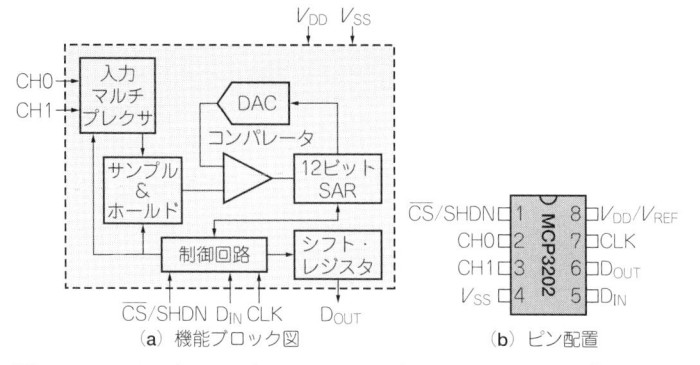

(a) 機能ブロック図
(b) ピン配置

図6-5-2 MCP3202とのインターフェース回路

写真6-5-1 12ビットA-DコンバータMCP3202(マイクロチップ・テクノロジー社)

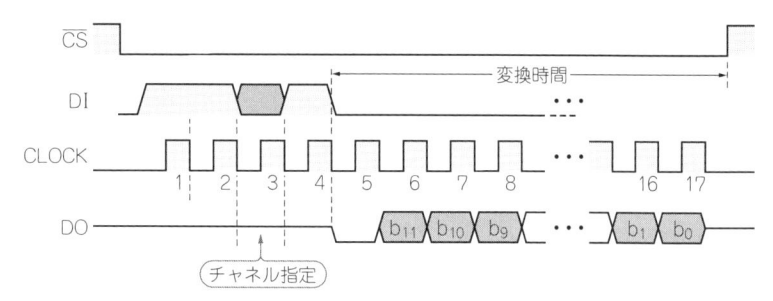

図6-5-3 インターフェースのタイムチャート

■ インターフェース回路

MCP3202をインターフェースしてみました．図6-5-2に回路図，図6-5-3にタイムチャートをそれぞれ示します．測定データはEIA-232相当の非同期シリアル・データとして出力して，A-D変換結果をWindowsパソコンのハイパーターミナルでモニタしました．ハイパーターミナルの設定は「9600bps，8ビット，1ストップ・ビット，パリティなし」です．

■ プログラム

リスト6-5-1がプログラムです．図6-5-4に動作中のパソコン画面，図6-5-5に動作波形をそれぞれ示します．MCP3202のインターフェースはPIC18F452の内蔵SPIインターフェース・ピン(RC3, RC4, RC5)に接続していますが，プログラムによってポートを操作してSPI通信を行ったので，プログラムはほかのマイコンでもそのまま利用できます．MCP3202へのアクセスはunsigned int getMCP3202(char ch)関数です．呼び出し時にチャネルを指定し，戻り値としてA-D値を返します．

MCP3202へのアクセスは17クロックで行われ，はじめの4クロックで機能設定をして，あとの13クロックでA-D値を出力してきます．設定の第1ビットはスタート・ビットで"1"を指定，2番目が動作モード指定でMCP3202では"1"を指定，3番目は測定チャネル指定，4番目は"1"です．MCP3204/3208の4/8チャネル品では設定ビットが6ビットとなり，3ビットでチャネルを指定します．

リスト6-5-1① 　MCP3202とインターフェースするプログラム　[MA181，PIC18F452(10MHz)，C18コンパイラ]

```c
#include <p18f452.h>
#include <delays.h>
#include <usart.h>
#include <stdlib.h>
//---------------------------------------------
// Get data from MCP3202 A-D Convertor
    #define SCK   LATCbits.LATC3   //SCK-RC3
    #define DO    PORTCbits.RC4    //DO-RC4
    #define DI    LATCbits.LATC5   //DI-RC5
    #define CS    LATBbits.LATB4   //CS-RB4
//---------------------------------------------
unsigned int getMCP3202(char ch)
{
    unsigned int Dbuf=0;
    unsigned char i;

    CS = 0;         //CS=0                    ┐
    DI = 1;         //Data=1 Out start        │
    SCK = 1;        //Clock pulse             │ スタート・ビット
    Dbuf = 0;                                 │
    SCK = 0;                                  │
    Dbuf = 0;                                 ┘

    DI = 1;         //Data=1 Out SGL/DIFF     ┐
    SCK = 1;        //Clock pulse             │
    Dbuf = 0;                                 │ 動作モード
    SCK = 0;                                  │
    Dbuf = 0;                                 ┘

    DI = 0;         //Data=0 ch=0             ┐
    if(ch==1) DI = 1;   //Data=1 ch=1         │
    SCK = 1;        //Clock pulse             │ 測定チャネル指定
    Dbuf = 0;                                 │
    SCK = 0;                                  │
    Dbuf = 0;                                 ┘

    DI = 1;         //Data=1 MSB              ┐
    SCK = 1;        //Clock pulse             │
    Dbuf = 0;                                 │ データ"1"
    SCK = 0;                                  │
    Dbuf = 0;                                 │
    DI = 0;         //Data=0                  ┘

    for ( i=0 ; i<13 ; i++ ){
        Dbuf <<= 1;
        SCK = 1;    //Clock pulse =1
        if(DO==1) Dbuf++;
        SCK = 0;    //Clock pulse =0
    }
    CS = 1;         //CS=1
    Dbuf &= 0xFFF;
    return Dbuf;
}
//A-D値をシリアルに出力する
void SERouti(unsigned int val)
{
```

リスト6-5-1② MCP3202とインターフェースするプログラム [MA181, PIC18F452(10MHz), C18コンパイラ](つづき)

```
    char chr[20];
    char *s;
    s = chr;
    itoa(val,s);       //int TO ASCII
    putsUSART(s);      //Out to SER
}

void main(void)
{

    TRISC = 0b10010111;
    TRISB = 0b11101111;

    OpenUSART(USART_TX_INT_OFF & USART_RX_INT_OFF & USART_ASYNCH_MODE &
        USART_EIGHT_BIT & USART_CONT_RX & USART_BRGH_HIGH , 64);    //初期化

    putrsUSART("¥n¥rMA181 MCP3202 test program ----------¥n¥r");
    while ( BusyUSART() ); //Wait

    while(1){
        putrsUSART("  MCP3202 AD0:");
        SERouti(getMCP3202(0));   // ch1 A-Dデータを取込表示
        putrsUSART("  AD1:");
        SERouti(getMCP3202(1));   // ch2 A-Dデータを取込表示

        putrsUSART("¥n¥r");      //Loop time ADJ
        Delay10KTCYx(255);
        Delay10KTCYx(255);
    }
}
```

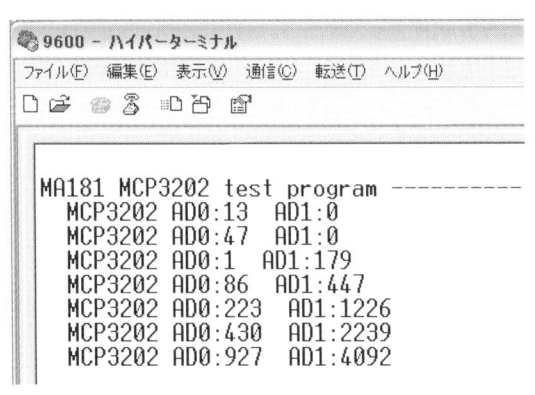

図6-5-4 動作中のハイパーターミナルの画面

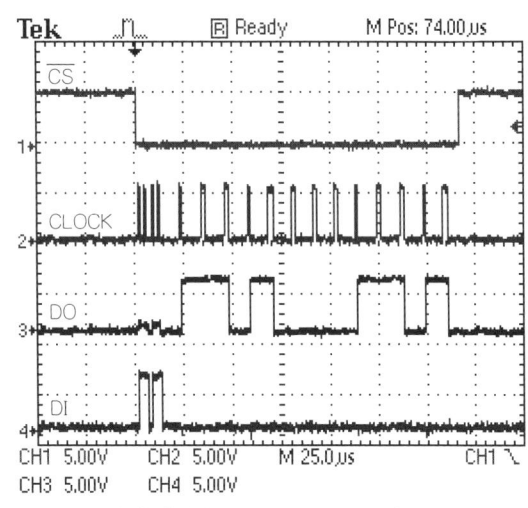

図6-5-5 動作波形 (25 μs/div., 5V/div.)

6-5 2チャネル12ビット，100ksps の逐次比較型，MCP3202のSPIインターフェース | 137

6-6　4チャネル17ビット相当の二重積分用フロントエンド TC514によるA-Dコンバータ

■ 最大17ビット(16ビット＋符号)相当のA-Dコンバータ用アナログ・フロントエンド

古くから使用されている高精度A-Dコンバータとして二重積分型があります．現在，安価なパネル・メータなどに使用されているA-Dコンバータの大半がこのタイプでしょう．二重積分型は大きな積分コンデンサが必要なので最近の回路設計には不似合いですが，比較的簡単に3桁や4桁の電圧値を得ることができるので重宝です．二重積分型はパネル・メータ用のICが多く，マイコンにインターフェースしやすいデバイスがあまりありません．マイクロチップ・テクノロジー社のTC514はマイコン制御を想定した二重積分用アナログ・フロントエンドICです．図6-6-1が内部ブロック図です．TC514は変換値を数値出力するのではなく，積分時間をそのままパルス出力するだけなので，マイコン側で時間測定を行い数値を得なければなりません．

TC514は5V電源で動作し，最大17ビット(16ビット＋符号)相当のA-Dコンバータを構成することを想定しています．負電源を内蔵DC-DCコンバータで発生させるので，正負の電圧を測定できます．リファレンス電圧は，2.5Vを外部から供給します．入力は4チャネルあり，外部信号で切り替えます．

■ インターフェース回路

マイコンとのインターフェースは図6-6-2のような構成です．実際の回路を図6-6-3，試作した基板を写真6-6-1にそれぞれ示します．二つの信号A，Bで操作し，四つのフェーズを作ります．TC514の出力はゼロ・クロス・コンパレータの出力であり，図6-6-4の逆積分時間を測定することでA-D変換値を得ます．

● 四つの動作フェーズ

▶オート・ゼロ・フェーズ

A＝"L"，B＝"H"でオート・ゼロ・フェーズになります．これは積分器や内部バッファによるオフセットをキャンセルする処理です．ディレイ処理で時間を決定します．

▶積分フェーズ

A＝"H"，B＝"L"で被測定信号を積分するフェーズになります．積分時間は正確でなければなりません．

▶逆積分フェーズ

A＝"H"，B＝"H"に切り替えると，リファレンス電圧を使って逆方向に積分するフェーズになります．マイコンのタイマをクリアし，時間測定をスタートします．コンパレータを監視して，ゼロに戻ったときにタイマの時間を読み出すと，その時間がA-D変換値になります．このときのタイマの値と入力電圧の関係は積分時間で調整できます．

▶積分器出力ゼロ

A＝"L"，B＝"L"の操作で積分器をリセットします．

■ プログラム

リスト6-6-1がプログラムです．16ビットのタイマ1を使用してシステム・クロックをカウントします．信号AをRC2，信号BをRC3，コンパレータ出力をRC4にそれぞれ接続してコントロールしています．チ

A	B	ステート
L	L	積分器出力ゼロ
L	H	オート・ゼロ
H	L	信号積分
H	H	逆積分

コントロール・ロジック

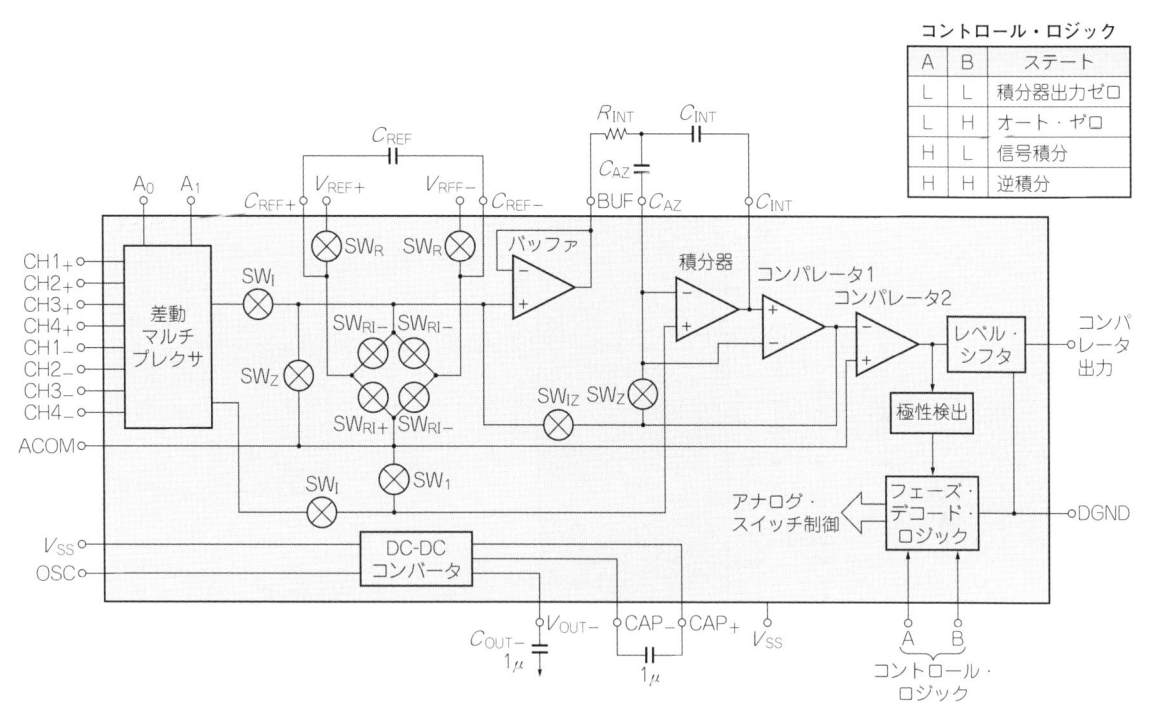

図6-6-1 4チャネル17ビット相当の二重積分用アナログ・フロントエンド TC514のブロック図

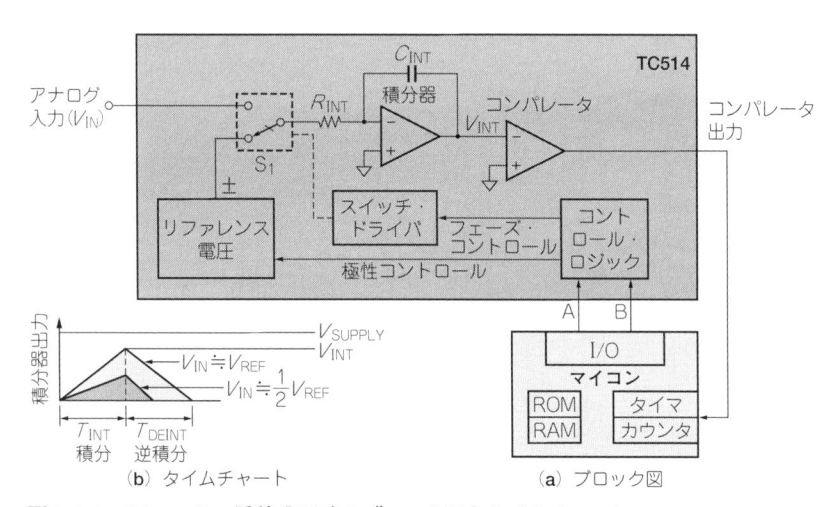

図6-6-2 TC514の二重積分回路のブロック図とタイムチャート
(a) ブロック図
(b) タイムチャート

ャネル切り替えはRC0とRC1に接続し，4チャネルを切り替えています．

　積分時間を測定するためにテスト信号としてRD0に補助的な信号を出力しています．測定電圧とA-D変換値はリファレンス電圧に可変抵抗器を取り付けて調整できるようにしました．精度や安定度にこだわらず手っ取り早くA-D値を調整するには，可変抵抗のほうがプログラムで時間調整するより簡単です．**図6-6-5**に実際の動作波形を示します．

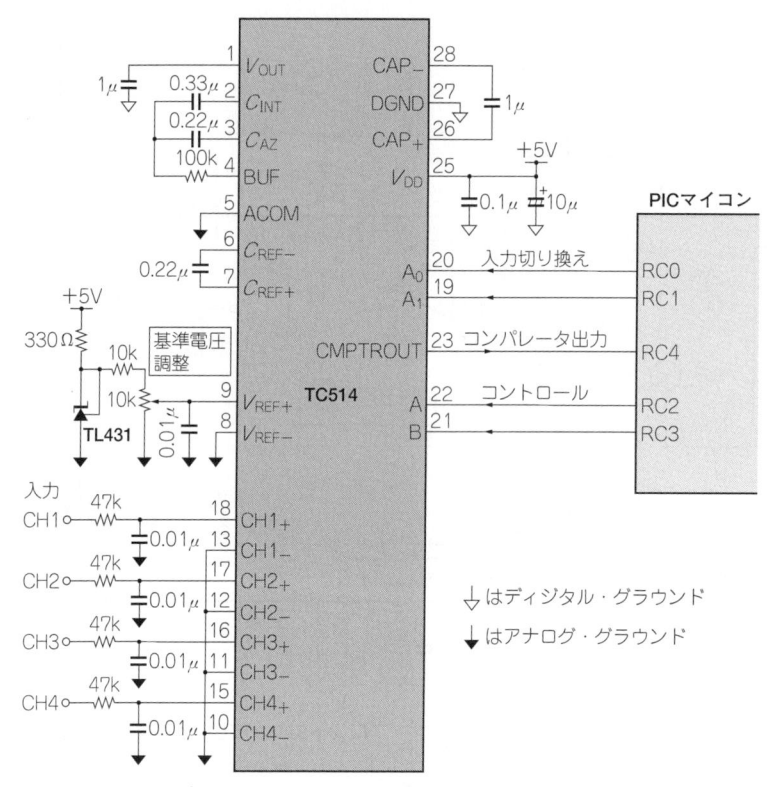

図6-6-3 TC514とのインターフェース回路

写真6-6-1 TC514によるA-Dコンバータの試作基板

図6-6-4 TC514によるA-Dコンバータのタイムチャート

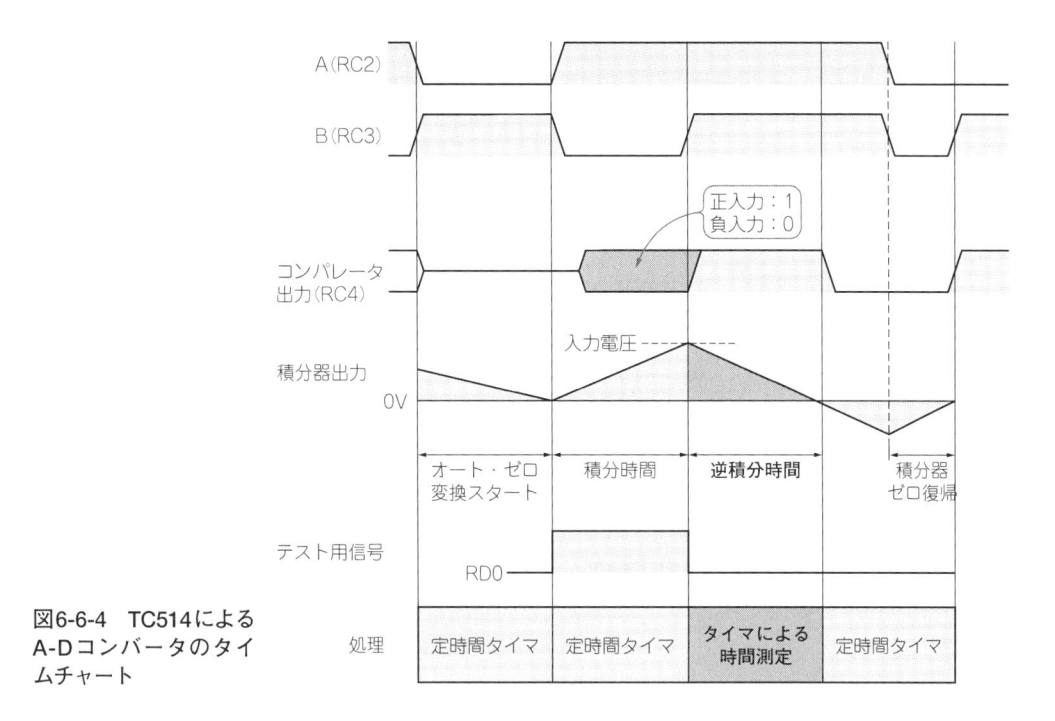

リスト6-6-1 TC514を制御するプログラム[MA224+拡張ボード,PIC18F452(10MHz),C18コンパイラ]

```
LATCbits.LATC3=1;   //B=1 Auto Zero
LATCbits.LATC2=0;   //A=0

Delay10KTCYx(10);
TMR1H = 0;          //タイマをクリア
TMR1L = 0;

LATCbits.LATC3=0;   //B=0 Int
LATCbits.LATC2=1;   //A=1
LATDbits.LATD0=1;   //Test SIG=1

Delay1KTCYx(90);

LATDbits.LATD0=0;   //Test SIG=0
LATCbits.LATC3=1;   //B=1
LATCbits.LATC2=1;   //A=1
T1CONbits.TMR1ON = 1;   //Start TMR1

while(PORTCbits.RC4); //Wait CMP Zero

T1CONbits.TMR1ON = 0;   //Stop TMR1
Delay10KTCYx(5);
LATCbits.LATC3=0;   //B=0 Zero Phase
LATCbits.LATC2=0;   //A=0

AD_DATA = TMR1L; //タイマ値を取り出す
AD_DATA = AD_DATA + ( TMR1H * 256 );
```

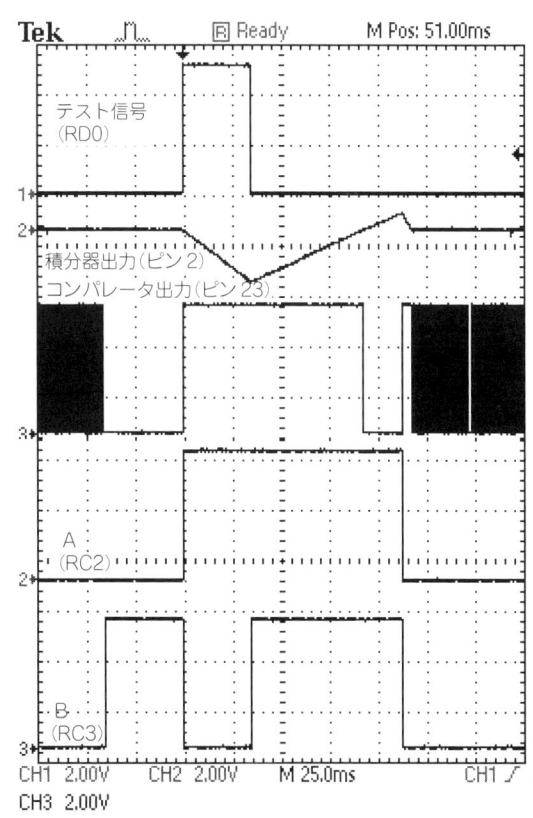

図6-6-5 動作波形(25ms/div., 2V/div.)

6-6 4チャネル17ビット相当の二重積分用フロントエンド TC514によるA-Dコンバータ | 141

6-7　22ビット，13spsのΔΣ型MCP3551の同期シリアル・インターフェース

■ MCP3551の概要

MCP355Xシリーズ（マイクロチップ・テクノロジー社）は22ビット分解能をもつΔΣ型A-Dコンバータです．図6-7-1にブロック図を示します．動作電圧2.7～5.5V，動作電流200μA以下，リファレンス電圧は外部供給，変換時間は16～80msです．マイコンとは3線同期シリアル・インターフェースで接続します．

22ビットA-Dコンバータの1ビットに相当する電圧は，リファレンス電圧が2.5Vの場合，0.6μVと大変小さな電圧です．ノイズの中から微小な電圧を正しく測定することは厳しいことですが，MCP355Xシリーズは，ノイズの中でも一番影響の大きい50Hzや60Hzの商用電源ノイズに対して約80dBの減衰量をもつディジタル・フィルタ（$\text{sinc}^4(x)$特性）を設け，信号をノイズから守っています．MCP355XシリーズはMCP3550，3551，3553の3デバイスが用意されていて，これらの違いはノイズ・リジェクション周波数です．MCP3550は50Hzか60Hzを選択でき，MCP3551は双方の周波数に対応し，MCP3553はリジェクション機能なしです．ノイズ・リジェクション・フィルタは櫛形特性であり，2倍，3倍，4倍の周波数にも大

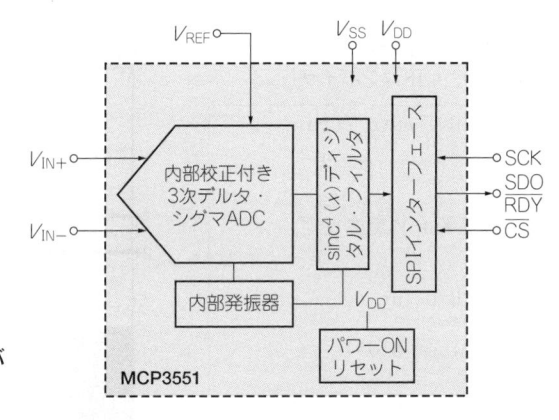

図6-7-1　22ビットΔΣ型A-DコンバータMCP3551のブロック図

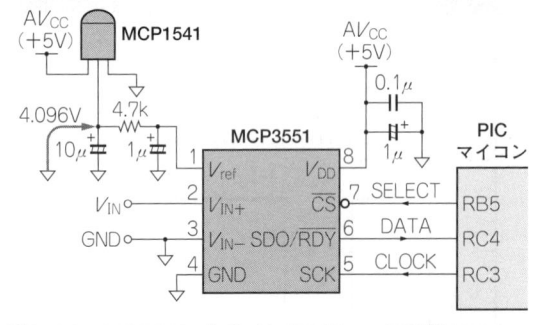

図6-7-2　MCP3551とのインターフェース回路

写真6-7-1　MCP3551の試作基板

きなリジェクション効果があります．

　12ビット以上のA-Dコンバータでは，そのA-Dコンバータをどこに配置してどんな電源で駆動するかといったことが大きなウエイトを占めます．基板パターンや部品配置，ディジタル回路の影響，外界とのシールドなど細心の実装技術が要求されるでしょう．

■ インターフェース回路

　回路を**図6-7-2**，試作した基板を**写真6-7-1**にそれぞれ示します．マイコンとのインターフェースは，$\overline{CS}$，SCK，SDOの3本ですむため，少ないI/Oピン数で接続できます．**図6-7-3**は，同期シリアル・インターフェースのタイムチャートです．

　$\overline{CS}$はデバイスのチップ・セレクト信号と変換開始信号を兼ねており，Lレベルにすると変換が始まります．連続変換を行う場合はLレベルに固定したままでも使用できるようです．

　SCKはシリアル通信のためのクロックで，立ち下がりエッジでデータがシフトし，立ち上がりエッジでデータを取り込みます．

　SDOはデータの出力ラインと変換の完了信号を兼ねています．$\overline{CS}$の立ち下がりエッジで開始した変換

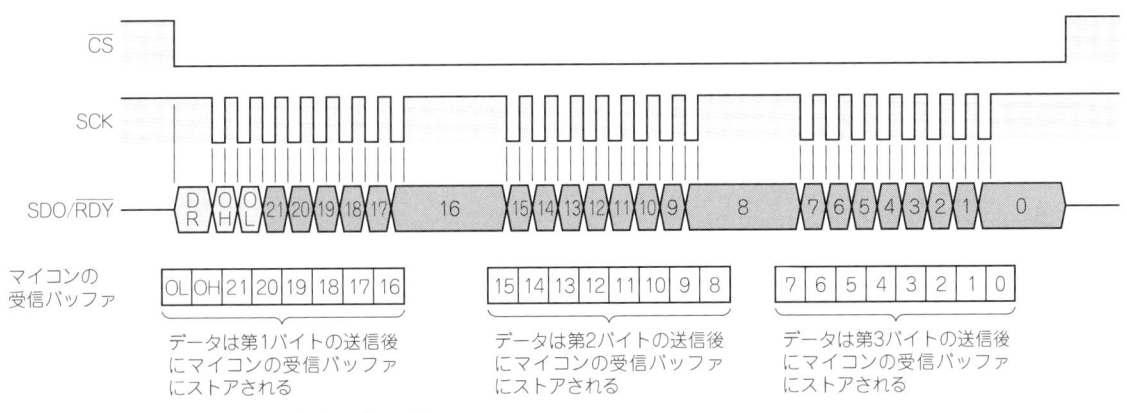

図6-7-3　インターフェースのタイムチャート

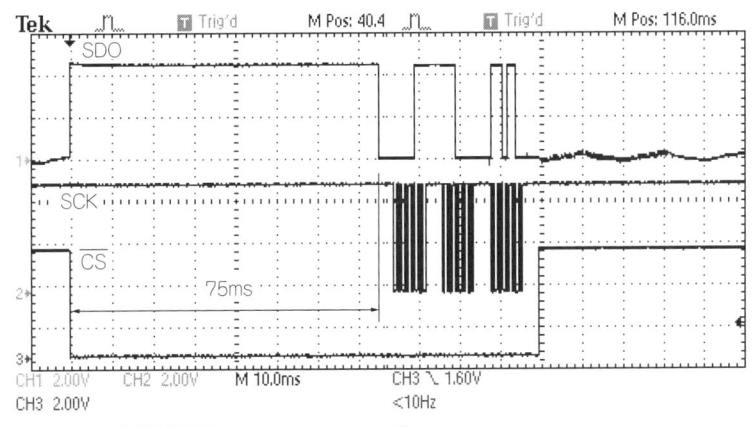

図6-7-4　動作波形(10ms/div., 2V/div.)

はSDOが立ち下がることで変換完了を表します．マイコン側はこの信号を受けてクロックを送出して24ビットのデータを取り込みます．

■ プログラム

リスト6-7-1はMCP3551を読み取る関数です．変換時間は実測で75ms程度であることが観測波形（**図6-7-4**）からわかります．これは＋5V電源で動作させ，リファレンス電圧はMCP1541から4.096Vを供給しま

リスト6-7-1　MCP3551とインターフェースする関数［MA224＋拡張ボード，PIC18F452(10MHz)，C18コンパイラ，PIC内蔵SPI機能を使用］

```c
//使用ライブラリ
#include <delays.h>

//データ出力バッファ
unsigned char dat[3];

// Get data from MCP3551
// CS=RB5 RDY=RC4 CLOCK=
void Get3551(void)
{
    PORTBbits.RB5 = 0;       //cs=0
    Delay1KTCYx(100);

    while ( PORTCbits.RC4 );  //Wait RDY
    Delay100TCYx(100);

    SSPBUF = 0;              //START
    while(SSPSTATbits.BF==0);
    dat[0] = SSPBUF;         //Get first data
    Delay100TCYx(100);       //Monitor time

    SSPBUF = 0;              //START
    while(SSPSTATbits.BF==0);
    dat[1] = SSPBUF;         //Get 2nd data
    Delay100TCYx(100);       //Monitor time

    SSPBUF = 0;              //START
    while(SSPSTATbits.BF==0);
    dat[2] = SSPBUF;         //Get 3rd data
    Delay100TCYx(100);       //Monitor time

    PORTBbits.RB5 = 1;       //cs=1
}

//SPI機能の初期化
    PR2 = 0x50;
    T2CON = 0b110;
    SSPCON1 = 0b00110011;
    SSPSTAT = 0b00000000;

//メインルーチン
        float DATA3551;           //出力変数
    Get3551();    //Get A/Ddata
    DATA3551 = (float) dat[0] * 65536;//Make data
    DATA3551 += (float) dat[1] * 256;
    DATA3551 += (float) dat[2];
```

（MCP3551読み取り関数）

した．MCP1541の出力には簡単なフィルタ回路を設けています．プログラムではPICマイコンが内蔵している同期シリアル通信機能を活用し，3回の操作で24ビットのA-Dデータを取り込んでいます．

■ 試作結果

MCP3551と被測定電圧源を別々の電源で動作させ，電圧発生器からの1.00Vを直接入力してテストしました．ラフな環境で動作させましたが，20～30分の測定で表示されたデータを調べてみると，最大値1.00850V，最小値1.00834Vとなり，測定値の差は0.00016Vとなりました．フル・スケール4Vで5桁の電圧値を比較的容易に測れました．データ・シートでは6桁の電圧測定が可能と記されていますが，ノイズ対策されていれば十分可能であると思えます．MCP3551の活用例として，アプリケーション・ノートAN1007が和文で公開されています．

6-8　AD7893-10とADuM1200による絶縁入力型12ビットA-Dコンバータ

■ 絶縁する理由

アナログ系とディジタル系を分離した設計は工業計測などでよく見られます．アナログ系に混入するノイズを防いだり，システム間のグラウンド・ラインや信号電位が異なる状況に対応したりするのに使われます．

■ インターフェース回路

図6-8-1はAD7893-10とADuM1200による絶縁型のA-Dコンバータ・インターフェースで，写真6-8-1が試作した基板です．アナログ・デバイス社のAD7893-10は単電源動作で±10Vのバイポーラ電圧を測定

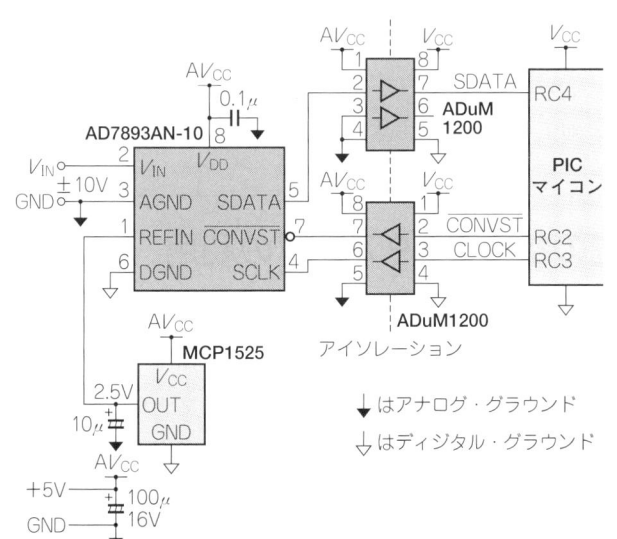

図6-8-1　AD7893-10とADuM1200による絶縁入力型12ビットA-Dコンバータ回路

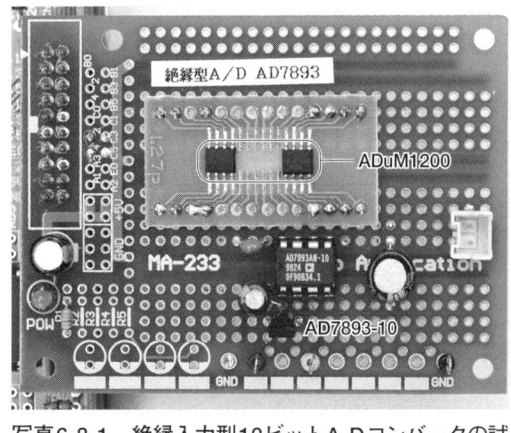

写真6-8-1　絶縁入力型12ビットA-Dコンバータの試作基板

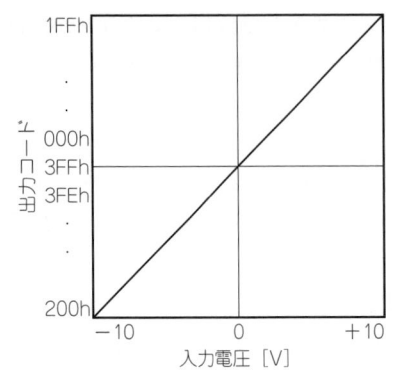

図6-8-2 AD7893-10の入力電圧と出力コード

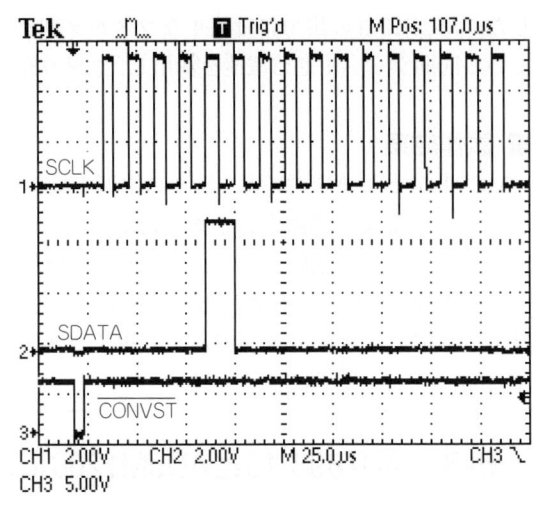

図6-8-3 動作波形(25 μs/div., SCLKおよびSDATA : 2V/div., $\overline{\text{CONVST}}$: 5V/div.)

できる数少ない12ビットA-Dコンバータです．最上位ビットがサイン・ビットとなり，図6-8-2のように0～10Vの電圧が0～1FFhで出力され，0～－10Vが3FFh～200hの2の補数で出力されます．マイコンと同じ数値表現ですから電圧値として取り扱うときには便利です．＋2.5Vのリファレンス電圧はMCP1525を使用しています．

AD7893のようなシリアル・インターフェース型のA-Dコンバータは，マイコンとのインターフェース線が少ないため絶縁するのに適しています．フォト・カプラを使用した絶縁回路は，フォト・カプラの信号遅延が大きいため，うまく動作しないことがよくあります．とくにフォト・カプラをA-Dコンバータに直接接続すると信号エッジのなまりからタイミングがずれてしまいます．

ディジタル・アイソレータのADuM1200は，パルス・トランスを内蔵したアイソレータであり，遅延が少なく，A-Dコンバータの絶縁には最適です．ただし，発生するノイズがアナログ系に支障を与える可能性があるので電源フィルタが必要です．

動作波形を図6-8-3に示します．AD7893-10を駆動するプログラムは，6-4節で述べたAD7893-5と同様なので省略します．

6-9　ちょっとした増幅のためのOPアンプの利用

■ 数倍の増幅回路

A-Dコンバータの入力段やD-Aコンバータの出力段にはアナログ回路が不可欠です．アナログ信号のバッファ・アンプとして入力インピーダンスを拡大したり，信号を増幅してA-Dコンバータの入力範囲に合わせるために使います．現在では，センサなどの多くがマイコン・インターフェースを考慮して，十分大きな信号振幅を出力しますし，そもそも出力がシリアル・インターフェースだったりするので，OPアンプで微小な信号を増幅する機会は減りました．ここでは，せいぜい数倍のちょっとした増幅のための回路を紹介します．

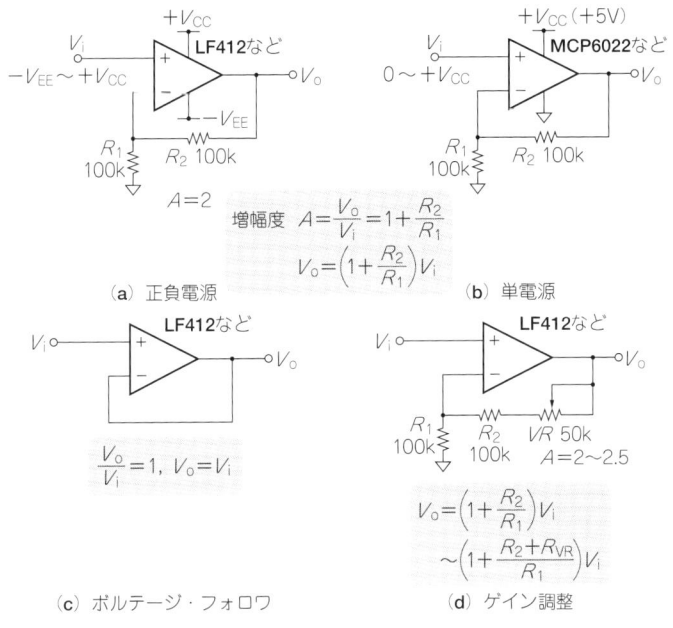

図6-9-1 基本的な非反転増幅回路

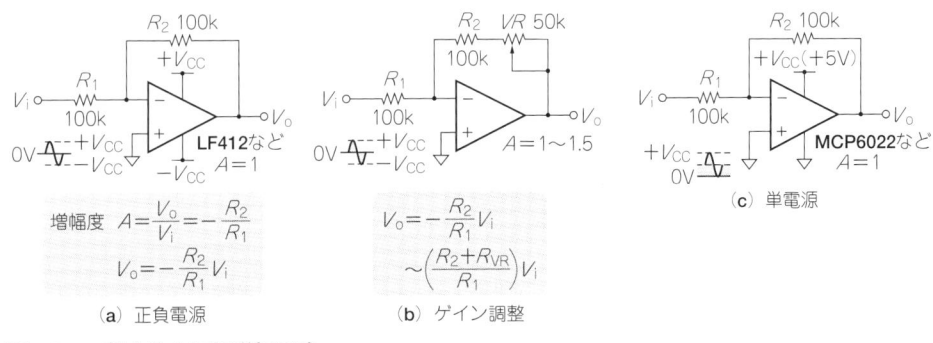

(a) 正負電源 — $A=2$、増幅度 $A = \dfrac{V_o}{V_i} = 1 + \dfrac{R_2}{R_1}$、$V_o = \left(1 + \dfrac{R_2}{R_1}\right) V_i$

(b) 単電源

(c) ボルテージ・フォロワ — $\dfrac{V_o}{V_i} = 1$, $V_o = V_i$

(d) ゲイン調整 — $A = 2 \sim 2.5$、$V_o = \left(1 + \dfrac{R_2}{R_1}\right) V_i \sim \left(1 + \dfrac{R_2 + R_{VR}}{R_1}\right) V_i$

図6-9-2 基本的な反転増幅回路

(a) 正負電源 — $A=1$、増幅度 $A = \dfrac{V_o}{V_i} = -\dfrac{R_2}{R_1}$、$V_o = -\dfrac{R_2}{R_1} V_i$

(b) ゲイン調整 — $A = 1 \sim 1.5$、$V_o = -\dfrac{R_2}{R_1} V_i \sim -\left(\dfrac{R_2 + R_{VR}}{R_1}\right) V_i$

(c) 単電源 — $A=1$

■ 基本回路

　まず，OPアンプの基本回路を示します．信号の位相をそのまま増幅するのが非反転増幅回路，位相を反転するのが反転増幅回路です．それぞれの基本回路を図6-9-1と図6-9-2に示します．

　アンプの増幅度はR_1とR_2の抵抗値で決定します．増幅度の最小値は$R_1 = R_2$の状態であり，反転増幅回路では1倍，非反転増幅回路では2倍です．A-Dコンバータの前段アンプとしては入力インピーダンスが高い非反転増幅回路がよく使われます．R_1とR_2の抵抗の組み合わせの無難な選択は10k～100kΩあたりです．

■ レール・ツー・レールOPアンプ

　OPアンプの電源電圧は±12Vとか，5Vや12Vの単電源がよく使われます．普通のOPアンプは，電源

電圧範囲いっぱいまでの信号を入力しても反応しない範囲がありますし，出力側も電源電圧いっぱいまでは出力できません．また，単電源用と称しているOPアンプは，入出力とも0Vまで応答し，出力できますが，電源電圧から1～2V下がったあたりまでしか応答せず，出力できません．

　電源電圧と同一範囲の信号を扱えるOPアンプは「レール・ツー・レール」(rail to rail)と呼ばれるものです．MCP6022などは，入出力ともレール・ツー・レールであることをうたったOPアンプです．このOPアンプの＋5V電源による非反転増幅回路，反転増幅回路の動作波形を図6-9-3に示します．R_1, R_2は100kΩの抵抗を使用し非反転増幅回路では2倍，反転増幅回路では1倍のアンプです．入力には許容範囲を越えた－2.5～＋2.5V($5V_{p-p}$)の信号を加えています．非反転増幅回路では入力がOPアンプに直接入っている

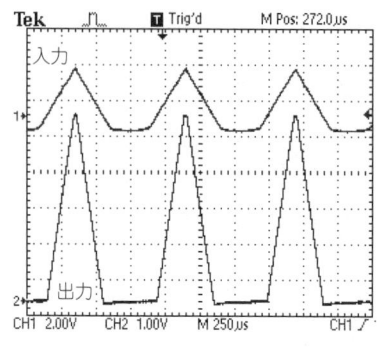

(a) 非反転増幅回路（増幅度2倍） 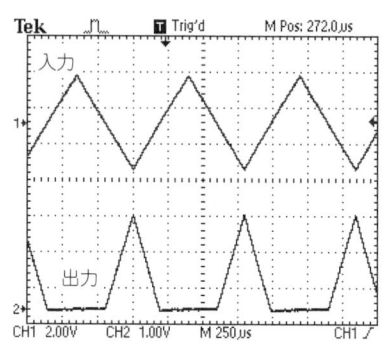　　　(b) 反転増幅回路（増幅度1倍）

図6-9-3　レール・ツー・レール入出力のOPアンプMCP6022の動作波形（250 μs/div.，入力：2V/div.，出力：1V/div.）

表6-9-1　各社の代表的なOPアンプ

型名	メーカ	回路数	電源電圧 [V]	入力オフセット電圧 [mV]	温度ドリフト [μV/℃]	スルーレート [V/μs]	バンド幅 [MHz]	同相除去比 [dB]	備考
OP07D	アナログデバイセズ	1	±18	0.085	0.7	0.7	0.6	−	
OP220F	アナログデバイセズ	2	±15	0.2	1	0.008	0.015	−	
AD707J	アナログデバイセズ	1	±18	0.03	0.3	−	−	−	
OP1177G	アナログデバイセズ	1	±18	0.02	0.7	−	−	−	
TL072	テキサス・インスツルメンツ	2	±18	3	18	13	3	86	
TL081	テキサス・インスツルメンツ	1	±18	3	18	13	3	86	汎用
TLC27L7	テキサス・インスツルメンツ	1	3～16	0.17	1.1	0.05	0.1	95	±8V 電源でも動作
TLC272	テキサス・インスツルメンツ	2	3～16	1.1	1.8	4	2	84	±8V 電源でも動作
LF412	ナショナルセミコンダクター	2	±20	0.8	7	15	4	100	
LF356	ナショナルセミコンダクター	1	±20	3	5	7.5	5	−	
LM308	ナショナルセミコンダクター	1	±18	0.3	6	4	0.4	100	
LPC662	ナショナルセミコンダクター	2	±15	1	1.3	0.11	0.035	−	
MCP6022	マイクロチップ・テクノロジー	2	2.5～5.5	0.5	3	7	10	90	単電源レール・ツー・レール
MCP6002	マイクロチップ・テクノロジー	2	1.8～5.5	4.5	2	−	1	60	単電源レール・ツー・レール
MCP6042	マイクロチップ・テクノロジー	2	1.4～5.5	3	1.5	−	0.014	62	単電源レール・ツー・レール
TC913B	マイクロチップ・テクノロジー	2	6.5～16	0.15	0.1	−	1.5	100	
μA741	フェアチャイルド	1	±15	2	15	0.5	1	90	汎用．古い．
RC4558	Raytheon	2	±15	2	15	0.5	2.5	−	汎用．古い．
NE5534	Signetics	1	±20	5	5	6	10	−	汎用．古い．

ため，入力信号の負の部分がOPアンプ内のダイオードでクリップされています．出力電圧は正の部分のみが2倍されて出力されています．反転増幅回路では入力抵抗R_1があるために入力信号のひずみはありませんが，グラウンド点を基準に反転動作をするため，出力信号は負の部分が反転して出力され，正の部分は負に反転するため出力されません．どちらも電源電圧いっぱいまで出力されていることがわかります．

■ 各社のOPアンプ

表6-9-1に各社の主なOPアンプを示します．値はtyp値（標準値）を記してありますが，実際の設計で使うのは最悪値すなわち最小値や最大値です．同じ型名のICでもメーカによって最悪値が異なることがあるので，設計に着手する前にデータシートなどで吟味してください．

6-10 ゲイン制御可能なアンプMCP6S2xシリーズのSPIインターフェース

■ MCP6S2xシリーズの概要

マイクロチップ・テクノロジー社のMCP6S2xシリーズはSPIを通じてゲインを制御できる低ゲインのプログラマブル・ゲイン・アンプ（PGA）です．マイコン用A-Dコンバータの前段アンプとして設計されたデバイスで，電圧測定におけるA-Dコンバータの分解能不足を少し補いたい場合に利用できます．入力

表6-10-1 プログラマブル・ゲイン・アンプ MCP6S2xシリーズ
（マイクロチップ・テクノロジー社）

型名	入力チャネル数	パッケージ
MCP6S21	1	8ピン DIP, SOIC, MSOP
MCP6S22	2	8ピン DIP, SOIC, MSOP
MCP6S26	6	14ピン DIP, SOIC, TSSOP
MCP6S28	8	16ピン DIP, SOIC

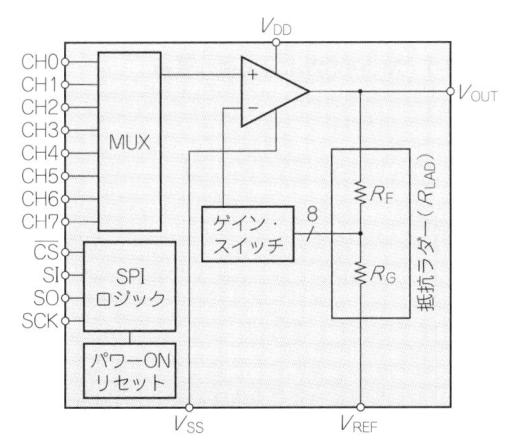

図6-10-1 プログラマブル・ゲイン・アンプ MCP6S2×シリーズのブロック図

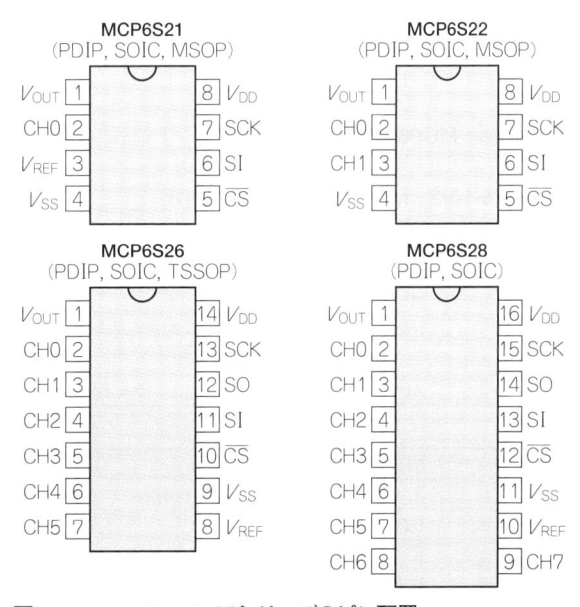

図6-10-2 MCP6S2×シリーズのピン配置

チャネル数に応じて，表6-10-1に示す製品があります．図6-10-1にブロック図，図6-10-2にピン配置をそれぞれ示します．

各チャネルはアナログ・スイッチで，内部アンプのゲインは×1，×2，×4，×5，×8，×10，×16，×32の8通りにそれぞれ切り替え可能です．電源電圧は2.5〜5V，入出力ともレールtoレール動作で，0Vから電源電圧まで扱うことができます．ゲイン設定エラーは1％で，交流的には20dBゲインで500kHz，0dBでは2MHzまでフラットに通過します．V_{REF}端子にオフセット電圧を供給すると入力をシフトアップすることができます．

MCP6S26の回路例を図6-10-3，MCP6S28による試作例を写真6-10-1にそれぞれ示します．

■ プログラム

マイコンからチャネル切り替えとゲイン設定を行います．表6-10-2にMCP6S2xのレジスタ内容，図6-10-4にタイムチャートをそれぞれ示します．クロック同期通信であるSPIでコントロールし，データ(SI)，

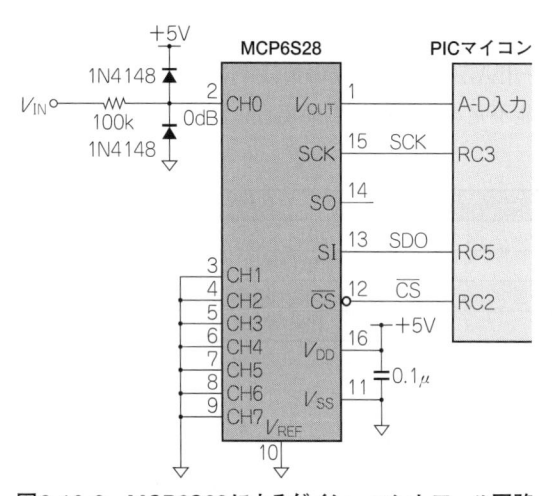

図6-10-3 MCP6S28によるゲイン・コントロール回路

写真6-10-1 MCP6S28による試作基板

表6-10-2 MCP6S2xのレジスタ内容

ビット	名称	説明
7	M2	000：NOP
6	M1	001：シャットダウン・モード
5	M0	010：レジスタへの書き込み，011：NOP
4〜1	−	未使用．0が読み出される．
0	A0	0：ゲイン・レジスタ，1：チャネル・レジスタ

(a) インストラクション・レジスタ

ビット	名称	説明
7〜3	−	未使用．0が読み出される．
2	G2	ゲイン設定
1	G1	0：×1，1：×2，2：×4，3：×5，
0	G0	4：×8，5：×10，6：×16，7：×32

(b) ゲイン・レジスタ

ビット	名称	説明
7〜3	−	未使用．0が読み出される．
2	C2	チャネル設定
1	C1	0：CH0，1：CH1，2：CH2，3：CH3，
0	C0	4：CH4，5：CH5，6：CH6，7：CH7

(c) チャネル・レジスタ

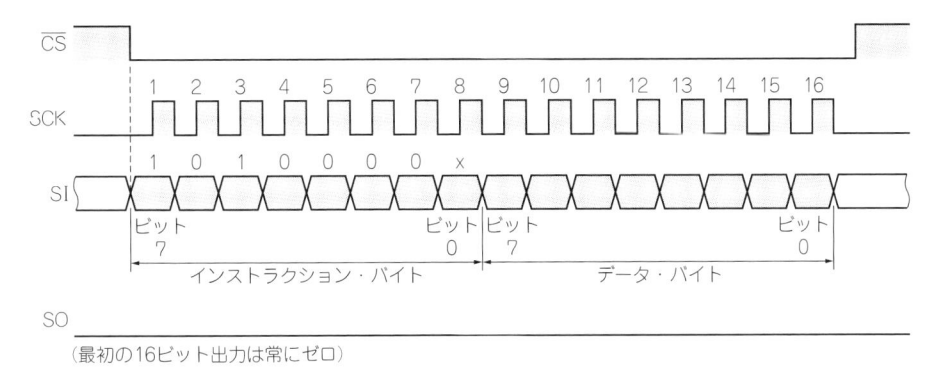

図6-10-4　SPIのタイムチャート

リスト6-10-1　MCP6S2xを制御する関数 ［MA224＋拡張ボード，PIC18F452(10MHz)］

```c
//宣言
#define   MCP6S28_data LATCbits.LATC5
#define   MCP6S28_clk  LATCbits.LATC3
#define   MCP6S28_cs   LATCbits.LATC2

//MCP6S2xコントロールドライバ関数
void MCP6S2x(unsigned char inst,unsigned char dat)
{
    char b;

    MCP6S28_cs = 0;   //CS

    for(b=0;b<8;b++) {
        if( (inst & 0x80) == 0 ) MCP6S28_data = 0; else MCP6S28_data = 1;
        inst <<= 1;
        MCP6S28_clk = 1;
        Nop(); Nop(); Nop();
        MCP6S28_clk = 0;
    }
    for(b=0;b<8;b++) {
        if( (dat & 0x80) == 0 ) MCP6S28_data = 0; else MCP6S28_data = 1;
        dat <<= 1;
        MCP6S28_clk = 1;
        Nop(); Nop(); Nop();
        MCP6S28_clk = 0;
    }

    MCP6S28_cs = 1;   //CS

}
//ゲイン・チャンネル指定関数
void setMCP6S2x(unsigned char ch,unsigned char gain)
{
    ch &= 0b111;
    gain &= 0b111;
    MCP6S2x(0b01000000,0);        //Set GAIN=1
    MCP6S2x(0b01000001,ch);       //Set CANNEL
    MCP6S2x(0b01000000,gain);     //Set GAIN
}
```

クロック(SCK)，チップ・セレクト($\overline{CS}$)信号でインターフェースします．データ・フォーマットは16ビットで，2バイト構成のコマンドです．始めの命令バイトがレジスタ選択で，最上位3ビットが"010"のときレジスタ書き込み指令になり，ビット0が0ならゲイン設定，1ならチャネル指定です．後半8ビットがゲイン設定データとチャネル指定です．チャネル指定では最下位3ビットがチャネル番号を示し，ゲイン設定はやはり最下位3ビットの0～7がゲインに対応します．

リスト6-10-1がプログラムです．MCP6S28のドライブはsetMCP6S2x( )関数にまとめ，デバイスにチャネルやゲインを設定できるようにしました．MCP6S28にアクセスするドライバはMCP6S2x( )関数で，命令バイト，データの形式でデータを設定します．これらの関数はポート制御のSPI通信のためどのマイコンにも置き換えられます．

▶void setMCP6S2x(unsigned char ch,unsigned char gain)
　ch：チャネル指定，gain：ゲイン指定
▶void MCP6S2x (unsigned char inst ,unsigned char dat)
　inst：命令バイト，dat：データ

6-11　アナログ・スイッチによるアナログ交流信号の開閉

■ 交流信号を開閉するには？

　ディジタル信号の開閉はANDゲートを使えば簡単ですが，交流のアナログ信号をON/OFFするにはどうしますか？　一番簡単な方法はリレーを使用する方法です．通過電流も大きくとれますし，完全に絶縁ができます．しかし，形状，消費電力，動作速度，寿命などの点で不満が残ります．

　電子的なスイッチとしてFETを使う方法があり，それをIC化したものが74HC4066やTL604などのアナログ・スイッチICです．電子的なアナログ・スイッチは通過する信号の電圧範囲や周波数帯域に制限がありますし，信号のひずみもわずかに発生します．

　アナログ・スイッチは各社から多くの種類が市販されています．

■ アナログ・スイッチICによる方法

　74HCシリーズの標準ロジックICである74HC4066は，電源が5V単一（最大9V）であり，電源電圧5Vな

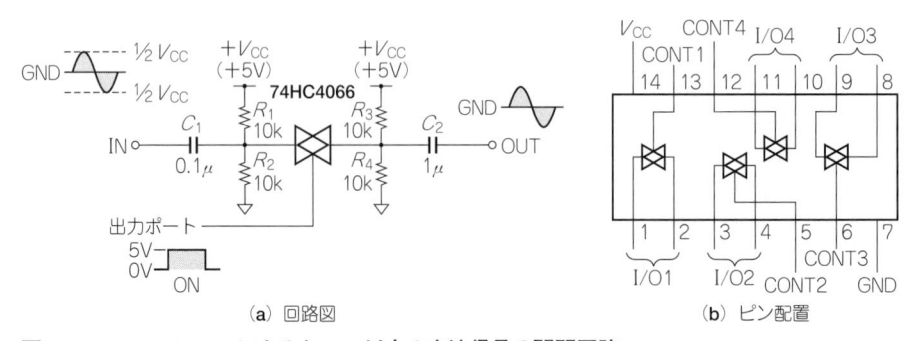

図6-11-1　74HC4066による±2.5V以内の交流信号の開閉回路

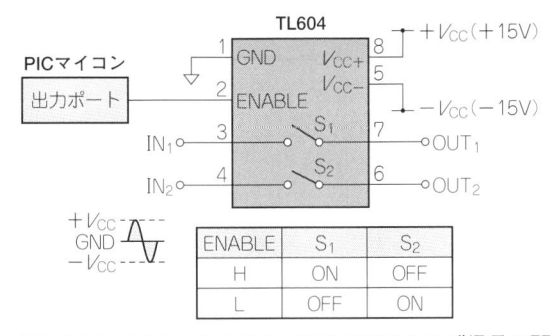

図6-11-2 TL604による±12Vまでのアナログ信号の開閉回路

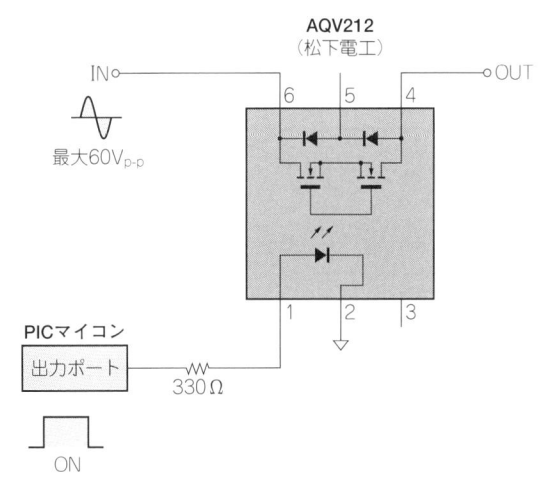

ENABLE	S_1	S_2
H	ON	OFF
L	OFF	ON

図6-11-3 フォトMOSリレーAQV212による60V$_{p-p}$までのアナログ信号の開閉回路

ら0〜5V以内の信号しか扱えません．交流信号を通すにはバイアス回路が必要になります．図6-11-1が回路例です．

TL604はテキサスインスツルメンツ社のアナログ・スイッチです．図6-11-2に回路を示します．このスイッチは電源電圧が±12Vなので，この範囲の交流信号を取り扱うことが可能です．制御ピンはTTLレベルです．残念ながらすでに廃品種なので，製品設計には採用できませんが，実験程度なら使うことができるでしょう．

松下電工のフォトMOSリレーは電子的なリレーとして便利なデバイスです．図6-11-3が回路例です．中身はフォト・カプラですが，出力がMOSFETなので，微弱な交流信号をON/OFFすることが可能です．マイコンから駆動する場合，フォト・カプラと同様に内部のLEDを点灯させます．フォトMOSリレーは，マイコンとアナログの電源系を絶縁できる大きな特徴があります．

6-12 内蔵A-Dコンバータによる正負電圧の測定

■ 内蔵A-Dコンバータには負電圧を入力できない

PICマイコンの内蔵A-Dコンバータで扱える入力電圧範囲は0〜V_{DD}（マイコンの電源電圧）です．したがって，負の領域にまたがる電圧を測定することはできません．内蔵A-Dコンバータで扱える範囲へ被測定電圧を変換するため，OPアンプによる加算回路（図6-12-1）でオフセットを加える方法があります．

■ 回路例

図6-12-2に回路を示します．たとえば−2.5〜＋2.5Vの電圧を測定する場合，測定範囲の中点にあたる電圧をオフセットする必要があります．5V動作のマイコンでは＋2.5Vです．2.5V入力に2.5Vを加算すれば−5V出力，−2.5V入力に2.5Vを加算すると0V出力というように加算演算結果が得られますが，反転してマイナス出力になってしまうため，もう1段反転して正の電圧に戻します．

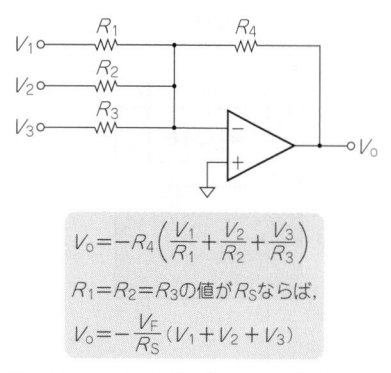

図6-12-1　OPアンプによる加算回路

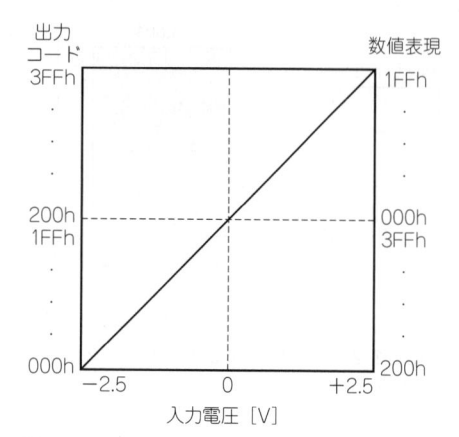

$$V_o = -R_4 \left(\frac{V_1}{R_1} + \frac{V_2}{R_2} + \frac{V_3}{R_3} \right)$$

$R_1 = R_2 = R_3$の値がR_Sならば，

$$V_o = -\frac{V_F}{R_S}(V_1 + V_2 + V_3)$$

図6-12-3　A-Dコンバータの入力電圧と出力コード

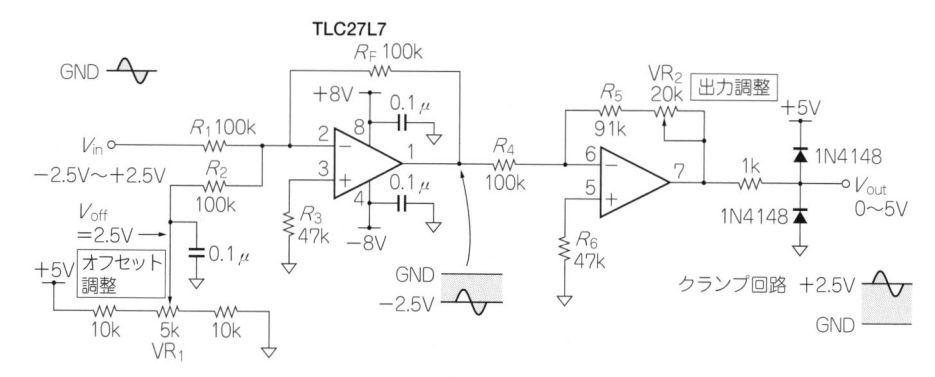

図6-12-2　内蔵A-Dコンバータによる正負電圧の測定回路

A-Dコンバータの読みは10ビット分解能の場合，図6-12-3のように－2.5V～2.5Vの入力電圧が0～1023に対応し，ゼロの値は200hになります．最上位ビットをサイン・ビットとすると負の場合に0で，逆になっていますから，このサイン・ビットを反転させれば普通の数値表現になります．

この回路は正負2電源を必要とします．また，電源電圧をオフセット電圧源に流用していますが，基準電圧源ICを使えばオフセット電圧の変動を防げます．回路ではA-Dコンバータの入力を保護するため，出力にクランプ回路を置いています．

6-13　差動増幅回路による直流電流の測定

■ 差動増幅回路は2点間の電圧を出力する

図6-13-1のように負荷と直列に抵抗を挿入して，その両端の電圧降下から電流を測定したり，センサなどのブリッジの出力を測定したい場合，単純にマイコンの内蔵A-Dコンバータに接続することはできません．図(a)の抵抗両端の電圧にしろ，図(b)のブリッジ出力にしろ，2点間の差として測る必要があるか

(a) 電流測定

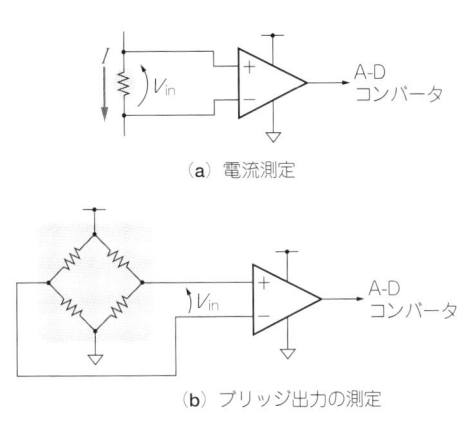

(b) ブリッジ出力の測定

図6-13-1　差動増幅回路の利用例

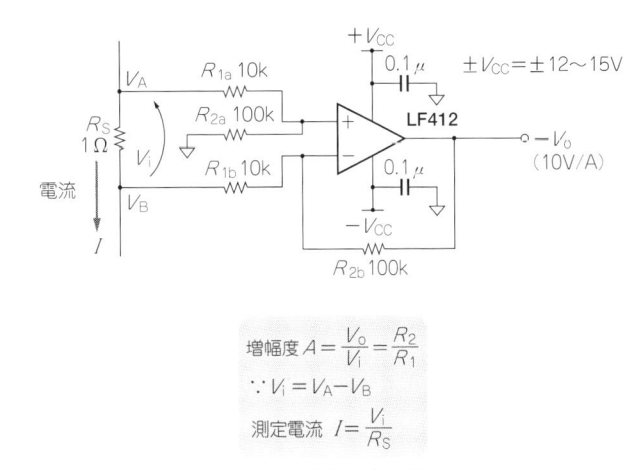

図6-13-2　直列抵抗による電流測定回路

増幅度 $A = \dfrac{V_o}{V_i} = \dfrac{R_2}{R_1}$

$\because V_i = V_A - V_B$

測定電流 $I = \dfrac{V_i}{R_S}$

らです．

このような場合，図中に記したようにOPアンプによる簡易な差動増幅回路を使って，グラウンド間との電圧に変換して測定します．

■ 回路例

図6-13-2は直列抵抗による電流測定回路です．差動増幅回路はR_{1a}，R_{2a}，R_{1b}，R_{2b}の四つの抵抗値が同じ値である場合，抵抗値の誤差εは測定電圧の誤差ΔVとなって表れます．

$$\Delta V \fallingdotseq 2\varepsilon V_i \quad \cdots\cdots\cdots\cdots\cdots\cdots\cdots\cdots\cdots\cdots\cdots\cdots\cdots\cdots\cdots\cdots\cdots\cdots\cdots\cdots (6\text{-}13\text{-}1)$$

高い同相電圧除去比が必要な用途では，三つのOPアンプを組み合わせた計装アンプ（インスツルメンテーション・アンプ）構成が使われます．

6-14　非接触で直流電流を測定する

■ HCS-20-SCシリーズの概要

ユー・アール・ディー社のHCS-20-SCシリーズは，電流トランスを使った非接触電流センサで，サーボ・アンプによる補正機能を内蔵しています．センサ中央の穴に電線を通し，通電するだけで電流を測定できます．使用した機種はHCS-20-SC-A-2.5（**写真6-14-1**）で，最大測定電流±25Aのタイプです．**図6-14-1**のように5Aの電流に対して1Vを出力するので，最大±5Vの出力です．

周波数特性は500kHzまで伸びていますから，直流だけでなく交流電流も測定可能です．直線性はフル・スケール±1%以内，動作電源は±15Vが必要です．正負電流を測定する場合には，センサ出力を0V以上の信号に変換してから入力する必要があります．

センサ側に内蔵のゼロ点調整機能で1Vあたりまで可変できるため±5Aぐらいの測定範囲ならば，これをオフセットとして利用できます．

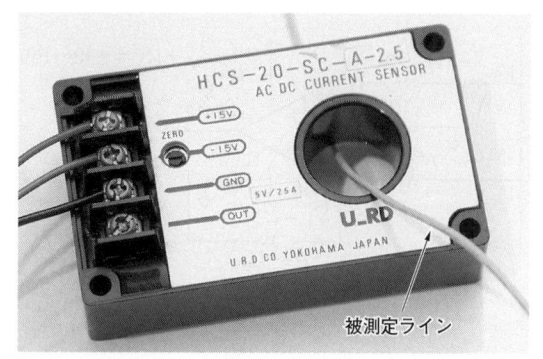

写真6-14-1　AC/DC電流センサHCS-20-SC-A-2.5
(ユー・アール・ディー社)

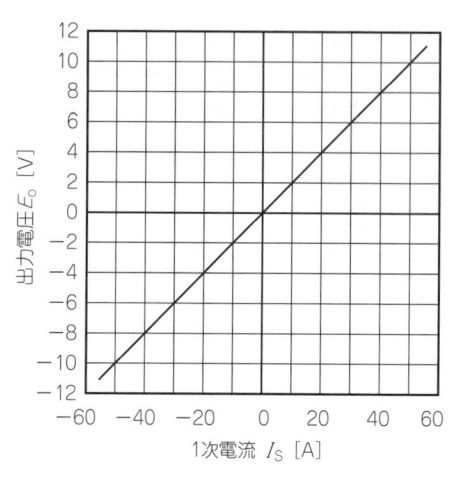

図6-14-1　HCS-20-SC-A-2.5の入出力特性

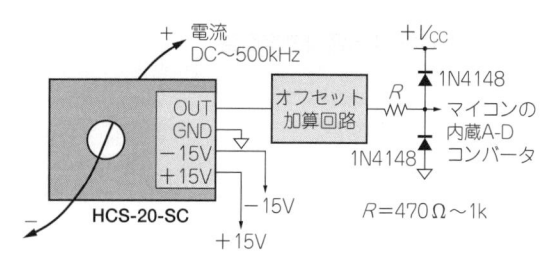

図6-14-2　非接触で直流電流を測定する回路

■ 回路例

　図6-14-2が測定回路例です．出力は測定電流に応じて一時的に±15Vまで上昇する可能性があるので，A-Dコンバータの入力には過電圧保護回路としてクランプ回路を入れてあります．

6-15　内蔵A-Dコンバータに交流信号を入力する方法

■ 信号をオフセットしてから取り込む

　交流信号を取り込む場合，マイコンが3.3Vや5Vの電源で動作しているため，負電圧から正電圧まで変化する交流信号を直接取り込むことができません．そこで入力信号のグラウンド電位をマイコンの電源電圧の中点(5V電源なら2.5V)にオフセット(バイアス)します．

■ 回路例

　図6-15-1に回路例を示します．カップリング・コンデンサC_iは，入力インピーダンスとの組み合わせでハイパス・フィルタを形成します．ハイパス・フィルタの遮断周波数をf_C [Hz]とすると，

$$f_C = \frac{1}{2\pi C_i R_i} \quad \cdots\cdots\cdots\cdots (6\text{-}15\text{-}1)$$

　ただし，C_i：入力カップリング・コンデンサ [F]，R_i：入力抵抗 [Ω]

で示されます．図(a)の非反転増幅回路はOPアンプの入力インピーダンスをほぼ無限大とみなせば，R_3

(a) 非反転アンプ

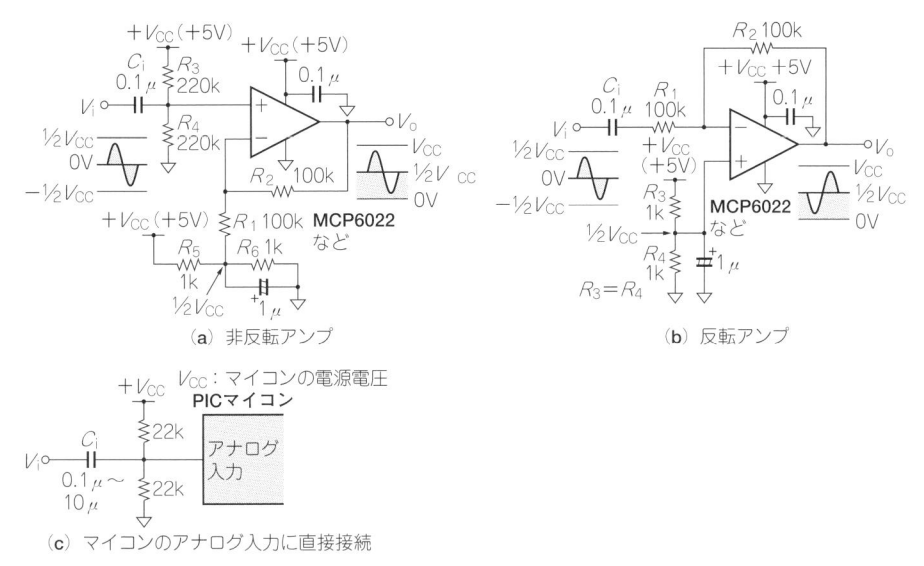

(b) 反転アンプ

(c) マイコンのアナログ入力に直接接続

図6-15-1　内蔵A-Dコンバータに交流信号を入力する回路例

とR_4の並列合成値ですから，$R_i \fallingdotseq 110\mathrm{k}\Omega$となります．すると低域遮断周波数は$C_i = 0.1\ \mu\mathrm{F}$のとき約14Hzです．さらに低い周波数を扱う場合はカップリング・コンデンサを大きくします．

図(b)の反転増幅回路のアンプではOPアンプの入力インピーダンスをほぼ0とみなせば，入力インピーダンスはほぼ$R_1 = 100\mathrm{k}\Omega$となり，遮断周波数は約16Hzです．

簡易的には図(c)のように，抵抗による電圧オフセットとコンデンサによる直流カットだけでも交流信号を取り込むことができます．

6-16　ピーク電圧をアナログ的に記憶するピーク・ホールド回路

■ ピーク・ホールド回路とは

これは瞬間的に発生する交流信号のピーク電圧を捕らえてコンデンサに記憶する回路です．このためマイコンが測定タイミングを多少逃しても，その瞬間の最大電圧を測定できます．これはA-Dコンバータに装備されているサンプル&ホールド機能と同様ですが，A-Dコンバータの場合は変換前に指定されたタイミングで電圧サンプルする機能であり，ピーク・ホールド回路は常時監視してピーク電圧を捕らえるという違いがあります．

■ 回路例

図6-16-1がその回路例で，写真6-16-1が試作した基板です．OPアンプの帰還ループに入れたダイオードにより，正方向の最大電圧がコンデンサにホールドされます．このピーク・ホールドされるとはいえ，ホールド・コンデンサの容量が小さく，周辺部品のリーク電流があるため入力がピークをすぎるとすぐに放電がスタートします．つまり長時間ホールドできるわけではなく，読み出しが遅れるほど測定誤差が大きくなります．およそ精度にもよりますがホールド時間はおよそ数msです．ホールド・コンデンサを大

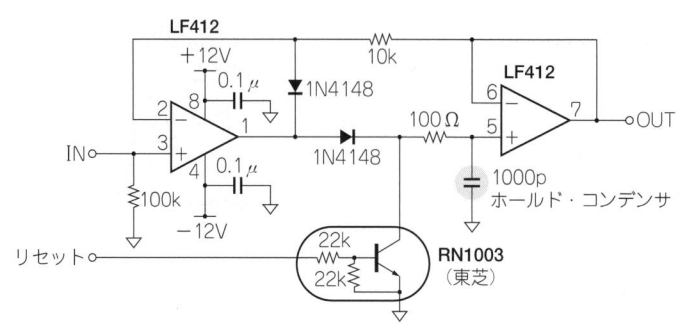

図6-16-1　ピーク・ホールド回路

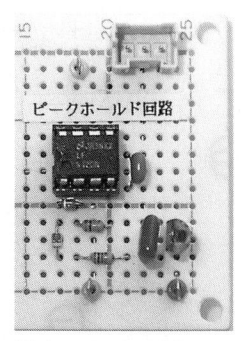

写真6-16-1　試作したピーク・ホールド回路

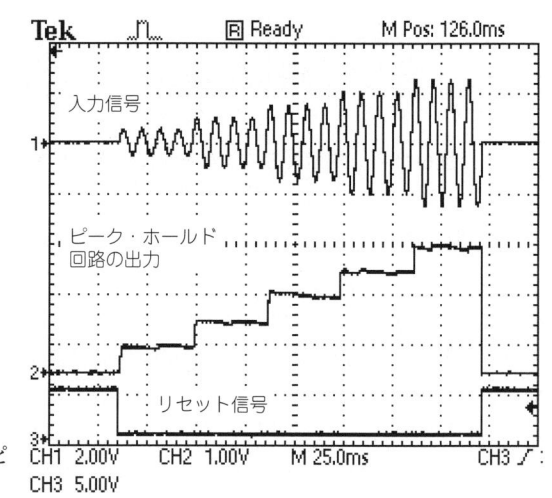

図6-16-2　動作波形（25ms/div., 入力信号：2V/div., ピーク・ホールド回路出力：1V/div., リセット信号：5V/div.）

きくすれば保持時間は伸びますが，充電時間も増えるため感度が悪化してしまいます．

この回路のホールド・コンデンサは1000p〜0.01μF程度が適当です．ホールドした電圧をマイコンが読み取った後に，再度ピーク電圧を検出するためホールド・コンデンサをリセットします．これはホールド・コンデンサに取り付けたトランジスタをONにすることで放電させます．このトランジスタにFETを使えばリーク電流を少なくできる可能性があります．図6-16-2の動作波形はサイン波の振幅をステップ上に可変した信号のピーク・ホールド回路の応答を示しています．

6-17　正電圧も負電圧も正電圧に変換する絶対値回路

■ 絶対値回路とは

これは電圧も負電圧も正電圧に変換する回路です．全波整流回路とかAC-DC変換回路ともいいます．交流信号の電圧レベルだけを捕らえたいときや，入力信号量を測定したいときに使います．

簡易的にはダイオード・ブリッジを通せば良いのですが，現実のダイオードは順方向電圧降下がありま

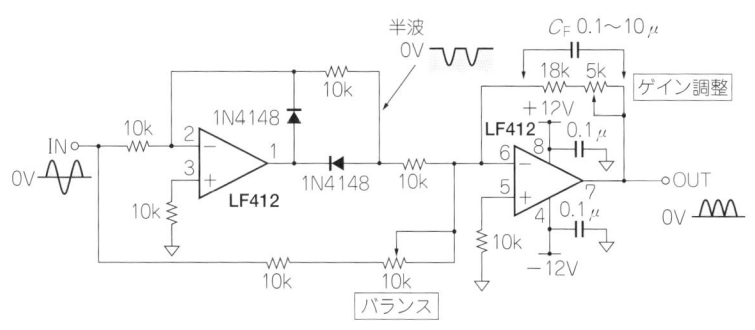

図6-17-1　絶対値回路（理想全波整流回路）

写真6-17-1　試作した絶対値回路

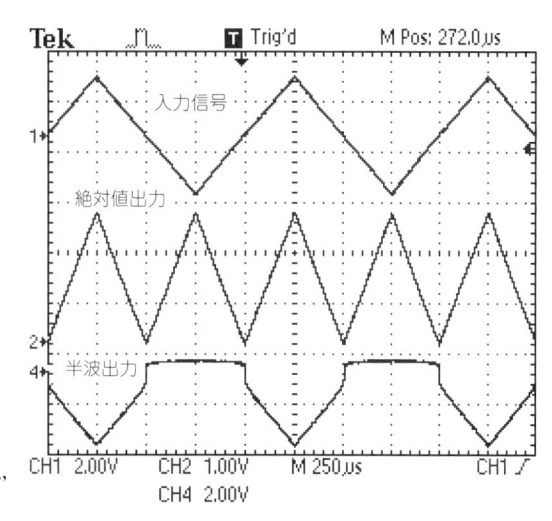

図6-17-2　動作波形(250 μs/div., 入力信号：2V/div., 絶対値出力：1V/div., 半波出力：2V/div.)

すし，抵抗分もありますから，精密な絶対値が得られません．ダイオードによる特性の悪化をOPアンプを利用して改善したのが絶対値回路です．

■ 回路例

　図6-17-1が回路例で，写真6-17-1は試作基板です．1段目のOPアンプは正の出力だけを取り出す半波整流回路です．ダイオードが応答しない低電圧領域では高い増幅度によりOPアンプは帰還ループによる増幅度を保とうと動作して，正しい電圧が出力されます．ただし反転アンプなので負の出力になります．2段目のOPアンプは加算回路を形成し，半波整流回路（1段目）の出力と入力電圧を加算しています．このとき正の部分では半波整流出力と加算されて出力がゼロになってしまうことから，加算値を2倍にして出力が得られるように抵抗値を設定しています．負の部分は増幅度1で通過します．出力を直流に変換したい場合は入力信号を平均化するコンデンサC_Fを接続します．この場合に得られる電圧値は平均値です．また，増幅度を調整して実効値電圧に合わせると，平均値測定型の実効値読み取り回路になります．
　図6-17-2は動作波形です．

6-18　RMS-DCコンバータAD737による真の実効値測定

■ 実効値とは

　交流電圧を表す値には，最大値，ピークtoピーク値，平均値，実効値などがあります．正弦波，三角波，方形波に関する値を**表6-18-1**にまとめました．実効値とは，同じ値の直流電圧を負荷抵抗に加えたときと同じ電力を与える交流電圧の値です．家庭用交流の"AC100V"は実効値であり，最大値が約141V，ピークtoピーク値が約282V，平均値が約90Vの交流電圧です．

　安価なディジタル・マルチメータのACレンジは，平均値を測定して実効値表示しているものがあります．これは入力波形が正弦波であれば問題ありませんが，正弦波以外の場合は正しい値を表示していません．RMS-DCコンバータを使えば，たとえ入力信号が正弦波以外だったり，ひずんでいたりしても「真の実効値」を測定できます．

■ 回路例

　RMS-DCコンバータとしてはアナログ・デバイセズ社のAD737があります．回路を**図6-18-1**に，試作基板を**写真6-18-1**にそれぞれ示します．アナログ演算回路により実効値を計算し，負電圧で出力します．

表6-18-1　正弦波，三角波，方形波の値の表現

項目	正弦波 (サイン波)	三角波	方形波 (デューティ50%の矩形波)
波形	E_m	E_m	E_m
最大値	E_m	E_m	E_m
ピーク to ピーク値	$2E_m$	$2E_m$	$2E_m$
平均値	$2E_m/\pi$	$E_m/2$	E_m
実効値	$E_m/\sqrt{2}$	$E_m/\sqrt{3}$	E_m

写真6-18-1　試作したRMS-DCコンバータ回路

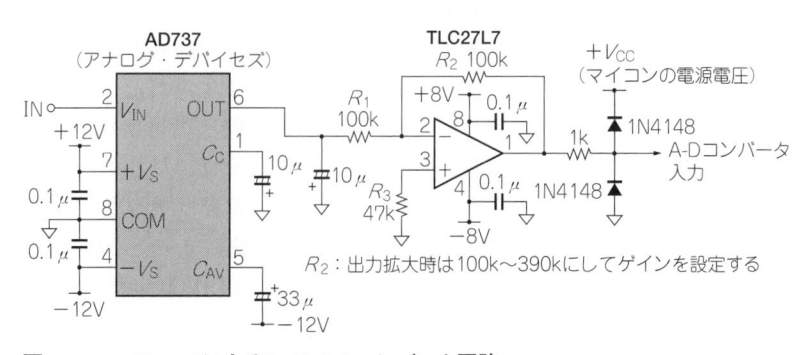

図6-18-1　AD737によるRMS-DCコンバータ回路

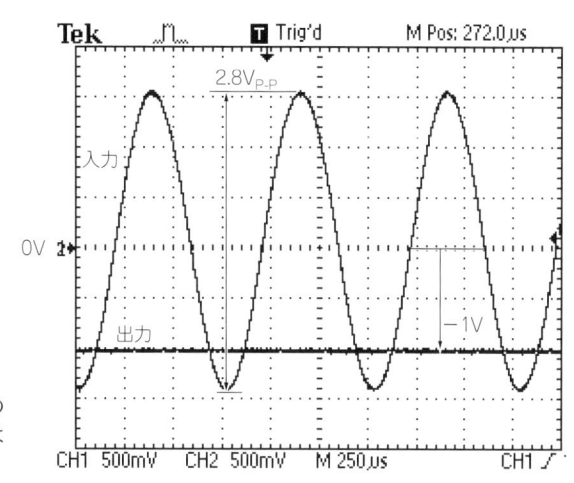

図6-18-2 AD737の入出力波形(チャネル1とチャネル2のグラウンド・レベルを合わせて観測した．RMS出力は−1V；250 μs/div., 500mV/div.)

データシートによれば，入力は最大1V_{RMS}，誤差1％以下の周波数は約30kHz(入力30mV_{RMS})，動作電源電圧±2.5～15Vです．**図6-18-2**が動作波形です．2.8V_{p-p}すなわち1V_{RMS}の正弦波を入力したときに，AD737の出力には−1Vが得られました．AD737をマイコンにインターフェースする場合，負の出力になるため出力に反転アンプ回路を設けています．ほかのRMS-DCコンバータ・デバイスとしてはAD736，AD637，AD636，AD536Aなどがあります．

6-19　V-FコンバータAD650およびTC9400による電圧測定

■ V-Fコンバータとは

　これは電圧値をパルスの繰り返し周波数に変換して出力するものです．汎用シリアル・インターフェースが高価だった時代に，工場などにおいて，データを離れた場所にあるコンピュータや記録計に伝送するのに使われはじめました．遠隔計装では伝送ラインは1箇所あたり最小の2線(1対)にしたいため，電流ループなども使われますが，ディジタル・パルス列で伝送するV-Fコンバータはパルス・トランスやフォト・カプラで容易に絶縁でき，高い耐ノイズ性を期待できます．

■ AD650

　アナログ・デバイセズ社のAD650は，電源電圧±12～15Vで動作し，TTLレベルのパルス出力が得られます．10kHzフル・スケールで0.002％の直線性があり，100kHzでは0.005％になります．**図6-19-1**がブロック図です．

　実際に作った回路(**図6-19-2**，**写真6-19-1**)は**図6-19-3**のように1Vの電圧が10kHzになるように調整したので，最大10V入力では100kHzを出力します．出力パルスはTTLレベルですからマイコンのディジタル入力ポートで直接受け取ることができます．しかし，出力パルスのデューティ比が低い周波数では大変大きくなることから，フリップフロップを利用してデューティ比を50％に変換すると扱いやすくなるでしょう．周波数の測定はマイコンのタイマ機能を利用するか，ソフトウェア・タイマや割り込み機能を使って実現すればよいでしょう．**図6-19-4**に動作波形を示します．

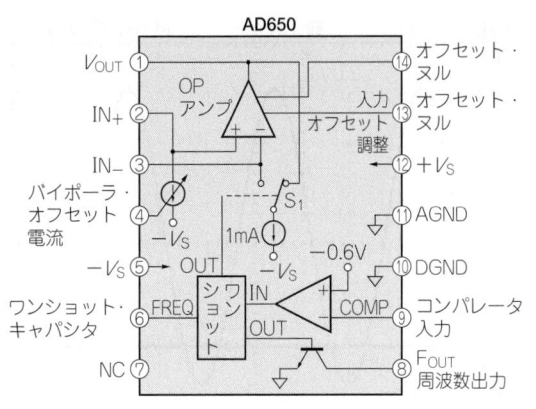

図6-19-1　V-FコンバータAD650のブロック図とピン配置

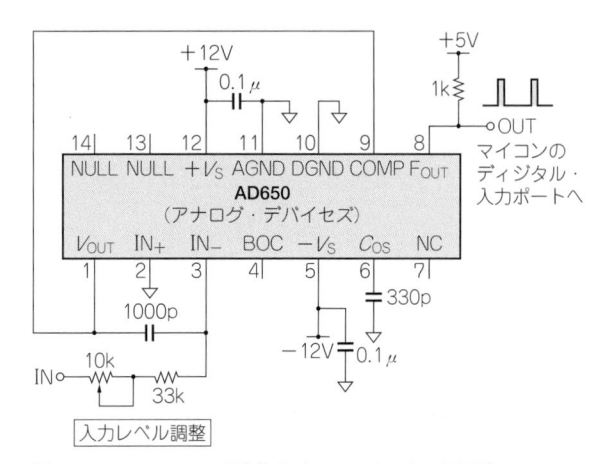

図6-19-2　AD650で試作したV-Fコンバータ回路

写真6-19-1　AD650によるV-Fコンバータ試作基板

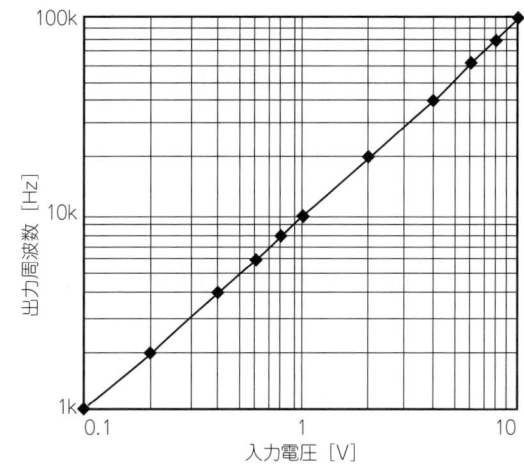

図6-19-3　AD650で試作した回路の入力電圧に対する出力周波数特性

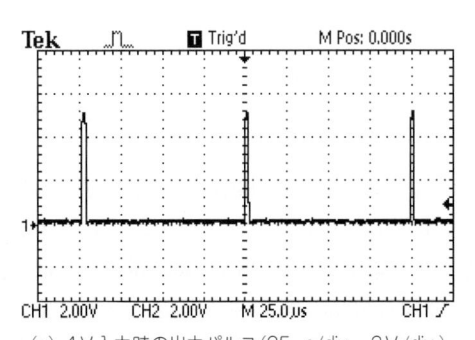

（a）1V入力時の出力パルス（25μs/div., 2V/div.）

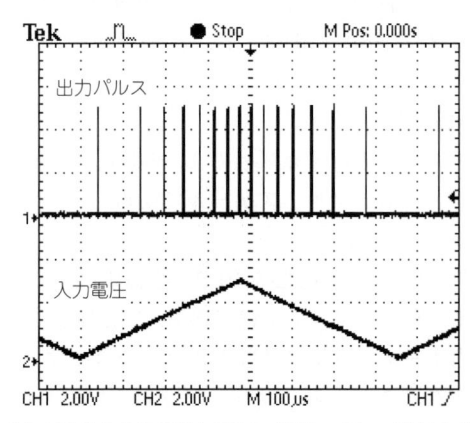

（b）三角波入力時の出力パルス（100μs/div., 2V/div.）

図6-19-4　AD650で試作した回路の動作波形

第6章　A-Dコンバータとアナログ入力のインターフェース

■ TC9400シリーズ

TelCom Semiconductor社（現マイクロチップ・テクノロジー社）のTC9400は，機能・精度ともAD650と大差ありませんが，**図6-19-5**のブロックのように2系統出力の片側にフリップフロップを内蔵していて出力パルスのデューティを50％に整形できます．周波数は半分になりますが，マイコンで利用するのに便利です．電源電圧は±5V（+8～15V）で機能し，最大100kHz出力，リニアリティは0.05％です．さらにリニアリティが0.01％のTC9401と，同0.25％のTC9402があります．

回路例を**図6-19-6**，試作基板の外観を**写真6-19-2**，動作波形を**図6-19-7**にそれぞれ示します．

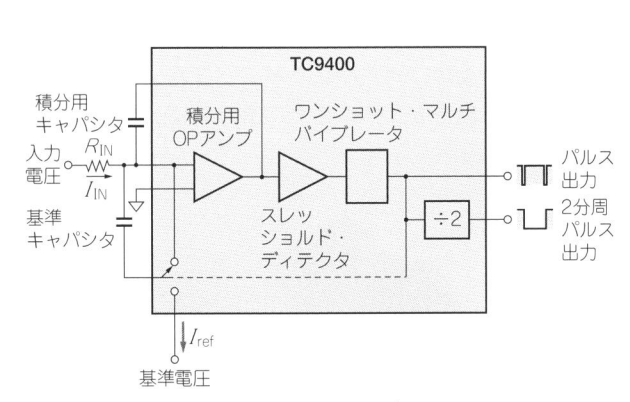

図6-19-5 V-FコンバータTC9400のブロック図

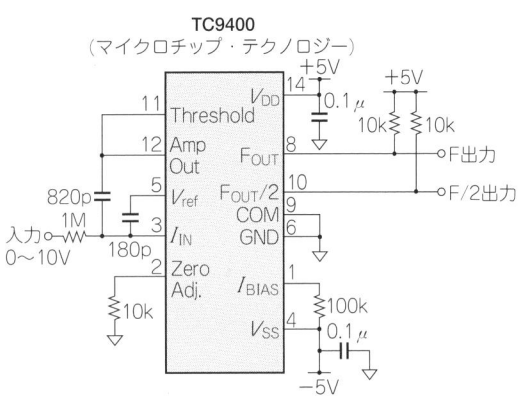

図6-19-6 TC9400によるV-Fコンバータの回路例

写真6-19-2 TC9400によるV-Fコンバータ試作基板

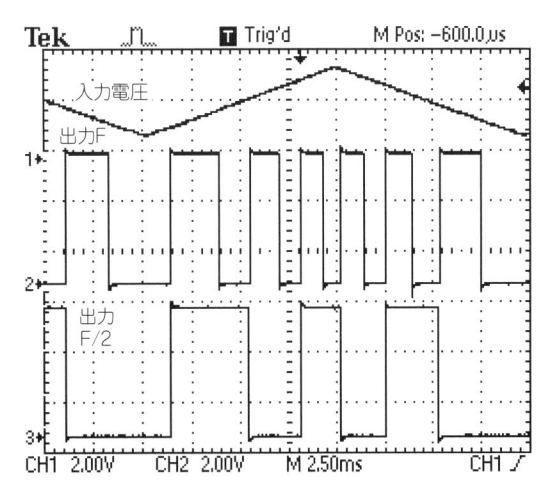

図6-19-7 TC9400で試作した回路の動作波形
（2.5ms/div., 2V/div.）

6-20　電流トランスによる商用電源電流の絶縁測定

■ 交流電流を絶縁状態で測定する

　AC100Vなどの商用電源は片側が保安接地されているため，接地されていない側に人体が触れると感電する可能性があります．そこで商用電源を測定する場合は，測定系のグラウンドを商用電源と絶縁するため電流トランスを使用します．ユー・アール・ディー社製のCTT-10-CLS(**写真6-20-1**)は，超小型のクランプ型交流電流センサです．

■ 使い方

　測定範囲は10mA～80Aと広範囲で，内部はコイルとコアだけの構造なので電源を供給することなく，抵抗を外付けするだけで電流値を電圧値として取り出すことができます．**図6-20-1**は入出力特性です．**図6-20-2**のように3.0kΩを外付けすると1A＝1V，300Ωなら10A＝1Vになります．センサ部はクランプ式なので，電線を切断して穴に通さなくとも，ラッチ・レバーを解除してコア部を開けば電線をはめ込むことができます．サージ・クローバを内蔵しているので出力開放時は約7.5Vにクランプされます．

　マイコンとのインターフェースはA-Dコンバータにより電圧値で取り込みます．出力信号が交流電圧で出力されるため，DCオフセット回路が必要です．

写真6-20-1　クランプ型交流電流センサ CTT-10-CLS(ユー・アール・ディー社)

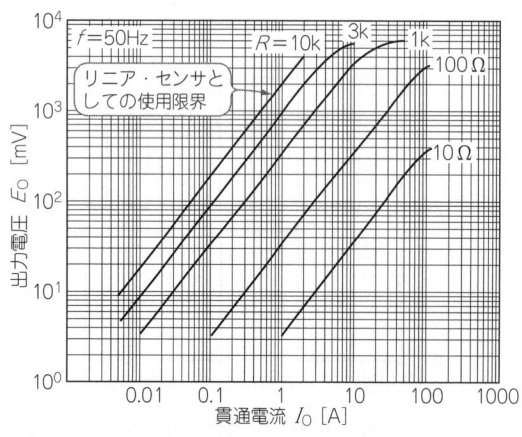

図6-20-1　外部抵抗Rの値と入出力特性

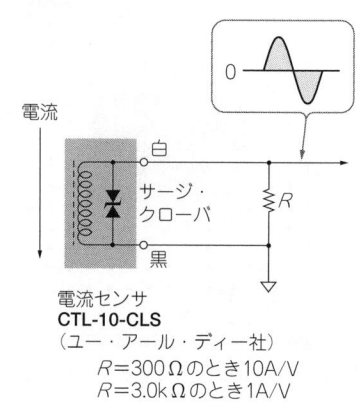

図6-20-2　外部抵抗Rを接続して測定する

電流センサ
CTL-10-CLS
(ユー・アール・ディー社)
$R=300\Omega$のとき10A/V
$R=3.0k\Omega$のとき1A/V

6-21 小型トランスによる商用電源電圧の絶縁測定

■ 交流電圧を絶縁状態で測定する

前節で説明したようにAC100Vなどの商用電源は片側が保安接地されているので，感電を防ぐため商用電源を測定する場合は，測定系のグラウンドを商用電源と絶縁します．APT-2S（写真6-21-1，ユー・アール・ディー社）は75～250Vの商用電源電力を測定するためのアクティブ電源トランスで，小型のトランスとOPアンプによる位相補償回路を内蔵しています．単に商用交流電圧を絶縁測定するだけなら普通の電源トランスの2次側を使えば良いのですが，プリント基板上に実装できるほど小型となると選択肢は限られます．APT-2Sの外形は25×20mmで，プリント基板実装用に適しています．

■ 使い方

図6-21-1が使用回路例です．図6-21-2に示す入出力特性のように，1次側の交流200V_{RMS}を1V_{RMS}に変換して出力します．応答周波数は50Hz，60Hzだけです．センサ内部には電子回路を含みますが，その電源は入力電源から作り出しているため供給不要です．

APT-2Sは1次側の電源ラインに直接接続して使用します．交流出力なので，DCオフセット回路が必要です．

写真6-21-1　アクティブ電源トランス APT-2S（ユー・アール・ディー社）

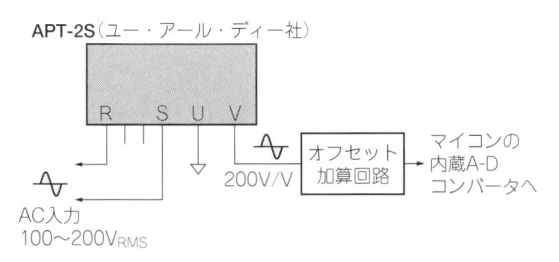

図6-21-1　APT-2Sの使用回路例

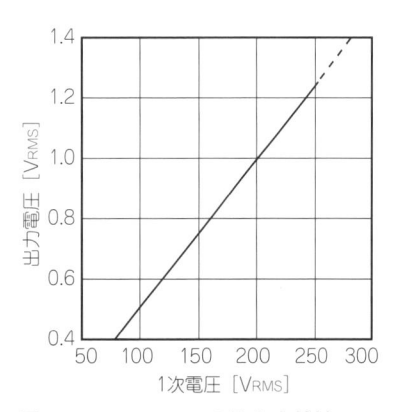

図6-21-2　APT-2Sの入出力特性

6-22 広いダイナミック・レンジの信号を扱えるログ・アンプ回路

■ ログ・アンプとは

1mVほどの微少電圧から10Vあたりまでの電圧を扱う場合,そのダイナミック・レンジは1万倍に及びます.つまり13ビット(2^{13} = 8192)でも不足で,14ビット(2^{14} = 16384)の分解能が必要です.実際には16ビット分解能のA-Dコンバータを使わざるを得ないのでしょうか? 実はログ・アンプを使用して電圧振幅を対数圧縮すれば,ダイナミック・レンジの広い信号をもっと少ないビット数で扱うことができます.

■ MLOG100について

これはハイブリッドIC化されたログ・アンプ・モジュール(マツダマイクロニクス社)です.図6-22-1にブロック図を示します.外付け抵抗によって入出力電圧の関係を調整でき,入出力の伝達関数と抵抗値は次の各式で示されます.

$$V_{out} = -K \log \left(\frac{I_{in}}{I_{ref}} \right) \quad \cdots\cdots (6\text{-}22\text{-}1)$$

$$R_{FB} = 17000K - 5700 \quad \cdots\cdots (6\text{-}22\text{-}2)$$

$$R_{ref} \fallingdotseq \frac{5.1}{I_{ref}} \quad \cdots\cdots (6\text{-}22\text{-}3)$$

ただし,V_{out}:出力電圧 [V],I_{in}:V_{in}ピンの入力電流 [A],I_{ref}:I_{ref}ピンの入力電流 [A],K:スケール・ファクタ,R_{FB}:帰還抵抗 [Ω],R_{ref}:基準抵抗 [Ω]

係数Kを1とすると式(6-22-2)からR_{FB} = 11.3kΩとなり,I_{ref} = 10μAとすると式(6-22-3)からR_{ref} = 510kΩとなります.また,式(6-22-1)においてI_{ref} = 10μAとすればI_{in} = 10μAまたはV_{in} = 100mVのとき出力V_{out} = 0となります.すると伝達関数は,

$$V_{out} = -\log(10 V_{in}) \quad \cdots\cdots (6\text{-}22\text{-}5)$$

になります.

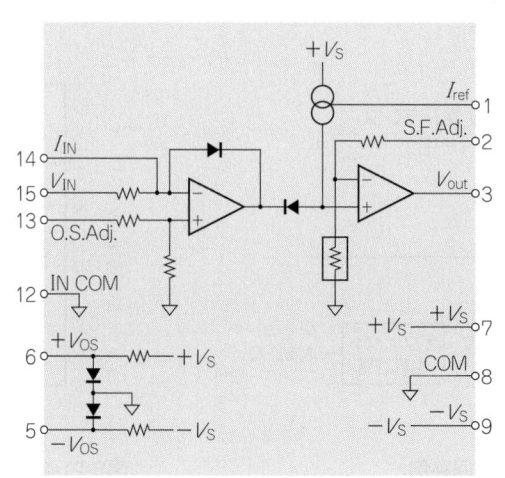

図6-22-1 ログ・アンプ・モジュールMLOG100のブロック図

■ 回路例

　図6-22-2が回路例，写真6-22-1が試作基板です．スケール調整抵抗R_{FB}とリファレンス電流設定抵抗R_{ref}は細かな調整が必要なので一部を可変抵抗とし，OPアンプのオフセット電圧も調整抵抗を設けます．

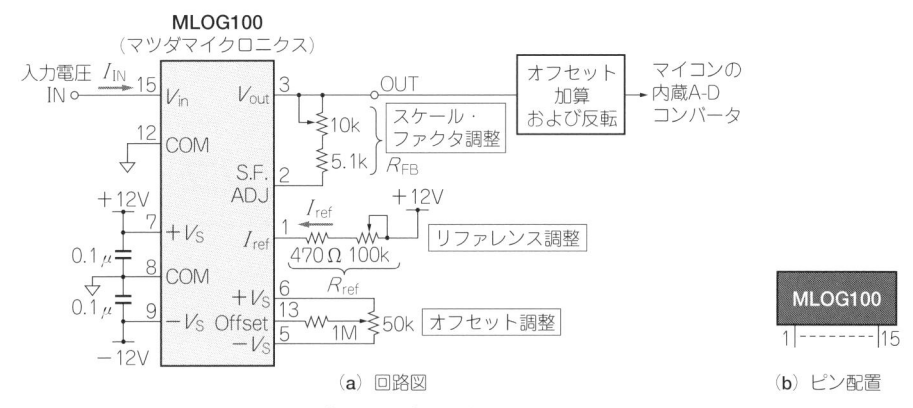

図6-22-2　MLOG100によるログ・アンプの回路例
(a) 回路図
(b) ピン配置

写真6-22-1　ログ・アンプ・モジュールMLOG100による試作回路

表6-22-1　試作したログ・アンプに期待する特性

入力電圧 V_{in} [V]	入力電流 I_{in} [A]	$K=1$のときの出力電圧 [V]
0.001	100n	+2
0.01	1μ	+1
0.1	10μ	0
1	100μ	−1
10	1m	−2

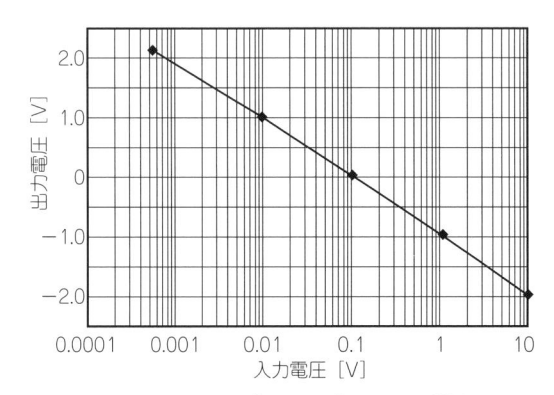

図6-22-3　試作したログ・アンプの入出力特性

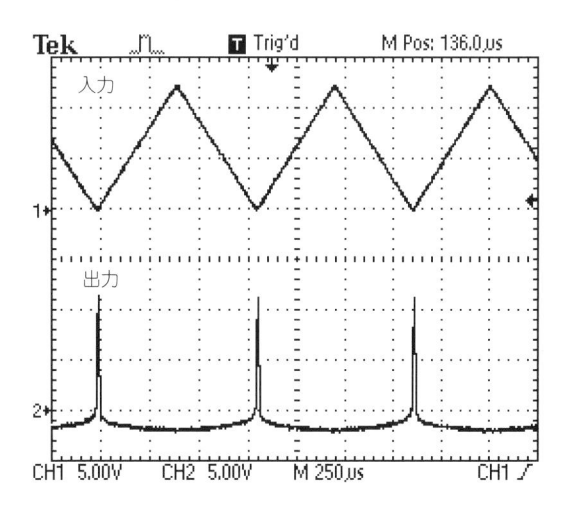

図6-22-4　三角波を入力したときの動作波形
(250 μs/div., 5V/div.)

6-22　広いダイナミック・レンジの信号を扱えるログ・アンプ回路

調整時は正しいログ特性が出るように，これらの三つの可変抵抗を次のように調整します．

入力電圧0.10Vの時，出力電圧0VになるようR_{ref}を設定し，次に10.00Vを入力してR_{FB}により出力電圧2Vに設定します．さらに入力電圧を0.01Vにして出力電圧+1Vになるようオフセットを調整します．この操作を2～3回繰り返すと表6-22-1に示す設計通りの特性に落ち着きます．

実測特性を図6-22-3に示します．出力電圧は正負両極性の電圧で出てくること，特性傾斜が負の傾斜であるため，マイコンにインターフェースするには出力を反転させ，電圧をシフトさせなければなりません．出力特性からわかるように0.001～10Vまでの1万倍の電圧範囲を2Vから−2Vに圧縮しています．図6-22-4は三角波を入力したときの動作波形です．

6-23 アイソレーション・アンプ

■ アイソレーション・アンプとは

アナログ信号系を絶縁したい場合，アイソレーション・アンプ(絶縁アンプ)を使用する方法があります．

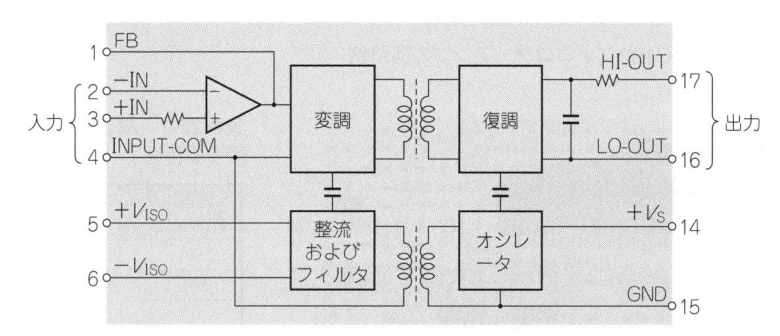

図6-23-1 アイソレーション・アンプMISO150のブロック図

(a) 回路図

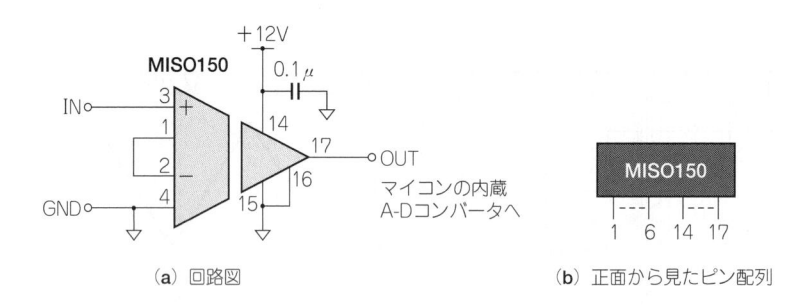

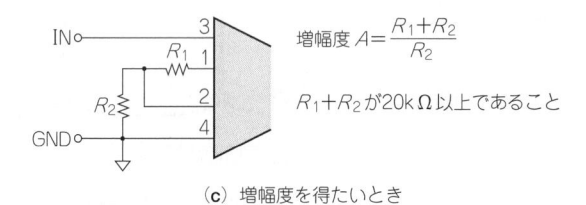

(b) 正面から見たピン配列

増幅度 $A = \dfrac{R_1 + R_2}{R_2}$

$R_1 + R_2$ が20kΩ以上であること

(c) 増幅度を得たいとき

図6-23-2 MISO150の使用例

アイソレーション・アンプは一般にトランス結合で電圧を伝達します．トランスはDC成分を伝達できないので，入力信号を10kHz程度で変調してからトランスの1次側へ加えます．トランスの2次側では変調された信号を復調することによって，DC成分を含む入力信号を再生します．入出力間はトランスで切り離されるため，高い絶縁耐圧を確保できます．

■ MISO150について

これは2kVの絶縁耐圧があり，電源を内蔵したアイソレーション・アンプ(マツダマイクロニクス社)のハイブリッドICモジュールです．内部ブロックを図6-23-1に示します．普通，1次側と2次側の電源は共に絶縁されたものを用意して，各回路に供給しなければなりませんが，MISO150は2次側に+12～+15Vの単電源を供給するだけで動作用電源を自身で生成します．この内部電源は3mA以内ならば，1次側の外部回路で利用することもできます．入力電圧範囲は供給する電源電圧に応じて変わりますが±5～±7Vです．

OPアンプと同様に抵抗で最大100倍までの増幅度をもたせることもできます．最大振幅でDC～5kHzまでの信号を扱うことができ，精度は入出力誤差±0.25％以内，温度ドリフトは±50μV/℃です．

■ 回路例

図6-23-2が回路例で，写真6-23-1が試作基板です．この例では+12Vの電源供給で動作させ，増幅度1

写真6-23-1 アイソレーション・アンプMISO150
(マツダマイクロニクス社)

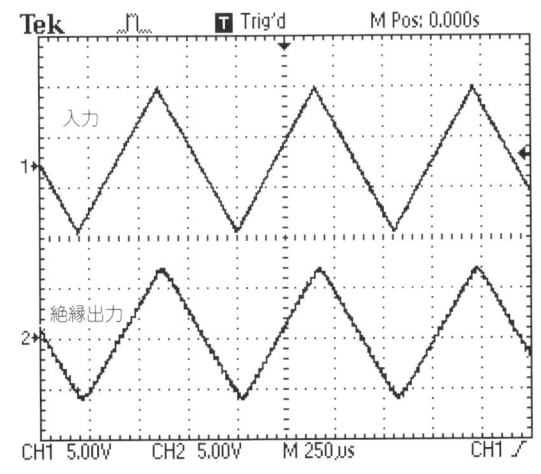

図6-23-3 MISO150の入出力波形(250μs/div., 5V/div.)

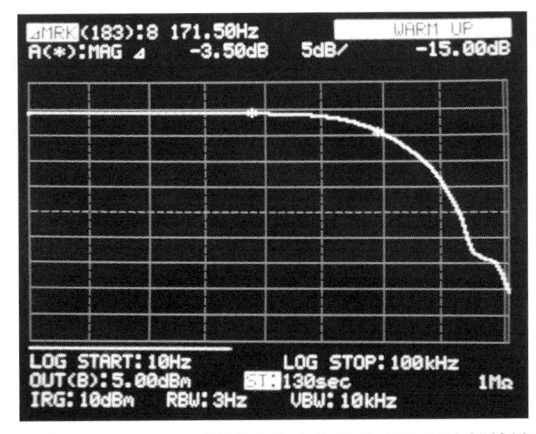

写真6-23-2 3V$_{p-p}$程度を入力したときの周波数特性
(スパン：10Hz～100kHz，5dB/div.)

倍で使用しました．**図6-23-3**のように約±7Vの最大振幅を加えて信号の伝達ができています．**写真6-23-2**は3V$_{p-p}$程度を入力したときの周波数特性で，DCからフラットに伸びており－3dB点は約8.2kHzでした．動作原理上，出力信号には10kHzのキャリア信号の漏れが高周波成分として数十mV出力されてしまいます．この信号が影響を与えるようなら出力に簡単なCRフィルタを設けて取り除きます．

出力をマイコンのA-Dコンバータに接続するには負電圧に対するオフセット加算回路と過電圧保護回路が必要です．MISO150は，普通のOPアンプのイメージで手軽に利用できるデバイスです．

第6章 Appendix

PICマイコンの内蔵A-Dコンバータについて

■ 現在の主流は10ビット分解能だが，一部に8ビットや12ビットもある

　PICマイコンの内蔵A-Dコンバータは，PIC16シリーズとPIC18シリーズでほぼ同じユニットが搭載されています．ただし，デバイスの開発時期によってポートの割り付け方法に多少の違いがあります．

　フラッシュ・メモリを搭載したPICマイコンの内蔵A-Dコンバータは，10ビット分解能が現在の主流となっています．しかし，プログラム・メモリをEPROMタイプからフラッシュ・メモリに置き換えたPIC16F73などのデバイスは，8ビットA-Dコンバータを搭載しているものがあります．新しいシリーズのdsPICやPIC24の16ビット・シリーズも10ビットA-Dコンバータが主流ですが，一部に12ビットA-Dコンバータを搭載したものがあり，測定機器への応用が期待できます．

　また，PIC16C770/771/773/774は，唯一16シリーズで12ビットA-Dコンバータを搭載したデバイスですし，PIC18シリーズではPIC18F2523/4523/2423/4423が12ビットA-Dコンバータ搭載タイプです．

■ PIC16/18シリーズの内蔵10ビットA-Dコンバータ

● 構成

　内蔵A-Dコンバータ・ユニットは逐次比較型であり，図6-1のような構成です．デバイス内に一つだけ内蔵されていて，入力チャネルの切り替えにより複数信号を受け付けます．およそパッケージの大きさに応じて5/8/16チャネル入力などがあります．

● 変換速度と変換クロック

　この逐次比較型A-Dコンバータの変換速度は最大20 μs(50kHz)です．この速度を12クロックで変換す

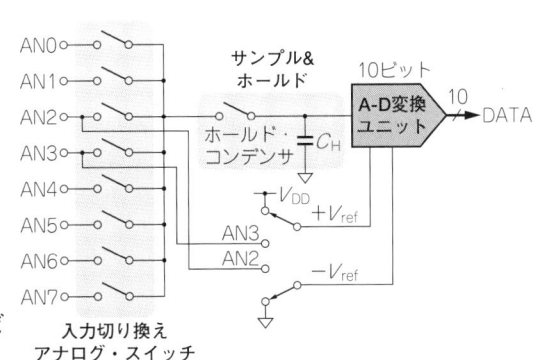

図6-1　PIC16/18シリーズの内蔵10ビットA-Dコンバータの構成

表6-1 PIC16F877およびPIC18F452のA-Dコンバータ関係のレジスタの内容

ビット	名称	説明
7	ADCS1	A-D変換クロックの選択
6	ADCS0	$0：f_{osc}/2$, $1：f_{osc}/8$, $2：f_{osc}/32$, 3：RC発振
5	CHS2	アナログ入力チャネルの選択
4	CHS1	0：AN0, 1：AN1, 2：AN2, 3：AN3,
3	CHS0	4：AN4, 5：AN5, 6：AN6, 7：AN7
2	GO/$\overline{\text{DONE}}$	1を読み出せたらA-D変換中，1を書き込むと変換開始
1	−	未使用．0が読み出される．
0	ADON	1でA-D機能有効

(a) ADCON0レジスタ

ビット	名称	説明							
7	ADFM	変換結果の配置(0：左詰め，1：右詰め，図6-2参照)							
6	ADCS2*	A-D変換時間の延長(1：ADCS設定を2倍にする)							
3	PCFG3	A-Dポート・コンフィギュレーション(A：アナログ入力，D：ディジタルI/O)							
		設定	RE2	RE1	RE0	RA5	RA3	RA2	RA1	RA0
		0	A	A	A	A	A	A	A	A
		1	A	A	A	A	$+V_{ref}$	A	A	A
2	PCFG2	2	D	D	D	A	A	A	A	A
		3	D	D	D	A	$+V_{ref}$	A	A	A
		4	D	D	D	D	A	D	A	A
		5	D	D	D	D	$+V_{ref}$	D	A	A
		6, 7	D	D	D	D	D	D	D	D
1	PCFG1	8	A	A	A	A	$+V_{ref}$	$-V_{ref}$	A	A
		9	D	D	A	A	A	A	A	A
		A	D	D	A	A	$+V_{ref}$	A	A	A
		B	D	D	A	A	$+V_{ref}$	$-V_{ref}$	A	A
0	PCFG0	C	D	D	D	A	$+V_{ref}$	$-V_{ref}$	A	A
		D	D	D	D	D	$+V_{ref}$	$-V_{ref}$	A	A
		E	D	D	D	D	D	D	D	A
		F	D	D	D	D	$+V_{ref}$	$-V_{ref}$	D	A

注▶(1)＊印はPIC18F452のみ．

(b) ADCON1レジスタ

ることから，変換クロックは最大1.6μs(625kHz)になります．

A-Dコンバータは専用RC発振回路をもち，これを使用して約1.6μsのクロックを得ています．なお，システム・クロックを分周したクロックも指定できます．

● サンプル＆ホールド回路

A-Dコンバータの前段にはサンプル＆ホールド回路があり，変換中は外部信号を切り離すことでホールド・コンデンサにチャージされた入力電圧を保持し，安定な変換を行えるようになっています．しかし，この回路のために入力チャネルを切り替えた直後は，電圧が安定するまでアクイジション・タイム(取得時間)を20μ〜50μs確保しなければなりません．

● 最大変換値とリファレンス電圧

A-Dコンバータの最大変換値は，10ビットなら1023($2^{10}-1$)，12ビットなら4095($2^{12}-1$)になります．基準となるリファレンス電圧(V_{ref})は，内部電源か外部供給かを選択できます．内部の基準電圧源はノイ

表6-2 PIC18F4520のA-Dコンバータ関係のレジスタ

ビット	名称	説明
5	CHS3	アナログ入力チャネルの選択
4	CHS2	0：AN0，1：AN1，2：AN2，3：AN3，4：AN4，
3	CHS1	5：AN5，6：AN6，7：AN7，8：AN8，9：AN9，
2	CHS0	A：AN10，B：AN11，C：AN12
1	GO/DONE	1を読み出せたらA-D変換中，1を書き込むと変換開始
0	ADON	1でA-D機能有効

(a) ADCON0 レジスタ

ビット	名称	説明												
5	VCFG1	$-V_{\text{ref}}$（1：有効…AN2，0：無効…GND）												
4	VCFG0	$+V_{\text{ref}}$（1：有効…AN3，0：無効…V_{DD}）												
3	PCFG3	A-Dポート・コンフィギュレーション（A：アナログ入力，D：ディジタルI/O）												
		設定	AN12	AN11	AN10	AN9	AN8	AN7	AN6	AN5	AN4	AN3	AN2	AN1	AN0
		0	A	A	A	A	A	A	A	A	A	A	A	A	A
2	PCFG2	1	A	A	A	A	A	A	A	A	A	A	A	A	A
		2	A	A	A	A	A	A	A	A	A	A	A	A	A
		3	D	A	A	A	A	A	A	A	A	A	A	A	A
		4	D	D	A	A	A	A	A	A	A	A	A	A	A
		5	D	D	D	A	A	A	A	A	A	A	A	A	A
1	PCFG1	6	D	D	D	D	A	A	A	A	A	A	A	A	A
		7	D	D	D	D	D	A	A	A	A	A	A	A	A
		8	D	D	D	D	D	D	A	A	A	A	A	A	A
		9	D	D	D	D	D	D	D	A	A	A	A	A	A
0	PCFG0	A	D	D	D	D	D	D	D	D	A	A	A	A	A
		B	D	D	D	D	D	D	D	D	D	A	A	A	A
		C	D	D	D	D	D	D	D	D	D	D	A	A	A
		D	D	D	D	D	D	D	D	D	D	D	D	A	A
		E	D	D	D	D	D	D	D	D	D	D	D	D	A
		F	D	D	D	D	D	D	D	D	D	D	D	D	D

(b) ADCON1 レジスタ

ビット	名称	説明
7	ADFM	変換結果の配置（0：左詰め，1：右詰め，図6-2 参照）
6	−	未使用．0が読み出される．
5	ACQ2	アクイジション時間の設定
4	ACQ1	0：$0T_{\text{AD}}$，1：$2T_{\text{AD}}$，2：$4T_{\text{AD}}$，3：$6T_{\text{AD}}$，4：$8T_{\text{AD}}$，
3	ACQ0	5：$12T_{\text{AD}}$，6：$16T_{\text{AD}}$，7：$20T_{\text{AD}}$
2	ADCS2	A-D 変換クロックの選択
1	ADCS1	0：$f_{\text{osc}}/2$，1：$f_{\text{osc}}/8$，2：$f_{\text{osc}}/32$，3：RC 発振，
0	ADCS0	4：$f_{\text{osc}}/4$，5：$f_{\text{osc}}/16$，6：$f_{\text{osc}}/64$，7：RC 発振

(c) ADCON2 レジスタ

ズを含むため，外部からフィルタリングされたリファレンス電圧を供給する方が高い精度を期待できます．リファレンス電圧には$+V_{\text{ref}}$と$-V_{\text{ref}}$があり，$+V_{\text{ref}}$が最大値（10ビットなら1023）に対応する電圧で，$-V_{\text{ref}}$が数値0側の電圧です．$-V_{\text{ref}}$は通常0Vに設定します．外部供給することもでき，ノイズを含まないゼロ点を外部から供給することもできますし，ゼロ点にオフセットを加算することもできます．$+V_{\text{ref}}$＝3V，$-V_{\text{ref}}$＝1Vのリファレンス電圧を供給した場合1V～3Vの電圧が0～1023に相当します．

■ A-Dコンバータ関係のレジスタ

● PIC16F877とPIC18F452

A-DコンバータはADCON0，ADCON1（またはADCON2）レジスタで簡単に操作できます．PIC16F877とPIC18F452の各レジスタの内容を表6-1に示します．

● PIC18F4520

PIC18F452の新バージョンであるPIC18F4520は，レジスタが大きく変わりました．各レジスタの内容を表6-2に示します．従来の設定を整理したレジスタ構成になり，使いやすくなりました．新たに登場するPIC18シリーズは，この構成になると思われます．また，PIC18F4520は入力チャネル変更時に確保しなければならなかったアクイジション・タイムを自動的に確保してくれるしくみがあり，ACQビットでこの時間を指定します．

● PIC16F676

小さなパッケージのPICマイコンもPIC18F4520のようなスタイルになっています．代表例としてPIC16F676のレジスタを表6-3に示します．

■ 基本的なプログラム

A-Dコンバータを使用する場合，まず使用したいチャネルを指定し，GO/$\overline{\text{DONE}}$ビットを1にすることでA-D変換がスタートします．このビットを監視して1から0になれば変換完了ですから，ADRESレジスタから変換値を取り出します．変換値は10ビットの場合は2バイトにまたがるので，ADRESHとADRESLの二つのレジスタに出力されます．このデータはADFMビットによって右詰め，左詰めの指定（図6-2）ができます．左詰めなら上位8ビットを1バイト操作で読み取れて便利です．

表6-3 PIC16F676のA-Dコンバータ関係のレジスタ

ビット	名称	説明
7	ADFM	変換結果の配置（0：左詰め，1：右詰め，図6-2参照）
6	VCFG	リファレンス指定（1：V_{REF}ピン，0：GND）
5	―	未使用．0が読み出される．
4	CHS2	アナログ入力チャネルの選択
3	CHS1	0：AN0，1：AN1，2：AN2，3：AN3，
2	CHS0	4：AN4，5：AN5，6：AN6，7：AN7
1	GO/$\overline{\text{DONE}}$	1を読み出せたらA-D変換中，1を書き込むと変換開始
0	ADON	1でA-D機能有効

(a) ADCON0レジスタ

ビット	名称	説明
6	ADCS2	A-D変換クロックの選択
5	ADCS1	0：f_{osc}/2，1：f_{osc}/8，2：f_{osc}/32，3：RC発振，
4	ADCS0	4：f_{osc}/4，5：f_{osc}/16，6：f_{osc}/64，7：RC発振

(b) ADCON1レジスタ

ビット	名称	説明
7	ANS7	1：アナログ入力，0：ディジタルI/O
6	ANS6	1：アナログ入力，0：ディジタルI/O
5	ANS5	1：アナログ入力，0：ディジタルI/O
4	ANS4	1：アナログ入力，0：ディジタルI/O
3	ANS3	1：アナログ入力，0：ディジタルI/O
2	ANS2	1：アナログ入力，0：ディジタルI/O
1	ANS1	1：アナログ入力，0：ディジタルI/O
0	ANS0	1：アナログ入力，0：ディジタルI/O

(c) ADCON2レジスタ

C18コンパイラによるA-D変換ルーチンを**リスト6-1**，PIC18F452のアセンブラでは**リスト6-2**のように，PIC16でのアセンブラでは**リスト6-3**のように記述します．

　取り出したデータは10ビット表現ですから，リファレンス電圧を1023分割した電圧が1ビットの重みになります．この関係を**図6-3**に示します．入力電圧V_{in}［V］とA-D変換値N_{AD}の関係は，リファレンス電圧をV_{ref}［V］とすると，次式で表されます．

$$V_{in} = N_{AD} V_{ref}/1023 \quad\cdots\cdots\cdots(1)$$

　A-Dコンバータの1ビットあたりの電圧値は，リファレンス電圧によって**表6-4**のように決まるので参考までに概略値を覚えておくと役立ちます．

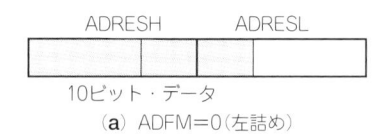

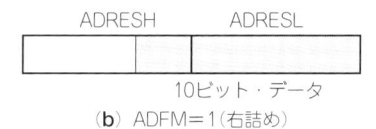

図6-2　ADFMビットによる右詰め/左詰めの指定

(a) ADFM＝0（左詰め）

(b) ADFM＝1（右詰め）

リスト6-1　C18コンパイラ用A-D変換ルーチン

```
TRISA = 0b111111;            //ポートを入力に設定        初期設定
ADCON1 = 0b10001110;         //AN0をA-D入力に指定
ADCON0 = 0b11000001;         //Select AD0

 ADCON0bits.GO = 1;          //A-Dスタート               A-D変換処理
while ( ADCON0bits.GO );     //A-D変換完了待ちループ
ADVAL = ADRESH * 256;        //変数に変換値を取り出す
ADVAL += ADRESL;
```

リスト6-2　PIC18F452のアセンブラ用A-D変換ルーチン

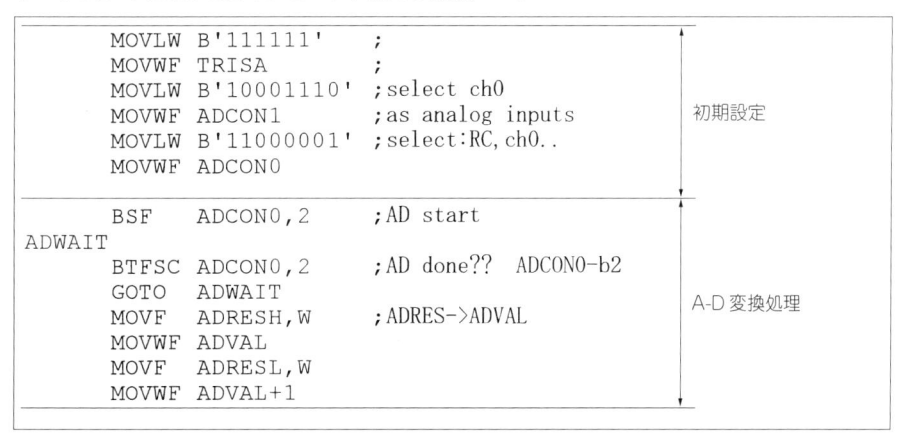

```
        MOVLW   B'111111'      ;
        MOVWF   TRISA          ;
        MOVLW   B'10001110'    ;select ch0            初期設定
        MOVWF   ADCON1         ;as analog inputs
        MOVLW   B'11000001'    ;select:RC,ch0..
        MOVWF   ADCON0

        BSF     ADCON0,2       ;AD start
ADWAIT
        BTFSC   ADCON0,2       ;AD done??  ADCON0-b2   A-D変換処理
        GOTO    ADWAIT
        MOVF    ADRESH,W       ;ADRES->ADVAL
        MOVWF   ADVAL
        MOVF    ADRESL,W
        MOVWF   ADVAL+1
```

リスト6-3　PIC16シリーズのアセンブラ用A-D変換ルーチン

```
        BSF     STATUS,5        ;select pg1
        MOVLW   B'111111'       ;
        MOVWF   TRISA           ;
        MOVLW   B'10001110'     ;select ch0
        MOVWF   ADCON1          ;as analog inputs      初期設定
        BCF     STATUS,5        ;select pg0
        MOVLW   B'11000001'     ;select:RC,ch0..
        MOVWF   ADCON0          ;turn on A/D.
        BCF     STATUS,5        ;select pg0

        BSF     ADCON0,2        ;AD start
ADWAIT
        BTFSC   ADCON0,2        ;AD done??  ADCON0-b2
        GOTO    ADWAIT
        MOVF    ADRESH,W        ;ADRES->ADVAL          A-D変換処理
        MOVWF   ADVAL
        BCF     STATUS,5        ;select pg0
        MOVF    ADRESL,W
        MOVWF   ADVAL+1
        BCF     STATUS,5        ;select pg0
```

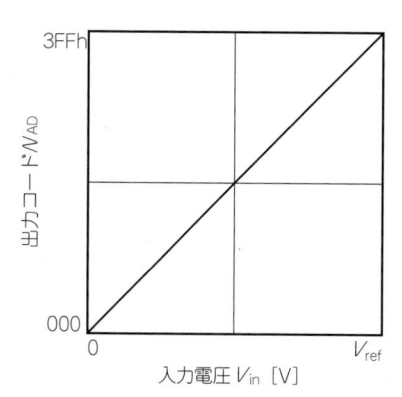

図6-3　入力電圧とA-D変換値の関係

表6-4　リファレンス電圧とA-Dコンバータの1ビットあたりの電圧値

リファンス電圧 V_{ref}[V]	分解能(1ビットあたりの電圧値)[mV]		
	8ビット A-D	10ビット A-D	12ビット A-D
5.0	19.61	4.887	1.221
3.3	12.94	3.226	0.806
2.5	9.803	2.444	0.610
4.096	16.06	4.004	1.000

第7章

各種D-Aコンバータ，電子ボリューム，絶縁型D-Aコンバータ，信号の絶縁出力など

D-Aコンバータとアナログ出力のインターフェース

　マイコンで処理した信号や，マイコンで発生させた信号を，現実の物理量であるアナログ信号に変換するのがD-Aコンバータです．PWMや抵抗ネットワークを使った簡易なものから，高速・高精度なものまでさまざまです．最近ではシリアル・インターフェースだけで接続できるものもあります．本章ではマイコンでディジタル量をアナログ信号するために使うインターフェースを説明します．

7-1　R-$2R$ラダー抵抗ネットワークによる4ビットD-Aコンバータ

■ 高精度を必要としない用途に適する

　ラダー抵抗ネットワークを使ったD-Aコンバータは基本的な回路の一つですが，高精度を実現するには精度の良い抵抗が多数使うためコストが高くなりがちなので，測定用などにはあまり使用されません．しかし，LCDバック・ライトの明るさ調整をしたり，ちょっとした音の発生用など精度を要求しない用途で使われます．

■ 回路例

　図7-1-1が回路例で，写真7-1-1は試作基板です．

　ラダー抵抗ネットワークによるD-Aコンバータ回路は，R-$2R$型と$2R$加算型の2種類があります．R-$2R$型は2倍抵抗との2種類の抵抗をはしご状に組み合わせて構成する回路です．抵抗値は1.1kΩと2.2kΩ，1.2kΩと2.4kΩなどが組み合わせやすく，高精度の抵抗を使えばD-Aコンバータとしての性能もそれなりに発揮できますし，ビット数を増やすこともできます．

　$2R$加算型の回路は2倍ごとの抵抗の組み合わせで，抵抗の種類は多いですが数は少なくて済みます．ただし2倍ごとの抵抗値がうまく存在しないのが難点です．E24系列で「1.1，2.2，4.3，8.2」ですし，E96系列では「1.1，2.2，4.42，8.87」というところです．多ビットでは抵抗値が合わせにくくなるので4ビットあたりが使いやすい範囲でしょう．

　ラダー抵抗型の変換精度は基準電圧と抵抗値の精度で決定されます．マイコンの出力ポートを利用する場合，基準電圧はポートの出力電圧であり，大電流を流さなければ比較的安定しています．R-$2R$ラダー型の抵抗値は金属酸化皮膜抵抗器を使用すると0.5～1％の範囲に入ります．

　IC化されたD-Aコンバータを使えるなら，あえてラダー抵抗型のD-Aコンバータを使う必要はありませんが，4ビット程度の$2R$加算型ならコスト・パフォーマンスの点でメリットがあります．

ラダー抵抗型D-Aコンバータは出力インピーダンスが高いため，後段の回路に直接接続すると負荷によっては正しい電圧が得られないので，図7-1-1(a)のようにバッファ・アンプを設けてください．

■ 動作波形

図7-1-2はR-2R型と2R加算型の観測波形です．R-2R型は図7-1-1(a)の回路で許容差1％の金属皮膜抵抗の1.1kΩと2.2kΩで構成しました．バッファの前のRCフィルタは入っていません．

2R加算型は1kΩ，2.2kΩ，3.9kΩ，8.2kΩの組み合わせです．

プログラムは最小3クロックで動作するのこぎり波の発生プログラムで，1周期16ステップを出力するのに19.2 μs (52kHz)かかっています．

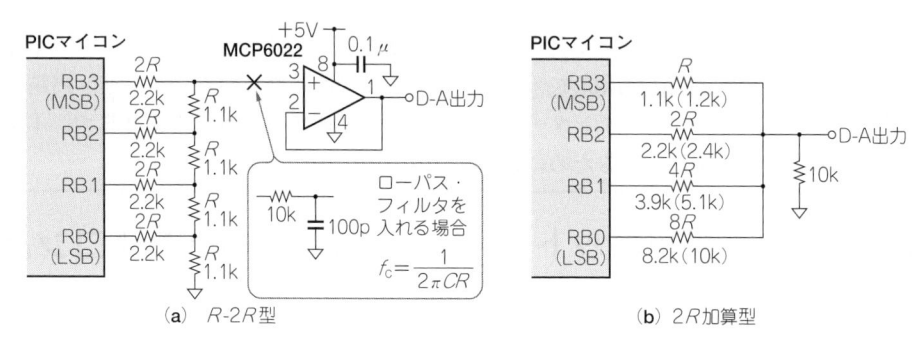

(a) R-2R型

(b) 2R加算型

ローパス・フィルタを入れる場合
$f_c = \dfrac{1}{2\pi CR}$

図7-1-1 ラダー抵抗ネットワークを使ったD-Aコンバータ

写真7-1-1 ラダー抵抗ネットワークを使ったD-Aコンバータの試作例

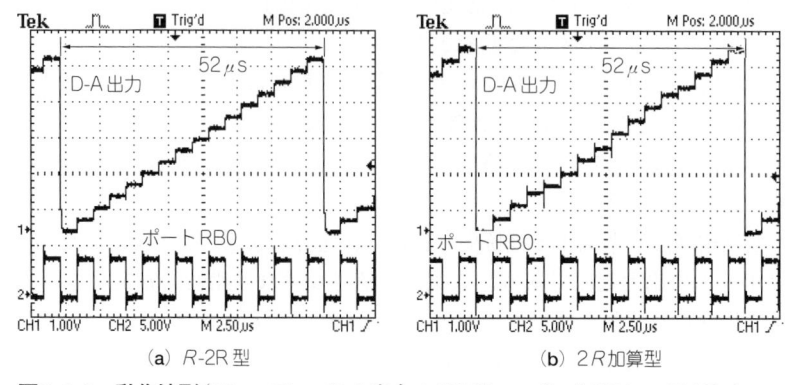

(a) R-2R型

(b) 2R加算型

図7-1-2 動作波形(2.5 μs/div., D-A出力：1V/div., ポートRB0：5V/div.)

7-2 PWMによる10ビットD-Aコンバータ

■ PWMによるD-Aコンバータの動作原理

　PWM信号を図7-2-1のような簡単なローパス・フィルタに通すと，PWM信号のデューティ比に応じた直流電圧(図7-2-2)が得られます．これを利用して簡易なD-Aコンバータを実現できます．

　以下に示す観測波形は，キャリア周波数が約9.7kHzのPWM信号です．図7-2-3はPWM出力周波数の約1/10であるカットオフ周波数f_C = 1kHzのフィルタに通した波形です．PWMのデューティに応じて直流レベルが変化することがわかります．直流とはいえ，まだ9.7kHzのリプル成分が見えます．図7-2-4はf_C = 10Hzのフィルタの場合で，リプル成分が大きく減少することがわかります．

　CRフィルタの出力インピーダンスが高すぎるとうまく動作しないので，実際の回路では出力にバッファ・アンプを付けます．マイコンの内蔵PWMを利用したD-Aコンバータの出力電圧を決定しているものはマイコンの電源電圧なので，これが変動を起こしたり交流成分が乗っているとD-Aコンバータの出力にも現れてしまいます．

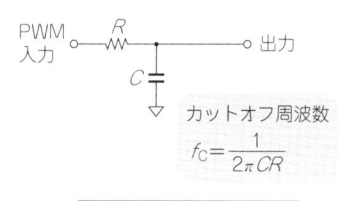

(a) CRによる1次ローパス・フィルタ

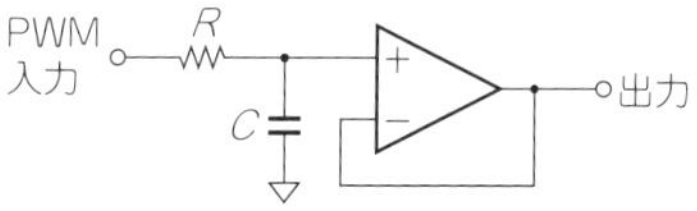

カットオフ周波数 $f_C = \dfrac{1}{2\pi CR}$

f_C[Hz]	R[Ω]	C[F]
10	15k	1μ
100	15k	0.1μ
1k	15k	0.01μ

(b) OPアンプによるバッファ付き

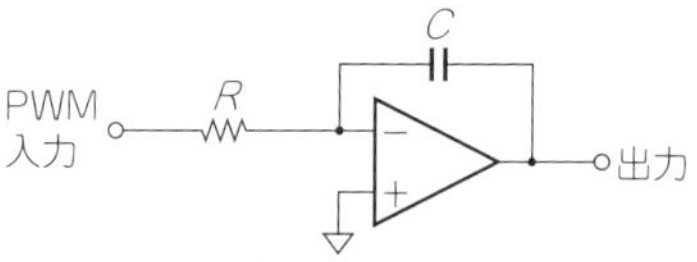

(c) 積分回路　積分時間 $T = CR$

図7-2-1　PWM出力のローパス・フィルタ回路

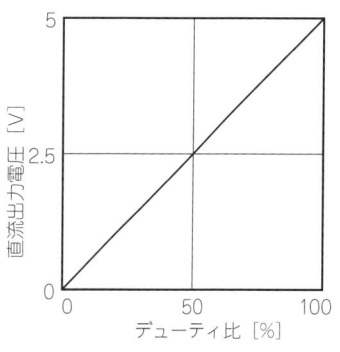

図7-2-2　PWM波のデューティ比と出力電圧

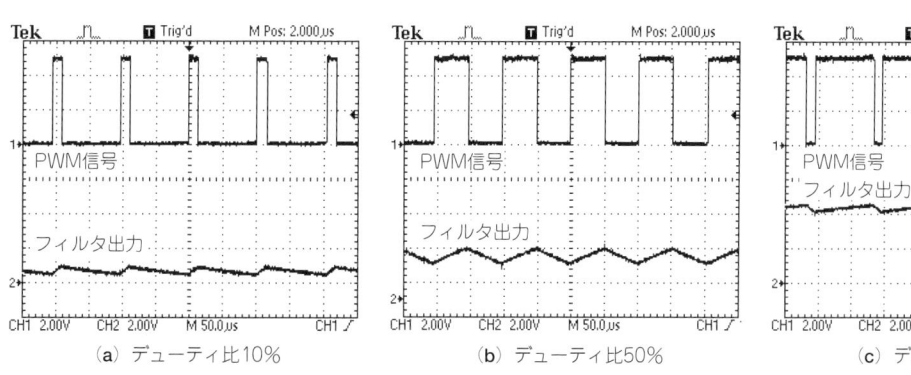

(a) デューティ比10%
(b) デューティ比50%
(c) デューティ比90%

図7-2-3　カットオフ周波数1kHzの1次フィルタの入出力波形(50μs/div., 2V/div.)

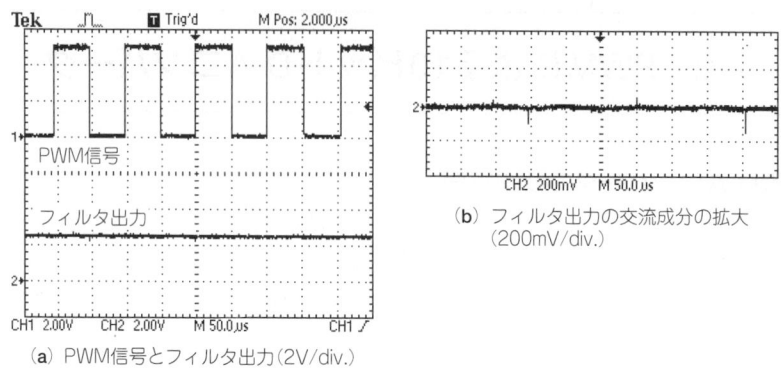

(a) PWM信号とフィルタ出力（2V/div.）

(b) フィルタ出力の交流成分の拡大（200mV/div.）

図7-2-4 カットオフ周波数10Hzの1次フィルタの入出力波形（50 μs/div.）

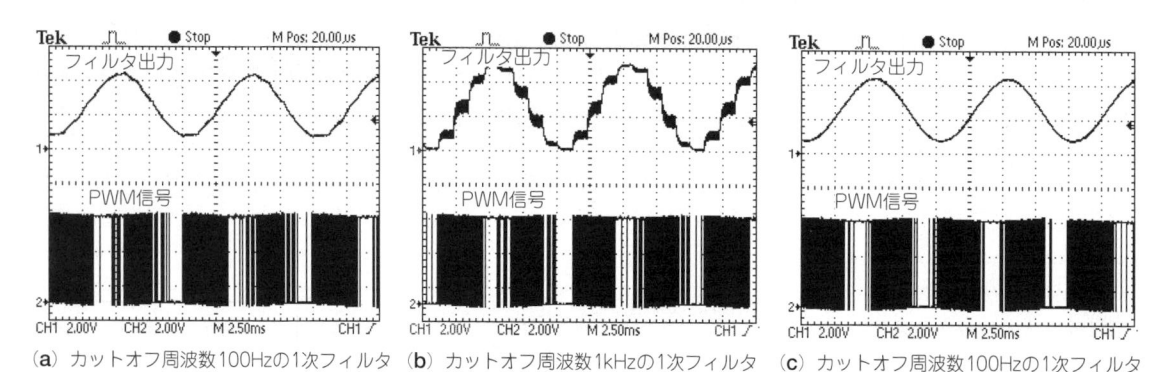

(a) カットオフ周波数100Hzの1次フィルタの入出力波形

(b) カットオフ周波数1kHzの1次フィルタの入出力波形

(c) カットオフ周波数100Hzの1次フィルタの入出力波形

図7-2-5 9ステップ出力による100Hzサイン波（2.5ms/div., 2V/div.）

■ PWMによるサイン波の発生

　PWM値を時間的に可変すれば交流信号を出力することもできます．約9.7kHzのPWM信号を使ってサイン波を実験的に出力してみました．プログラム内にサイン波のデータを埋め込んでおき，テーブル参照により1周期を9ステップまたは36ステップの階段状に出力しました．PWM信号は，プログラムではなく内蔵ハードウェア・ロジックによって周期的に送り出されます．

　これらのサイン波は実験的に発生させたもので，品質の高い信号源ではありませんが，あれこれ用途があるかもしれませんので，ご参考までに紹介します．

● 100Hzのサイン波出力

　図7-2-5は100Hzのサイン波出力です．9ステップの場合，900HzでPWMデータを書き換えています．36ステップでは3.6kHzで書き換えを行います．PWM信号の周波数は9.7kHzですから，どちらもこの周波数より低い値であり，各ステップのデータは出力に反映されている状態です．**図7-2-5(b)**は9ステップ・プログラムで1kHzフィルタを通した波形，**図7-2-5(c)**は36ステップのプログラムで100Hzフィルタを通した波形です．9ステップと比べると波形はなめらかであることがわかります．

● 1kHzのサイン波出力

　次に36ステップのプログラムで1kHzのサイン波を出力してみたのが**図7-2-6**です．データの送り出し周波数は36kHzですから9.7kHzのPWMでは周波数的に4倍もオーバーしていますが，実際に出力しフィ

リスト7-2-1　PWMによるサイン波の発生プログラム ［PIC18F452(10MHz)，C18コンパイラ］

```c
#include <p18f452.h>
#include <pwm.h>
const rom unsigned int SINTBL36[36] =
{
128, 150, 171, 192, 210, 225, 238, 247, 253,
255, 253, 247, 238, 225, 210, 192, 171, 150,
128, 106,  85,  65,  46,  31,  18,   9,   3,
  1,   3,   9,  18,  31,  46,  64,  85, 106,
 };
const rom unsigned int SINTBL18[18] =
{
128, 171, 210, 238, 253, 255, 238, 210, 171,
128,  85,  46,  18,   3,   1,   9,  31,  64,
 };

const rom unsigned int SINTBL9[9] =
{
128,210,253,238,171,85,18,3,46,
};
void main (void)
{
    char n;

    //Port init for
    TRISA = 0b111111;
    TRISB = 0b11000000;
    TRISC = 0b10111000;
    TRISD = 0;
    TRISE = 0b000;

    //OpenPWM1(255);
    T2CON = 0b100;
    PR2 = 0xFF;
    T1CON = 0b10000001;
    T3CON = 0b00001000;
    CCPR1 = 277;        //200μs　この数値でループ時間を調整する
    CCP1CON = 0b1011;
    CCP2CON = 0b1100;

    while(1){                //loop
        if(PORTAbits.RA4==0){
            CCPR2L = 0x80;
        }
        else {
        for (n=0;n<9;n++){     //ループ回数をテーブル長に指定する(変更点)
            while(PIR1bits.CCP1IF==0);  //Timing
            CCPR2L = SINTBL9[n];      //テーブル配列を指定する(変更点)
            LATCbits.LATC0 = 1; //Out test pluse
            PIR1bits.CCP1IF=0; //Clear Timing flag
            LATCbits.LATC0 = 0;
        }
        }
    }
}
```

(a) カットオフ周波数1kHzの
4次フィルタの入出力波形

(b) カットオフ周波数2kHzの
4次フィルタの入出力波形

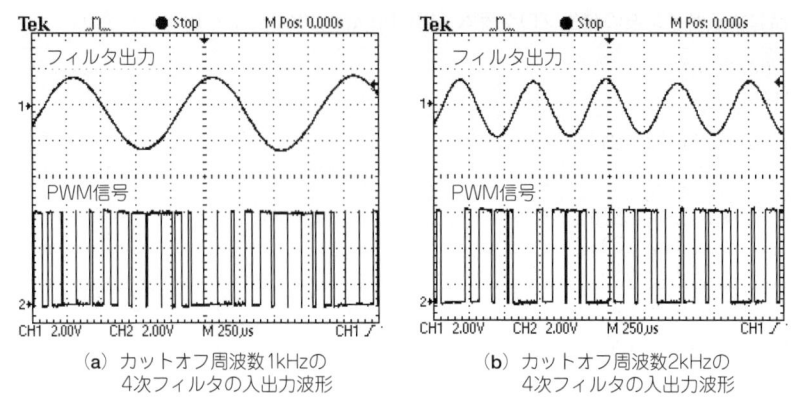

図7-2-6　36ステップ出力による1kHzサイン波（250 μs/div., 2V/div.）

ルタを通してみると1kHzの波形を得ることができます．4次フィルタに入れると意外にきれいな波形が得られます．さらに2kHzも発生させてみました．

7-3　12ビットD-AコンバータTC1322のI²Cインターフェース

■ I²Cで8ピン・パッケージ

D-Aコンバータは高速性が要求されるため，I²Cインターフェースをもつデバイスが少ないように思えますが，マイクロチップ・テクノロジー社のTC1322はI²Cインターフェースをもつ小型のD-Aコンバータです．すでに廃品種なので量産品には採用できませんが，実験程度なら使えるでしょう．なお，8ビットのTC1320と10ビットのTC1321は量産中で，TC1322と同様のアクセス方法で使えます．

図7-3-1にブロック図とピン配置を示します．I²Cはインターフェース線が2本で済むため小さな8ピン・パッケージ（SOP/MSOP）にリファレンス入力やD-Aダイレクト出力などもあり，未使用ピンまで存在する余裕があります．電源電圧は2.7V～5Vで動作電流350 μAという少なさです．リファレンス信号は電源電圧 V_{DD} − 1.2V，出力は30kHz（3V_{p-p}での実測値）あたりまで可能です．DAC-OUT端子は出力バッファ・アンプを通過しない手前の出力で，通常はバッファされた V_{OUT} 端子を出力として使用します．

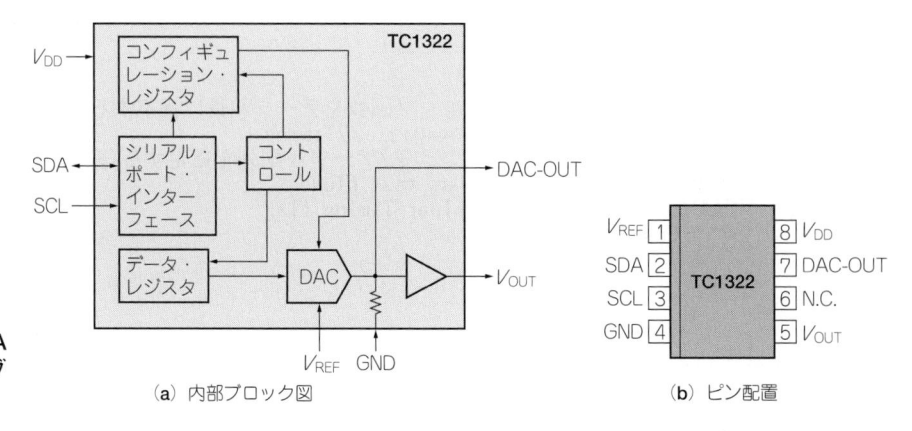

図7-3-1　12ビットD-AコンバータTC1322のブロック図とピン配置

(a) 内部ブロック図

(b) ピン配置

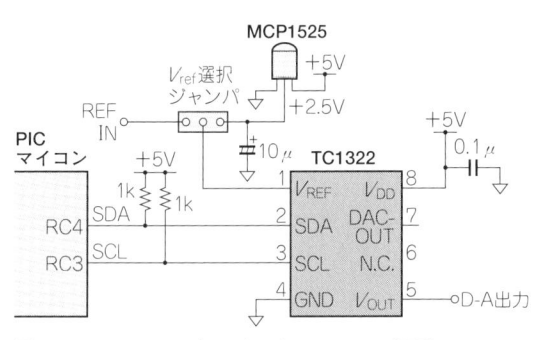

図7-3-2 TC1322とのインターフェース回路

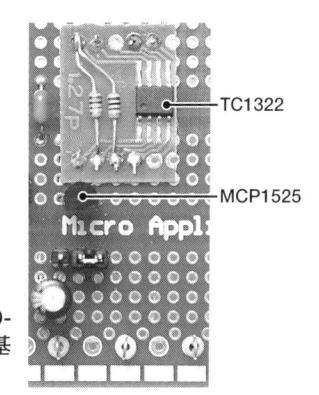

写真7-3-1 12ビットD-AコンバータTC1322と基準電圧源MCP1525

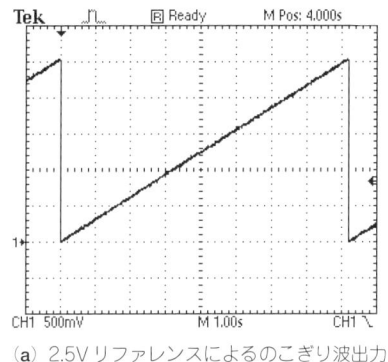

(a) 2.5Vリファレンスによるのこぎり波出力 (1s/div., 0.5V/div.)

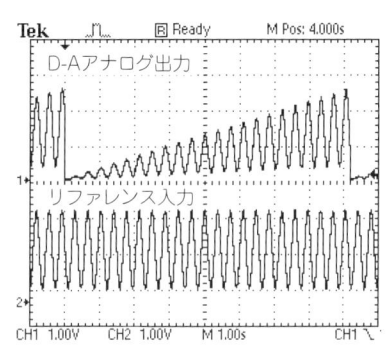

(b) リファレンス入力による変調波形 (1s/div., 1V/div.)

図7-3-3 TC1322の出力波形

■ 回路例

図7-3-2が回路図で，写真7-3-1が試作基板です．PICマイコンのI²Cインターフェース端子であるポートCのビット3とビット4に接続し，1kΩでプルアップしました．リファレンス端子は外部信号入力と2.5Vリファレンスを切り替えられるようにして，交流信号で変調してみました．

■ プログラム

リスト7-3-1がプログラムです．PICマイコンのI²C機能を利用する組み込み関数を利用しています．関数として下記の二つの関数を用意しました．

```
void openTC1322(void)              コンフィギュレーションをD-Aモードにする
void outTC1322(unsigned int val)   12ビット・データを書き込む
```

■ 実測波形

図7-3-3はD-Aデータ出力関数が出力するI²Cインターフェース信号の観測例です．図(a)は4096ステップののこぎり波の例で，出力に約8秒かかっています．

図(b)はリファレンス入力に交流信号を入力した場合の変調波形です．

TC1322は小型でインターフェースが楽なデバイスなので，マイコンでアクセサリ的に加えるD-Aコンバータとして重宝しそうです．

リスト7-3-1　TC1322でのこぎり波を出力するプログラム〔MA224＋拡張ボード，PIC18F452(10MHz)，C18コンパイラ〕

```c
#include <p18f452.h>
#include <delays.h>
#include <i2c.h>
void openTC1322(void)
{
    StartI2C();              //Send start
    Delay10TCYx(50);         //
    WriteI2C(0b10010000);    //Out Adder
    Delay10TCYx(50);
    WriteI2C(0x01);          //Select config REG
    Delay10TCYx(50);
    WriteI2C(0x00);          //data
    Delay10TCYx(60);
    StopI2C();               //Send stop
}
void outTC1322(unsigned int val)
{
    unsigned char valH,valL;
    unsigned char R;

    valH = val >> 4;         //Data adj
    valL = val << 4;
    StartI2C();              //Send start
    Delay10TCYx(20);         //
    WriteI2C(0b10010000);    //Out Adder
    Delay10TCYx(10);
    WriteI2C(0x00);          //Select data REG
    Delay10TCYx(10);
    WriteI2C(valH);          //out data H
    Delay10TCYx(10);
    WriteI2C(valL);          //out data L
    Delay10TCYx(20);
    StopI2C();               //Send stop
}
void main (void)
{
    unsigned int cnt;
    TRISA = 0b111111;
    TRISB = 0b11000000;
    TRISC = 0b10111001;
    TRISD = 0;
    TRISE = 0b000;
    ADCON1 = 0b1110;
    PORTD = 0;

    SSPADD = 120;
    SSPCON1 = 0b00101000;    //I2C Port init
    SSPSTAT = 0b10000000;

    openTC1322();            //init TC1322
    Delay10KTCYx(10);

    while(1){                //loop
        outTC1322(cnt++);    //out to DA
        cnt &= 0xFFF;
        Delay10TCYx(20);
    }
}
```

7-4　8ビットD-AコンバータAD7801BRのパラレル・インターフェース

■ AD7801BRの概要

　これはアナログ・デバイセズ社製の8ビット電圧出力型D-Aコンバータ(**写真7-4-1**)で，8本のパラレル・データ・ラインに数値をロードして，書き込み信号$\overline{WR}$を与えると，$1.2\,\mu s_{typ.}$(最大$2\,\mu s$)でアナログ値に変換され電圧を出力します．電流出力型より遅いものの，この高速性はパラレル・インターフェース型の特徴であり，この時間のことをセトリング・タイムと呼んでいます．ただし，パラレル・インターフェース型はワンチップ・マイコンでは貴重なI/Oピンをたくさん必要とします．**図7-4-1**に内部ブロック図とピン配置を示します．

　電源電圧2.7～5Vで使用でき，データFFhでリファレンス入力電圧をそのまま出力します．**図7-4-2**はタイムチャートです．

　$\overline{CS}$ピンをLレベルにするとデバイスが選択されます．$\overline{CLR}$ピンはLレベル入力でレジスタ値をクリアします．$\overline{LDAC}$ピンをLレベルにするとレジスタの設定をアナログ出力に伝えます．

写真7-4-1　8ビットD-Aコンバータ AD7801BR(アナログ・デバイセズ社)

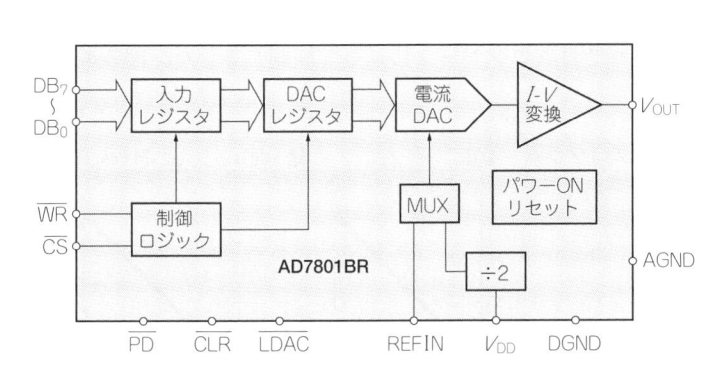

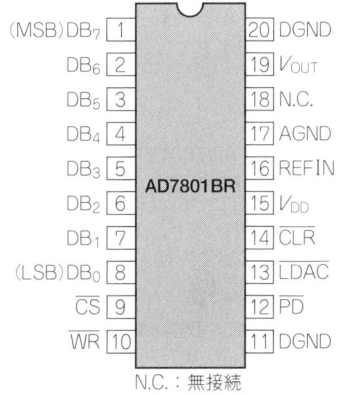

(a) 内部ブロック図

(b) ピン配置

N.C.：無接続

図7-4-1　8ビットD-AコンバータAD7801BRのブロック図とピン配置

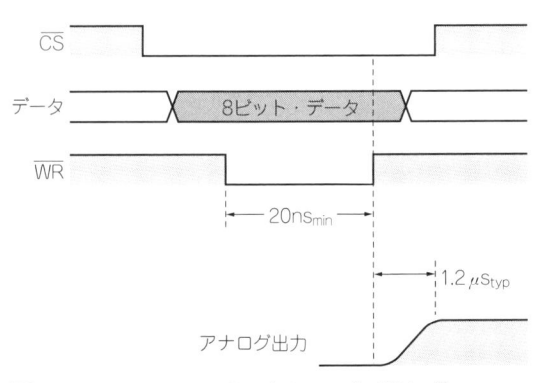

図7-4-2　AD7801BRのアクセス・タイミング

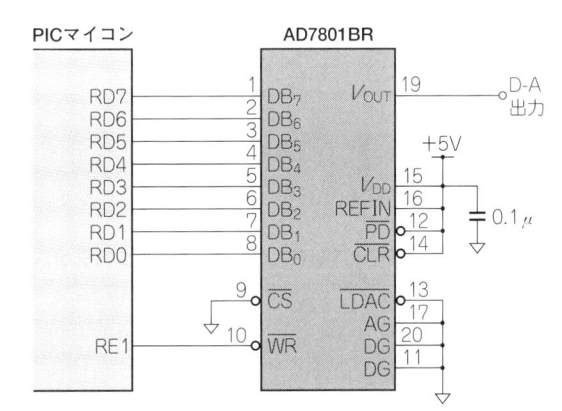

図7-4-3　AD7801BRによる8ビットD-Aコンバータ回路

アナログ出力は微弱な電流しか出力できないため，安定な出力を得るにはバッファ・アンプが必要ですし，出力ローパス・フィルタも必要です．

■ 回路とプログラム例

回路例を図7-4-3に示します．データ・ラインはポートDに接続し，書き込み信号$\overline{WR}$はポートEのビット1に接続しています．図には示していませんが，ポートDはLED表示器と共有しているので，D-Aコンバータに出力するデータはすべて表示されます．

● のこぎり波の生成

プログラム(リスト7-4-1)はD-Aコンバータの評価のためにアセンブラで書いたのこぎり波の出力ルー

チンです．1ループは5サイクルで動作するので，10MHzのクロックで動かしても2μsで1データを出力します．AD7801のセトリング・タイム1.2μsに近い数値です．図7-4-4が実測波形です．のこぎり波の1周期256ステップで500μsです．のこぎり波の出力は00～FFhまでの数値を連続的に送りんで発生させました．D-Aコンバータの直線性を評価できる波形です．

● ノイズの生成

リスト7-4-2がプログラムです．AD7801に乱数を与えることでノイズ信号を生成しました．M系列を使用して循環する一様な乱数を作り出し，それをD-Aコンバータに送って観測しました．図7-4-5が観測

リスト7-4-1　AD7801BRによるのこぎり波発生プログラム　[MA224，PIC18F452(10MHz)，MPASMアセンブラ]

```
        LIST    P=18F452,F=INHX32,R=DEC
        include "p18f452.inc"

        ORG     0
        CLRF    TRISD
        MOVLW   B'101'
        MOVWF   TRISE
LOOP
        INCF    PORTD,F
        BSF     LATE,1
        BCF     LATE,1
        BRA     LOOP

        END
```

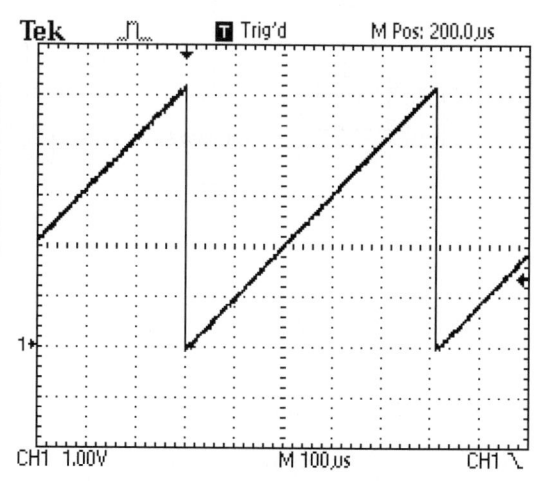

図7-4-4　リスト7-4-1のプログラムで発生させたのこぎり波 (100μs/div., 1V/div.)

リスト7-4-2　AD7801BRによるノイズ生成プログラム　[MA224，PIC18F452(10MHz)，C18コンパイラ]

```
#include <p18f452.h>
#include <delays.h>

unsigned char BUFM=1;

unsigned char Random(void)
{
    unsigned char tmp;

    tmp = BUFM >> 1;
    tmp ^= BUFM;
    tmp <<= 7;
    MKEI >>= 1;
    MKEI = (BUFM & 0x7F)+tmp;
    return BUFM ;
}
void main (void)
{
    int a = 0;

    TRISC = 0b10010011;
    TRISB = 0b11110000;
    TRISD = 0;
    TRISE = 0b101;
    ADCON1 = 0b1110;

    while(1) {

        PORTD = Random();
        LATEbits.LATE1 = 0;
        LATEbits.LATE1 = 1;
        Delay10TCYx(1);
        a = Random();
        Delay10TCYx(1);
        a = Random();
        Delay10TCYx(1);
        a = Random();
        Delay10TCYx(1);
        a = Random();
        Delay10TCYx(1);
    }
}
```

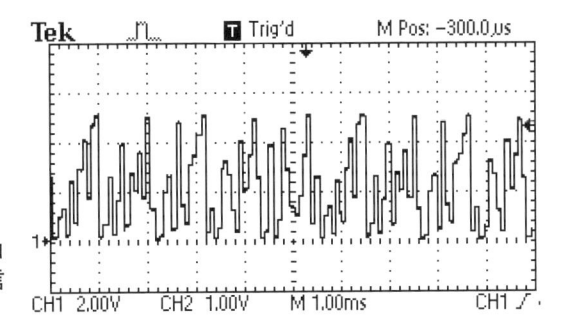

図7-4-5 リスト7-4-2のプログラムで発生させたノイズ信号(1ms/div., 2V/div.)

波形です.

関数unsigned char Random (void)が8ビットの乱数生成関数です．出力される乱数をポートDのLEDに表示するとともにD-AコンバータのAD7801に出力します．乱数はループ内で5回実行して循環の周期を長くしています．

7-5 12ビットD-AコンバータAD8300ANの同期シリアル・インターフェース

■ AD8300ANの概要

これは同期シリアル・インターフェースの高精度な12ビットD-Aコンバータ(アナログ・デバイセズ社)です．図7-5-1にブロック図とピン配置を示します．8ピン・パッケージ(写真7-5-1)で電源電圧3～5Vで動作します．16ppm/℃のリファレンス電源を内蔵しており，図7-5-2のようにFFFhの最大値で2.048Vを出力します．

マイコンとは$\overline{CS}$，$\overline{SDI}$，$\overline{CLK}$，$\overline{LD}$の各ピンで接続します．$\overline{CS}$信号はチップ・セレクト信号で，Lレベルでデバイスが選択されます．デバイスを1個だけ使わないなら，$\overline{CS}$をグラウンドに接続しておき，残る3本の線でインターフェースできます．

データを設定するにはクロック同期型のシリアル伝送でデータを送り込みます．図7-5-3がタイムチャートです．データ信号はクロックの立ち上がりエッジで取り込まれます．MSBデータから12ビット・データを順番に送り込みます．最後にデータ・ラッチ信号$\overline{LD}$をLレベルにします．この信号でデータがD-

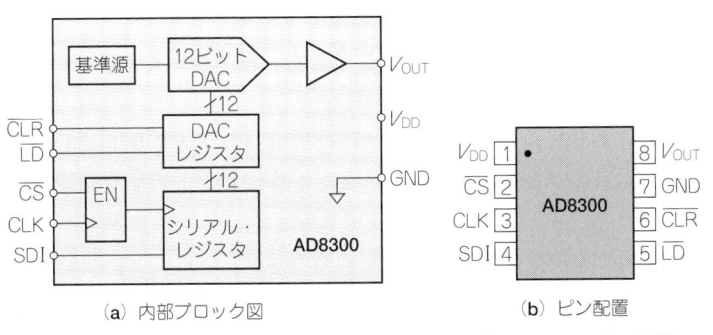

図7-5-1 12ビットD-AコンバータAD8300ANのブロック図とピン配置

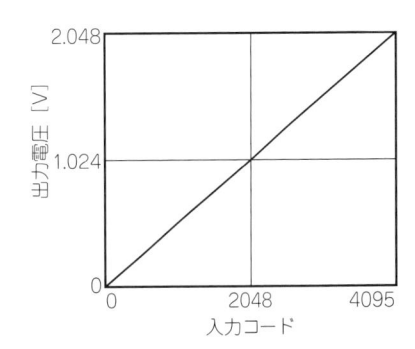

図7-5-2 AD8300ANの入力コードと出力電圧

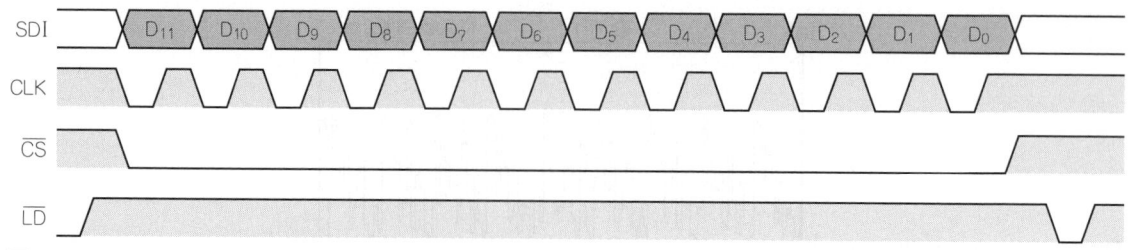

図7-5-3 AD8300ANインターフェースのタイムチャート

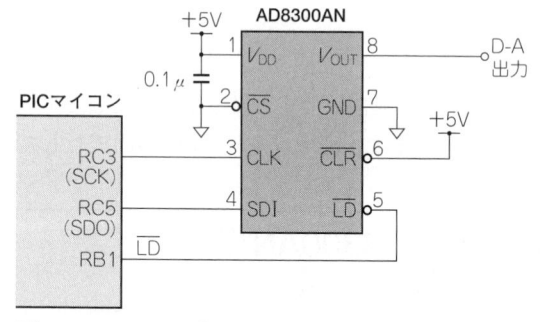

図7-5-4 AD8300とのインターフェース回路例

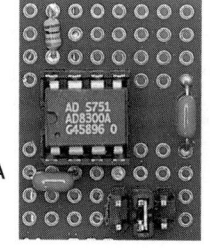

写真7-5-1 12ビットD-AコンバータAD8300AN（アナログ・デバイセズ社）

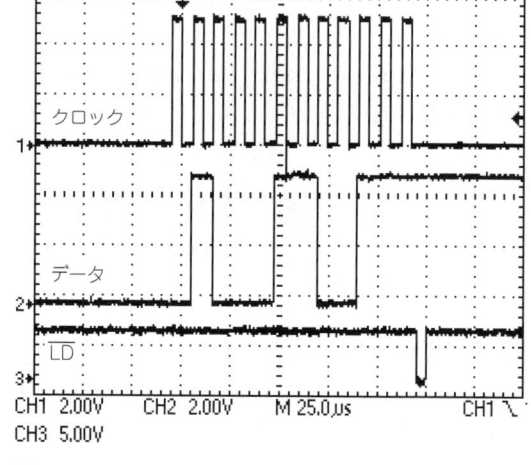

図7-5-5 インターフェースの動作波形（25 μs/div., クロックとデータ：2V/div., $\overline{LD}$：5V/div.）

Aユニットに送られ，アナログ電圧が出力されます．セトリング・タイムは6～13 μsです．転送データには，データ・ビット以外のファンクション・ビットがないので大変簡単で単純にインターフェースできます．

■ 回路とプログラム例

　回路は**図7-5-4**のように$\overline{SDI}$，$\overline{CLK}$，$\overline{LD}$の3本でインターフェースしました．**図7-5-5**は実際にデータを伝送しているようすです．

　AD8300ANにデータを転送するサブルーチンとして，アセンブラ・プログラム（**リスト7-5-1**）とCコンパイラによる関数（**リスト7-5-2**）を示します．void AD8300(int val)は12ビットの値を指定して呼ぶと，そのデータをAD8300に転送します．

　図7-5-6は，**リスト7-5-2**のプログラムで生成したのこぎり波を観測したものです．

　D-Aコンバータは，ちょっとしたデバッグ・ツールになります．アイドル・ループ内でモニタしたいメモリ内容を連続的にD-Aコンバータに出力すると，数値変化をアナログ的にモニタできます．

リスト7-5-1　AD8300ANへのデータ送出サブルーチン〔MA224＋拡張ボード，PIC18F452(10MHz)，アセンブラMPASM〕

```
DABUF     EQU    XXX ;2byte
SAVE      EQU    XXX ;
DIGCNT    EQU    XXX ;
PORTD     EQU    XXX ;使用しているI/O PORT
DALD1     EQU    1    ;LD 線のビット位置
COMCLK    EQU    3    ;CLK 線のビット位置
COMDATA   EQU    5    ;DATA 線のビット位置

;----------------------------------------
; AD8300 D/A コンバータへのデータ送出サブルーチン
; DABUF(2byte) = D/A DATA
; DAOUT1=D/A1 にデータ出力
;----------------------------------------
AD8300
          MOVF   DABUF,W       ;OUT MSB 4bit
          MOVWF  SAVE
          RLF    SAVE,F        ;SHIFT LEFT
          RLF    SAVE,F        ;SHIFT LEFT
          RLF    SAVE,F        ;SHIFT LEFT
          RLF    SAVE,F        ;SHIFT LEFT
          MOVLW  4
          MOVWF  DIGCNT        ;CNT=4
AD83002   BCF    PORTC,COMDATA ;DATA=0
          RLF    SAVE,F        ;SHIFT LEFT
          BTFSC  STATUS,0      ;CY??
          BSF    PORTC,COMDATA ;DATA=1
          BSF    PORTC,COMCLK  ;CLOCK=1
          NOP
          BCF    PORTC,COMCLK  ;CLOCK=0
          DECFSZ DIGCNT,F
          GOTO   AD83002
;
          MOVF   DABUF+1,W     ;OUT LSB 8bit
          MOVWF  SAVE
          MOVLW  8
          MOVWF  DIGCNT        ;CNT=8
AD83003   BCF    PORTC,COMDATA ;DATA=0
          RLF    SAVE,F        ;SHIFT LEFT
          BTFSC  STATUS,0      ;CY??
          BSF    PORTC,COMDATA ;DATA=1
          NOP
          BSF    PORTC,COMCLK  ;CLOCK=1
          NOP
          BCF    PORTC,COMCLK  ;CLOCK=0
          DECFSZ DIGCNT,F
          GOTO   AD83003

          BCF    PORTB,DALD1   ;*LD=0
          NOP
          BSF    PORTB,DALD1   ;*LD=1

          RETURN
```

リスト7-5-2　AD8300ANへアクセスする関数とのこぎり波の発生プログラム［MA224＋拡張ボード，PIC18F452（10MHz），C18コンパイラ］

```
#include <p18f452.h>
#include <delays.h>

#define    LD LATBbits.LATB1
#define    DACLK LATCbits.LATC3
#define    DADATA LATCbits.LATC5

void AD8300( int val )
{
    unsigned char n=0;

    for (n=0;n<12;n++) {
        if((val & 0x800) != 0) DADATA = 1;
        else DADATA = 0;
        DACLK = 1;          //out clock
        val <<= 1;          //shift data
        DACLK = 0;
    }
    LD = 0;
    Delay10TCYx(1);
    LD = 1;
}

void main (void)
{
    int cnt = 0;

    TRISC = 0b10010011;
    TRISB = 0b11110000;
    TRISD = 0;

    while(1) {

        cnt &= 0xFFF;
        AD8300(cnt++);

    }
}
```

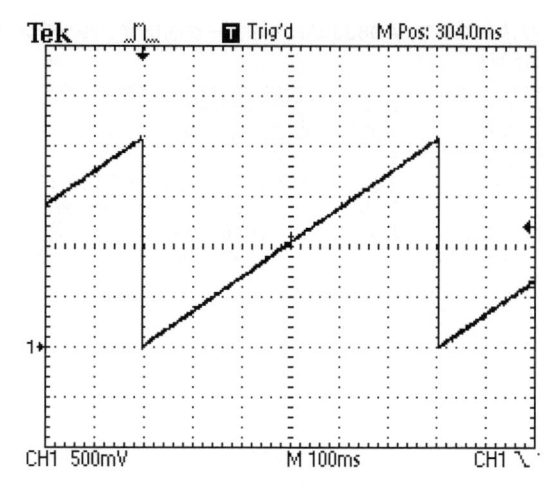

図7-5-6　リスト7-5-2のプログラムで生成したのこぎり波（100ms/div., 500mV/div.）

7-6　12ビットD-AコンバータMCP4822のSPIインターフェース

■ MCP4822の概要

　マイクロチップ・テクノロジー社の12ビットD-Aコンバータには，表7-6-1に示すMCP4821/4822およびMCP4921/4922の四つがあります．図7-6-1に内部ブロック図とピン配置を示します．写真7-6-1はMCP4822の外観です．電源電圧3～5Vで動作し，セトリング時間は4.5μsです．動作温度範囲は−40～＋125℃と広く車載使用もできます．レールtoレール動作で，電源電圧いっぱいに出力がとれるのでリ

表7-6-1 SPIインターフェースの12ビットA-Dコンバータ(マイクロチップ・テクノロジー社)

型名	出力チャネル数	内蔵基準電圧源
MCP4821	1	2.048V, 50ppm/℃
MCP4822	2	2.048V, 50ppm/℃
MCP4921	1	なし(外部から供給)
MCP4922	2	なし(外部から供給)

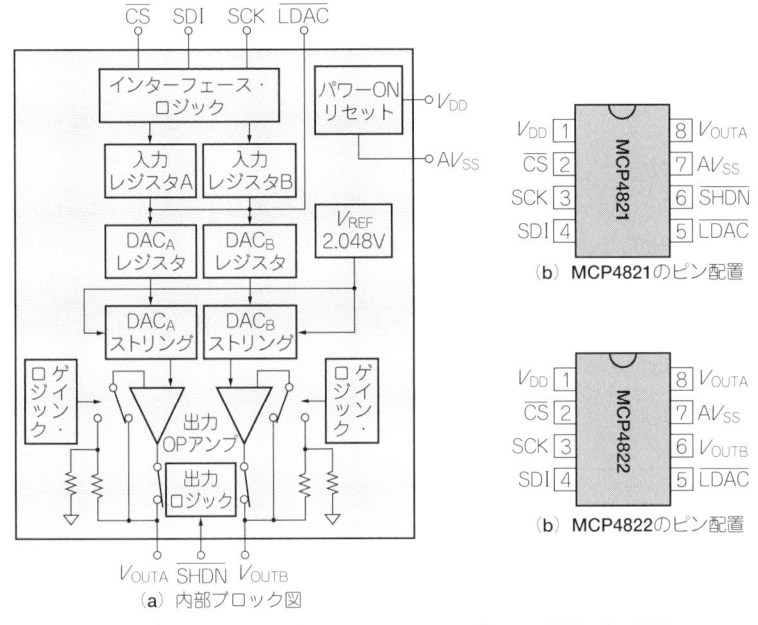

写真7-6-1 12ビットD-AコンバータMCP4822(マイクロチップ・テクノロジー社)

図7-6-1 12ビットD-AコンバータMCP4822のブロック図とピン配置
(a) 内部ブロック図
(b) MCP4821のピン配置
(b) MCP4822のピン配置

ファレンスを電源電圧まで使うことができます．出力アンプにゲイン切り替えがあり，出力を2倍に設定できます．これにより5V電源動作の場合に2.5Vリファレンスでも5Vいっぱいの出力を取ることができるので，用途が広がると思われます．

MCP482xとMCP492xの差は，リファレンス電圧を内蔵しているか外部入力かの違いです．MCP482xは2.048V，50ppm/℃のバンド・ギャップ電圧リファレンスを内蔵しています．

MCP492xは外部リファレンス入力のため，電子ボリューム的な利用が可能です．約400kHzの帯域幅があります．リファレンス電圧入力はバッファ・アンプ内蔵なので，高インピーダンスで入力できます．

■ インターフェース

マイコンとのインターフェースはSPIであり，$\overline{CS}$，SCK，SDI，$\overline{LDAC}$の4本のラインがあります．$\overline{CS}$はチップ・セレクトであり，Lレベルで有効になります．SCKはタイミング・クロックであり立ち上がりエッジでデータを取り込みます．SDIはD-Aデータと機能設定のデータを送り込む信号です．$\overline{LDAC}$は立ち下がりエッジで転送データをD-A変換ユニットへロードします．

図7-6-2がタイムチャートです．MCP482x，MCP492xのアクセスは，はじめに$\overline{CS}$をLレベルにしてデバイスをアクティブにし，SCKの立ち下がりでSDIデータを送り，立ち上がりでラッチします．16データ送出後，最後に$\overline{LDAC}$をLレベルにして変換を有効にします．アナログ出力はセトリング・タイム(4.5

μs)後に確定します.

設定データは16ビットで構成されていて,始めの4ビットが機能設定,続く12ビットがD-Aデータです.機能設定は第1ビットから,$\overline{\text{A}}$/B,(未使用ビット),$\overline{\text{GA}}$,$\overline{\text{SHDN}}$となっていて,**表7-6-2**のような内容です.D-Aコンバータのデータは MSB 側から順に出力します.

■ 回路とプログラム例

図7-6-3が回路図です.プログラム(**リスト7-6-1**)は2チャネル出力を利用して,のこぎり波とサイン波を各チャネルへ出力します.デバイスにデータを設定するMCP4822( )関数はチャネルAとチャネルBにデータを設定する機能をもちます.

　　void MCP4822(unsigned char ch,unsigned int val)　　MCP4822にデータを転送する

このルーチンはSPIのハードウェア・ロジックを使っていないので処理は遅いですが,どのPICマイコンでも使用できます.のこぎり波で4095までの数値を連続出力するので,出力された信号の周期は大変長くなってしまいます.1ループの処理は550 μsでも4096ループでは2.25sになります.サイン波の計算は16ループに1回実行しており,のこぎり波の直線性に影響を与えてしまいますが,**図7-6-4**の観測波形では細かな誤差を見ることはできません.

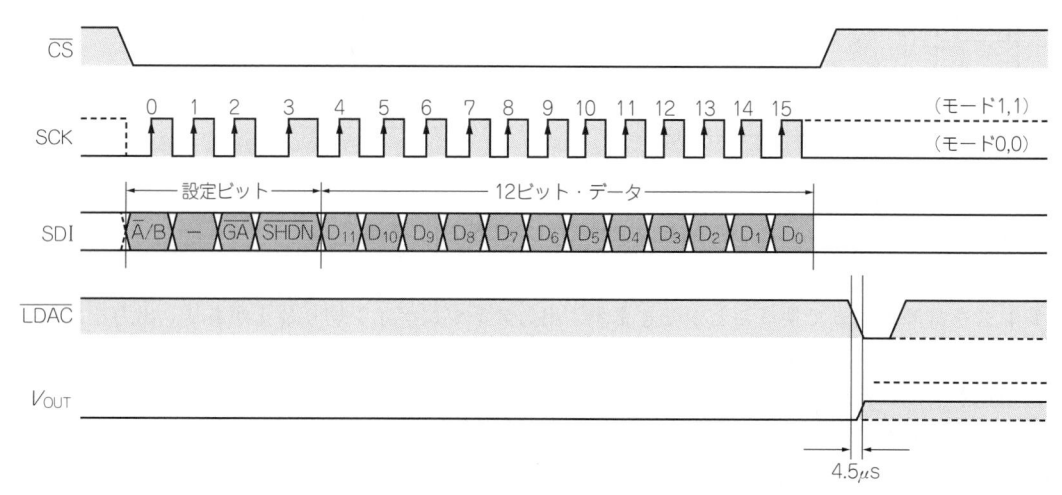

図7-6-2　MCP4822のSPIインターフェースのタイムチャート

表7-6-2　MCP4822の設定ビットの機能

設定ビット名	機能	説明
$\overline{\text{A}}$/B	チャネル指定	0:A, 1:B
$\overline{\text{GA}}$	ゲイン切り替え	1:×1, 0:×2
$\overline{\text{SHDN}}$	パワー・ダウン	1:出力 ON, 0:出力 OFF

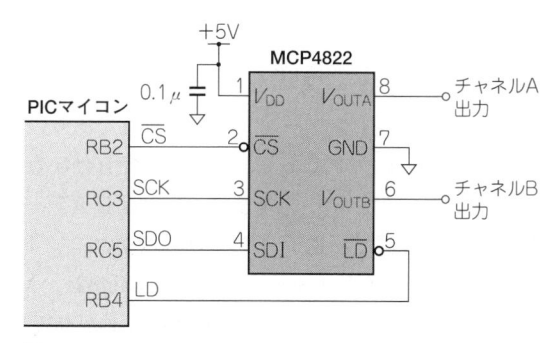

図7-6-3　MCP4822のインターフェース回路例

リスト7-6-1　MCP4822でのこぎり波とサイン波を同時に生成するプログラム［MA224＋MA234，PIC18F452（10MHz），C18コンパイラ］

```c
#include <p18f452.h>
#include <delays.h>
#include <math.h>

#define   da_data   LATCbits.LATC5
#define   da_clk    LATCbits.LATC3
#define   da_ld  PORTBbits.RB4
#define   da_cs  PORTBbits.RB2

void MCP4822(unsigned char ch,unsigned int val){
    char b;
    unsigned int tmp;

    da_ld = 1;
    da_cs = 0; //CS

    ch &= 1;
    if (ch==1) val |= 0x8000;      //*A/B 0x8000
    val |= 0x0000;    //BUF   0x4000
    val |= 0x0000;    //*GA   0x2000
    val |= 0x1000;    //*SHDN    0x1000

    for(b=0;b<16;b++) {
        tmp = 0x8000 & val;
        if( tmp == 0 ) da_data = 0; else da_data = 1;
        da_clk = 1;
        da_clk = 0;
        val <<= 1;
    }

    da_ld = 0; //LD
    da_ld = 1;
    da_cs = 1; //CS
}

void main (void)
{
    char   a,n;
    unsigned int da1=0 , da2=0x200 , pp=16;
    float rad = 3.1415/180;
    float sinval,deg;

    TRISA = 0b111111;
    TRISB = 0b11000000;
    TRISC = 0b10010001;
    TRISD = 0;
    TRISE = 0b000;
    ADCON1 = 0b1110;
    PORTD = 0;

    while(1){ //loop

        //SAW
        MCP4822( 0 , da1++ );
        da1 &= 0xFFF;

        //SIN
        if( da1 == pp ){
            pp = ( pp+16 ) & 0xFFF;
            deg = (float)da1 * 0.08789 * rad;
            sinval = sin( deg ) * 2000 + 2048;
            da2 = (unsigned int)sinval;
            MCP4822( 1 , da2 );
        }
    }
}
```

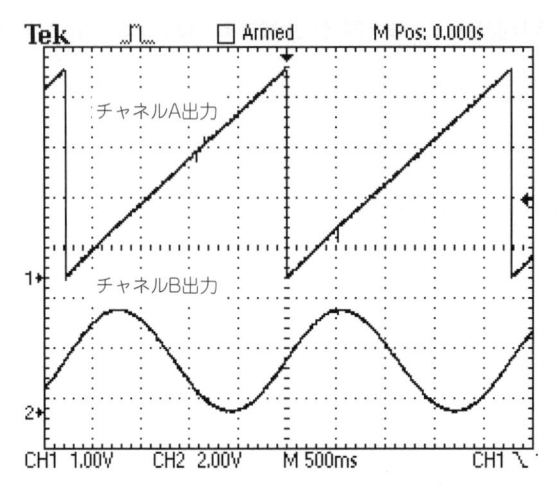

図7-6-4 リスト7-6-1のプログラムで生成したのこぎり波とサイン波(500ms/div., チャネルA：1V/div., チャネルB：1V/div.)

7-7　16ビットD-AコンバータAD5541の同期シリアル・インターフェース

■ AD5541の概要

　これはアナログ・デバイセズ社の16ビットA-Dコンバータで，＋5V単電源動作，セトリング・タイム1μsです．リファレンス電圧は外部から2～5Vの電圧を入力でき，2.5Vを基本としています．＋2.5Vリファレンスの場合，1ビットあたりの電圧は38μVと微少です．図7-7-1に内部ブロック図とピン配置を示します．

■ インターフェース

　マイコンとのインターフェースはクロック同期のシリアル通信で，DIN，SCLK，$\overline{CS}$の3線です．図7-7-2がタイムチャートです．$\overline{CS}$信号がLレベルの状態でアクティブになります．データはクロックの立ち上がりエッジでラッチされ，16クロックで16ビットのデータを取り込みます．その後$\overline{CS}$ラインをHレベルに立ち上げると16ビット・データがアナログ電圧にセトリング・タイム1μsで出力されます．

■ 回路とプログラム

　回路は図7-7-3のようにTL431を使用して＋2.5Vのリファレンス電圧を作り，データをRC5，クロックをRC3，$\overline{CS}$信号をRB2に接続しました．**写真7-7-1**が試作基板で，**図7-7-4**は動作中のようすです．
　リスト7-7-1のプログラムは，のこぎり波を出力するルーチンです．outAD5541( )関数で16ビット・データを出力します．

　　void outAD5541(unsigned int val)　AD5541に16ビット・データを出力する

　図7-7-5が観測したのこぎり波で，その周期は12秒でしたから，1ビットの処理ループは約180μsと判

(a) 内部ブロック図

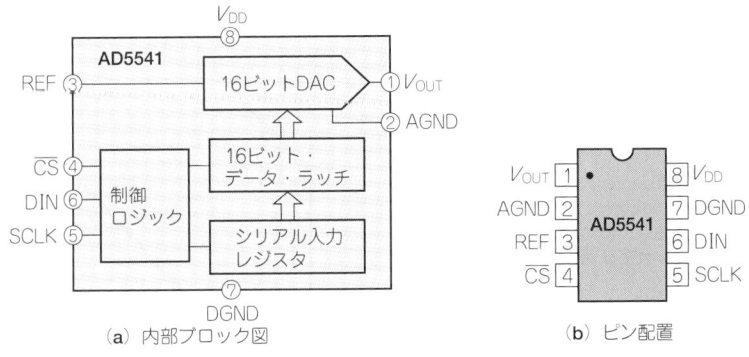

(b) ピン配置

図7-7-1 16ビットD-AコンバータAD5541のブロック図とピン配置図

図7-7-2 AD5541インターフェースのタイムチャート

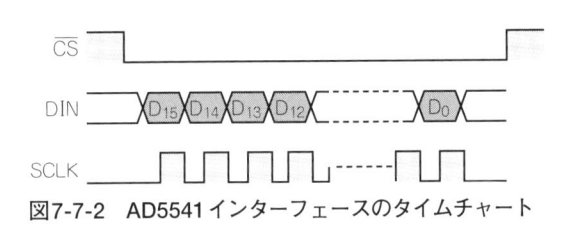

写真7-7-1 16ビットD-AコンバータAD5541と基準電圧源TL431

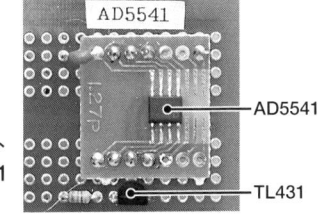

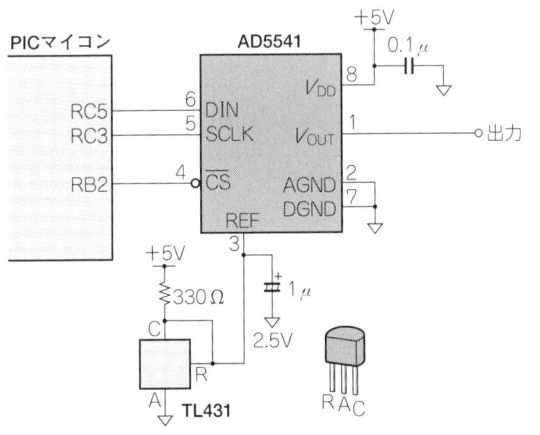

図7-7-3 AD5541による16ビットD-Aコンバータ回路

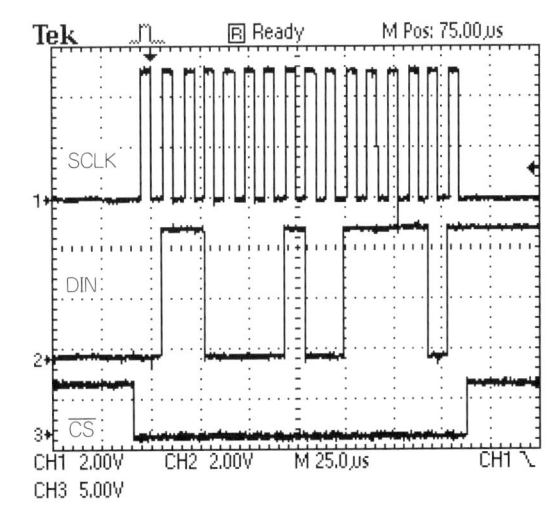

図7-7-4 インターフェースの動作波形($25\,\mu s/\text{div.}$, SCLKとDIN：$2V/\text{div.}$, $\overline{CS}$：$5V/\text{div.}$)

断できます．AD5541はAD8300と同じように簡単なインターフェースと送り出し操作で使用できることから，マイコン・インターフェースで使いやすいデバイスです．

リスト7-7-1　AD5541によるのこぎり波の発生プログラム
[MA224，PIC18F452(10MHz)，C18コンパイラ]

```c
#include <p18f452.h>
#include <delays.h>

#define    CS LATBbits.LATB2
#define    DACLK LATCbits.LATC3
#define    DADATA LATCbits.LATC5

void outAD5541( unsigned int val )
{
    unsigned char n=0;

    CS = 0;
    for (n=0;n<16;n++) {
        if((val & 0x8000) != 0) DADATA = 1;
        else DADATA = 0;
        DACLK = 1;      //out clock
        val <<= 1;      //shift data
        DACLK = 0;
    }
    CS = 1;
}

void main (void)
{
    unsigned int cnt = 0;

    TRISC = 0b10010011;
    TRISB = 0b11110000;
    TRISD = 0;

    while(1) {

        outAD5541(cnt++);

    }
}
```

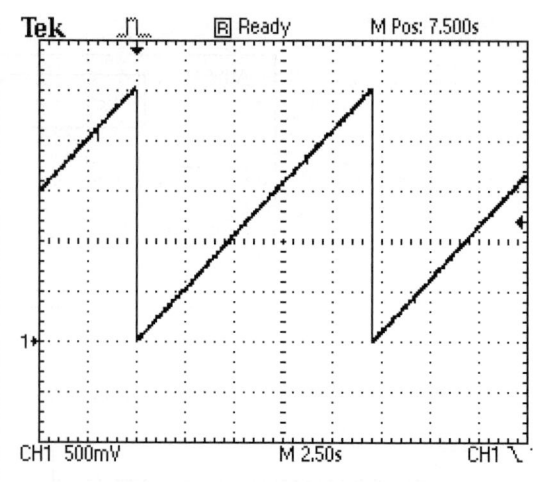

図7-7-5　リスト7-7-1のプログラムで生成したのこぎり波(2.5s/div., 500mV/div.)

7-8　乗算型8ビットD-AコンバータAD7524による各種波形の発生

■ 乗算型8ビットD-AコンバータAD7524の概要

　アナログ・デバイセズ社のAD7523とAD7524は，古くからよく使用される代表的な乗算型のD-Aコンバータです．図7-8-1に内部ブロック図とピン配置を示します．AD7523は8ビット・パラレル入力で，AD7524はAD7523の入力部にラッチをつけたものです．パラレル入力タイプはI/Oピンを多く使用するのでワンチップ・マイコンには不似合いですが，AD7524はデータ・ラッチがあるので，ほかのインターフェースとポートを兼用することも可能です．

　電源電圧5～15Vで動作しますが，OPアンプを外付けして乗算器を構成するためOPアンプ用の±5～15Vの電源が必要です．セトリング・タイムは400nsと高速です．

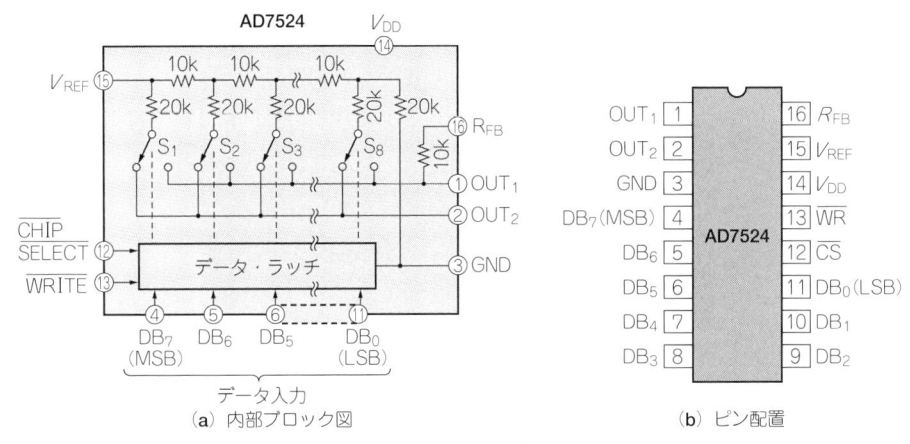

図7-8-1 乗算型8ビットD-AコンバータAD7524のブロック図とピン配置

　AD7524のリファレンス・ピンに電圧を与えると設定値FFhに対してリファレンス電圧が反転して出力されます．リファレンス電圧は±10Vまで入力できます．また，リファレンス入力ピンに交流信号を加えると，設定値に応じて交流信号の振幅が変化します．データ0では出力0，データFFhでは入力信号が反転して出力されるので，可変抵抗器と同様なことから電子ボリュームと呼ばれることがあります．

■ インターフェース回路

　回路を図7-8-2，試作基板を写真7-8-1にそれぞれ示します．図7-8-3はタイムチャートです．8ビット・データを与えて$\overline{\text{WR}}$信号を図のように制御すれば，データが内部にラッチされアナログ出力されます．
　回路図やプログラム・リストには記していませんが，補助信号としてタイミング信号をRB0から出力しています．リファレンス信号は−12Vと外部入力をスイッチで切り替えられるようにしました．

■ プログラム

　プログラムをリスト7-8-1～7-8-6に示します．電子ボリューム機能を利用して，さまざまな信号を発生し，リファレンス入力にサイン波を入れて，これをキャリア信号とした振幅変調の例をいくつか実験しました．以下の関数を作成しました．

▶のこぎり波発生関数
　void daSAW(unsigned char step)　動作ステップ数指定
▶サイン波発生関数
　void daSIN(char cgain)　　　　　減衰率指定
▶全波整流波形発生関数
　void daHSIN(void)
▶三角波発生関数
　void daTRI(unsigned char step)　動作ステップ数指定
▶階段波発生関数
　void daSTEP(unsigned char step,unsigned char M)　動作ステップ数，継続回数指定

写真7-8-1 AD7524による試作回路

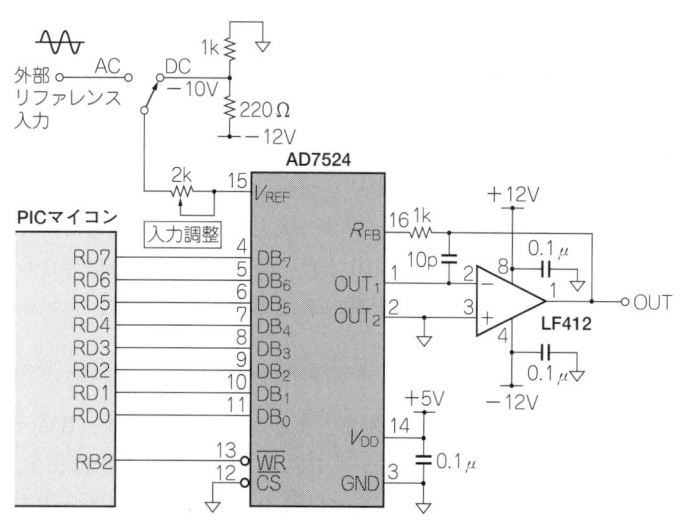

図7-8-2 AD7524のインターフェース回路

図7-8-3 AD7524のインターフェース・タイミング

▶バースト波発生関数
`void daBURST(unsigned char level,unsigned char TM)` レベル設定，回数設定

■ 観測波形

図7-8-4～図7-8-9が観測した波形です．波形は，リファレンス入力に直流－10Vを加えた波形とサイン波交流信号を加えた波形を画面上で合成しています．サイン波$20V_{p-p}$の入力で，同じ電圧が出力されていることがわかり，広い電圧範囲の信号を可変できるのがAD7524の特徴です．

パラレル・インターフェースは，瞬時にデータを書き替えることが可能ですから，変調波を作るような用途では高速に制御できます．

リスト7-8-1　のこぎり波(1周期)の発生プログラム〔PIC18F452(10MHz)，C18コンパイラ〕

```c
//動作ステップ数指定
void daSAW(unsigned char step) {

    unsigned char ds,x=0;
    unsigned char n;

    ds = 256/step;
    for (n=0;n<step;n++){
        PORTD = x;
        Delay10TCYx(10);
        LATBbits.LATB2=0;
        x += ds;
        LATBbits.LATB2=1;
    }
    LATBbits.LATB0 ^= 1;   //trig
}
const rom unsigned int SINTBL[36] =
{
128, 150, 171, 192, 210, 225, 238, 247, 253,
255, 253, 247, 238, 225, 210, 192, 171, 150,
128, 106,  85,  65,  46,  31,  18,   9,   3,
  1,   3,   9,  18,  31,  46,  64,  85, 106, };
```

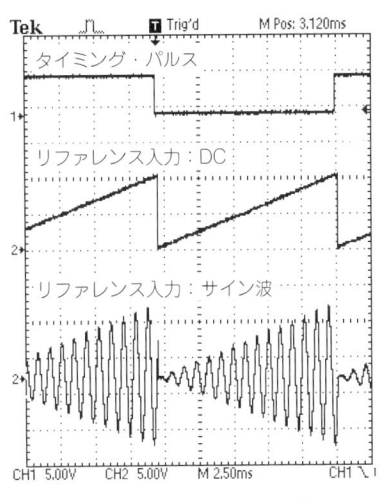

図7-8-4　リスト7-8-1のプログラムで生成したのこぎり波(2.5ms/div., 5V/div.)

リスト7-8-2　サイン波(1周期)の発生プログラム〔PIC18F452(10MHz)，C18コンパイラ〕

```c
//動作減衰量指定
void daSIN(char cgain) {
    unsigned char n;

    for (n=0;n<36;n++){
        PORTD = SINTBL[n] / cgain;
        Delay10TCYx(10);
        LATBbits.LATB2=0;
        LATBbits.LATB2=1;
    }
    LATBbits.LATB0 ^= 1;   //trig
}
```

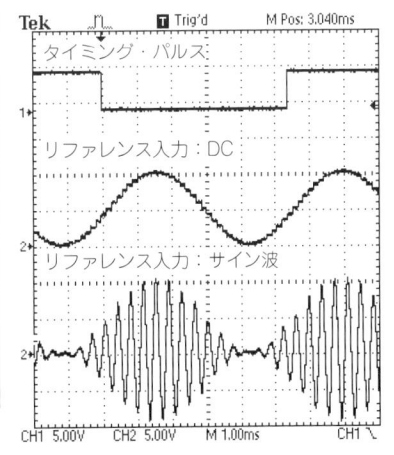

図7-8-5　リスト7-8-2のプログラムで生成したサイン波と変調波(1ms/div., 5V/div.)

7-8　乗算型8ビットD-AコンバータAD7524による各種波形の発生

リスト7-8-3　全波整流波形(1周期)の発生プログラム　[PIC18F452(10MHz)，C18コンパイラ]

```
const rom unsigned int SINTBL[36] =
{   サイン波と共用   };

//------------------------ 全波波
void daHSIN(void) {
    unsigned char n;

    for (n=0;n<18;n++){
        PORTD = ( SINTBL[n] - 128 ) * 2;
        Delay10TCYx(10);
        LATBbits.LATB2=0;
        LATBbits.LATB2=1;
    }
    LATBbits.LATB0 ^= 1;    //trig
}
```

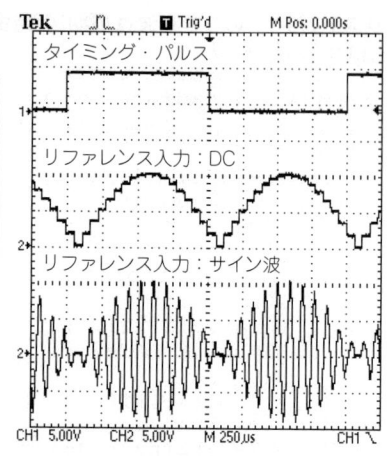

図7-8-6　リスト7-8-3のプログラムで生成した全波整流波形と変調波(250μs/div., 5V/div.)

リスト7-8-4　三角波(1周期)の発生プログラム　[PIC18F452(10MHz)，C18コンパイラ]

```
//動作ステップ数指定
void daTRI(unsigned char step) {

    unsigned char ds,x=0;
    unsigned char n;

    ds = 256/step;

    for (n=0;n<step;n++){
        PORTD = x;
        Delay10TCYx(10);
        LATBbits.LATB2=0;
        x += ds;
        LATBbits.LATB2=1;
    }
    x -= ds;
    for (n=0;n<step;n++){
        PORTD = x;
        Delay10TCYx(10);
        LATBbits.LATB2=0;
        x -= ds;
        LATBbits.LATB2=1;
    }
    LATBbits.LATB0 ^= 1;    //trig
}
```

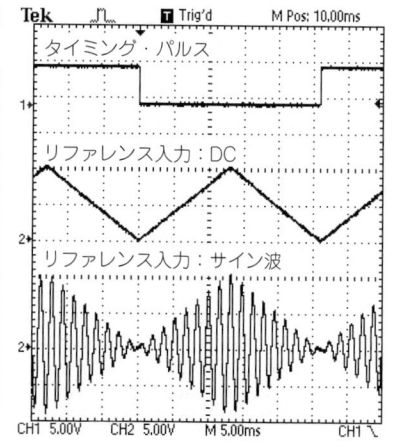

図7-8-7　リスト7-8-4のプログラムで生成した三角波と変調波(5ms/div., 5V/div.)

リスト7-8-5　階段波(1周期)の発生プログラム [PIC18F452(10MHz), C18コンパイラ]

```c
//動作ステップ数指定，継続回数指定
void daSTEP(unsigned char step,unsigned char M) {

    unsigned char ds,x=0;
    unsigned char n,m;

    ds = 256/step;

    for (n=0;n<step;n++){
        PORTD = x;
        LATBbits.LATB2=0;
        x += ds;
        LATBbits.LATB2=1;
        for (m=0;m<M;m++) {
            Delay10TCYx(10);
        }
    }
    LATBbits.LATB0 ^= 1;   //trig
}
```

図7-8-8　リスト7-8-5のプログラムで生成した階段波と変調波(1ms/div., 5V/div.)

リスト7-8-6　バースト波(1周期)の発生プログラム [PIC18F452(10MHz), C18コンパイラ]

```c
//レベル設定，回数設定
void daBURST(unsigned char level,unsigned char TM) {

    unsigned char n;

    for (n=0;n<TM;n++){
        PORTD = 0;
        Delay10TCYx(10);
        LATBbits.LATB2=0;
        LATBbits.LATB2=1;
    }
    for (n=0;n<TM;n++){
        PORTD = level;
        Delay10TCYx(10);
        LATBbits.LATB2=0;
        LATBbits.LATB2=1;
    }
    LATBbits.LATB0 ^= 1;   //trig
}
```

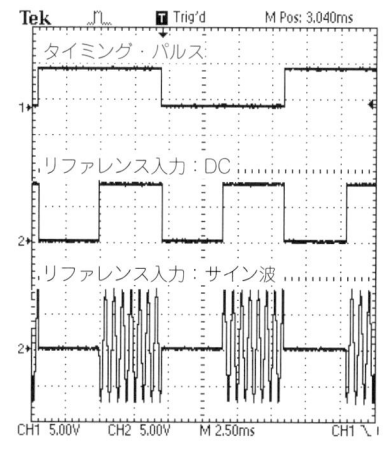

図7-8-9　リスト7-8-6のプログラムで生成したバースト波と変調波(2.5ms/div., 5V/div.)

7-8　乗算型8ビットD-AコンバータAD7524による各種波形の発生

7-9　8チャネル8ビット4象限乗算型D-AコンバータAD8842による4チャネルの信号発生

■ AD8842の概要

　これは8ビット×8チャネルの4象限乗算型D-Aコンバータで，リファレンス入力に直流を加えれば電圧発生器になりますし，アナログ信号を加えれば電子ボリュームとして使用できます．ブロック図とピン配置を図7-9-1に示します．電源は+5Vと-5Vの正負両電源を必要としますが，正負にスイングする$6V_{p-p}$の交流をそのままリファレンスとして入力できます．通過帯域は50kHzで，オーディオ帯域をカバーしています．

　AD8842はクロック同期シリアル通信でデータ転送を行うため，SDI，CLK，LDの3本で8チャネルをコントロールできます．図7-9-2のタイムチャートのように，データはCLKの立ち上がりエッジで取り込みます．データは12ビットを送り出し，はじめの4ビットがチャネルの指定データで，後半の8ビットがそのチャネルに対するデータです．チャネル指定は1～8のコードです．最後にLDラッチ信号の立ち上がりエッジからセトリング・タイム3μsでアナログ電圧を出力します．

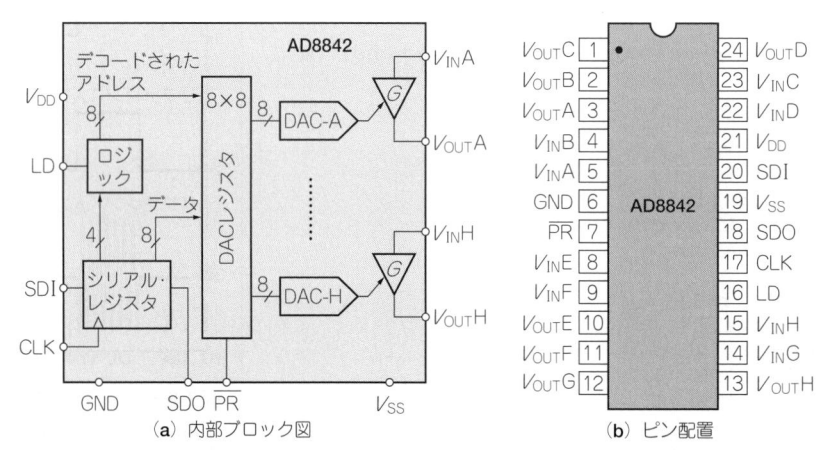

図7-9-1　8チャネル8ビット4象限乗算型D-AコンバータAD8842のブロック図とピン配置図

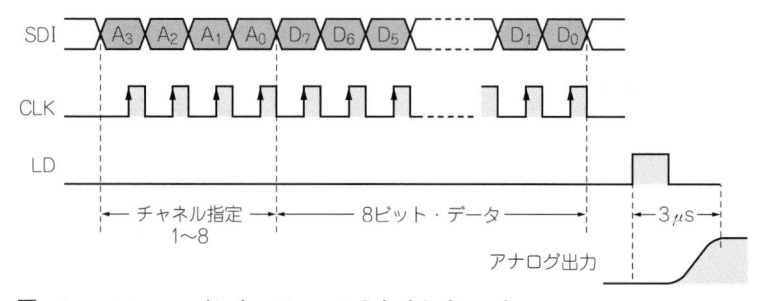

図7-9-2　AD8842インターフェースのタイムチャート

■ 回路とプログラム

　図7-9-3が回路図で，写真7-9-1が試作基板です．回路はリファレンス電圧を0～2.5Vまで可変できる8チャネルの電圧発生器になっています．図7-9-4はインターフェースの動作波形です．

　プログラム(リスト7-9-1)は4チャネルの出力に位相が90°ずつずれたサイン波(図7-9-5)を出力します．サイン波テーブルを利用して配列の取り出し位置をずらすことで位相差を作り出しています．AD8842をアクセスする関数AD8842()では，チャネル番号とそのデータを指定し設定します．

　　void AD8842 (unsigned char ch ,unsigned char data)　　チャネル番号，データ

チャネル指定は0～7を指定します．

　なお，アセンブラによるAD8842コントロール・サブルーチンをリスト7-9-2に示しておきます．

　AD8842は多チャネルの電圧発生器や波形発生器として幅広く活用できるデバイスです．交流信号をコントロールする電子ボリュームとしてもオフセット電圧を必要とせずに利用できます．

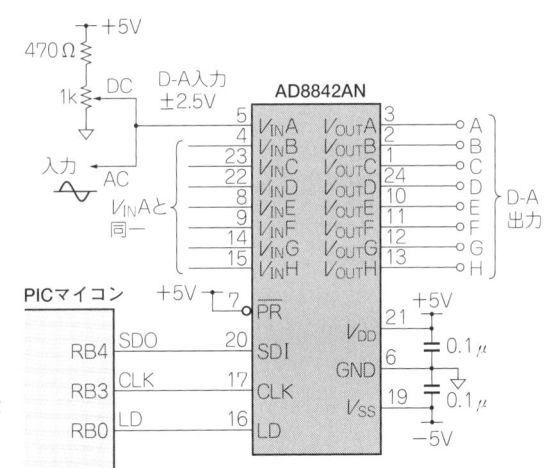

写真7-9-1　AD8842による試作回路

図7-9-3　AD8842のインターフェース回路

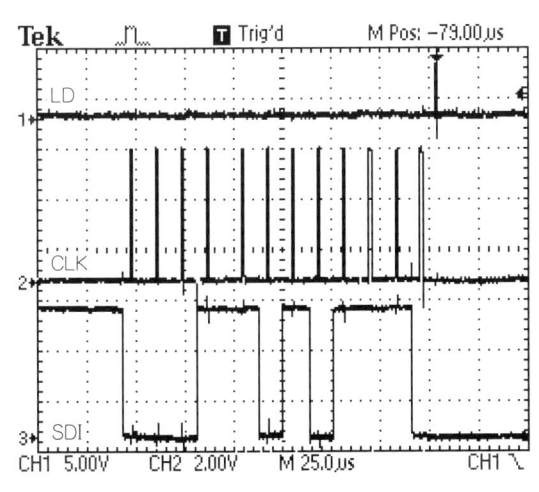

図7-9-4　インターフェースの動作波形(25 μs/div., $\overline{\text{LD}}$：5V/div.，CLKとSDI：2V/div.)

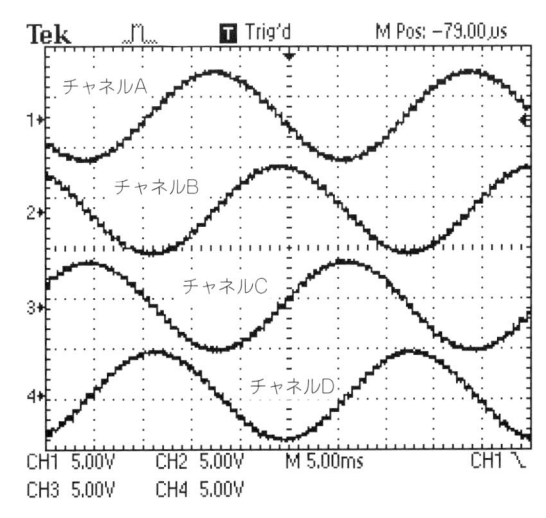

図7-9-5　リスト7-9-1のプログラムで生成した位相が90°ずつずれた四つのサイン波(5ms/div.，5V/div.)

リスト7-9-1① 位相の異なる四つのサイン波を発生するプログラム［MA179＋外部基板，PIC18F452（10MHz），C18コンパイラ］

```c
#include <p18f452.h>
#include <usart.h>
#include <delays.h>

const rom unsigned int SINTBL[80] =
{
128, 150, 171, 192, 210, 225, 238, 247, 253,
255, 253, 247, 238, 225, 210, 192, 171, 150,
128, 106,  85,  65,  46,  31,  18,   9,   3,
  1,   3,   9,  18,  31,  46,  64,  85, 106,
128, 150, 171, 192, 210, 225, 238, 247, 253,
255, 253, 247, 238, 225, 210, 192, 171, 150,
128, 106,  85,  65,  46,  31,  18,   9,   3,
  1,   3,   9,  18,  31,  46,  64,  85, 106,
 };

void AD8842(unsigned char ch,unsigned char data)
{
    char n;

    ch += 1;
    for(n=0;n<4;n++){
        if(ch & 0x8) LATBbits.LATB4 =1;   //DATA=1
        else LATBbits.LATB4 =0;           //DATA=0
        ch <<= 1;
        Nop();
        LATBbits.LATB3 =1;                //CLK=1
        Nop();
        Nop();
        LATBbits.LATB3 =0;                //CLK=0
    }
    for(n=0;n<8;n++){
        if(data & 0x80) LATBbits.LATB4 =1;   //DATA=1
        else LATBbits.LATB4 =0;       //DATA=0
        data <<= 1;
        Nop();
        LATBbits.LATB3 =1;     //CLK=1
        Nop();
        Nop();
        LATBbits.LATB3 =0;     //CLK=0
    }
    LATBbits.LATB0 =1;         //Latch=1
    Nop();
    Nop();
    LATBbits.LATB0 =0;         //Latch=0
}
void main(void)
{
    char  n;

    TRISA = 0b111111;
    TRISB = 0b11000000;
    TRISC = 0b10111111;
    TRISD = 0b00000000;
    TRISE = 0b111;

    while(1){
```

リスト7-9-1②　位相の異なる四つのサイン波を発生するプログラム［MA179＋外部基板，PIC18F452（10MHz），C18コンパイラ］（つづき）

```c
    for (n=0;n<36;n++){
        AD8842(0,SINTBL[n+36]);
        AD8842(1,SINTBL[n+36-9]);
        AD8842(2,SINTBL[n+36-18]);
        AD8842(3,SINTBL[n+36-27]);
    }
}
```

リスト7-9-2　AD8842をコントロールするサブルーチン［MA179＋外部基板，PIC18F452（10MHz），MPASMアセンブラ］

```
;---------------------------------------
; AD8842 D/A コンバータデータ送出
; IN:   DAADDR D/A アドレス 1-8 (出力後変化)
;       DADATA D/A データ 8bit
;---------------------------------------
DAOUT   CLRC                    ;SHIFT 4bit
        RLF     DADATA
        RLF     DAADDR
        CLRC
        RLF     DADATA
        RLF     DAADDR
        CLRC
        RLF     DADATA
        RLF     DAADDR
        CLRC
        RLF     DADATA
        RLF     DAADDR

        MOVLW   12
        MOVWF   DIGCNT          ;CNT=12
DAO1    BCF     PORTB,4         ;DATA=0
        RLF     DADATA,F        ;SHIFT LEFT
        RLF     DAADDR,F        ;SHIFT LEFT
        BTFSC   STATUS,0        ;CY??
        BSF     PORTB,4         ;DATA=1
        BSF     PORTB,3         ;CLOCK=1
        BCF     PORTB,3         ;CLOCK=0
        DECFSZ  DIGCNT,F
        GOTO    DAO1
        BSF     PORTB,0         ;LATCH=1
        BCF     PORTB,0         ;LATCH=0

        RETURN
```

7-10 2チャネル8ビット電子ポテンショメータMCP42010のSPIインターフェース

■ MCP42010の概要

　MCP42010はマイコンから制御できる2チャネルの電子ポテンショメータです．ポテンショメータとは精密な可変抵抗器のことです．D-Aコンバータで構成した電子ボリュームとの違いは，出力が抵抗器で構成されていることで，アナログ回路内に組み込んで使うことができます．図7-10-1にブロック図とピン配置を示します．

　抵抗器の分解能は8ビットで256段階に制御できます．マイクロチップ・テクノロジー社のディジタル・ポテンショメータICはチャネル数や抵抗値で表7-10-1のラインナップがあります．MCP42010は10kΩ×2チャネル内蔵のタイプです．

　電子ボリュームは少々制約があるとはいえ，可変抵抗器と同等の使い方が可能で，図7-10-2のように信号の減衰回路，電圧の発生回路，OPアンプの利得調整などに使えます．

■ インターフェース

　MCP42010の制御は$\overline{CS}$，SCK，SIの3本の線からなるSPIインターフェースで行います．制御データは図7-10-3のような16ビットで構成されます．はじめの8ビットはコントロールのためのコマンド・バイト

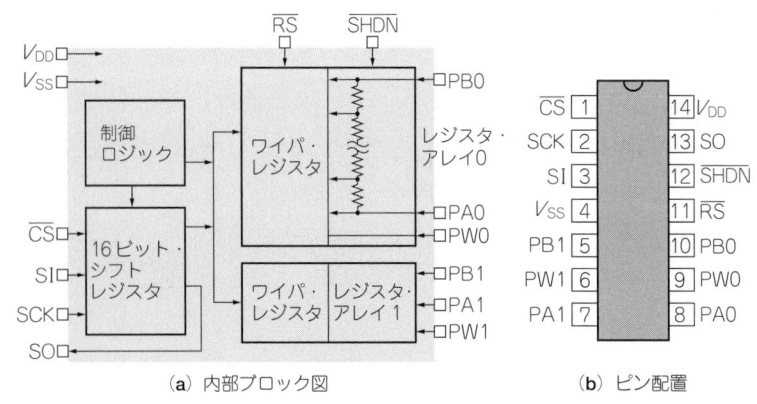

(a) 内部ブロック図　　　(b) ピン配置

図7-10-1　2チャネル8ビット電子ポテンショメータMCP42010のブロック図とピン配置

表7-10-1　ディジタル・ポテンショメータMCP41×××およびMCP42×××シリーズ

型名	チャネル数	抵抗値[Ω]	パッケージ
MCP41010	1	10k	8ピン DIP/SOIC
MCP41050	1	50k	8ピン DIP/SOIC
MCP41100	1	100k	8ピン DIP/SOIC
MCP42010	2	10k	14ピン DIP/SOIC/TSSOP
MCP42050	2	50k	14ピン DIP/SOIC/TSSOP
MCP42100	2	100k	14ピン DIP/SOIC/TSSOP

で，後半の8ビットが設定データです．コマンド・バイトはC1とC0（ビット5とビット4），P1とP0（ビット1とビット0）が有効です．C1とC0はデータ・モードであり，01を指定すると書き込みモードになります．P1とP0がチャネル指定です．

コマンド・データと設定データはMSBから順に送り出します．データ信号が有効であるときに，SCKを立ち上げるとビット・データが内部のシフトレジスタに取り込まれます．$\overline{CS}$がLレベルの期間にデータ通信が行われ，立ち上がりエッジでそのデータがポテンショメータに伝達されます．図7-10-4は実際の通信のようすです．

ポテンショメータを通過する信号は，すべて電源電圧の範囲内でなければなりません．普通の可変抵抗器のように交流信号を加えると，出力信号は半波整流波形のようになってしまい，負電圧は通過できません．

■ 回路とプログラム

図7-10-5が回路図です．OPアンプと組み合わせてゲイン制御アンプを構成し，マイコンでゲインを制御して変調をかけました．ポテンショメータのチャネル1はゲイン制御回路に，チャネル0は単純な電圧発生回路として使用しています．OPアンプは+5Vの単電源で動作させ，中点電位にバイアスして使用しています．交流を受けるため，入力はコンデンサで直流カットしています．OPアンプは反転アンプ構成のゲイン制御回路で，MCP42010を帰還抵抗として使っています．このOPアンプはレールtoレール出力

(a) 信号減衰回路　　(b) 電圧発生回路　　(c) 反転アンプの利得調整　　(d) 非反転アンプの利得調整

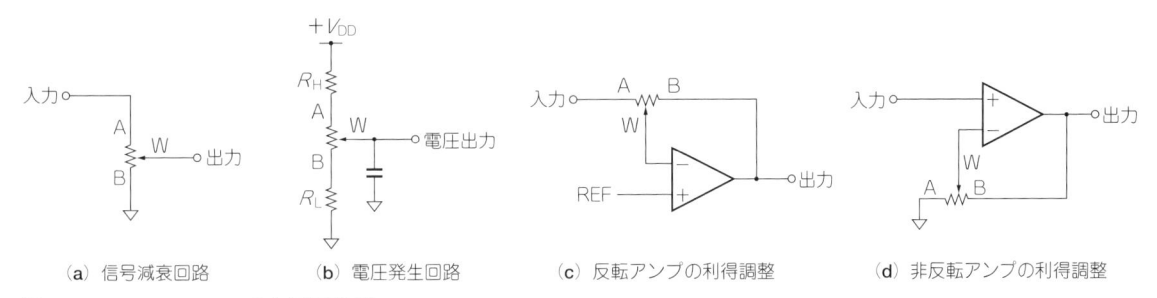

図7-10-2　MCP42010の応用回路例

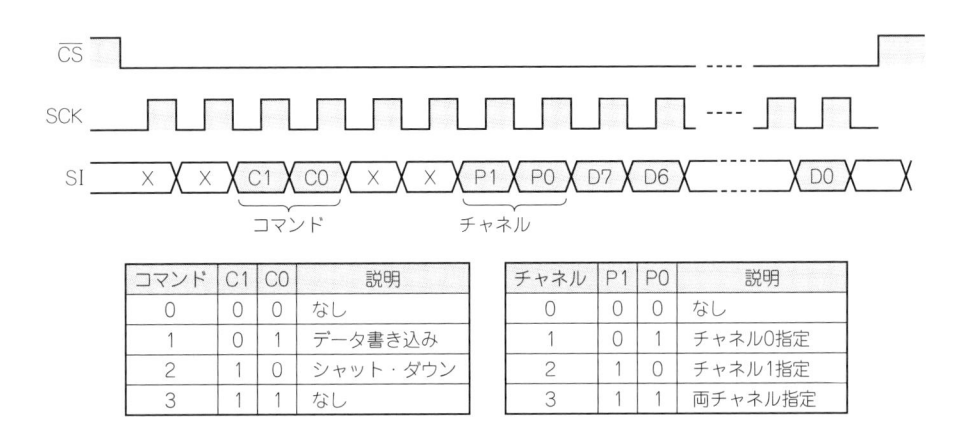

コマンド	C1	C0	説明
0	0	0	なし
1	0	1	データ書き込み
2	1	0	シャット・ダウン
3	1	1	なし

チャネル	P1	P0	説明
0	0	0	なし
1	0	1	チャネル0指定
2	1	0	チャネル1指定
3	1	1	両チャネル指定

図7-10-3　MCP42010インターフェースのタイムチャートとコマンドなど

であり，電源電圧範囲いっぱいまで振幅することが特徴で，＋5V電源でも十分なダイナミック・レンジを確保できます．

プログラム(**リスト7-10-1**)はA-D変換によりポートRA0の電圧を読み取り，その値をMCP42010に設定します．入力に交流信号を入れるとゲイン制御アンプにより信号の振幅を可変できます．MCP42010へのアクセスは下記の関数MCP42010( )で行い，コマンド番号，設定チャネル，設定データを指定します．

```
void MCP42010 ( unsigned char cmd , unsigned char ch , unsigned char buf2 )
```

ゲイン制御アンプの制御パターンをいろいろ工夫すると，入力交流信号に特殊な変調をかけることができます．**リスト7-10-2**のプログラムと**図7-10-6**の波形はその一例です．動作確認のためチャネル0とチャネル1に同じ値を出力しています．図中の「コントロール信号」はチャネル0の出力電圧です．

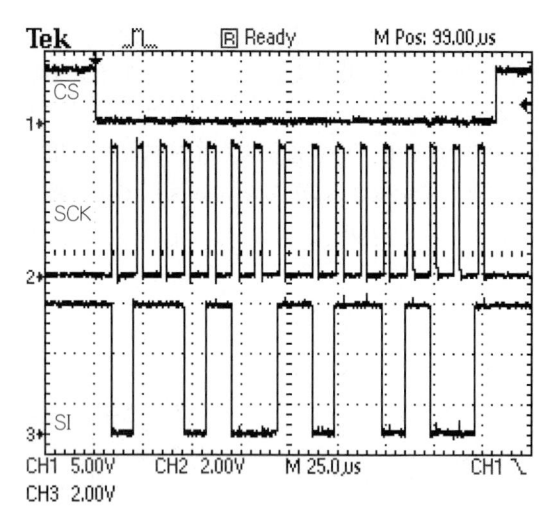

図7-10-4 インタフェースの動作波形(25 μs/div., $\overline{CS}$：5V/div., SCKとSI：2V/div.)

図7-10-5 OPアンプと組み合わせたゲイン制御アンプの回路

リスト7-10-2 ゲイン制御アンプの出力を変調するプログラム例
[MA181, PIC18F452(10MHz), C18コンパイラ]

```
while(1)
{
    LATCbits.LATC2=1;
    LATCbits.LATC2=0;
    for(t=0;t<250;t+=4) {
        MCP42010(1,1,t);
        MCP42010(1,2,t);
    }
    Delay1KTCYx(3);
}
```
(a) 変調信号波形1のプログラム

```
while(1)
{
    LATCbits.LATC2=1;
    LATCbits.LATC2=0;
    t=0;
    for(m=0;m<31;m++) {
        MCP42010(1,1,t);
        MCP42010(1,2,t);
        t+=8;
    }
    Delay1KTCYx(80);
    for(m=0;m<31;m++) {
        MCP42010(1,1,t);
        MCP42010(1,2,t);
        t-=8;
    }
    Delay1KTCYx(10);
}
```
(b) 変調信号波形2のプログラム

リスト7-10-1　A-D変換により可変抵抗器の位置を読み取り，その値をMCP42010に設定するプログラム
[MA181, PIC18F452(10MHz), C18コンパイラ]

```c
#include <p18f452.h>
#include <delays.h>
void MCP42010 ( unsigned char cmd , unsigned char ch , unsigned char buf2 )
{
   unsigned char buf1,n;

   buf1 = (cmd<<4) +ch;
   LATBbits.LATB5 = 0;           //CS=0
   for (n=0;n<8;n++) {
      if((buf1 & 0x80) == 0x80) {
         LATCbits.LATC5=1;       //data=1
      }
      else LATCbits.LATC5=0;     //data=0
      LATCbits.LATC3=1;          //clock=1
      buf1 <<= 1;
      LATCbits.LATC3=0;          //clock=0
   }
   for (n=0;n<8;n++) {
      if((buf2 & 0x80) == 0x80) {
         LATCbits.LATC5=1;       //data=1
      }
      else LATCbits.LATC5=0;     //data=0
      LATCbits.LATC3=1;          //clock=1
      buf2 <<= 1;
      LATCbits.LATC3=0;          //clock=0
   }
   LATBbits.LATB5 = 1;           //CS=1
}

void main(void)
{
   unsigned int ADVAL;
   unsigned char tmp;

   TRISC = 0b10010111;
   TRISB = 0b11011111;
   TRISA = 0b111111;
   ADCON1 = 0b10000100;
   ADCON0 = 0b11000001;

   while(1)
   {
      ADCON0bits.GO = 1;         //A-Dスタート
      while ( ADCON0bits.GO );   //A-D変換完了待ちループ
      ADVAL = ADRESH * 256;      //変数に変換値を取り出す
      ADVAL += ADRESL;
      tmp=ADVAL>>2;
      MCP42010(1,1,tmp);         //MCP42010に出力
      MCP42010(1,2,tmp);
      Delay10KTCYx(1);
   }
}
```

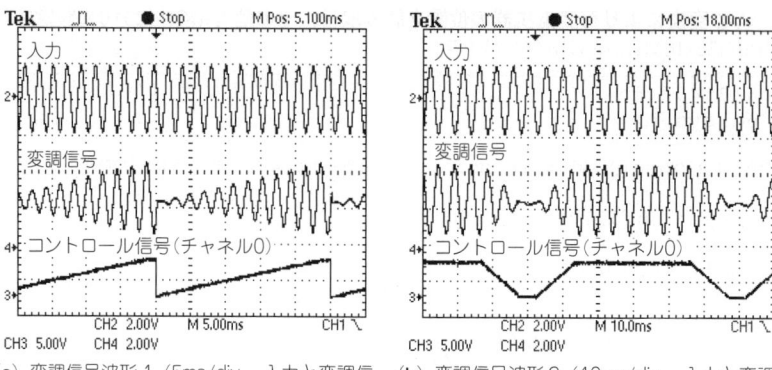

(a) 変調信号波形1（5ms/div., 入力と変調信号：2V/div., コントロール信号：5V/div.）
(b) 変調信号波形2（10ms/div., 入力と変調信号：2V/div., コントロール信号：5V/div.）

図7-10-6 リスト7-10-2のプログラムによる変調信号波形

7-11　8ビット電子ポテンショメータDS2890の1-Wireインターフェース

■ DS2890の概要

これはマイコン・インターフェースを"1-Wire"（ワン・ワイヤ）と呼ばれる1線で行うことが特徴の電子ポテンショメータで，3ピンまたは6ピン・パッケージに収まれています．図7-11-1と図7-11-2にブ

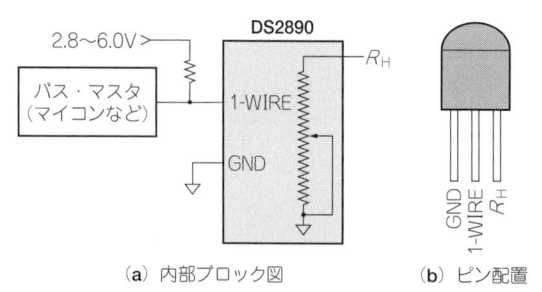

(a) 内部ブロック図
(b) ピン配置

図7-11-1　8ビット電子ポテンショメータDS2890の3ピン・パッケージ品のブロック図とピン配置

写真7-11-1　8ビット電子ポテンショメータDS2890

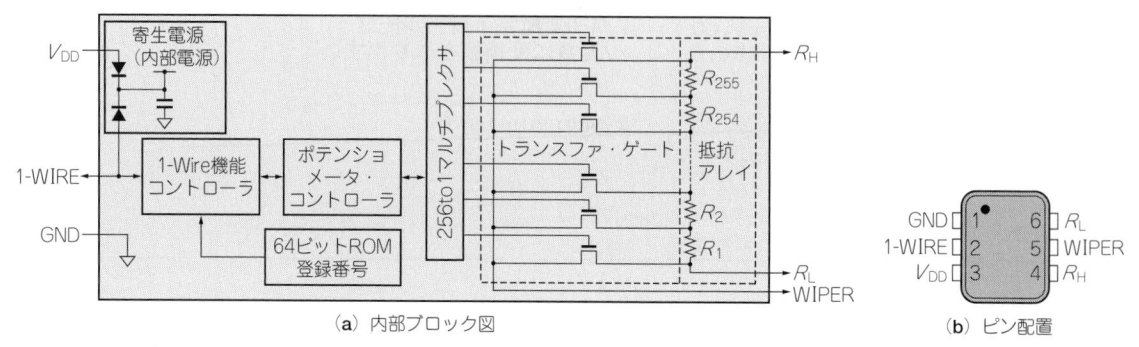

(a) 内部ブロック図
(b) ピン配置

図7-11-2　8ビット電子ポテンショメータDS2890の6ピン・パッケージ品のブロック図とピン配置

ロック図とピン配置を示します．3ピン・パッケージ(TO-92)だと1-WIRE，グラウンド，R_Hの3ピン構成であり，正電源の入力ピンはありません．このため制約はありますが，図7-11-3のような応用が考えられます．

可変抵抗器ピンには11Vまでの電圧を加えられます．等価的な抵抗値は100kΩです．データをゼロからFFhまで可変すると，出力端子とグラウンド間の抵抗値が100kΩから0Ωまで変化します．DS2890の電源は1-Wire通信ラインから供給されます．そのため1-Wireラインのプルアップ抵抗は高い値に取ることができず2.2kΩの規定があります．通信ラインは通信時に短時間だけLレベルになりますが，デバイス内の動作用電源電圧は保たれているものと考えられます．

内部には，コントロール・レジスタとポテンショ・レジスタの二つがあり，それぞれコマンド55h，0Fhで書き込みます．コマンドは1Wireシステムのコマンドと各デバイス専用のコマンドに分かれています．表7-11-1はDS2890はコマンドの抜粋，表7-11-2はコントロール・レジスタの内容です．

■ 回路例

図7-11-4が実験した回路例で，写真7-11-1が試作基板です．

■ プログラム

アクセス手順に従ってコマンドを送り，ポテンショメータのデータを設定します．

使用する関数はDS18S20で使用した下記のものです．なお，1-Wireの基本的なバス・アクセス関数はDS18S20温度センサ(第11-4項)で示したので，そちらを参考にしてください．

```
char OWTouchReset(void)          リセット・シーケンスの送出
void OWWriteBit(char bit)        1ビット・データの送出
```

表7-11-1 DS2890のコマンドの抜粋

コード(hex)	説明
F0	ポテンショメータ位置の読み出し
0F	ポテンショメータ位置の書き込み
AA	コントロール・レジスタ読み出し
55	コントロール・レジスタ書き込み
C3	ポテンショメータ位置をインクリメント
99	ポテンショメータ位置をデクリメント
CC	スキップROM
96	バス・リリース

表7-11-2 DS2890のコントロール・レジスタの内容

ビット	名称	説明
7	−	未使用
6	CPC	チャージ・ポンプ・コントロール 1：ON，0：OFF
5	−	未使用
4	−	
3	$\overline{WN}$	反転設定コントロール 00：4番，01：3番，10：2番，11：1番
2		
1	WN	デバイス番号指定 00：1番，01：2番，10：3番，11：4番
0		

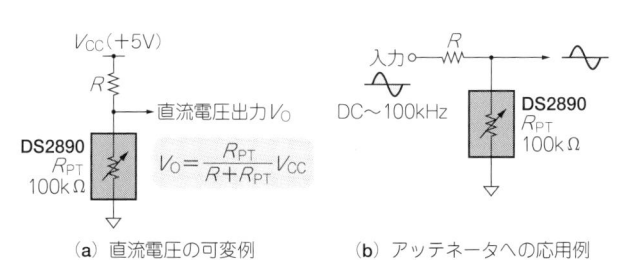

図7-11-3 DS2890の応用回路例

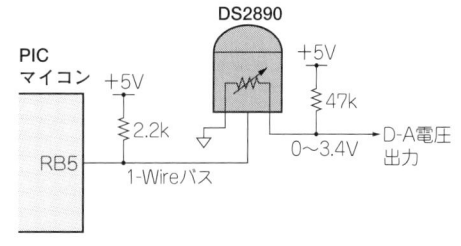

(a) 直流電圧の可変例　$V_O = \dfrac{R_{PT}}{R+R_{PT}} V_{CC}$

(b) アッテネータへの応用例

図7-11-4 DS2890のインターフェース回路

リスト7-11-1　DS2890の制御プログラム　[MA224＋拡張ボード，PIC18F452 (10MHz)，C18コンパイラ]

```
R = OWTouchReset();
OWWriteByte(0xCC);        //Skip ROM
OWWriteByte(0x55);        //Write Control REG
OWWriteByte(0x4C);        //Control data
if ( OWReadByte()==0x4C ) //Check data
{
    OWWriteByte(0x96);    //Release code
    t = OWReadByte();     //1=Fail
                          //0=エラー処理無し
}
```
(a) 初期化処理

```
//Set data
R = OWTouchReset();
OWWriteByte(0xCC);           //Skip ROM
OWWriteByte(0x0F);           //Write Position CMD
OWWriteByte(設定値);          //Write Wiper Position data
if ( OWReadByte()==設定値 )   //Check data
{
    OWWriteByte(0x96);       //Release code and update
    t = OWReadByte();        //1=Fail
                             //0=エラー処理無し
}
```
(b) DS2890への数値出力ルーチン

```
//アップダウンコマンドの利用
while(1){
    PORTD = 0;
    while (PORTD!=0xFF){
        R = OWTouchReset();
        OWWriteByte(0xCC);      //Skip ROM
        OWWriteByte(0xC3);      //Write Wiper INC
        PORTD = OWReadByte();   //Check data
        LATEbits.LATE1 = 0;
        LATEbits.LATE1 = 1;     //out to DA AD7801
        Delay10KTCYx(1);
    }
    while (PORTD!=0){
        R = OWTouchReset();
        OWWriteByte(0xCC);      //Skip ROM
        OWWriteByte(0x99);      //Write Wiper DEC
        PORTD = OWReadByte();   //Check data
        LATEbits.LATE1 = 0;
        LATEbits.LATE1 = 1;     //out to DA AD7801
        Delay10KTCYx(1);
    }
}
```
(c) 0→FFh→0のインクリメント/デクリメント操作

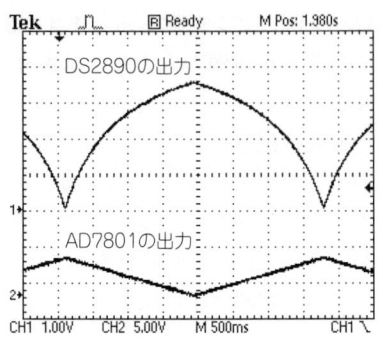

図7-11-5　アップ/ダウン・コマンドに対するDS2890とAD7801の出力の比較　[500ms/div., DS2890：1V/div., AD7801：2V/div.]

```
    char OWReadBit(void)                          1ビット・データの入力
    void OWWriteByte(unsigned char data)          1バイト・データの送出
    unsigned char OWReadByte(void)                1バイト・データの入力
```

● DS2890の初期化手順
(1) リセット・シーケンスを送出する．
(2) スキップROMコマンド(CCh)を送る．
(3) コントロール・レジスタへのアクセス・コマンド(55h)を送る．
(4) 設定データ値4Chを送る．
(5) 設定データが正しく設定されたかを読み出して確認する．
(6) バス・リリース・コード(96h)を送る．
(7) 戻り値が0なら正常終了，1なら異常終了．

● DS2890のポテンショ・データ・アクセス手順例
(1) リセット・シーケンスを送出する．
(2) スキップROMコマンド(CCh)を送る
(3) ポテンショメータ・レジスタへのアクセス・コマンド(0x0F)を送出する．
(4) 設定データ値を送る．
(5) 設定データが正しく設定されたか読み出して確認する．
(6) バス・リリース・コード(96h)を送る．
(7) 戻り値が0なら正常終了，1なら異常終了．

● プログラム例
　リスト7-11-1(b)はDS2890に数値を設定する例で，リスト7-11-1(c)はインクリメント/デクリメント・コマンドを使用した0～FFhまでの連続的な操作です．後者のルーチンではD-Aコンバータ(AD7801)にも同じデータを出力して出力波形を比較してみました．図7-11-5は，その動作波形です．

7-12　PWMを使用した絶縁型D-Aコンバータ

■ フォト・カプラによる絶縁

　PWMを使用すると絶縁型D-Aコンバータを図7-12-1のような簡単な回路で実現可能です．PWM信号は1本の信号線ですから，フォト・カプラで絶縁すれば伝送でき，その出力をシュミット・トリガ・バッファで波形整形してローパス・フィルタに通します．一般のフォト・カプラは高速信号に応答できず1kHz以下のパルスしか通過できません．PWM周波数を高くしたいときは高速動作用フォト・カプラを選択します．

■ iCouplerによる絶縁

　フォト・カプラは，立ち上がり/立ち下がりの遅れから誤差やジッタを生じる可能性があります．アナログ・デバイセズ社のパルス・トランス内蔵したアイソレータ"iCoupler" ADuM1200は，伝送速度が速く，波形乱れが少ないため安定したアナログ信号を出力できます．図7-12-2が回路例です．
　バッファ・アンプを内蔵しているためADuM1200の出力に直接ローパス・フィルタを接続すると，き

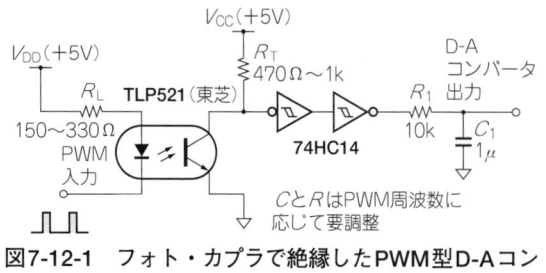

図7-12-1 フォト・カプラで絶縁したPWM型D-Aコンバータ

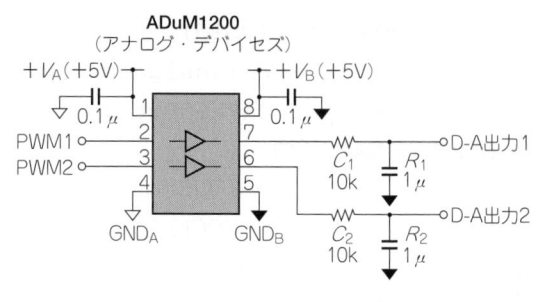

図7-12-2 iCoupler(ADuM1200)で絶縁したPWM型D-Aコンバータ

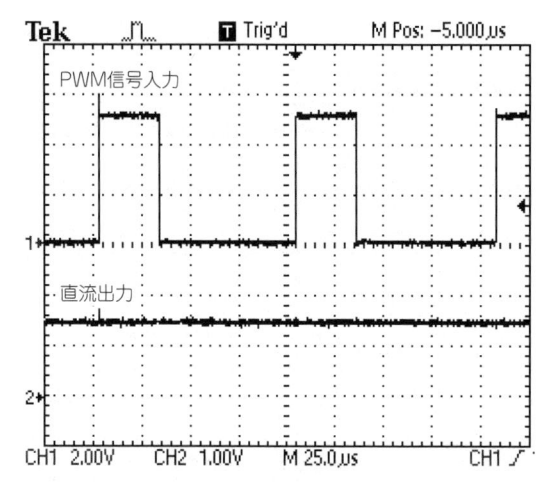

図7-12-3 図7-12-2の回路の入出力波形(25 μs/div., 入力：2V/div., 出力：1V/div.)

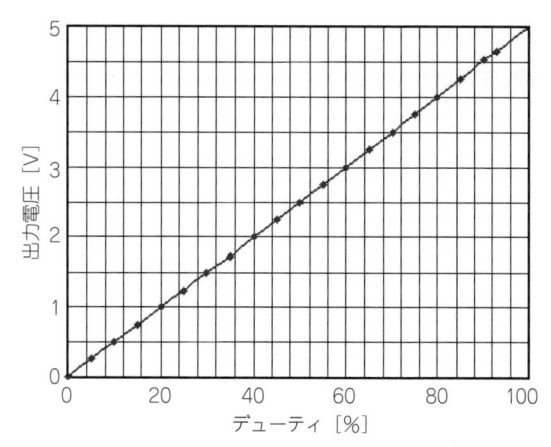

図7-12-4 PWM信号のデューティ比と出力電圧の関係

れいなアナログ信号を再生できます．**図7-12-3**が入出力波形で，**図7-12-4**はPWM信号のデューティ比と出力電圧の関係を実測したグラフです．10ビット分解能の絶縁型D-Aコンバータとして十分実用になります．

7-13　D-Aコンバータで使用する出力フィルタの簡易設計

　PWM型D-Aコンバータにしろ，普通のD-Aコンバータでアナログ波形を発生するにしろ，出力を滑らかな波形にするためにローパス・フィルタを使います．

■ ローパス・フィルタのおさらい

　これは低域を通過させ，高域を遮断するフィルタです．通過帯域では入力信号が減衰なく出力され，阻止帯域ではカットオフ周波数(遮断周波数)f_Cから徐々に出力レベルが低下します．

　1次フィルタの減衰特性は**図7-13-1**に示すように，周波数が2倍になると振幅が半分に減衰する，すなわち−6dB/oct.(オクターブあたり−6dB)の特性があります．2次なら−12dB/oct.，3次なら−18dB/oct.

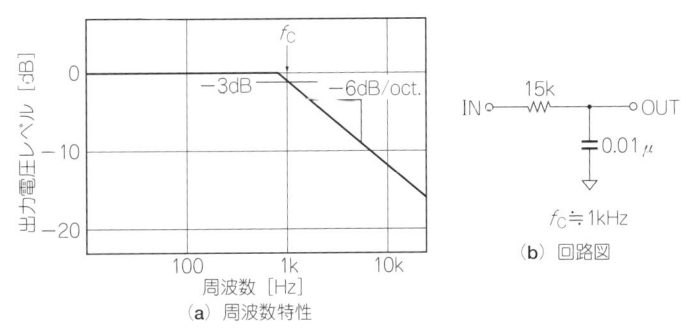

図7-13-1 1次ローパス・フィルタの周波数特性

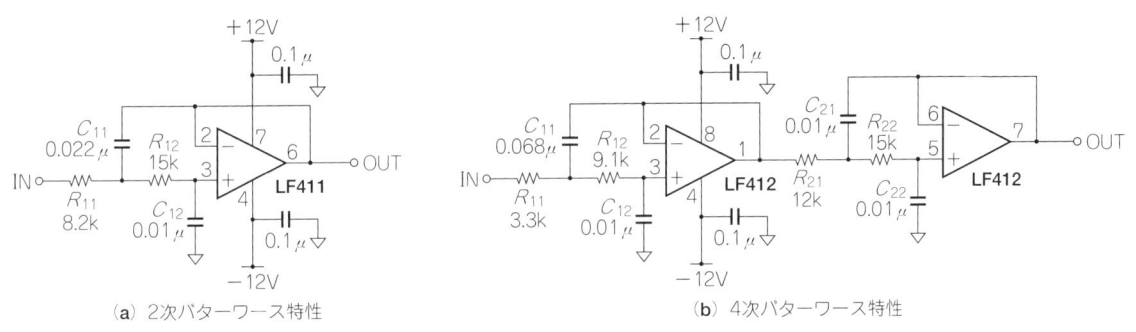

(a) 周波数特性
(b) 回路図

図7-13-2 バターワース特性のローパス・フィルタ回路

(a) 2次バターワース特性
(b) 4次バターワース特性

というように次数が高いほど-6dBの倍数で減衰傾斜が大きくなります．

カットオフ周波数は，通過帯域を0dBとして-3dB減衰したポイントです．この周波数では出力信号の位相が入力信号から$\pi/4$ rad（45°）遅れています．

オーディオ帯域用にはCR（コンデンサCと抵抗R）で構成するフィルタが多く使用されます．1次フィルタのf_C［Hz］は，次式で求められます．

$$f_C = \frac{1}{2\pi CR} \quad \cdots\cdots(7\text{-}13\text{-}1)$$

ただし，C：容量値［F］，R：抵抗値［Ω］

■ FilterLabによるアクティブ・フィルタの設計

増幅器を使わず受動素子だけで構成したフィルタはパッシブ・フィルタと呼ばれます．1次フィルタを2段，3段，4段，…とカスケード（直列）接続することで，2次，3次，4次，…のするどいフィルタを作れますが，電圧レベルが低下してしまうためOPアンプを使用したアクティブ・フィルタを使用します．

アクティブ・フィルタのカットオフ周波数や減衰特性から，回路素子の定数を求めるには複雑な伝達関数を計算する必要がありますが，マイクロチップ・テクノロジー社のホーム・ページ（www.microchip.com）から無償でダウンロードできるフィルタ設計プログラム"FilterLab"を使えば，簡単に求められます．

よく使われるフィルタ特性の一つにバターワース特性があります．これは最大平坦特性ともいわれ，通過帯域内リプルがゼロである代わりに，通過域の位相遅れが大きいために波形が歪む，減衰傾斜が緩やかなどの特徴を持ちます．**図7-13-2**はその回路例です．

以下，カットオフ周波数1kHzのバターワース特性のローパス・フィルタを設計して，その特性を調べてみます．FilterLabの操作はシンプルで，フィルタの種類を指定し，次数やカットオフ周波数を入力すれ特性と回路が示されます．CRの数値も回路図上に示されますが，E24系列などに合わせるため実際の回路では少し違う値を使います．

図7-13-3は，**図7-13-4**に示すバターワース特性の2次ローパス・フィルタの周波数特性のシミュレーション表示です．

実際の回路をネットワーク・アナライザで測定したのが**写真7-13-1**の画面です．どちらの特性も10kHzにて－40dBポイントであり，FilterLabのシミュレーション値と一致していることがわかります．

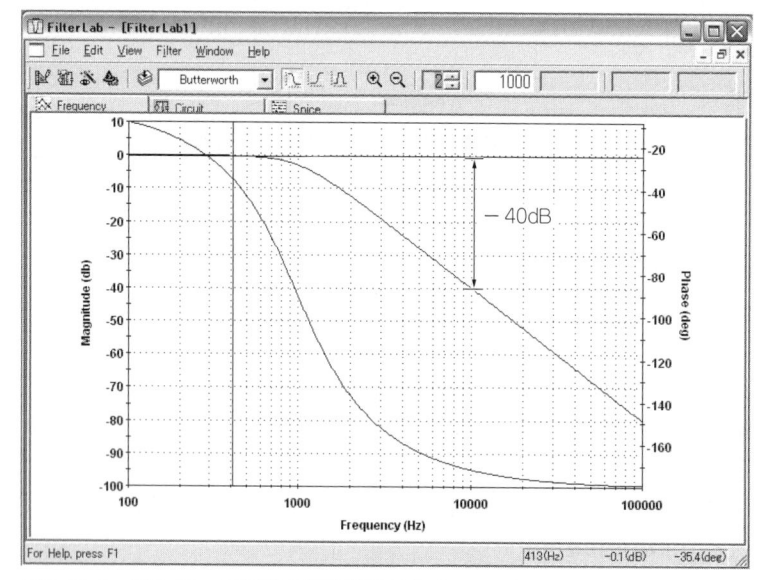

図7-13-3　図7-13-4の回路の周波数特性シミュレーション

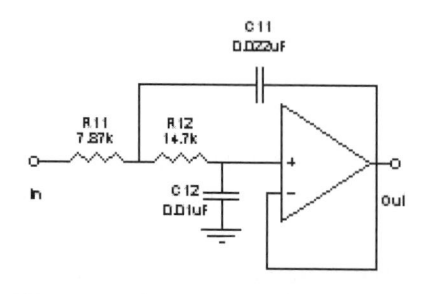

図7-13-4　バターワース特性の2次ローパス・フィルタ

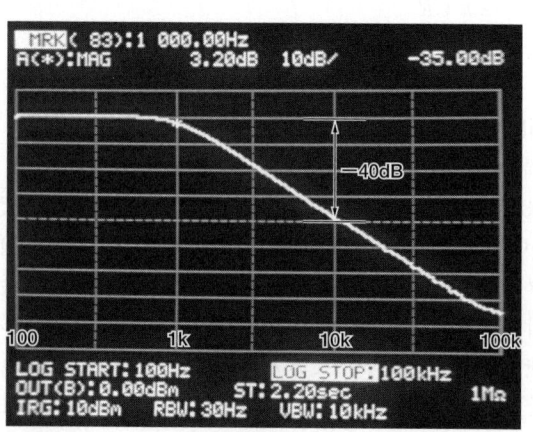

写真7-13-1　図7-13-4の回路の実測周波数特性（スパン：100Hz〜100kHz，10dB/div.）

7-14 交流信号を電力増幅する回路

■ 3A級パワーOPアンプLM675

OPアンプの出力電流は数m～10mA程度です．50Ωや600Ωの低出力インピーダンスで出力するには電流増幅を行わなければなりません．

TO-220パッケージで放熱が容易なパワーOPアンプとして，LM675(ナショナルセミコンダクター社)があります．±30Vの電源電圧で動作し，出力電流は最大3A，許容電力は20Wです．放熱板にねじ留めできる構造であり，電源電圧も高くかけられるので，マイコンから発生できる4V$_{p-p}$程度の交流信号を増幅するのに適しています．図7-14-1に回路例を示します．

■ 汎用OPアンプのためのトランジスタによる電流ブースト回路

外部にトランジスタによるバッファ・アンプを追加すれば，汎用OPアンプの出力電流をブーストできます．図7-14-2が回路例で，写真7-14-1が試作基板です．このような回路をプッシュ・プル増幅回路と

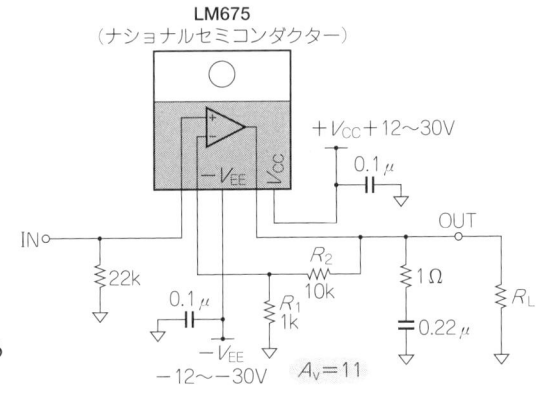

図7-14-1 パワーOPアンプLM675による電力増幅回路

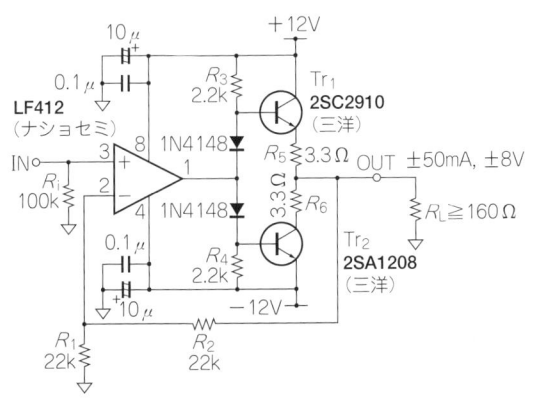

図7-14-2 汎用OPアンプのためのトランジスタによる電流ブースト回路

写真7-14-1 図7-14-2の試作例

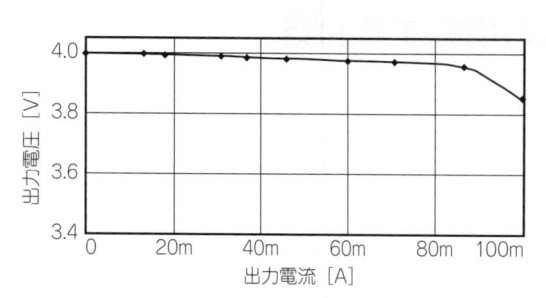

図7-14-3　図7-14-2の回路の実測出力特性

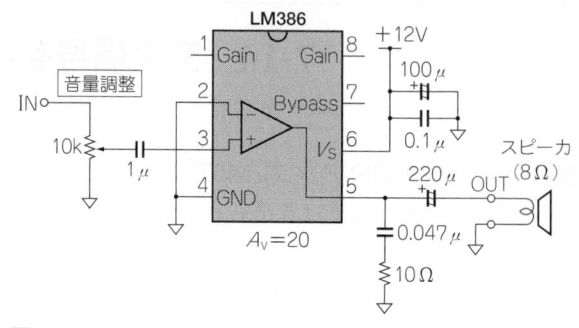

図7-14-4　LM386による1W級オーディオ・パワー・アンプ

呼び，各トランジスタは正・負の領域をそれぞれ分担して動作します．しかし，ゼロV付近でうまく両方のトランジスタの不感点が生じて，クロスオーバひずみという波形ひずみを発生してしまいます．そのため，ダイオードで動作点をややずらして，アイドリング電流を流し，AB級にしています．

この回路はOPアンプの出力を数十mA程度まで拡大できます．回路例では最大出力電圧±8V，最大出力電流±50mAの能力があります．図7-14-3は実測した出力特性です．

■ 1W級オーディオ・パワー・アンプLM386

　D-Aコンバータで発生させた音声周波数の信号をスピーカでモニタ出力したい場合は，小型パワー・アンプICが便利です．パワーOPアンプでもスピーカを駆動可能ですが，安価でポピュラなオーディオ用パワー・アンプICとしてLM386（ナショナルセミコンダクター社）があります．LM386は8ピンの小型パッケージで1W程度のパワーが得られます．

　図7-14-4が回路例です．電源は5～12Vで動作しますが，適度な音量を確保するためには9Vか12Vの電源が必要です．増幅度は20倍から200倍と大変高くマイコンのインターフェースには大きすぎます．最小20倍で使用しても入力は$0.5V_{p-p}$もあれば最大振幅がとれますからマイコンからの出力をアッテネータで減衰させる必要があります．また，オフセットがかかっているため，入力にはコンデンサを直列に入れてオフセットを遮断します．マイコンのD-Aコンバータ出力への接続ではこちらもオフセット電圧がかかっているため，このカップリング・コンデンサには無極性の電解コンデンサがよいでしょう．周波数特性は50kHz程度まで使用できます．

第7章 Appendix

PICマイコンの内蔵PWM機能の概要

■ PWMとは

Pulse Width Modulationの略でパルス幅変調のことです．パルスのHレベルとLレベルの期間の幅を変化させる変調方法です．第7章で説明したようにPWM変調された波形をローパス・フィルタに通すと，PWM波のデューティ比(図7-1)に応じたアナログ電圧になります．つまりD-A変換の一種といえます．D-Aコンバータを内蔵しているPICマイコンは少ないですが，PWMはD-Aコンバータに流用できます．

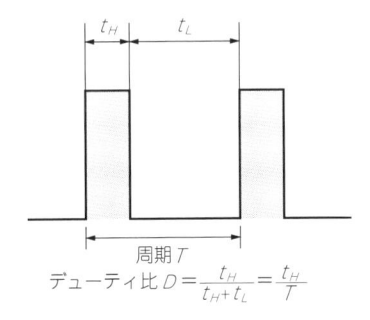

図7-1 PWMのデューティ比

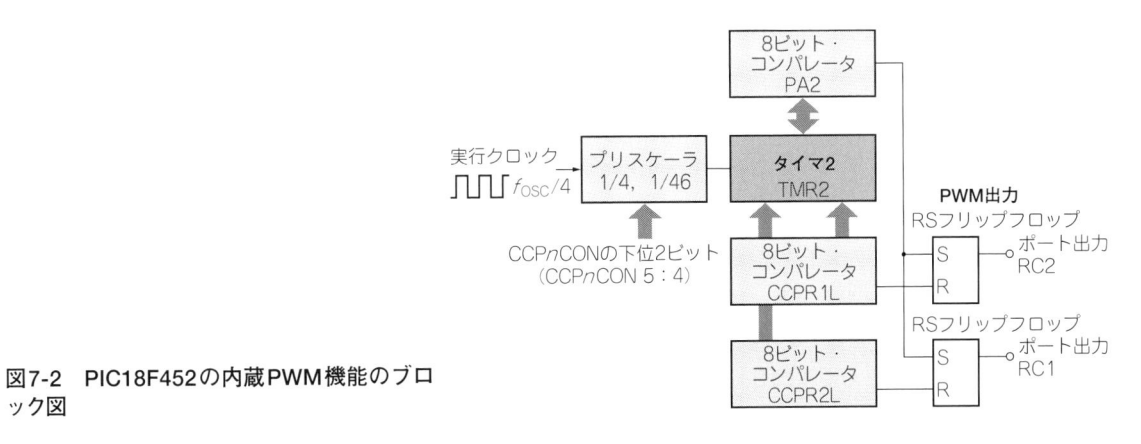

$$D = \frac{t_H}{t_H + t_L} = \frac{t_H}{T}$$

図7-2 PIC18F452の内蔵PWM機能のブロック図

表7-1 PIC18F452のPWM関連のレジスタ

名称	アドレス(hex)	説明
CCP1CON	17	CCP 設定 1
CCP2CON	1D	CCP 設定 2
CCPR1L	15	PWM データ 1
CCPR2L	1B	PWM データ 2
TMR2	11	タイマ 2
PR2	92	タイマ 2 比較値

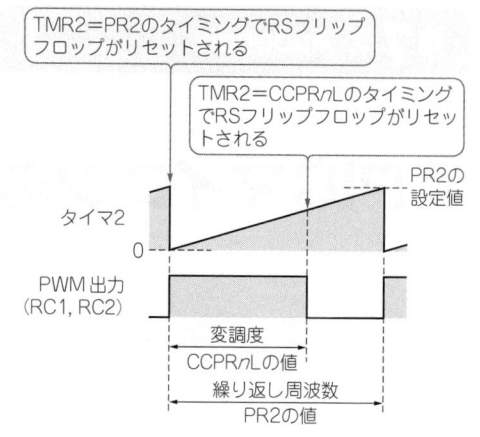

図7-3 PWM信号の構成

表7-2 CCPnCONレジスタの内容

ビット	名称	機能	説明				
7	−	未使用					
6	−	未使用					
5	DCnB1	PWM10 ビット	キャプチャ・モードおよびコンペア・モード：使用せず				
4	DCnB0	下位選択ビット	PWMモード：10 ビット・モード時に指定する．8 ビット・モードでは 0．				
3	CCPnM3	CCPn モード選択ビット	モード	b3	b2	b1	b0	説明
			CCP 非使用	0	0	0	0	キャプチャ / コンペア / PWM は OFF (CCPn モジュールをリセット)
2	CCPnM2		キャプチャ・モード	0	1	0	0	立ち下がりエッジ毎
				0	1	0	1	立ち上がりエッジ毎
				0	1	1	0	4 回毎の立ち上がりエッジ
				0	1	1	1	16 回毎の立ち上がりエッジ
1	CCPnM1		コンペア・モード	1	0	0	0	一致で出力をセット (CCPnIF ビットをセット)
				1	0	0	1	一致で出力をクリア (CCPnIF ビットをリセット)
				1	0	1	0	一致で割り込みを発生 (CCPnIF ビットをセット，CCPn ピンには影響なし)
0	CCPnM0			1	0	1	1	トリガ・スペシャル・イベント (CCPnIF ビットをセット，CCP1 が TMR1 をリセット)
			PWM モード	1	1	x	x	PWM モード

■ 内蔵PWMについて

図7-2はPIC18F452の内蔵PWM機能のブロック図です．2チャネルのPWMをもち，タイマ2とCCP1，CCP2機能でコントロールします．表7-1はPWM関連のレジスタで，そのうちCCPnCONレジスタとT2CONレジスタの内容を表7-2と表7-3にそれぞれ示します．レジスタ名やビット名はCCP1ならn＝1，CCP2ならn＝2と読み替えてください．

CCPnCONレジスタを機能設定するとCCPがPWMモードに切り替わります．図7-3を見てください．タイマ2はタイマ0と同じような8ビットのアップ・カウンタですが，PR2レジスタと常に比較されており，PR2レジスタに設定された値に達するとタイマ2をクリアします．つまりPR2レジスタに最大値であるFFhを設定すると，8ビット・タイマとして機能します．

表7-3 T2CONレジスタの内容

ビット	名称	説明				
7	−					
6	TOUTPS3	b6	b5	b4	b3	タイマ2出力クロック・プリスケール選択ビット
		0	0	0	0	1:1, ポストスケール
		0	0	0	1	1:2, ポストスケール
		0	0	1	0	1:3, ポストスケール
5	TOUTPS2	0	0	1	1	1:4, ポストスケール
		0	1	0	0	1:5, ポストスケール
		0	1	0	1	1:6, ポストスケール
		0	1	1	0	1:7, ポストスケール
4	TOUTPS1	0	1	1	1	1:8, ポストスケール
		1	0	0	0	1:9, ポストスケール
		1	0	0	1	1:10, ポストスケール
		1	0	1	0	1:11, ポストスケール
3	TOUTPS0	1	0	1	1	1:12, ポストスケール
		1	1	0	0	1:13, ポストスケール
		1	1	0	1	1:14, ポストスケール
		1	1	1	0	1:15, ポストスケール
		1	1	1	1	1:16, ポストスケール
2	TMR2ON	タイマ2ON ビット(0:OFF, 1:ON)				
1	T2CKPS1	b1	b0			タイマ2クロック・プリスケール選択ビット
		0	0			プリスケーラは1/1
0	T2CKPS0	0	1			プリスケーラは1/4
		1	x			プリスケーラは1/16

このように連続動作するタイマ2はPR2レジスタとマッチするタイミングでPWM用のRSフリップフロップをセットし，PWM出力はHレベルに上がります．PWMモードでのタイマ2は，さらにCCPRnLレジスタとも常時比較されていて，その値が一致するとRSフリップフロップがリセットされます．フリップフロップはこのようなタイミングで動きますからCCPRnLレジスタの値を変更すると，パルス幅が変動し，PWM制御が実現されます．

タイマ2は8ビットのタイマであることからPWMの分解能も8ビット，256分割で利用するのが容易です．さらに細かな設定で10ビットの1024分解能で動作させることもできます．タイマ2のプリスケーラを1/4か1/16にセットし，CCPnCONのビット4，ビット5に最下位データを設定します．タイマ2による繰り返し周波数は回路の構成から次のように計算できます．

$$f_{\text{PWM}} = \frac{t_{\text{cy}}}{(N_{\text{PS}} \times 256)} \quad \cdots\cdots\cdots\cdots\cdots\cdots\cdots\cdots\cdots\cdots\cdots\cdots\cdots\cdots\cdots\cdots\cdots\cdots\cdots\cdots\cdots\cdots\cdots (7\text{-}1)$$

ただし，f_{PWM}：PWM周波数[Hz]，t_{cy}：実行クロック周波数[Hz]（$f_{\text{osc}}/4$），
N_{PS}：プリスケーラの分周比

これによりPIC18F452で実現できる最大PWM周波数は，8ビット分解能で39kHz，10ビット分解能では9.7kHzです．

■ PWM機能のプログラム例

アセンブラによる記述例を**リスト7-1**に，C18コンパイラによる記述例を**リスト7-2**にそれぞれ示します。

リスト7-1　PWM機能のアセンブリ言語によるプログラム例
[MA224, PIC18F452(10MHz), MPASMアセンブラ]

```
 PWM機能の初期設定例
MOVLW  B'10111001'     ;ポート設定
MOVWF  TRISC           ;
MOVLW  B'0000111'      ;タイマ2を初期化する
MOVWF  T2CON           ;
MOVLW  H'FF'           ;PR2
MOVWF  PR2
MOVLW  B'001100'       ;CCP1CONをPWMモードにする
MOVWF  CCP1CON
MOVLW  B'001100'       ;CCP2CONをPWMモードにする
MOVWF  CCP2CON

 PWM値の設定
MOVLW  H'nn'
MOVWF  CCPR1L
MOVLW  H'nn'
MOVWF  CCPR2L
```

リスト7-2　PWM機能のC言語によるプログラム例
[MA224, PIC18F452(10MHz), C18コンパイラ組み込み関数使用時]

```
 ヘッダ・ファイル
#include <pwm.h>

 初期設定
TRISC = 0b10111001;
OpenPWM1(255);
OpenPWM2(255);

 PWM値の設定
SetDCPWM1(data);           //PWM0
SetDCPWM2(data);           //PWM1
```

第8章

Microwireや I²C によるデータ・メモリの拡張法

シリアルEEPROMのインターフェース

PICマイコンは，プログラムで書き換え可能なフラッシュ・データ・メモリ（またはEEPROM）を内蔵しています．このメモリは不揮発型なので電源をOFFしても保持されます．しかし，その容量は限られているので，ロギング・データなど少し大きなデータを保存しようにも容量が不足します．そんな場合に少ない本数で接続できるシリアルEEPROMが便利です．シリアルEEPROMの代表的なインターフェースは，I²C，Microwire，SPIの三つです．ここでは前二者を紹介します．

8-1 1Kビット・シリアルEEPROM 93LC46のMicrowireインターフェース

■ Microwireとは

これはナショナルセミコンダクター社が開発したクロック同期シリアル通信で，マイコンとメモリなど，IC間の通信インターフェースとして使われます．これを採用したポピュラなシリアルEEPROMとして93LC46があります．図8-1-1がそのピン配置です．このデバイスはナショナルセミコンダクター社のNM9346がオリジナルで，CMOS版の93C46，その低消費電力版93LC46などがあり，同じような型名で各社で発売しており互換性があります．表8-1-1は93C×6シリーズのメモリ容量です．

マイクロチップ・テクノロジー社の製品では，93LC46，93LC56，93LC66がラインアップされています．末尾がA/B/Cの3種類があり，アクセスできるビット幅が8ビット・タイプと16ビット・タイプで異なります．電源電圧1.8～5Vで動作し，5V時には3MHzのクロックで動作します．ここでは93LC46B/Cタイプ，16ビット幅アクセスのタイプを使用しています．

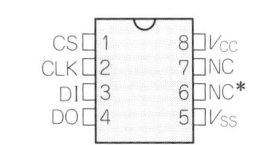

```
CS  □1   8□ Vcc
CLK □2   7□ NC
DI  □3   6□ NC*
DO  □4   5□ Vss
```
＊：サフィックスがCの製品はORGピン

図8-1-1 1Kビット・シリアルEEPROM 93LC46のピン配置

表8-1-1 シリアルEEPROM 93C×6シリーズのメモリ容量

型名	容量[ビット]	容量[バイト]
93C46	1K	128
93C56	2K	256
93C66	4K	512
93C76	8K	1K
93C86	16K	2K

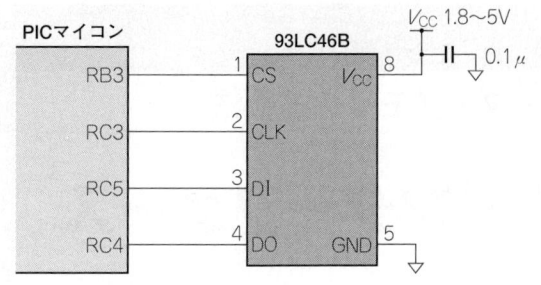

図8-1-2 93LC46Bのインターフェース回路

表8-1-2 93LC46Bのコマンド

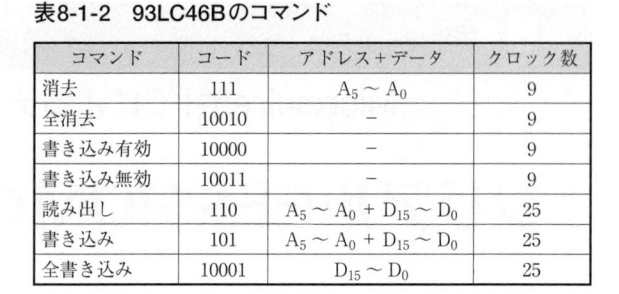

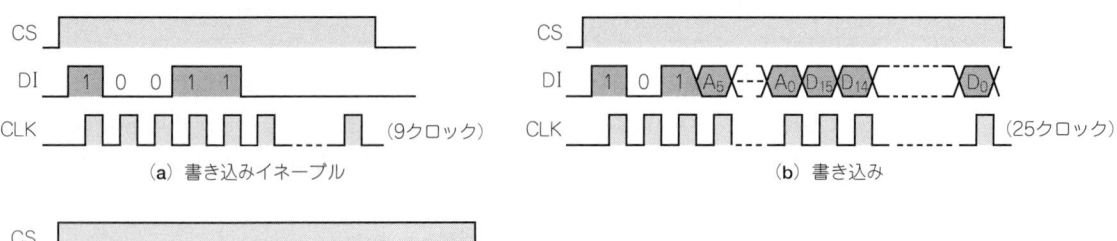

コマンド	コード	アドレス＋データ	クロック数
消去	111	$A_5 \sim A_0$	9
全消去	10010	−	9
書き込み有効	10000	−	9
書き込み無効	10011	−	9
読み出し	110	$A_5 \sim A_0 + D_{15} \sim D_0$	25
書き込み	101	$A_5 \sim A_0 + D_{15} \sim D_0$	25
全書き込み	10001	$D_{15} \sim D_0$	25

(a) 書き込みイネーブル

(b) 書き込み

(c) 読み出し

図8-1-3 93LC46BのMicrowireインターフェースのタイムチャート

■ 回路とプログラム

図8-1-2が回路例です．Microwireはアクセス速度が速く，プログラムも作りやすいのですが，I/Oピンを3～4本消費してしまいます．

93LC46Bへのアクセスは，コマンド＋アドレス＋データの形式です．コマンドを**表8-1-2**，タイムチャートを**図8-1-3**にそれぞれ示します．$\overline{CS}$信号をHレベルに立ち上げてシリアル信号を送り込みます．書き込み操作では，まずライト・イネーブルを送り，書き込み状態にします．これはコマンド"10011"で9クロック構成です．データ書き込みではコマンド"101"を送り，6ビットのアドレス情報に続き16ビットのデータを送り込みます．書き込みの終了はDO端子がLレベルからHレベルへ変化する動作で知ることができ，**リスト8-1-1**ではそのようにしていますが，ソフトウェアによる10ms程度のディレイ・タイマでも問題ありません．書き込み後に正しく書き込めたかベリファイするのを忘れないでください．

読み出しはコマンド"110"に続き，6ビットのアドレスを送り，その後クロックに同期して出力されるデータを順次取り込みます．

リスト8-1-1のプログラムは，93LC46Bを使用した書き込み/読み出しのルーチンです．書き込み/読み出しの関数として以下のものを作成しました．

- 書き込み有効指定　　`void EE93C46WRenable( void )`
- データ書き込み　　　`void EEWR93C46( unsigned int addr,unsigned int dat )`
- データ読み出し　　　`unsigned int EERD93C46( unsigned int addr )`

リスト8-1-1①　93LC46Bの書き込み/読み出しルーチン［MA224 + MA234，PIC18F452（10MHz），C18コンパイラ］

```c
#include <p18f452.h>
#include <delays.h>

#define    EECS   LATBbits.LATB3
#define    EECLK  LATCbits.LATC3
#define    EEDI   PORTCbits.RC4
#define    EEDO   LATCbits.LATC5

void EE93C46WRenable( void )
{
    unsigned char n=0;
    unsigned int val=0x9800;

    EECS = 1;
    for (n=0;n<9;n++) {
        if((val & 0x8000) != 0) EEDO = 1;
        else EEDO = 0;
        EECLK = 1;              //out clock
        val <<= 1;              //shift data
        EECLK = 0;
    }
    EECS = 0;
}

void EEWR93C46( unsigned int addr , unsigned int dat )
{
    unsigned char n=0;
    addr &= 0b111111;
    addr |= 0b101000000;

    EECS = 1;
    for (n=0;n<9;n++) {
        if((addr & 0x100) != 0) EEDO = 1;
        else EEDO = 0;
        EECLK = 1;              //out clock
        addr <<= 1;             //shift data
        EECLK = 0;
    }
    for (n=0;n<16;n++) {
        if((dat & 0x8000) != 0) EEDO = 1;
        else EEDO = 0;
        EECLK = 1;              //out clock
        dat <<= 1;              //shift data
        EECLK = 0;
    }
    EECS = 0;
    dat <<= 1;
    EECS = 1;
    while(!EEDI){
        EECLK = 1;              //out clock
        dat <<= 1;              //shift data
        EECLK = 0;
    }
    EECS = 0;
}

unsigned int EERD93C46( unsigned int addr )
{
```

リスト8-1-1②　93LC46Bの書き込み/読み出しルーチン　[MA224＋MA234，PIC18F452 (10MHz)，C18コンパイラ] (つづき)

```c
        unsigned char n=0;
        unsigned int dat=0;

        addr &= 0b111111;
        addr |= 0b110000000;

        EECS = 1;
        for (n=0;n<9;n++) {
            if((addr & 0x100) != 0) EEDO = 1;
            else EEDO = 0;
            EECLK = 1;              //out clock
            addr <<= 1;             //shift data
            EECLK = 0;
        }
        for (n=0;n<16;n++) {
            dat <<= 1;              //shift data
            EECLK = 1;              //out clock
            if(EEDI != 0) dat |= 1; //Get data
            EECLK = 0;
        }
        EECS = 0;
        return(dat);
}
void main (void)
{
    unsigned int a[10];

    TRISC = 0b10010011;
    TRISB = 0b11110000;
    TRISD = 0;

    while(1) {

        EE93C46WRenable();        //enable
        EEWR93C46( 0,0xA55A );    //write
        EEWR93C46( 5,0x1122 );
        EEWR93C46( 10,0xF55F );
        a[0] = EERD93C46( 0 );    //read
        a[1] = EERD93C46( 5 );
        a[2] = EERD93C46( 9 );
        a[3] = EERD93C46( 10 );
        a[0] += 0;
        Delay10KTCYx(10);

    }
}
```

8-2 4Kビット・シリアルEEPROM 24LC04のI²Cインターフェース

■ 24LCシリーズ

I²Cを採用したシリアルEEPROMは2本のI/Oピンで制御可能なことからマイコンに最適です．**図8-2-1**にピン配置，**表8-2-1**に24LCシリーズのメモリ容量を示します．マイクロチップ・テクノロジー社の製品では最大1Mビットまでラインアップがそろっています．I²Cタイプの欠点は，ソフトウェアが複雑になる点ですが，PICマイコンの内蔵ハードウェア・ロジックとCコンパイラの組み込み関数を使えば，比較的簡単に利用できます．動作電圧は2.2～5Vで，通信速度は最大400kbpsです．

■ リード・ライト・シーケンス

I²C通信フォーマットを**図8-2-2**に示します．

書き込みはスタート・シーケンスに続いてデバイス・アドレス"1010nnn"を送ります．"nnn"は外部から与えるデバイス選択番号です．1ビットのライト・モードの指示を送り，その後8ビット・アドレスと8ビット・データを送り，最後にストップ・シーケンスを実行して終了します．

読み出しはスタート・シーケンスに続いて，書き込み同様にデバイス・アドレスを送り，1ビットのライト・モードの後，8ビット・アドレスを送ります．次にスタート・シーケンスとデバイス・アドレスを再び送り，1ビットの読み出しビットを与えてリード・モードに切り替えます．データ・ラインが出力に

図8-2-1 4Kビット・シリアルEEPROM 24LC04のピン配置

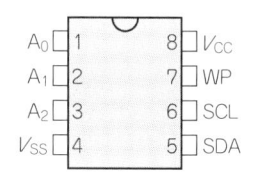

表8-2-1 シリアルEEPROM 24LCシリーズのメモリ容量

型名	容量[ビット]	容量[バイト]
24LC00	128	16
24LC01	1K	32
24LC02	2K	64
24LC04	4K	128
24LC08	8K	256
24LC16	16K	512
24LC32	32K	1K
24LC64	64K	2K
24LC128	128K	4K
24LC256	256K	8K
24LC512	512K	16K
24LC1025	1M	32K

| S | デバイス・アドレス | W | アドレス | データ | P |

(a) データ書き込み

| S | デバイス・アドレス | W | アドレス | S | デバイス・アドレス | R | データ | P |

(b) データ読み出し

S：スタート・シーケンス，P：ストップ・シーケンス，W：ライト・ビット，R：リード・ビット

図8-2-2 24LC04のI²Cインターフェースのフォーマット

切り替わり，8ビット・データを出力するので，これを読み取ります．最後にストップ・シーケンスを実行し終了します．

■ 回路とプログラム

図8-2-3が回路例です．24LC04へのリード/ライト関数として以下を作成しました．
- データ書き込み　void WR24c04(unsigned char EEad,unsigned char EEdat)
- データ読み出し　unsigned char RD24c04(unsigned char EEad)

データ書き込み関数は書き込み終了を確認せず，単純な時間遅延で書き込み時間を確保しています．なお，書き込み後に正しく書けたか忘れずにベリファイしてください．

リスト8-2-1のプログラムは，16ビット・データを一気に書き込み，それを連続的に読み出してポートDに接続された8ビットのLEDに表示するループを繰り返します．これにより書き込まれたデータ内容を

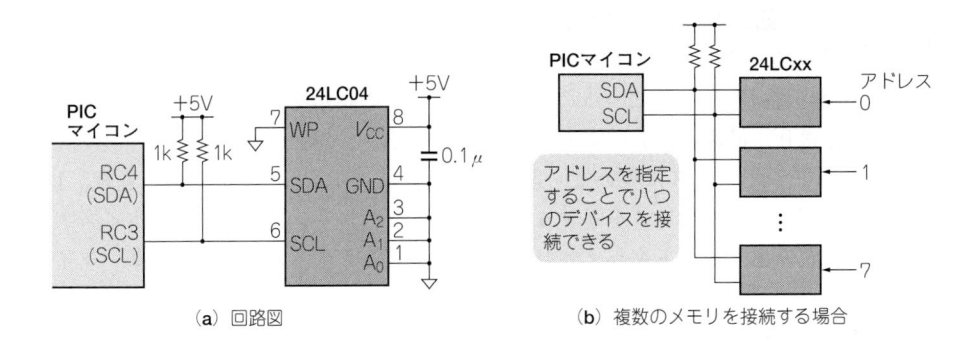

(a) 回路図　　　　　**(b) 複数のメモリを接続する場合**

図8-2-3　24LC04のインターフェース回路

リスト8-2-1①　24LCシリーズを読み書きするプログラム（自作の関数を使用）[MA224＋MA234，PIC18F452(10MHz)，C18コンパイラ]

```
#include <p18f452.h>
#include <delays.h>
#include <i2c.h>
#include <usart.h>

//Memory Write------------------------
void WR24c04(unsigned char EEad , unsigned char EEdat)
{
    StartI2C();             //Send start
    Delay10TCYx(10);
    WriteI2C(0b10100000);   //Out Adder
    Delay10TCYx(10);
    WriteI2C(EEad);         //Write EEaddr
    Delay10TCYx(10);
    WriteI2C(EEdat);        //Write data
    Delay10TCYx(50);
    StopI2C();              //Send stop
}

//Memory Read------------------------
unsigned char RD24c04(unsigned char EEad)
{
```

リスト8-2-1② 24LCシリーズを読み書きするプログラム（自作の関数を使用）[MA224＋MA234，PIC18F452(10MHz)，C18コンパイラ]（つづき）

```c
    unsigned char dat;

    StartI2C();            //Send start
    Delay10TCYx(10);
    WriteI2C(0b10100000); //Out Adder
    Delay10TCYx(10);
    WriteI2C(EEad);        //Write EEAddr
    Delay10TCYx(100);

    RestartI2C();          //Start
    Delay10TCYx(100);
    WriteI2C(0b10100001); //Out Adder
    Delay10TCYx(10);
    dat = ReadI2C();       //Read Tdata L
    Delay10TCYx(10);
    NotAckI2C( );          //Send NAK
    Delay10TCYx(50);
    StopI2C();             //Send stop
    return(dat);
}
void main (void)
{
    char   EEdata = 0;
    char   EEaddr = 0;
    char   n;

    TRISA = 0b111111;
    TRISB = 0b11000000;
    TRISC = 0b10111001;
    TRISD = 0;
    TRISE = 0b000;
    ADCON1 = 0b1110;

    SSPADD = 110;
    SSPCON1 = 0b00101000;
    SSPSTAT = 0b10000000;

    PORTD = 0xFF;
    EEdata = 0x03;
    EEaddr = 0x20;

    for (n=0;n<16;n++) {          //Write loop
        WR24c04(EEaddr,EEdata);
        EEdata++;
        EEaddr++;
        Delay10KTCYx(5);
    }

    while(1){                     //loop
        EEaddr = 0x20;
        for (n=0;n<16;n++) {      //Read loop
            PORTD = RD24c04(EEaddr);
            EEaddr++;
            Delay10KTCYx(200);
        }
    }
}
```

目視確認できます.
　もう一つのプログラム(**リスト8-2-2**)は，C18コンパイラに用意されているEEPROMアクセス専用の関数を使用したものです．動作は**リスト8-2-1**と同一ですが，より簡単に記述できます．下記がEEPROM関係の関数です．

- データ書き込み　　void EEByteWrite (デバイス・アドレス, アドレス, データ);
- 書き込み終了検出　void EEAckPolling (デバイス・アドレス);
- データ読み出し　　unsigned char EERandomRead (デバイス・アドレス, アドレス);

リスト8-2-2　24LCシリーズを読み書きするプログラム(C18コンパイラの組み込み関数を使用)[MA224＋MA234, PIC18F452(10MHz), C18コンパイラ]

```
#include <p18f452.h>
#include <delays.h>
#include <i2c.h>

void main (void)
{
   char   EEdata = 0;
   char   EEaddr = 0;
   char   n;

   TRISA = 0b110011;
   TRISB = 0b11000000;
   TRISC = 0b10011001;         //TRISC3,4=In
   TRISD = 0;
   TRISE = 0b000;
   ADCON1 = 0b1110;
   PORTD = 0;

   OpenI2C(MASTER,SLEW_OFF);
   PIR2bits.BCLIF=0;
   SSPADD = 50;

   PORTD = 0xFF;

   EEdata = 0x23;
   EEaddr = 0x30;

   for (n=0;n<16;n++) {         //Write loop
      EEByteWrite(0xA0,EEaddr,EEdata);
      EEAckPolling(0xA0);
      EEdata++;
      EEaddr++;
      Delay10KTCYx(5);
   }

   while(1){
      EEaddr = 0x30;
      for (n=0;n<16;n++) {    //Read loop
         PORTD = EERandomRead(0xA0,EEaddr);
         EEaddr++;
         Delay10KTCYx(200);
      }
   }
}
```

第8章 Appendix

PICマイコンの
I²Cインターフェースについて

■ 基板上や機器内のIC間を結ぶ2線式インターフェース

I²C (Inter Integrated Circuit) インターフェースはフィリップス社が開発した2線式のIC間通信規格で，マイコンと周辺デバイス間などの通信に使われています．2本の線で通信できることから少ないI/Oピンで済む利点がありますが，プロトコルが複雑でそのぶんソフトウェアに負担がかかります．PIC18Fシリーズは，I²C通信機能をハードウェアで内蔵しているため，ソフトウェアの負担を軽減できますし，C18コンパイラの利用で使いやすくなりました．

■ 通信の概要
● マスタとスレーブ

I²Cは通信を行う2者を「マスタ」と「スレーブ」と呼びます．マスタはすべての通信を支配して，各デバイスに指令を出し，スレーブはマスタの指示に従い，データを受信したり送信したりします．クロック出力はすべてマスタによります．システム的には一つのマスタに対し複数のスレーブが接続可能です．スレーブはアドレス管理により識別されます．I²Cは基本的にマスタ主導のシステムであり，アービトレーションのための信号線もないことから，常にマスタが管理し，クロックもマスタが出力します．基本的には図8-1のような構成で，マスタは一つだけです．

PIC18Fシリーズは，マスタ機能とスレーブ機能の両方を備えているのでPIC同士で通信することも可能です．

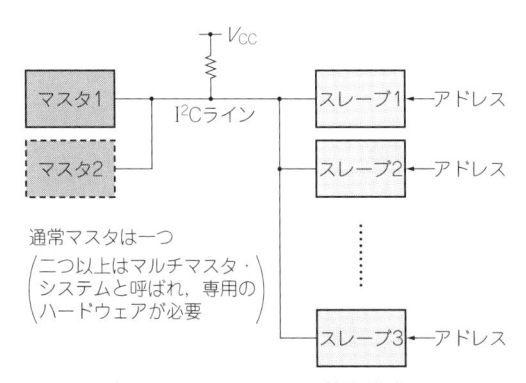

図8-1 I²Cインターフェースの基本構成

● 信号線とシーケンス

　図8-2を見てください．I²Cバスは，SDA（データ）とSCL（クロック）の2本のラインからなり，SCLはスレーブ方向に対し単方向，SDAは双方向です．各ラインはオープン・コレクタ出力でワイヤードOR接続されています．

　I²Cのデータ・フォーマットは次の四つです．図8-3は，これらのタイムチャートです．
　（1）スタート・シーケンスとアドレス・バイト
　（2）リスタート・シーケンスとアドレス・バイト
　（3）送受信双方向データ信号
　（4）ストップ・シーケンス

　通信は，マスタがスタート・シーケンスを実行することによって始まります．すべてのスレーブは受信状態になり，8ビットのアドレス・バイトを受け取ります．アドレスは7ビットで，最後の1ビットがR/$\overline{W}$指定であり，Lレベルならば書き込み指定です．

　書き込みの場合はマスタから8ビットのデータを出力し，読み出しの場合はマスタから出力するクロッ

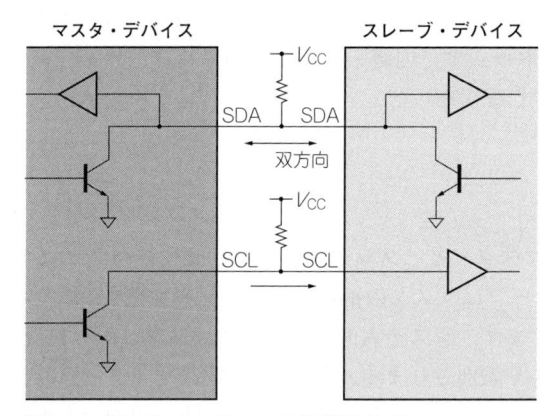

図8-2　I²Cインターフェースの通信ライン

(a) スタート・シーケンス
　　（リスタート・シーケンス）

(b) アドレス・バイトの出力
　　1：NAK
　　0：ACK
　　1：リード
　　0：ライト

(c) データ・バイトの入出力
　　1：NAK
　　0：ACK
　　受信者が送信する

(d) ストップ・シーケンス

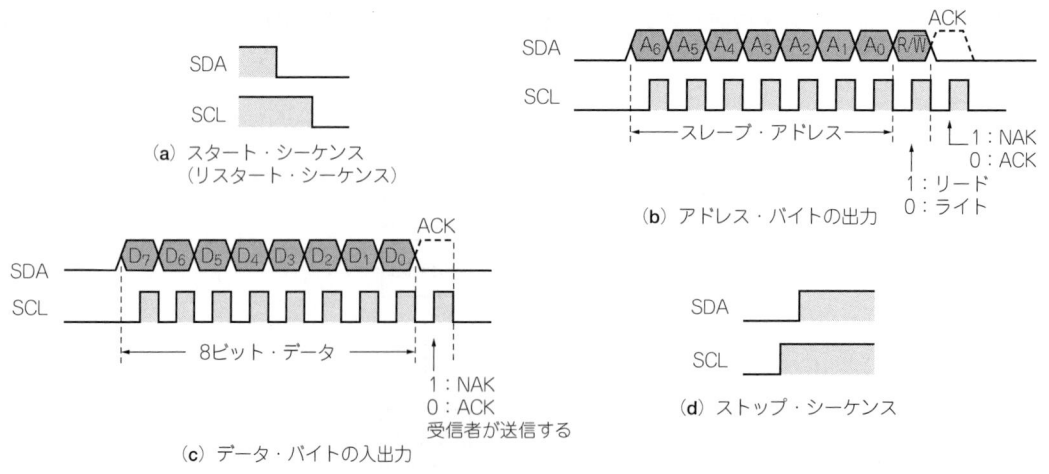

図8-3　I²Cインターフェースのタイムチャート

クに合わせて8ビット・データを出力します．アドレス・バイトとデータ・バイトの各バイト転送では，8ビット・データの次に1ビットのACKビットがあり，それを受信した側がLレベルで8ビット受信を行ったことを送信者に伝えます．ACKが確定しない場合は，すべての通信を中断します．

通信途中で機能(動作)を切り替える場合，マスタは再度スタート・シーケンスを発生させます．これがリスタートです．スタート信号の再送ですからアドレス・バイトも合わせて転送します．すべての通信が完了した場合は，マスタがストップ・シーケンスを発行します．通信を中断する場合もこれを送ります．

■ PICマイコンのI²C機能

I²C機能に切り替えるとSDAがポートRC4，SCLがポートRC3に出力されます．このラインをI²Cに設定すると，オープン・ドレインに切り替わりますからプルアップ抵抗が必要です．またTRISレジスタは必ず入力に設定します．

用意されているレジスタは表8-1のとおりです．また，各レジスタの内容を表8-2〜表8-4にそれぞれ示します．SSPSTATは，通信のステータスを示すレジスタです．SSPCON1とSSPCON2は機能設定のためのレジスタです．SSPBUFはデータを送受信するレジスタです．

SSPADDはスレーブ・モードの場合にマイ・アドレスを指定しますが，マスタ・モードでは通信レートの設定になります．設定される通信速度にはシステム・クロックの分周比を設定します．10MHzクロックで通信速度100kbpsならば設定は24(18h)です．

表8-1 PICマイコンに内蔵されているI²C関係のレジスタ

レジスタ名	説明
SSPSTAT	ステータス・レジスタ
SSPCON1	機能設定レジスタ
SSPCON2	機能設定拡張レジスタ
SSPADD	スレーブ・アドレス指定，クロック・レート指定
SSPBUF	データ・バッファ

表8-2 SSPTATレジスタの内容

ビット	名称	説明
7	SMP	速度指定 0：高速モード(400kbps，スルー・レート制御を行う) 1：標準モード(100kbps)
6	CKE	入力レベル設定 0：I²C仕様に準拠する入力レベル 1：SMBUS仕様に準拠する入力レベル
5	D/$\overline{A}$	データ／アドレス・ビット 0：送受信最終バイトがアドレス・バイト 1：送受信最終バイトがデータ・バイト
4	P	ストップ・シーケンスの検出(0：なし，1：あり)
3	S	スタート・シーケンスの検出(0：なし，1：あり)
2	R/$\overline{W}$	R/$\overline{W}$ビット情報(0：ライト，1：リード)
1	UA	アップデート・アドレス(10ビットのみ) 0：アドレス更新の必要なし 1：SSPADDレジスタのアドレスを更新
0	BF	バッファ・フル・ステータス・ビット 受信時　0：受信中(SSPBUFは空)，1：受信完了(SSPBUFはフル) 送信時　0：送信完了(SSPBUFは空)，1：送信中(SSPBUFはフル)

C18コンパイラにはI²C関係の組み込み関数として下記が含まれています．
- スタート信号の出力　　`StartI2C()`
- ストップ信号の出力　　`StopI2C()`
- データの送り出し　　　`WriteI2C(n)`
- データの読み出し　　　`ReadI2C()`
- ACK信号の出力　　　　`AckI2C()`
- NAK信号の出力　　　　`NotAckI2C()`

表8-3　SSPCON1レジスタの内容

ビット	名称	説明
7	WCOL	I²Cバス衝突検出（1：衝突，0：なし）
6	SSPOV	受信オーバ・ライト・フラグ （1：受信データがオーバ・ライトされた，0：なし）
5	SSPEN	同期シリアル・ポート・イネーブル （1：I/Oはシリアル同期通信モード，0：通常モード）
4	CKP	クロック極性選択 （1：通常クロック，0：クロック0に保持・クロック・ストレッチ）
3	SSPM3	同期シリアル・モード選択 0110：7ビット・アドレス 0111：10ビット・アドレス 1000：マスタ・モード 1011：I²Cスタート・ストップ割り込み 1110：I²Cスタート・ストップ割り込み＋7ビット・アドレス 1111：I²Cスタート・ストップ割り込み＋10ビット・アドレス
2	SSPM2	
1	SSPM1	
0	SSPM0	

表8-4　SSPCON2レジスタの内容

ビット	名称	説明
7	GCEN	ゼネラル・コール・イネーブル・ビット 0：ゼネラル・コール・アドレスは発生させない 1：ゼネラル・コール・アドレス受信割り込み発生
6	ACKSTAT	アクノリッジ・ステータス・ビット 0：ACKビットをスレーブから受信した 1：受信なし
5	ACKDT	受信応答データ・ビット 0：ACKビットをスレーブから受信した 1：受信なし
4	ACKEN	アクノリッジ・シーケンス・イネーブル・ビット 0：ACKシーケンスがアイドル状態にある 1：ACKを送出する
3	RCEN	受信イネーブル・ビット 0：受信がアイドル中 1：I²C受信モードを動作させる
2	PEN	ストップ・コンディション・イネーブル・ビット 0：ストップ状態がアイドル中 1：ストップ信号を送出する
1	RSEN	リスタート・コンディション・イネーブル・ビット 0：繰り返しスタート状態がアイドル中 1：繰り返しスタート信号を送出する
0	SEN	スタート・コンディション・イネーブル・ビット 0：スタート状態がアイドル中 1：スタート信号を送出する

第9章

非同期シリアル，パラレル，CAN，USB，Ethernetなど

周辺機器との通信系インターフェース

外付け周辺機器やパソコンとの通信には，しばしば非同期シリアル・インターフェースが使われます．プリンタの接続はUSBやLAN経由が主流になりましたが，マイコンで制御するにはパラレル・インターフェースが手軽です．今やポピュラなUSB経由で接続したいこともあるでしょう．本章では，周辺機器との通信に使うインターフェースについて説明します．

9-1 非同期シリアル・インターフェース

■ 非同期シリアル伝送とは
● 一定時間間隔で直列に送る

これは複数のデータを直列（シリアル）に伝送する方式の一つです．非同期シリアル通信は歴史が長く，いわばモールス信号を文字コードに置き換えたようなものです．初期には，タイプライタのような機械（テレプリンタ，テレタイプ）で接点のON/OFFにより文字コードを伝送していました．1970年代に入ると，テレタイプがコンピュータ端末にも応用され，文字コードとしてASCIIコードが採用されて，現在に至っています．

一方，並列に送る方法は「パラレル伝送」と呼ばれ，たとえば8ビット・データを8本の信号線を使って一度に送ります．

初期のテレタイプは電信線に接続して使われました．電信線は2本の線しかないため，一度に8ビット・データを送ることは不可能です．そこで，8ビット・データを1ビットごとに一定時間間隔で順番に（直列に）伝送する「シリアル伝送」が採用されました．

● 非同期シリアル伝送の同期方法

シリアル伝送には同期型と非同期型があります．本章で説明する非同期型は「調歩同期」とも呼ばれ，1ビットの伝送時間を規定し，スタート・ビットとストップ・ビットを使って送受信の同期を図る方式です．

図9-1-1を見てください．送り手は自由に送信を開始するため，受け手はいつデータを取り込んだらよいかがわかりません．そこで送り手は，8ビット・データの先頭にスタート・ビットを付け，最後にストップ・ビットを付けた10ビット長のデータを決められた時間間隔で出力します．受け手は，常にスタート・ビットを監視し，スタート・ビットが来たら送信側と同一の速度でデータを取り込みます．

なお，伝送エラーを検出するため，データに上位1ビットを追加して，パリティ・ビットとする場合があります．アルファベットの伝送には7ビット・データで十分なので，7ビット・データ＋パリティが一

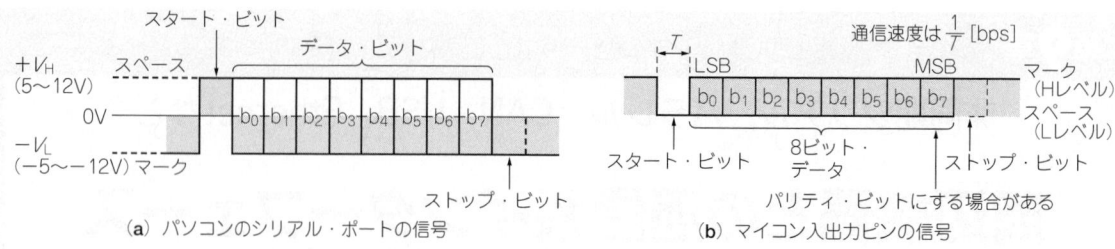

図9-1-1　パソコンのシリアル・ポートの信号

(a) パソコンのシリアル・ポートの信号

(b) マイコン入出力ピンの信号

表9-1-1 ASCIIコード

下位4ビット (hex)	上位3ビット							
	0	1	2	3	4	5	6	7
0	NUL	DLE	スペース	0	@	P	`	p
1	SOH	DC1	!	1	A	Q	a	q
2	STX	DC2	"	2	B	R	b	r
3	ETX	DC3	#	3	C	S	c	s
4	EOT	DC4	$	4	D	T	d	t
5	ENQ	NAK	%	5	E	U	e	u
6	ACK	SYN	&	6	F	V	f	v
7	BEL	ETB	'	7	G	W	g	w
8	BS	CAN	(	8	H	X	h	x
9	HT	EM	)	9	I	Y	i	y
A	LF	SUB	*	:	J	Z	j	z
B	VT	ESC	+	;	K	[	k	{
C	FF	FS	,	<	L	\(¥)	l	|
D	CR	GS	-	=	M	]	m	}
E	SO	RS	.	>	N	^	n	~
F	SI	US	/	?	O	_	o	DEL

つのスタイルになっています．7ビット・データは，ASCIIコードで表現するならわしです．日本ではカタカナを取り扱う関係から，8ビット・データでパリティなしが主流です．カタカナを含む8ビット・コードは，ASCIIコードを拡張したJISコードとして規格化されています．

■ **ASCIIコード**

　伝送される文字は通常ASCIIコードと呼ばれる文字を数値に対応づけたコード(**表9-1-1**)を使用します．ASCIIコードは英数文字に対応し，カタカナは別途JISコードで規定されています．ASCIIコードで数字は30h台に，アルファベットは41hからそれぞれ割り当てられています．また，00～1Fhは制御コードで，その意味を**表9-1-2**に示します．

■ **RS-232-C, EIA-232-F, EIA-574**
● 信号割り当てなど
　電信は電話へと発展し，非同期シリアル通信を電話回線を通じて行うための装置としてモデムが登場しました．シリアル通信の規格は，モデムと端末(テレタイプ)によるインターフェースを受け継いでいます．RS-232-Cという規格は1969年に当時のEIA(米国電子工業会)が制定した古いもので，モデムと端末機器

表9-1-2 ASCIIコードの制御文字

コード(hex)	記号	意味	備考	コード(hex)	記号	意味	備考
00	NUL	ヌル	何もない状態	10	DLE	データ・リンク拡張	
01	SOH	ヘッダの開始		11	DC1	装置制御1	XON
02	STX	本文の開始		12	DC2	装置制御2	
03	ETX	本文の終了		13	DC3	装置制御3	XOFF
04	EOT	伝送終了		14	DC4	装置制御4	
05	ENQ	問い合わせ	電文は届いたか？	15	NAK	否定応答	いいえ
06	ACK	肯定応答	はい	16	SYN	同期文字	
07	BEL	ベル		17	ETB	伝送ブロックの終了	
08	BS	1文字戻る		18	CAN	キャンセル	
09	HT	水平タブ		19	EM	エンド・オブ・メディア	
0A	LF	行送り		1A	SUB	置換文字	
0B	VT	垂直タブ		1B	ESC	エスケープ	中断，破棄
0C	FF	用紙フィード	画面消去に使われる	1C	FS	ファイル・セパレータ	
0D	CR	改行	1行の終わりを表す	1D	GS	グループ・セパレータ	
0E	SO	シフト・アウト		1E	RS	レコード・セパレータ	
0F	SI	シフト・イン		1F	US	ユニット・セパレータ	

のインターフェースを定めた規格です．その後，少しの変遷を経て現在のANSI/TIA/EIA-232-F（1997年制定）に受け継がれています．その信号名とピン配置を表9-1-3と図9-1-2(a)に示します．EIA-232-Fは25ピンDサブ・コネクタを使うものが一般的ですが，それ以外のものも規格化されています．なお，実際のモデム装置では，EIA-232-F規格のすべての信号が使われているわけではありません．

現在のパソコンで主流のシリアル・ポートは，9ピンDサブ・コネクタを使い，用途を非同期シリアル通信に限定したEIA-574（1990年制定）です．表9-1-4と図9-1-2(b)が信号名とピン配置です．

● DTE，DCE

パソコン側はDサブ・コネクタのオス・コネクタで出力され，信号割り当てはDTE（Data Terminal Equipment）定義です．パソコンはホスト・コンピュータから見るとDTE，モデム装置はDCE（Data Circuit Terminating Equipment）と呼ばれます．同じ信号名でも，DTE型とDCE側では入出力方向が逆であることに気をつけてください．

図9-1-3のようにDTEとDCEを接続するときは1対1のストレート結線されたケーブル，DTEどうしを接続するときはクロス・ケーブルを使用します．パソコンに接続する機器を製作する場合は，機器をDCE定義としてストレート・ケーブルで接続できるようにするとよいでしょう．

● 信号レベルの概要

信号は図9-1-4のように正負の電圧に変化します．送信端ではデータ"1"を－5〜－15V，データ"0"を＋5〜15Vで出力します．受信端では－3〜－15Vの信号をデータ"1"と判定し，＋3〜＋5Vの信号をデータ"0"と判定します．同様に制御信号のON/OFF状態も図のように送り出し判定します．なお，歴史的な経緯からデータ"1"の状態を「マーク」，データ"0"の状態を「スペース」と呼ぶこともあります．

現在のパソコンのシリアル・ポートの信号レベルは，EIA-232を意識したものですが，必ずしも規格通りではありません．また，現在のパソコンのシリアル・ポートに関する規格EIA-574は，コネクタ形状とピンの信号割り当てを定めただけで，電気的特性を定めていません．このため現実のシリアル・ポートの電圧レベルや伝送能力は，パソコンによって少し異なります．

表9-1-3　EIA-232-F（旧RS-232-C）の信号名と25ピンDサブ・コネクタのピン割り当て

ピン番号	EIA-232-F 回路名	EIA-232-F 通称	RS-232-C 回路名	RS-232-C 通称	入出力(DTE)	入出力(DCE)	信号の意味	説明
1	−	Shield	AA	PG	−	−	Shield（Protective Ground）	シールド（保安接地）
2	BA	TXD	BA	TXD	O	I	Transmitted Data	送信データ
3	BB	RXD	BB	RXD	I	O	Received Data	受信データ
4	CA/CJ	RTS	CA	RTS	O/O	I/I	Request to Send/Ready for Receiving	送信リクエスト
5	CB	CTS	CB	CTS	I	O	Clear to Send	送信可
6	CC	DSR	CC	DSR	I	O	DCE Ready（Data Set Ready）	データ通信装置レディ
7	AB	SG	AB	SG	−	−	Signal Common（Signal Ground）	信号コモン（信号接地）
8	CF	DCD	CF	DCD	I	O	Received Line Signal Detector（Data Carrier Detected）	キャリア検出
9	−	−	−	−	−	−	−	（試験用に予約）
10	−	−	−	−	−	−	−	（試験用に予約）
11	−	−	−	−	−	−	−	（未割り当て）
12	SCF/CI	−	SCF	−	I/I	O/O	Secondary Received Line Signal Detector/Data Signal Rate Selector	2次チャネルの受信ライン信号検出／データ信号レート・セレクタ
13	SCB	−	SCB	−	I	O	Secondary Clear to Send	2次チャネルの送信可
14	SBA	−	SBA	−	O	I	Secondary Transmitted Data	2次チャネルの送信データ
15	DB	TXC2	DB	TXC2	I	O	Transmitter Signal Element Timing-2	送信信号エレメント・タイミング2
16	SBB	−	SBB	−	I	O	Secondary Received Data	2次チャネルの受信データ
17	DD	RXC	DD	RXC	I	O	Receiver Signal Element Timing	受信信号エレメント・タイミング
18	LL	−	−	−	O	I	Local Loopback	ローカル・ループバック
19	SCA	−	SCA	−	O	I	Secondary Request to Send	2次チャネルの送信リクエスト
20	CD	DTR	CD	DTR	O	I	DTE Ready（Data Terminal Ready）	データ端末装置レディ
21	RL/CG	−	CG	−	O/I	I/O	Remote Loopback/Signal Quality Detector	リモート・ループバック／信号品質検出
22	CE/CK	RI	CE	RI	I/I	O/O	Ring Indicator/Received Energy Present	被呼表示／受信エネルギ存在
23	CH/CI	−	CH/CI	−	O/I	I/O	Data Signal Rate Selector	データ信号レート・セレクタ
24	DA	TXC1	DA	TXC1	O	I	Transmitter Signal Element Timing-1	送信信号エレメント・タイミング1
25	TM	−	−	−	I	O	Test Mode	テスト・モード

注▶ DTE：Data Terminal Equipment（パソコンなど），DCE：Data Communication Equipment（モデムなど）

表9-1-4　EIA-574の信号名とピン割り当て

ピン番号	信号名（2文字の通称）	信号名（3文字の通称）	入出力(DTE)	入出力(DCE)	信号の意味	説明
1	CD	DCD	I	O	Carrier Detect（Data Carrier Detected）	キャリア検出
2	RD	RXD	I	O	Received Data	受信データ
3	TD	TXD	O	I	Transmitted Data	送信データ
4	ER	DTR	O	I	DTE Ready（Data Terminal Ready）	データ端末装置レディ
5	SG	GND	−	−	Signal Common（Ground）	信号コモン
6	DR	DSR	I	O	DCE Ready（Data Set Ready）	データ通信装置レディ
7	RS	RTS	O	I	Request to Send	送信リクエスト
8	CS	CTS	I	O	Clear to Send	送信可
9	RI	RI	I	O	Ring Indicator	被呼表示

注▶ DTE：Data Terminal Equipment（パソコンなど），DCE：Data Communication Equipment（モデムなど）

　マイコンからの出力は0～＋3Vまたは0～＋5V程度ですから，正負にスイングするパソコン用シリアル・ポートの信号を作るには，なんらかのインターフェースが必要になります．

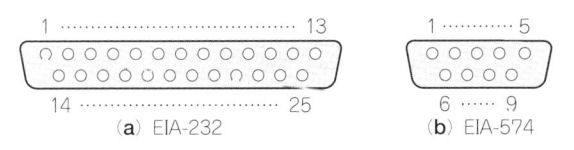

図9-1-2⁽¹⁾　シリアル・ポートのコネクタのピン配置

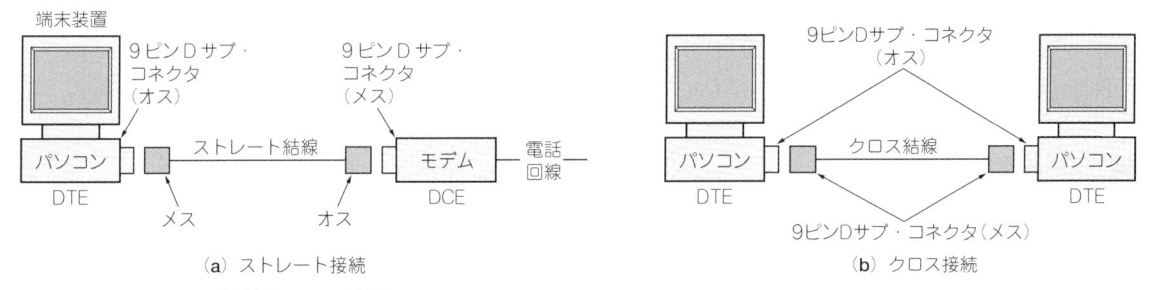

図9-1-3　ストレート接続とクロス接続

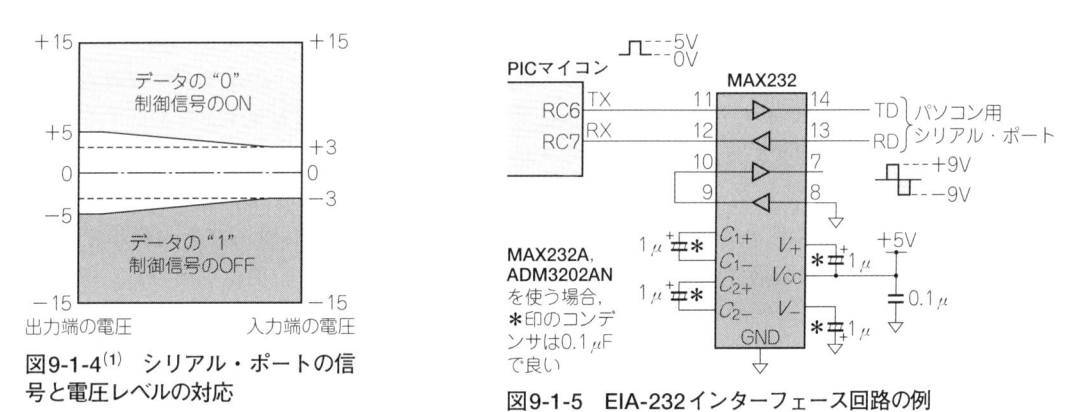

図9-1-4⁽¹⁾　シリアル・ポートの信号と電圧レベルの対応

図9-1-5　EIA-232インターフェース回路の例

現在では，正電源を供給するだけで正負にスイングする信号を生成できる便利なICがあります．

図9-1-5にEIA-232インターフェース回路の例を示します．マキシム社のMAX232は5V単電源で使用できるICです．MAX232Aやアナログ・デバイセズ社のADM3202はMAX232と同じピン配列ですがDC-DC用のコンデンサが0.1μFと少なくて済みます．ADM3202は3V単電源でも動作しますが，出力レベルは±5Vと少なめです．

● 制御信号とハンドシェイク

シリアル・ポートには，データ信号（TD，RD）のほかに，モデム制御のための信号があります．パソコンとモデム間のデータ送受信のためのハンドシェイクには，主に表9-1-5に示す信号が使われます．

端末（パソコン）の動作準備ができたらER信号をONし，これに対しモデム側はDR信号をONします．これによってお互いの装置の電源が通電状態で，通信準備が整ったことがわかります．次に端末はRS信号をONしてデータを送信するよう要求します．モデム側はCS信号をONしてデータの到来を待ちます．この状態でお互いデータのやりとりが可能です．

端末が処理の都合でデータを受信できなくなった場合はRS信号をOFFします．同様にCS信号がONされないときはデータの送出を直ちに中断します．制御線は大体このように動作し，データが安定にやり取

りされるように補助しています．

　マイコンでシリアル・インターフェースを扱う場合は，パソコンとのデータ通信の手段として利用することが多いため，データ・ライン(TDとRD)だけを使用して3本の線でインターフェースすることがほとんどです．この場合，パソコン側では図9-1-6のように，RSとCS，ERとDRをそれぞれショートして，制御線を自身へループバックさせて，パソコンには相手側(マイコン)を常にレディ状態と判断させます．この場合，制御信号によるハンドシェイクができないので，フロー制御にはXONおよびXOFFと呼ばれるコードを使います．モデム側はXOFF(13h)コードで端末からの送り出しを停止し，XON(11h)コードで再開するというしくみです．

■ EIA-422

　EIA-232相当のシリアル・インターフェースは，特性上10m程度しか伝送できませんし，伝送速度もあまり早くはできません．この性能を改善した規格としてEIA-422(旧称RS-422)があります．EIA-422は正負電源が不要で，電流駆動により伝送距離を最大1kmまで延ばすことができます．また，EIA-422は平衡伝送のため，1信号あたり2本の線が必要ですが，同相ノイズの混入に対して安定です．なお，送受信端に終端抵抗を必要とします．

　EIA-485(旧称RS-485)は，EIA-422と同等と考えてかまいませんが，1本のラインに複数の端末が接続されるパーティ・ライン(マルチ・ドロップ)接続を考慮した規格です．出力ラインを共有することから，ドライバはハイ・インピーダンスになり衝突を防ぐ構造になっています．

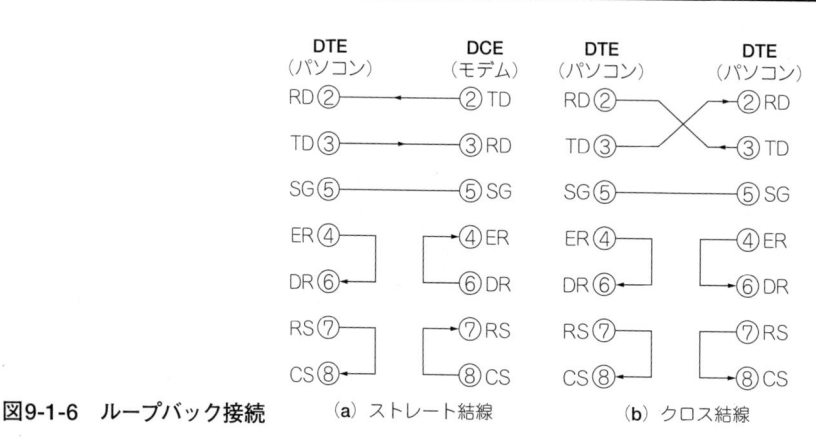

　図9-1-7はEIA-422のインターフェース回路例です．伝送路の送端と受端には100Ωの終端抵抗を取り付けて反射による信号の乱れを吸収します．SN751178はドライバをレシーバを内蔵しており，マイコン・インターフェースに最適です．ほかには送信専用のトランスミッタ，受信専用のレシーバとして，テ

表9-1-5　制御信号とその説明

信号名 (2文字の通称)	信号名 (3文字の通称)	入出力 (DTE)	入出力 (DCE)	説明
ER	DTR	O	I	端末装置がデータを送受信可能な状態である(レディ)
DR	DSR	I	O	モデム装置がデータを送受信可能な状態である(レディ)
RS	RTS	O	I	端末装置からモデム装置への送信要求(リクエスト)
CS	CTS	I	O	モデム装置から端末装置への送信許可(クリア)

図9-1-6　ループバック接続　　(a) ストレート結線　　(b) クロス結線

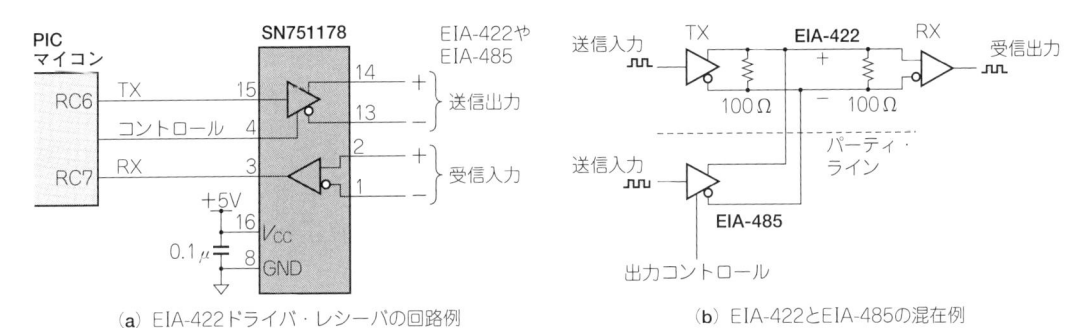

(a) EIA-422ドライバ・レシーバの回路例

(b) EIA-422とEIA-485の混在例

図9-1-7 EIA-422のインターフェース回路例

キサスインスツルメンツ社のSN75178/179やAMD社のAM26LS31/33があります．

◆引用文献◆
(1) 吉田 功；シリアル・ポートの機能と応用，トランジスタ技術1995年10月号，pp.240～247，CQ出版㈱．

9-2 ソフトウェアによる非同期シリアル・インターフェース

■ ソフトウェアでUART機能を実現する

マイコンの処理能力に余裕があるなら，UART機能をソフトウェアで実現できます．PICマイコンの場合，アセンブラなら9600bpsでも動作できますが，Cコンパイラだと動作速度が確定しないため2400bps程度が安全だと思います．また，通信中に割り込み処理や他の処理が入ると通信に障害が出ますから，マイコンは通信処理に専念できる状態でなければなりません．

図9-2-1は2400bpsの非同期シリアル通信のタイムチャートです．

■ プログラム

回路は前節の図9-1-5の通りです．以下，リスト9-2-1に示すプログラムの動作を簡単に説明します．

● 送信

処理内容は，ボー・レートのタイミングに応じてデータをLSBから順にポートへ出力するだけですから簡単です．プログラムは2400bpsの通信速度をターゲットとしましたから1ビットの時間は417 μs です．クロック10MHzのPICマイコンを使ったので，1命令400nsですから，1042命令を実行することでこの時

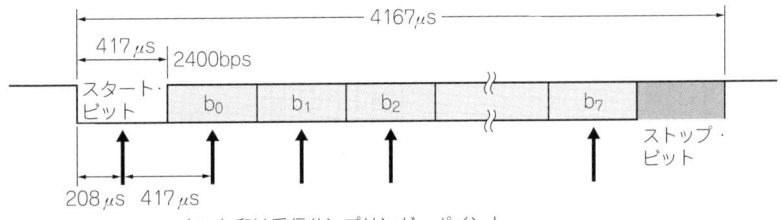

図9-2-1 2400bpsの非同期シリアル通信のタイムチャート

間を作っています．データの手前でスタート・ビットをLレベルで出力し，ビット0（b_0）のLSBからデータを送り，最後にストップ・ビットをHレベルで1ビットぶん出力します．

● 受信

まずポーリング処理でスタート・ビットの立ち下がりエッジを検出します．このエッジを正確に見つけなければ正しい読み出しができません．エッジの検出点が実際のエッジから大きく遅れると，正しく受信できなくなります．エッジ検出後，ボー・レートの半分の時間である208 μs待ち，データ・ビット幅の中

リスト9-2-1　ソフトウェアUARTによる非同期シリアル通信のプログラム例 [MA224, PIC18F452（10MHz），C18コンパイラ]

```
#include <p18f452.h>
#include <delays.h>

#define TXbit    LATCbits.LATC6
#define RXbit    PORTCbits.RC7

void TXCOMC(unsigned char chr)
{
   unsigned char n=0;

   TXbit = 0;              //start bit
   Delay10TCYx(104);

   for (n=0;n<8;n++) {     //8data
      if(chr & 1) TXbit = 1;
      else TXbit = 0;
      chr >>= 1;           //shift data
      Delay10TCYx(103);
   }
   TXbit = 1;              //stop bit
   Delay10TCYx(104);
}
unsigned char RXCOMC(void)
{
   unsigned char n=0;
   unsigned char val=0;

   while(RXbit);           //start bit
   Delay10TCYx(52);

   for (n=0;n<8;n++) {     //8data
      Delay10TCYx(104);
      val >>= 1;           //shift data
      val |= PORTC & 0x80; //get
   }
   return(val);
}

void main(void)
{
   TRISC = 0b10010111;
   TRISB = 0b11101111;
   TXbit = 1;
   TRISD = 0;
   PORTD = 0;
   Delay10KTCYx(10);

   TXCOMC('A');
   TXCOMC('B');
   TXCOMC('C');
   Delay10KTCYx(10);

   while(1)
   {
      PORTD = RXCOMC();    //RCV
      TXCOMC(PORTD);       //ECHO
   }
}
```

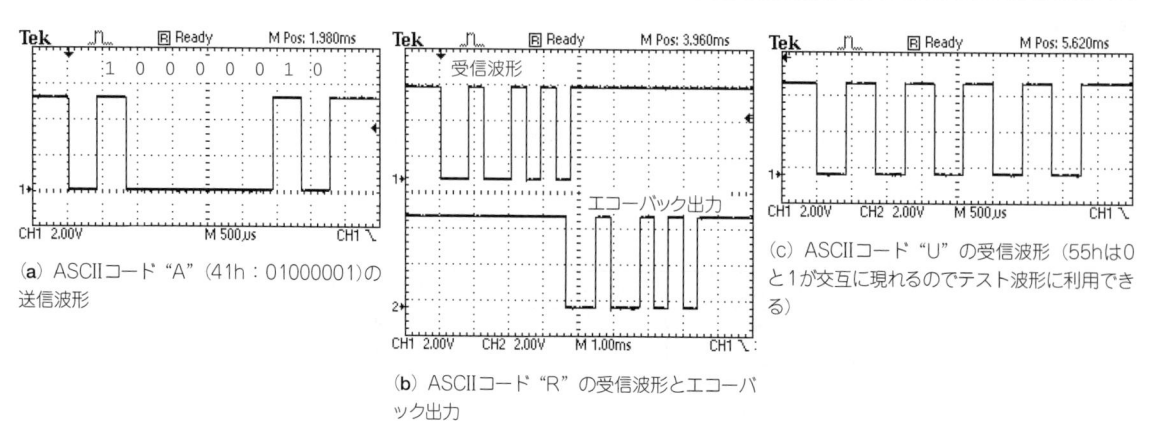

(a) ASCIIコード "A"（41h：01000001）の送信波形

(b) ASCIIコード "R" の受信波形とエコーバック出力

(c) ASCIIコード "U" の受信波形（55hは0と1が交互に現れるのでテスト波形に利用できる）

図9-2-2　ソフトウェアUARTによる非同期シリアル通信の動作波形

心にサンプリング・ポイントを合わせます．そこから1ビット・セル時間ごとに8ビットのデータを読み取り，メモリにシフト・インすることで信号を取り込みます．

送受信の関数は以下の二つにまとめました．
- 1文字送信　`void TXCOMC(unsigned char chr)`
- 1文字受信　`unsigned char RXCOMC(void)`

● 動作確認

図9-2-2は動作波形です．ハイパー・ターミナルを接続して通信テストします．はじめに"ABC"の文字を送った後，エコー・バックのループに入り，文字を受信するたびにその文字をすぐに送信します．エコー・バックの送信スタート・ビットのエッジ位置は，最後の受信サンプリング・ポイントを示しているためサンプリング時間の累積エラーを確認できます．

ビット・データの中心点に来ていれば正確です．ポートからテスト・パルスを発生させて受信位置をオシロスコープで確認してみればプログラムの動作をチェックできます．

9-3　非同期シリアル・インターフェースの通信モニタ

■ 通信モニタとは

試作した通信モニタ(写真9-3-1)は，1バイトの文字を受信して，それを16進数で表示する簡単なものです．非同期シリアル・インターフェースの学習用に便利です．

PIC16F627/628は18ピンの小型パッケージでシリアル通信のためのUARTを搭載している数少ないデバイスです．その他コンパレータやタイマ1とタイマ2を実装し，PWM出力機能もあるので，多機能に応用できる便利なチップです．PIC16F88なども同系のデバイスで，さらにハイグレードです．

■ 回路

図9-3-1が回路図です．2桁の7セグメントLEDをダイナミック駆動し，少ないI/Oピン数でドライブしています．LEDドライブ回路を簡単にするため高輝度LEDを使用して電流を15mAと少なめにしています．そのため安価なLEDでは輝度が不足してしまいます．桁ドライブは最大100mAなので，小さなトランジスタで十分です．コレクタ電流が0.2A以上流せるPNPトランジスタなら何でも使えます．

この通信モニタは，パソコンのシリアル・ポートとストレート・ケーブルで接続して使うことを想定しています．そのため9ピンDサブ・コネクタの信号割り当てはDCE(モデム)定義です．たとえばピン2はRDですが，データ出力ピンであることに気をつけてください．

■ プログラム

リスト9-3-1のプログラムは，割り込みを使用しないで，すべてアイドル・ループで処理しています．処理のほとんどは7セグメントLEDの桁ドライブで，MSB側LSB側をアイドル・ループ内でデータを変化させながら一定時間交互に点灯しています．表示データは，表示バッファ(DDATAH, DDATAL)の内容を単純にポートに出力しています．セグメント駆動がポートAとポートBに分かれるため，データを分割して設定するのに手間をかけています．

桁の表示時間を確保しながら通信ラインの監視を行い，データを受信した場合はそのデータをMSBとLSBに分割し，セグメント・データに置き換えて表示バッファに格納します．このプログラムは割り込み

を使用しないでアイドル処理を有効利用する例として参考になるでしょう．

通信速度は4MHzの水晶発振子を使用して9600bpsにセットしていますが，SPBRGレジスタの設定値を変更すれば，ほかのボー・レートにも対応できます．この応用例はPIC16F627/628を使用し，少ないI/Oポートを機能的に利用する一例です．標準TTLロジックICと同程度のサイズである小型PICマイコンを一つの機能デバイスとしてまとめることで，多くのロジックを集積した独自デバイスを実現でき，このことはシステム設計の概念を変える応用です．

このような小型デバイスの開発は，インサーキット・エミュレータ（ICE2000）を利用するのが一番ですが，安価なデバッガ"MPLAB-ICD2"も使えます．しかし，ICD2の接続には2本のI/Oピンを消費するのでピン数の少ない小型デバイスでは不利になります．この場合，アダプタであるAC162053-ICD2 18Pヘッダを使用すると，すべてのピンをI/Oとして使用できます．これはマイクロチップ・テクノロジー社がICD2接続用の2ピンを別に引き出した特別なチップを作り，ICD2でPIC16F627/8が活用できるように作られたアダプタです．

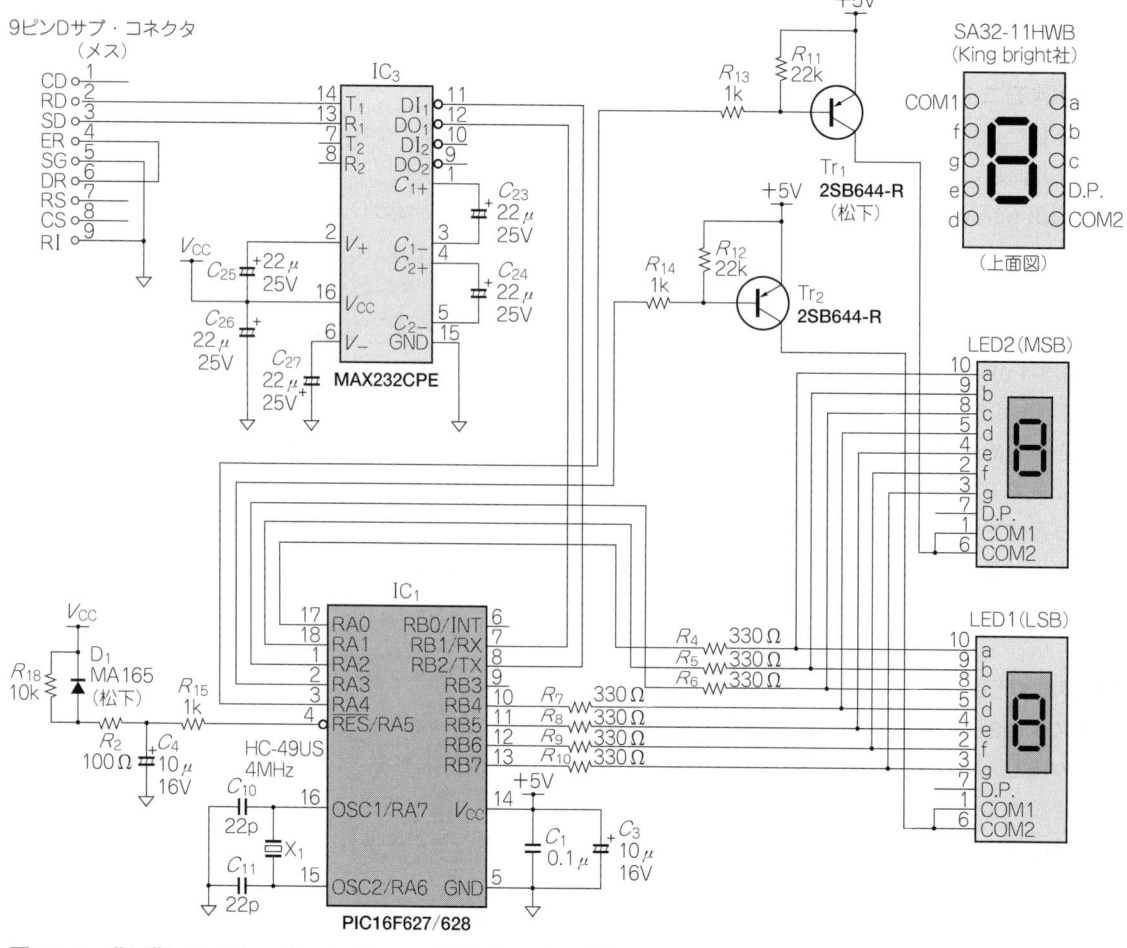

図9-3-1 非同期シリアル・インターフェース用通信モニタの回路図

写真9-3-1 試作した通信モニタ

リスト9-3-1① 非同期シリアル通信モニタ [PIC16F678(4MHz), C18コンパイラ]

```
        TITLE  "SERIAL DATA DISPLAY"
        LIST P=16F628,F-INHX8M,R=DEC

;-----------------------------------------------------
;   シリアル信号を受信しデータを表示する
;   通信フォーマット   9600BPS-8bit-Nonparity-1stop
;-----------------------------------------------------

;-----------------------------------------------------
;   I/Oポートアサイン
;-----------------------------------------------------
;   PA4  IN/OUT   DIGIT MSB
;   PA3  IN/OUT   DIGIT LSB
;   PA2  IN/OUT   Seg C
;   PA1  IN/OUT   Seg B
;   PA0  IN/OUT   Seg A
;
;   PB7  OUT      Seg G
;   PB6  OUT      Seg F
;   PB5  OUT      Seg E
;   PB4  OUT      Seg D
;   PB3  OUT      NC
;   PB2  OUT      TX
;   PB1  OUT      RX
;   PB0  OUT      NC
;-----------------------------------------------------

        include "p16F628.inc"

RPAGE    EQU    5     ;CHANGE PAGE
DSPTMG   EQU    4

DLYH     EQU    H'20' ;
DLYL     EQU    H'21' ;
DDATAH   EQU    H'22' ;
DDATAL   EQU    H'23' ;
SDATAH   EQU    H'24' ;
SDATAL   EQU    H'25' ;
SDATA    EQU    H'26' ;
RCVFG    EQU    H'27' ;


;=====================================================
;   PROGRAM
;=====================================================
START
        MOVLW B'111'            ;
        MOVWF CMCON             ;INIT CMP
        MOVLW B'011000'         ;
        MOVWF PORTA             ;Port clear
        MOVLW B'00000000'       ;
        MOVWF PORTB             ;
        BSF   STATUS,RPAGE      ;RP0=1
        MOVLW B'00000'          ;PA SET
        MOVWF TRISA             ;Port A DIR setup
        MOVLW B'00000010'       ;PB SET
        MOVWF TRISB             ;Port B DIR setup
        BCF   STATUS,RPAGE      ;RP0=0

    ;-----------------------;Init COM
COMINI  BSF   STATUS,RPAGE      ;SEL PAGE1
        MOVLW 25                ;9600bps(OSC=4MHz) 9615bps
        MOVWF SPBRG             ;SET BAUD RATE
        CLRF  TXSTA
        MOVLW B'00100100'
```

リスト9-3-1② 非同期シリアル通信モニタ [PIC16F678(4MHz), C18コンパイラ]

```
                MOVWF   TXSTA               ;TX INIT
                BCF     STATUS,RPAGE        ;SET PAGE0
                CLRF    RCSTA
                MOVLW   B'10010000'
                MOVWF   RCSTA               ;RX INIT
                CLRF    PIR1
                BCF     PIR1,5              ;PIR1-RCIF CLEAR RCV INT
                MOVF    RCREG,W             ;
        ;----------------------;
                MOVLW   2
                MOVWF   PCLATH
                MOVLW   B'00000110'         ;PAT1
                MOVWF   DDATAH
                MOVLW   B'01011011'         ;PAT2
                MOVWF   DDATAL

;-------- Main routine ----------------------

MAIN    ;----------------------;Process of MSB Display
                BSF     PORTA,3             ;Display OFF
                RLF     DDATAH,W            ;Set PB Segment
                XORLW   B'11111111'
                ANDLW   B'11110000'
                MOVWF   PORTB
                MOVF    DDATAH,W            ;Set PA Segment
                XORLW   B'11111111'
                ANDLW   B'111'
                IORLW   B'11000'
                MOVWF   PORTA
                BCF     PORTA,4             ;Display

                MOVLW   DSPTMG              ;Set loop counter
                MOVWF   DLYH
DIGH
                CLRF    DLYL
DIGH1
                CALL    COMIN               ;Test COM
                DECFSZ  DLYL
                GOTO    DIGH1
                DECFSZ  DLYH
                GOTO    DIGH

        ;----------------------;Process of LSB Display
                BSF     PORTA,4             ;Display OFF
                RLF     DDATAL,W            ;Set PB Segment
                XORLW   B'11111111'
                ANDLW   B'11110000'
                MOVWF   PORTB
                MOVF    DDATAL,W            ;Set PA Segment
                XORLW   B'11111111'
                ANDLW   B'111'
                IORLW   B'11000'
                MOVWF   PORTA
                BCF     PORTA,3             ;Display

                MOVLW   DSPTMG
                MOVWF   DLYH
DIGL
                CLRF    DLYL
DIGL1
                CALL    COMIN               ;Test COM
                DECFSZ  DLYL
                GOTO    DIGL1
                DECFSZ  DLYH
                GOTO    DIGL
```

リスト9-3-1③　非同期シリアル通信モニタ［PIC16F678(4MHz)，C18コンパイラ］

```
        GOTO    MAIN            ;Main Loop
;----------------------------------------
;   RS232C Line test
;----------------------------------------
COMIN
        BTFSS   PIR1,5          ;RCIF bit
        GOTO    COMIN9          ;Ret
        BCF     PIR1,5          ;PIR1-RCIF CLEAR RCV INT
        MOVF    RCREG,W         ;Get data
        MOVWF   SDATA
        MOVWF   SDATAH
        CALL    OUTCHR          ;Echo back
        ANDLW   B'1111'
        MOVWF   SDATAL          ;Set low byte
        SWAPF   SDATAH,W
        ANDLW   B'1111'
        MOVWF   SDATAH          ;Set hi byte
        CALL    CNVSEG          ;Get segment patrn
        MOVWF   DDATAH          ;Out DSP data Hi
        MOVF    SDATAL,W
        CALL    CNVSEG          ;Get segment patrn
        MOVWF   DDATAL          ;Set DSP data Low
COMIN9
   RETURN

;----------------------------------------
;   RS232C Line out
;----------------------------------------
OUTCHR
        BSF     STATUS,RPAGE    ;SEL PAGE1
OUTCH1
        BTFSS   TXSTA,1         ;TEST TX FLAG
        GOTO    OUTCH1          ;LOOP
        BCF     STATUS,RPAGE    ;SEL PAGE0
        MOVWF   TXREG           ;SEND DATA
        RETURN

   ORG  H'200'
;----------------------------------------
;   SEGMENT DATA CONVERTER
;   IN :W=ASCII($0-$5F)
;   OUT:W=SEGMENT DATA
;----------------------------------------
CNVSEG  ADDWF   PCL,F
        RETLW   B'00111111'  ;$0 0
        RETLW   B'00000110'  ;$1 1
        RETLW   B'01011011'  ;$2 2
        RETLW   B'01001111'  ;$3 3
        RETLW   B'01100110'  ;$4 4
        RETLW   B'01101101'  ;$5 5
        RETLW   B'01111101'  ;$6 6
        RETLW   B'00100111'  ;$7 7
        RETLW   B'01111111'  ;$8 8
        RETLW   B'01101111'  ;$9 9
        RETLW   B'01110111'  ;$A A
        RETLW   B'01111100'  ;$B B
        RETLW   B'00111001'  ;$C C
        RETLW   B'01011110'  ;$D D
        RETLW   B'01111001'  ;$E E
        RETLW   B'00000000'  ;$F F
        END
```

9-4　プリンタ用パラレル・インターフェース

■ セントロニクス・インターフェース

プリンタ用パラレル・インターフェースとして通称「セントロニクス・インターフェース」といわれる規格があります．これは米国Centronics社のプリンタ・インターフェースが元になったといわれています．各社が，この規格に合わせてプリンタを製造したことから世界的な標準になりました．現在，パソコン用プリンタのインターフェースはUSBが中心ですが，PC/AT互換機のパラレル・ポートの形で残っていますし，小型プリンタではこのインターフェースを搭載しているものがあります．

■ 信号とハンドシェイク

図9-4-1はコネクタの形状と信号のピン割り当てです．プリンタ側はアンフェノール社製の36ピン・コネクタが使われます．PC/AT互換機のパラレル・インターフェースには25ピンDサブ・コネクタが使われます．

図9-4-2は，タイムチャートです．このインターフェースは基本的なハンドシェイク型の8ビット・パラレル・インターフェースです．ハンドシェイク用制御信号として，ストローブ($\overline{STROBE}$)，ビジー(BUSY)，アクノリッジ($\overline{ACK}$)の3本があります．コンピュータ側が8ビットのデータを送り出し，その

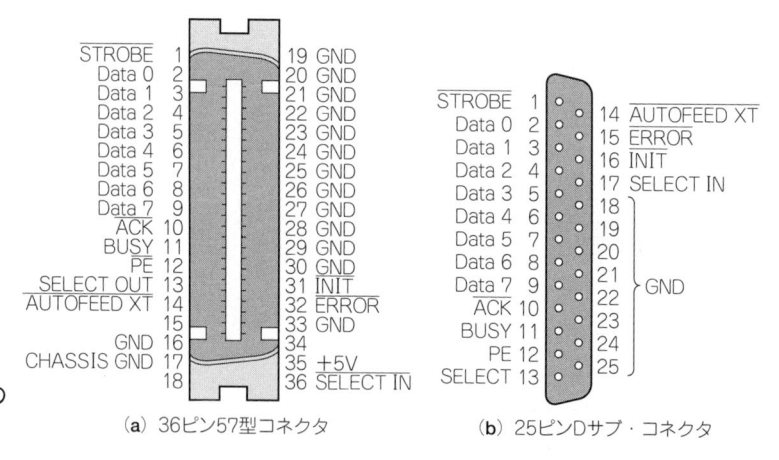

図9-4-1　プリンタ・インターフェースのコネクタ形状と信号割り当て

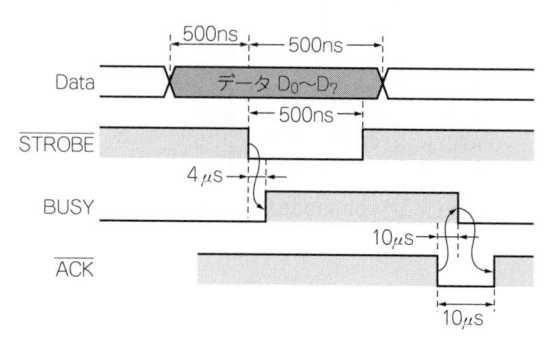

(a) 36ピン57型コネクタ　　(b) 25ピンDサブ・コネクタ

図9-4-2　セントロニクス準拠のプリンタ・インターフェースのタイミング例

後ストローブ信号を出してデータが出力されたことをプリンタに知らせます．

　プリンタはストローブ信号を受けると，すぐにビジー信号を出力して自分がデータ処理中であることを知らせます．プリンタが処理を完了するとビジー信号を戻し，アクノリッジ信号をパルス出力して一連の動作を完了します．

　このようにストローブ信号とアクノリッジ信号で，お互いに確認しながら動作します．アクノリッジ信号とビジー信号は同様の意味なので，ビジー信号だけで判断して動作させることもできます．

　セントロニクス規格プリンタは，単純にASCIIコードを送るとその文字を印刷するしくみです．プリンタは文字を受信しているときはそのデータを1行分メモリに蓄積し，キャリッジ・リターン(CR)やライン・フィード(LF)のコードを受けたときに1行分の文字を印刷します．ビット・イメージやラインを印刷するときはエスケープ・コード(1Bh)に続く拡張コマンドを送る必要があります．

■ 回路例とプログラム

　試作回路の回路図を**図9-4-3**，外観を**写真9-4-1**に示します．プリンタはESC/P仕様なら，どの製品でも使用できますが，ここではDPU-412(セイコーインスツル社)という小型サーマル・プリンタを使いました．約110mmの幅の紙に半角80文字，全角漢字40文字を印刷でき，マイコンや組み込み機器に適したものです．DPU-412は販売終了品のようですが，同様な後継品としてDPU-414があります．

　リスト9-4-1のプログラムは，PIC18F252で動作します．ポートBに8ビットのデータ信号，ポートRC0が$\overline{\text{STROBE}}$，ポートRC1が$\overline{\text{ACK}}$，ポートRC2をBUSYに割り当てています．ポートAのスイッチ操作でABC‥‥の文字を印刷したり，グラフィック・パターンを印刷します．C18コンパイラのプログラムでは，さらにシリアル・ポートから入力があると，その文字をプリンタにそのまま伝送するため，ハイパー・ターミナルなどで入力した任意の文字をプリントすることができます．

　プリンタのドライバ・ルーチンは下記で，パラレル・ラインに1文字のデータを出力するルーチンです．

```
void PrintCHR ( unsigned char chr )
```

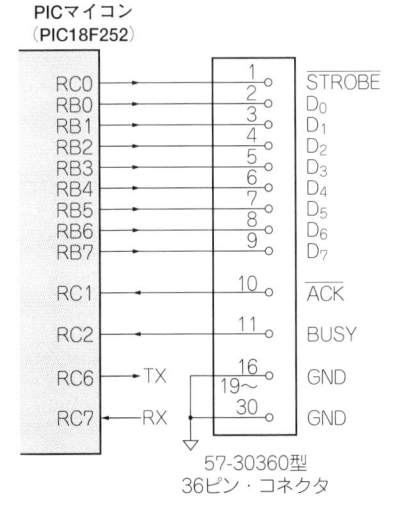

図9-4-3　セントロニクス準拠のプリンタ・インターフェースの回路例

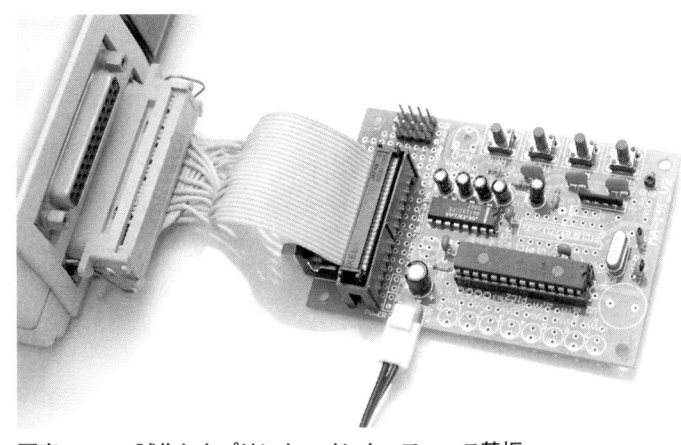

写真9-4-1　試作したプリンタ・インターフェース基板

アセンブラで作成した同様の動作を行うプログラムを**リスト9-4-2**に示します．ただし，シリアル通信ルーチンを含んでいません．

リスト9-4-1① プリンタ・インターフェース・プログラム ［MA141-V2改造，PIC18F252(10MHz)，C18コンパイラ］

```
#include <usart.h>
#include <p18f452.h>
#include <delays.h>
const rom unsigned int PRTBL1[30] =
{
'A', 'B', 'C', 'D', 'E', 'F', 'G', 'H', 'I',
'J', 'K', 'L', 'M', 'N', 'O', 'P', 'Q', 'R',
'S', 'T', 'U', 'V', 'W', 'X', 'Y', 'Z', '!',
0x0A , 0x0D ,
 };
const rom unsigned int PRTBL2[32] =
{
0x0E,
'A', 'B', 'C', 'D', 'E', 'F', 'G', 'H', 'I',
'J', 'K', 'L', 'M', 'N', 'O', 'P', 'Q', 'R',
'S', 'T', 'U', 'V', 'W', 'X', 'Y', 'Z', '!',
0x0F , 0x0A , 0x0D ,
 };
const rom unsigned int PRTBL3[35] =
{
0x0E,
'M', 'i', 'c', 'r', 'o', ' ', 'A', 'p', 'p',
'l', 'i', 'c', 'a', 't', 'i', 'o', 'n', ' ',
'P', 'r', 'i', 'n', 't', 'e', 'r', ' ', 'I',
'N', 'F',
0x0F , 0x0A , 0x0D ,
 };
void PrintCHR ( unsigned char chr )
{
   while (PORTCbits.RC2);       //busy
   PORTB = chr;                 //Out data
   Delay10TCYx(1);
   LATCbits.LATC0 = 0;          //Out Strobe
   Delay10TCYx(1);
   LATCbits.LATC0 = 1;
}

void main(void)
{
   unsigned char   n , dat;

   ADCON1 = 7;
   TRISA = 0b111111;
   TRISB = 0;
   TRISC = 0b10111110;
   PORTC = 1;

   OpenUSART(USART_TX_INT_OFF & USART_RX_INT_OFF & USART_ASYNCH_MODE &
      USART_EIGHT_BIT & USART_CONT_RX & USART_BRGH_HIGH , 64);   //初期化

   while(1){                    //loop

      if(DataRdyUSART()==1)     //RS232C
      {
         dat = ReadUSART();     //get char from PC
         PrintCHR (dat);        //Out to printer
```

リスト9-4-1②　プリンタ・インターフェース・プログラム［MA141-V2改造，PIC18F252(10MHz)，C18コンパイラ］

```c
            while ( BusyUSART() );
            putcUSART(dat);              //Loop back
        }
        if (PORTAbits.RA1==0)            //SW RA1 Print ABCD
        {
            for (n=0;n<29;n++)
            {
                PrintCHR (PRTBL1[n]);
            }
            for (n=0;n<31;n++)
            {
                PrintCHR (PRTBL2[n]);
            }
            while(PORTAbits.RA1==0);
        }
        if (PORTAbits.RA2==0)            //SW RA2 Print ABCD
        {
            for (n=0;n<33;n++)
            {
                PrintCHR (PRTBL3[n]);
            }
            while(PORTAbits.RA2==0);
        }
        if (PORTAbits.RA4==0)            //SW RA4 Feed SW
        {
            PrintCHR (0x0A);             //Feed
            while(PORTAbits.RA4==0);
        }
    }
}
```

リスト9-4-2①　プリンタ・インターフェース・プログラム［MA141-V2改造，PIC18F252(10MHz)，MPASMアセンブラ］

```
    LIST     P=18f252,F=INHX8M,R=DEC

    INCLUDE "P18F252.INC"

CHRCNT   EQU    H'30
PATCNT   EQU    H'31


         ORG    H'00'
;======================================
;  MAIN Routine
;======================================
START
         CLRF   PORTB
         CLRF   PORTC
         BSF    PORTC,0      ;Set STROB
         MOVLW  H'07'        ;
         MOVWF  ADCON1       ;set AD
         MOVLW  B'11111'
         MOVWF  TRISA
         MOVLW  0
         MOVWF  TRISB
         MOVLW  B'11111110'  ;PC0=STB, PC1=*ACK, PC2=BUSY
         MOVWF  TRISC
```

リスト9-4-2②　プリンタ・インターフェース・プログラム　[MA141-V2改造, PIC18F252(10MHz), MPASMアセンブラ]

```
MAIN
        COMF    PORTA,W
        ANDLW   B'00010110'
        BNZ     MAIN            ;Wait SW=OFF
MAIN1   BTFSS   PORTA,1         ;SW RA1??
        GOTO    PRINLIN
        BTFSS   PORTA,4         ;SW RA4??
        GOTO    FEED
        BTFSS   PORTA,2         ;SW RA2??
        GOTO    GRAPH
        GOTO    MAIN1

PRINLIN                 ;--------- Print ASCII
        MOVLW   2
        MOVWF   PCLATH
        CLRF    PCLATU
        CLRF    CHRCNT
PL1
        MOVF    CHRCNT,W
        CALL    CHRTBL          ;Get char
        IORLW   0
        BZ      MAIN
        CALL    PRINCHR         ;Print one charcter
        INCF    CHRCNT,F
        INCF    CHRCNT,F
        GOTO    PL1
FEED
        MOVLW   H'A'            ;LF
        CALL    PRINCHR
        GOTO    MAIN

GRAPH                   ;--------- Print Graph
        MOVLW   2
        MOVWF   PCLATH
        MOVLW   H'1B'           ;ESC
        CALL    PRINCHR
        MOVLW   H'4B'           ;K
        CALL    PRINCHR
        MOVLW   H'FF'           ;
        CALL    PRINCHR
        MOVLW   H'00'           ;
        CALL    PRINCHR
        MOVLW   H'3'
        MOVWF   CHRCNT
        MOVLW   16
        MOVWF   PATCNT
GR1
        CLRF    CHRCNT
GR2
        MOVF    CHRCNT,W
        CALL    PAT1            ;Get char
        IORLW   0
        BZ      GR3
        CALL    PRINCHR         ;Print one charcter
        INCF    CHRCNT,F
        INCF    CHRCNT,F
        GOTO    GR2
GR3     DECFSZ  PATCNT,F
        GOTO    GR1

        MOVLW   H'D'            ;CR
        CALL    PRINCHR
        MOVLW   H'A'            ;LF
        CALL    PRINCHR
        GOTO    MAIN

;=========================================
;   PRINT ONE CHARACTER Subroutine
;=========================================
PRINCHR
        BTFSC   PORTC,2         ;Busy??
        GOTO    PRINCHR         ;Wait for ready
        MOVWF   PORTB           ;Out data
        NOP
        NOP
        NOP
        NOP
        NOP
        BCF     LATC,0          ;Set STROB
        NOP
        NOP
        NOP
        NOP
        NOP
        BSF     LATC,0          ;Reset STROB
        RETURN

;=========================================
;   CHAR TABLE
;=========================================
        ORG     H'200'
CHRTBL
        ADDWF   PCL,F
        RETLW   A'A'
        RETLW   A'B'
        RETLW   A'C'
        RETLW   A'D'
        RETLW   A'E'
        RETLW   A'F'
        RETLW   A'G'
        RETLW   A'H'
        RETLW   A'I'
        RETLW   A'J'
        RETLW   A'K'
        RETLW   A'L'
        RETLW   A'M'
        RETLW   A'N'
        RETLW   A'O'
        RETLW   A'P'
        RETLW   A'Q'
        RETLW   A'R'
        RETLW   A'S'
        RETLW   A'T'
        RETLW   A'U'
        RETLW   A'V'
        RETLW   A'W'
        RETLW   A'X'
        RETLW   A'Y'
        RETLW   A'Z'
```

リスト9-4-2③　プリンタ・インターフェース・プログラム　[MA141-V2改造，PIC18F252(10MHz)，MPASMアセンブラ]
(つづき)

```
            RETLW H'A'    ;LF                          RETLW H'A'    ;LF
            RETLW H'D'    ;CR                          RETLW H'D'    ;CR

            RETLW H'E'    ;SO                          RETLW 0       ;Stop code
            RETLW A'A'
            RETLW A'B'                        PAT1
            RETLW A'C'                                 ADDWF PCL,F
            RETLW A'D'                                 RETLW B'00010000'
            RETLW A'E'                                 RETLW B'00111000'
            RETLW A'F'                                 RETLW B'01111100'
            RETLW A'G'                                 RETLW B'11111111'
            RETLW A'H'                                 RETLW B'01111100'
            RETLW A'I'                                 RETLW B'00111000'
            RETLW A'J'                                 RETLW B'00010000'
            RETLW A'K'                                 RETLW B'00010000'
            RETLW A'L'                                 RETLW B'00010000'
            RETLW A'M'                                 RETLW B'00111000'
            RETLW A'N'                                 RETLW B'01111100'
            RETLW A'O'                                 RETLW B'11111111'
            RETLW A'P'                                 RETLW B'01111100'
            RETLW A'Q'                                 RETLW B'00111000'
            RETLW A'R'                                 RETLW B'00010000'
            RETLW A'S'                                 RETLW B'00010000'
            RETLW A'T'                                 RETLW 0       ;Stop code
            RETLW A'U'
            RETLW A'V'                        END
            RETLW A'W'
            RETLW A'X'
            RETLW A'Y'
            RETLW A'Z'
            RETLW H'F'    ;SI
```

9-5　SPIで制御できるスタンド・アローンCANコントローラ MCP2510

■ CANとは

　CAN(Controller Area Network)は，ドイツのボッシュ社が提唱したもので，自動車を中心に工業機器のローカル・ネットワークとして広がりつつあります．最大伝送距離1km，非同期シリアル伝送を基本としたパケット伝送です．このパケットは8バイト長で，ハードウェア的な信頼性が保たれ，クロックのひずみ補正やCRCチェックなどの補助機能を含みます．伝送クロック・レートは1Mbpsまで使用できますが，距離に応じてクロック・レートが下がるので128kbpsがよく利用されるようです．
　CANは2線式の差動動作で，EIA-485と似ています．各ユニット(ノード)のIDは29ビットまでで，電気的には100ユニット程度を1伝送路上に構築できます．図9-5-1はCANの構成例とバス上の通信のイメージです．各ユニットはすべて同格の位置づけで，1電文はすべてのユニットが受け取ることができるため，ユニットは自分の情報をどんどん発信し，その情報を必要としているユニットはそれを必要に応じて取り込むことができます．システム内にはコントローラとなるメインCPUが存在するはずですが，CAN

ネットワークの中では，そのCPUが優位なマスタ・デバイスとなって端末ユニットをコントロールするわけではなく，データ上は同格であることがCANバスのおもしろい点です．

■ MCP2510/2515

CANをサポートしたPICマイコンとしてPIC18F4580などがありますが，汎用的に各種マイコンに接続し，CANへ参加できるデバイスとして図9-5-2に示すCANコントローラMCP2510/2515（マイクロチップ・テクノロジー社）があります．マイコンとSPI通信で接続して使うことができ，CANの複雑なプロトコルを自動的に実行するためのハードウェアを内蔵しています．

CANバス用トランシーバとしてはMCP2551（マイクロチップ・テクノロジー社，図9-5-3）があります．このデバイスはフィリップス社のPCA82C250とほぼ同じデバイスです．CAN通信インターフェースをもつPIC18F4580でも，このICが必要になります．

図9-5-4は，MCP2510とMCP2551を使ったCAN通信インターフェースの回路例，写真9-5-1はその外観です．

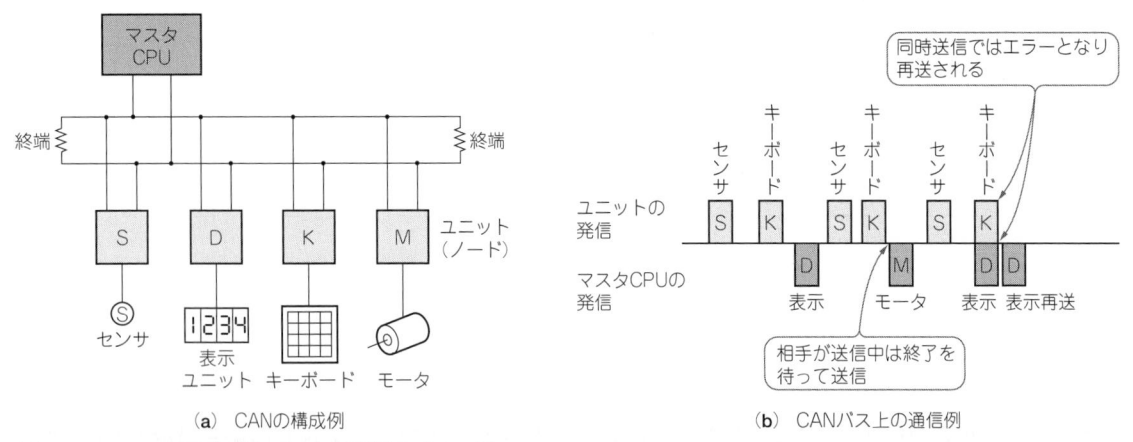

図9-5-1 CANの構成例とバス上の通信のイメージ

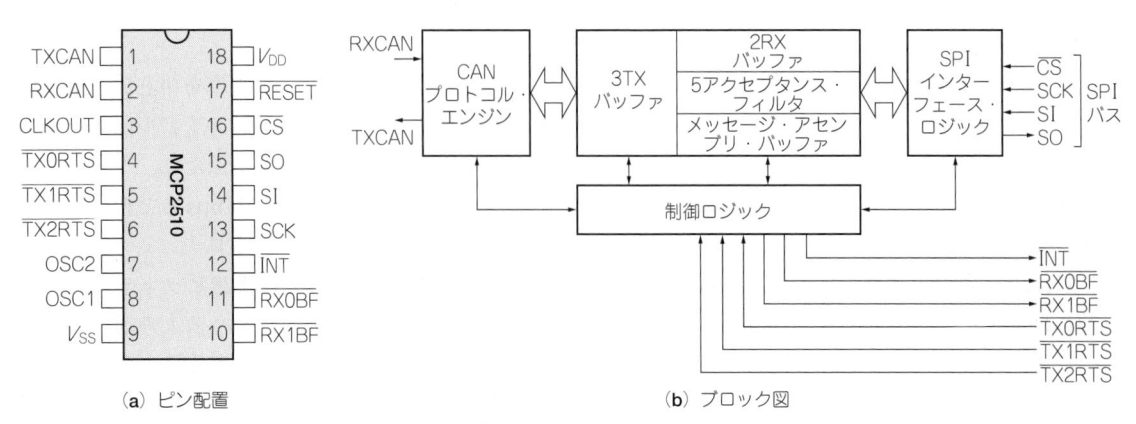

図9-5-2 CANコントローラMCP2510/2515のブロック図とピン配置

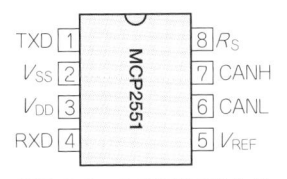

図9-5-3 CANバス用トランシーバMCP2551

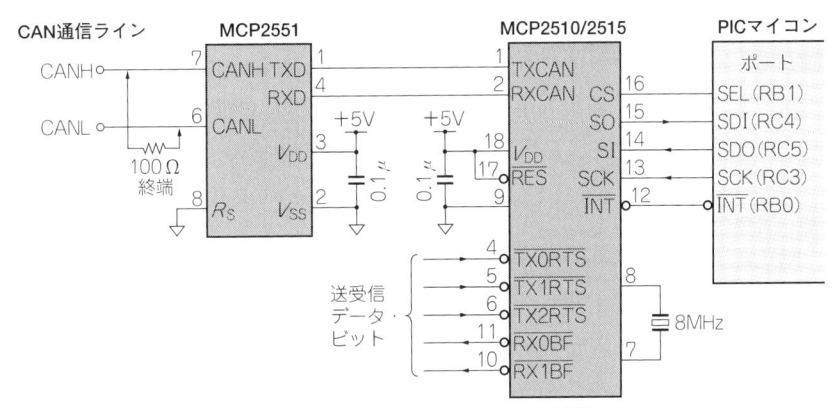

図9-5-4 MCP2510/2515によるCANインターフェース回路

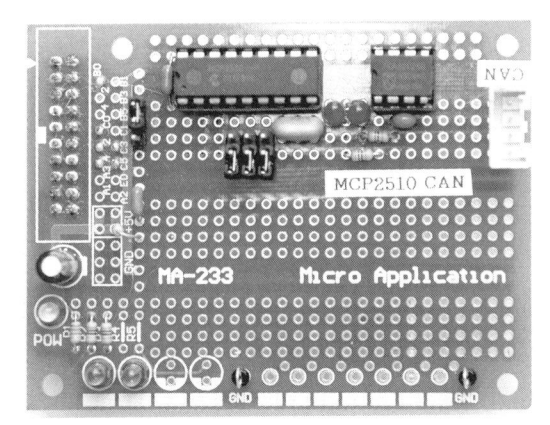

写真9-5-1 試作したCANインターフェース基板

9-6 USBインターフェースを内蔵したPICマイコン PIC18F4550/2550

■ PIC18F4550/2550の概要

　USB2.0インターフェースを搭載したPICマイコンとしてPIC18F4550とPIC18F2550があります．図9-6-1は，そのUSB機能ブロックの抜粋です．Windows用のデバイス・ドライバを作成したり，USB機器のファームウェアを開発し，円滑に機能するようにまとめるには多くの難関が控えています．PIC18F4550/2550は，いくつかのアプリケーションを公開しており，この中でもCOMポート・エミュレーション型のコミュニケーション・デバイス・クラス(CDC)アプリケーション(アプリケーション・ノートAN956)を利用すれば，比較的容易にUSB機器を構築できます．デバイス・ドライバはWindowsに内蔵されていますから新たに作成する必要はありませんし，PIC側のルーチンも関数をコールするだけで通信を行うことができます．

VisualCやVisualBasicなどによるアプリケーションからは，PICデバイスがCOMポートとして組み込まれるため，シリアル通信の関数でアクセスできます．通信テストには，パソコンのハイパー・ターミナルが利用できます．商用利用ではベンダIDを取得して組み込む必要がありますが，個人利用や実験ではマイクロチップ・テクノロジー社のIDを利用できます．

■ 回路例

図9-6-2が回路例です．PIC18F4550/2550は，USB用動作クロックの96MHzを4MHzの外付け水晶発振子をPLLで24逓倍して得ています．20MHz水晶発振子では1/4分周後に逓倍を行います．

PICとUSBのインターフェースはピンとコネクタを直接接続するだけですが，保護用に数十Ωの抵抗を直列に加える場合もあります．USBインターフェース用3.3V電源を内部のDC-DCコンバータで作り出しており，そのためのコンデンサ0.47μFが必要です．パソコンから供給される+5V電源はUSB側で最大0.5Aまで使用できます．単独動作する小型機器の場合，このUSBパワーを利用して回路を動作できます．しかし，0.5Aを越える装置では別途電源を設け，USBパワーは電源に接続しないでオープンにします．この電源にショートなどのトラブルがあるとパソコンに影響を与えるため，（パソコン内部にもヒューズが入っているが，さらに）保護用のヒューズを入れてあります．

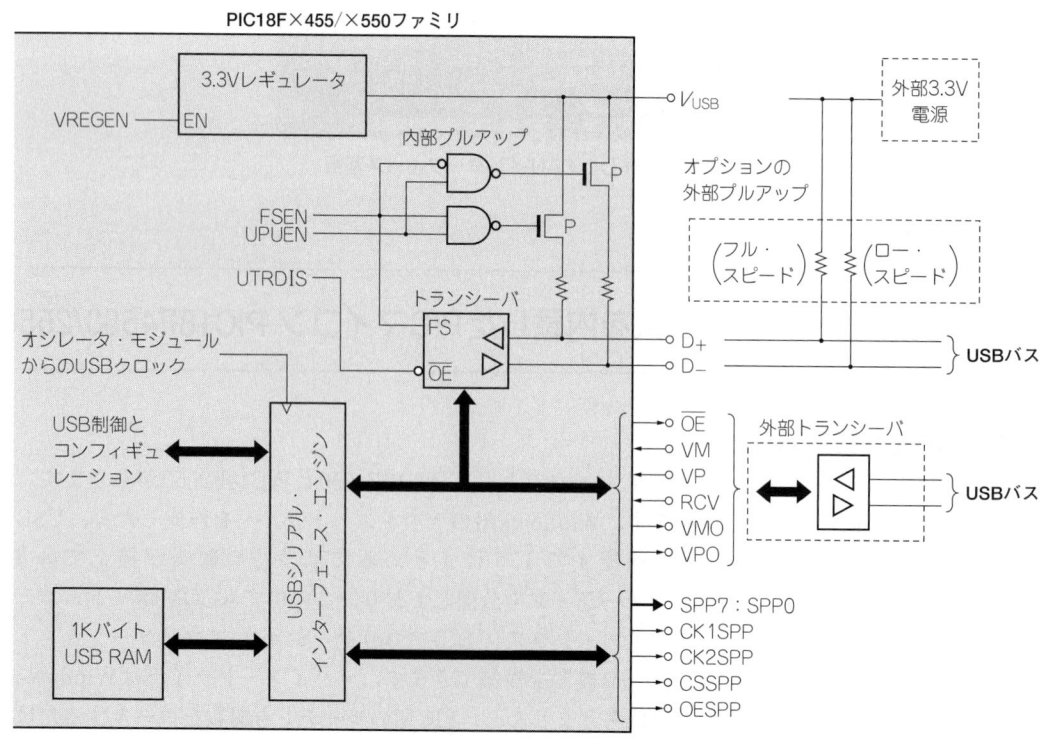

図9-6-1　USB2.0を搭載したPIC18F4550/2550のUSBインターフェース部

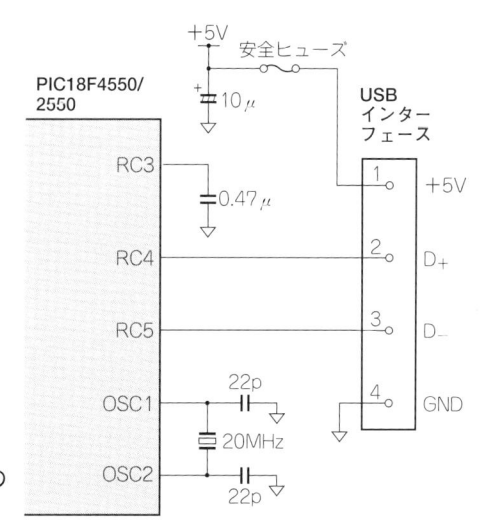

図9-6-2 PIC18F4550/2550の USBインターフェース回路

9-7 マイコンに手軽にUSB機能を付与できるUSB-シリアル変換IC FT232BM

■ シリアル・インターフェースとUSBを変換する

　マイコンにUSBインターフェースを付加するのに一番簡単な方法は，FTDI(Future Technology Devices International)社のUSB-シリアル・ブリッジであるFT232BM(**写真9-7-1**)を使用する方法といえます．このデバイスはUSBを非同期シリアル通信にする単純な変換器として考えればよく，USBを意識することなく利用できます．

　マイコンからは非同期シリアル通信でインターフェースし，パソコン側ドライバはCOMポートの一つとなるため，パソコン側アプリケーションはシリアル通信の関数でマイコンへアクセス可能です．もちろんハイパー・ターミナルで通信できます．

■ 回路例

　図9-7-1がピン配置で，**図9-7-2**が回路例です．デバイスに接続されているEEPROMはベンダIDなどの情報を格納用ですが，個人利用ではEEPROMを接続しなくてもデフォルトのベンダIDで動作します．

　FT232BMは回路が正しく接続されていれば，USBコネクタを接続するだけですぐに認識され，同社ホーム・ページからダウンロードしたデバイス・ドライバを組み込むだけで機能します．FT232BMとパソコン間の動作を確認するには，FT232BMのRXDピンとTXDピンをショートします．こうするとエコー・バックされるので，ハイパー・ターミナルでアクセスするとキーボードから入力した文字が画面に表示されます．

　FT232BMのマイコン側の伝送速度は，パソコン側でオープンした設定が反映されます．9600bpsでオープンすればFT232BMも9600bpsに設定されて出力されます．

▶ FTDI社のホーム・ページ　http://www.ftdichip.com/

写真9-7-1 USB-シリアル変換IC FT232BM
（FutureTechnology Devices International社）

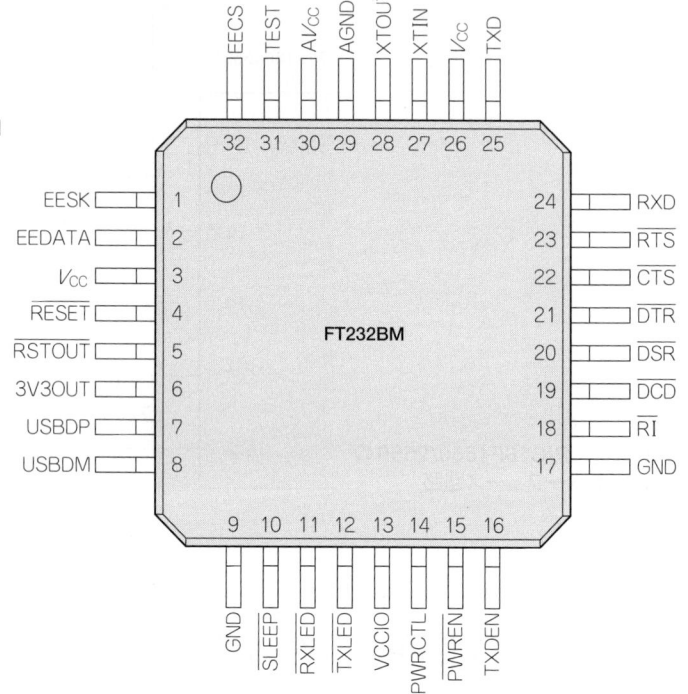

図9-7-1 FT232BMのピン配置

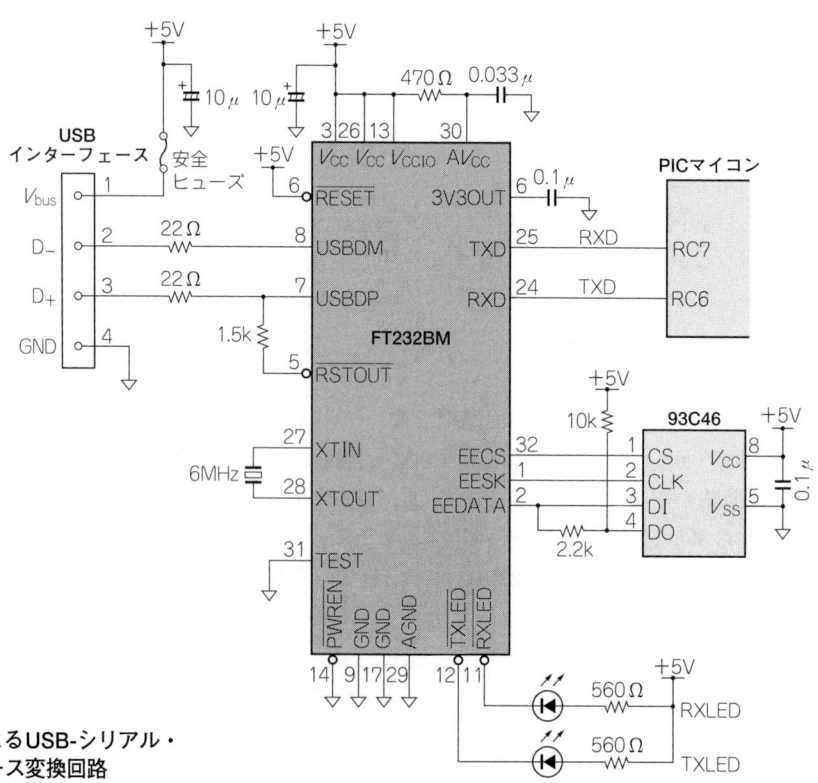

図9-7-2 FT232BMによるUSB-シリアル・インターフェース変換回路

258 | 第9章 周辺機器との通信系インターフェース

9-8　SPIで制御可能なスタンドアローンEthernetコントローラ ENC28J60

■ ENC28J60

　ENC28J60（マイクロチップ・テクノロジー社）は，28ピンの小さなパッケージに納められたEthernetコントローラです．スタンドアローンで動作し，IEEE802.3仕様に適応するロジックをすべて含んでいます．図9-8-1にブロック図を示します．MAC（Medium Access Controller）も内蔵し，SPI経由でマイコンとインターフェースします．Ethernetスピードは10Mbpsであり，100Mbpsが一般化した現状では非力な感じがしますが，組み込み制御用マイコンが外部とやり取りする情報量は少ないので十分な速度でしょう．3.3Vで動作し，5Vロジックに対しては入力だけそのままインターフェースできます．

■ 回路例

　図9-8-2が回路例です．動作クロックは25MHzで，外付け部品はEthernet用のパルス・トランスが主で，あとは数個のCRだけです．動作モニタ用のLEDも直接ドライブでき，モニタする項目はレジスタ設定で選択できます．

　マイコンとのインターフェースはSPIで，10Mbpsで通信できます．$\overline{CS}$（チップ・セレクト），SCL（クロック），SI（データ入力），SO（データ出力）の4線でインターフェースし，割り込み信号として$\overline{INT}$ピンと$\overline{WOL}$ピンがあります．Ethernet接続には8ビットのPIC18，あるいは16ビット・マイコンのPIC24，PIC33シリーズが最適だと思われます．

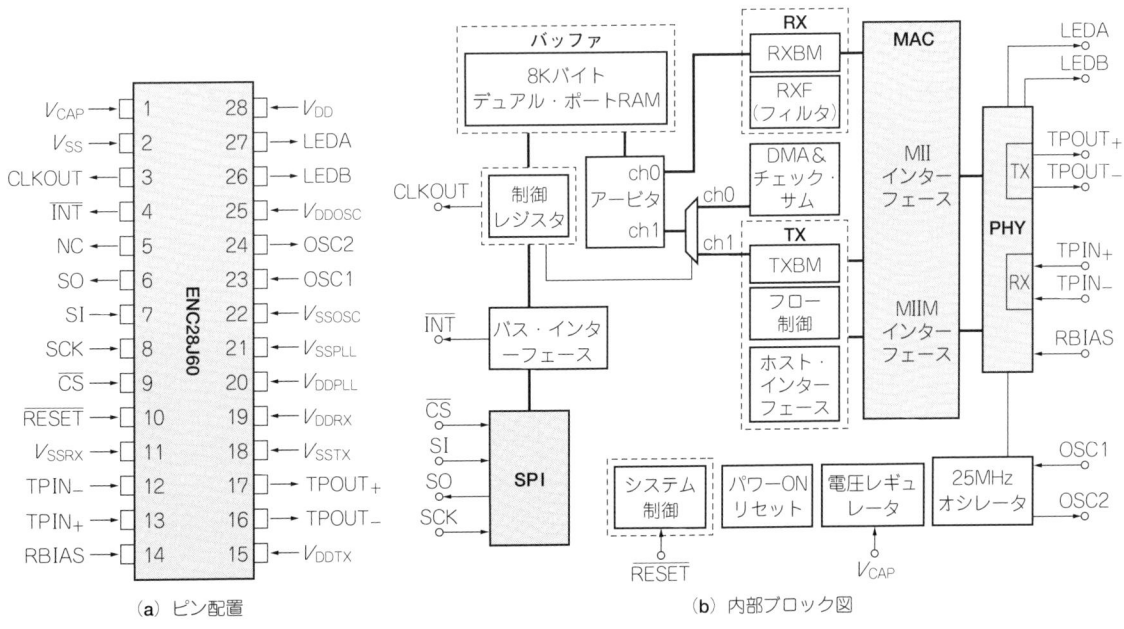

図9-8-1　スタンドアローンEthernetコントローラ ENC28J60のブロック図とピン配置
（a）ピン配置　　（b）内部ブロック図

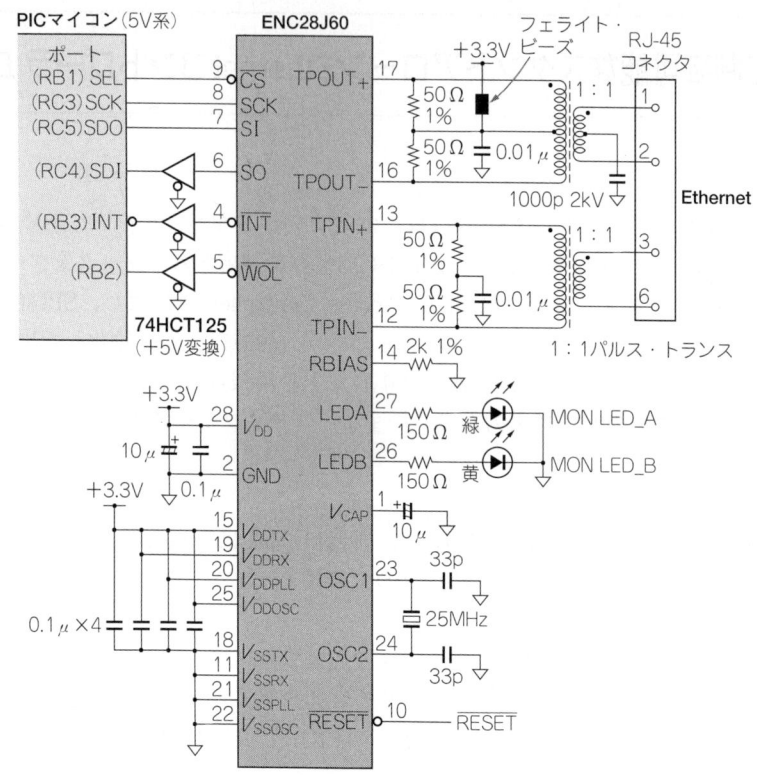

図9-8-2 ENC28J60による10BASE-Tインターフェース回路

　ENC28J60を使えば組み込みマイコンで簡易ウェブ・サーバーを構築して，測定情報などをウェブ・ブラウザで閲覧したり，メール機能などを実現でき，遠隔地からモニタや制御が可能な装置を実現できます．
　さらに，このデバイスを組み込んだPIC18F87J60シリーズがラインアップされています．

第9章 Appendix

PICマイコンの非同期シリアル通信とSPIモードの同期シリアル通信

PICマイコンの非同期シリアル通信

■ 内蔵USART機能

　一般に"RS-232-C"(EIA-232)の通称で知られているシリアル通信は，非同期シリアル通信を意味しています．そして同期/非同期通信のための機能ユニットを"USART"(Universal Synchronous/Asynchronous Receiver Transmitter)と呼びます．PICマイコンが搭載しているUSARTは，通信に必要な最小限のハードウェアを搭載しています．図9-1にブロック図を示します．この機能を利用することで，簡単にシリアル通信を実現できます．このUSARTは，8ビット・データまたは9ビット・データの通信が可能で，オーバーランおよびフレーミング・エラーの検出機能があります．ストップ・ビット数は1に固定されています．パリティ機能はありませんから，ソフトウェアでパリティを付加したり検査が必要になります．ボー・レートも広範囲に設定が可能です．

　シリアル通信機能に関するレジスタとして，表9-1に示すものがあります．

■ ボー・レートの設定

　SPBRGレジスタはボー・レート設定のためのレジスタであり，次式によってボー・レートを決定します．なお，TXSTAレジスタのBRGHビットの指定に応じて設定は4倍に変わります．

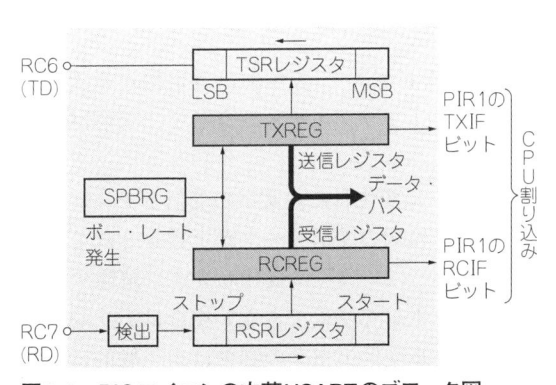

図9-1 PICマイコンの内蔵USARTのブロック図

表9-1　非同期シリアル通信関係のレジスタ

レジスタ	アドレス(hex)	内容
RCSTA	18	受信設定
TXSTA	98	送信設定
RCREG	1A	受信データ
TXREG	19	送信データ
SPBRG	99	ボー・レート設定
PIR1	0C	割り込みフラグ1

▶ BRGHビットが0の場合

$$N = \frac{f_{clk}}{64B - 1} \quad\quad\quad\quad\quad\quad\quad\quad\quad\quad\quad\quad\quad\quad\quad\quad\quad\quad\quad\quad\quad\quad\quad\quad (9\text{-}1)$$

▶ BRGHビットが1の場合

$$N = \frac{f_{clk}}{16B - 1} \quad\quad\quad\quad\quad\quad\quad\quad\quad\quad\quad\quad\quad\quad\quad\quad\quad\quad\quad\quad\quad\quad\quad\quad (9\text{-}2)$$

ただし，N：SPBRGレジスタの値，f_{clk}：クロック発振周波数［Hz］，B：ボー・レート［bps］
たとえば，20MHzのクロック発振子を使って，9600bpsに設定するには，$N = 129$にします．

$$N = \frac{20 \times 10^{-6}}{16 \times 9600 - 1} \fallingdotseq 129$$

非同期通信ではボー・レートを正しく設定することが大切です．ボー・レート・ジェネレータのクロック源はマイコンのクロックと兼用なので，正確なボー・レートを要求するときは，マイコンの動作クロックを2.4576MHzや3.6864MHz，4.9152MHzといった周波数にする必要があります．

■ 通信フォーマット

データ・レジスタは8ビットで，ストップ・ビットは1ビットに固定されています．補助的なビット構成として9ビット・モードが用意されており，設定により選択できます．9ビット目に追加された1ビットは，パリティ・ビットやストップ・ビットとして使うことが可能です．PICマイコンで構成できるフォーマットを以下に示します．

▶ 8ビット・モード
- 7ビット・データ＋パリティ＋1ストップ・ビット
- 7ビット・データ＋パリティなし＋2ストップ・ビット
- 8ビット・データ＋パリティなし＋1ストップ・ビット

▶ 9ビット・モード
- 7ビット・データ＋パリティ＋2ストップ・ビット
- 8ビット・データ＋パリティ＋1ストップ・ビット
- 8ビット・データ＋パリティなし＋2ストップ・ビット
- 9ビット・データ＋パリティなし＋1ストップ・ビット

■ その他のレジスタ

TXSTAレジスタ（**表9-2**）は送信関連の設定レジスタで，RCSTAレジスタ（**表9-3**）は受信関連の設定とフラグのレジスタです．1文字送信では，TXSTAレジスタのTRMTフラグをチェックして，送信バッファが空になったらTXREGに1文字を書き込むことで送信します．

受信ではPIRレジスタのRCIFフラグを検査して，フラグが"1"に変化したら文字の受信をチェックして，RCREG受信レジスタからデータを取り出します．受信データに次の受信データが上書きされてしまう状態を「オーバーラン」と呼び，RCSTAレジスタのOERRビットが"1"に変化します．解除するにはCRENビットを"0"に戻します．受信データが不安定で文字を正しく受信できない場合は，フレーミング・エラーが発生し，FERRビットが"1"になります．シリアル受信データの到来は，一般的に不規則で時間間隔が長いため，受信の検知に処理を割くと無駄が多いことから割り込み処理を利用します．

■ プログラム例

アセンブラによるプログラム例を**リスト9-1**，C18コンパイラによる例を**リスト9-2**にそれぞれ示します．

表9-2 TXSTAレジスタの内容

ビット	名称	説明
7	CSRC	クロック・ソース選択ビット (非同期シリアル・モードでは無視してよい)
6	TX9	9ビットの送信イネーブル・ビット 0：8ビット・データ・モードの送信を選択 1：9ビット・データ・モードの送信を選択
5	TXEN	送信イネーブル・ビット 0：送信機能をディセーブル 1：送信機能をイネーブル
4	SYNC	USARTモード選択 0：非同期モード，1：同期モード
3	−	未使用
2	BRGH	ハイ・ボー・レート選択ビット 0：低スピード(分周比 1/64) 1：高スピード(分周比 1/16)
1	TRMT	送信シフトレジスタ・ステータス・フラグ・ビット 0：TSRはデータあり(送信中) 1：TSRは空(送信可能)
0	TX9D	受信データの9番目のビット (パリティ・ビットとして使用可能)

表9-3 RCSTAレジスタの内容

ビット	名称	説明
7	SPEN	シリアル・ポート・イネーブル・ビット 0：シリアル・ポートをディセーブル 1：シリアル・ポートをイネーブル(I/Oピンをシリアル・ポート・ピンとして設定)
6	RX9	9ビットの受信イネーブル・ビット 0：8ビットの受信を選択 1：9ビットの受信を選択
5	SREN	未使用
4	CREN	受信イネーブル・ビット 0：シリアル・ポート受信をディセーブル 1：受信イネーブル・ビット CREN がクリアされるまで受信をイネーブル(CREN は SREN を優先)
3	ADDREN	アドレス検出イネーブル・ビット 0：ディセーブル 1：イネーブル
2	FERR	フレーミング・エラー・ビット 0：フレーミング・エラーなし 1：フレーミング・エラー(RCREGレジスタ読み出しでリセット)
1	OERR	オーバーラン・エラー・ビット 0：エラーなし 1：エラーあり(CREN クリアでリセット)
0	RX9D	受信データの9番目のビット(パリティ・ビット可能)

リスト9-1　非同期シリアル通信のための内蔵USARTのプログラム例（MPASMアセンブラ）

```
ボーレート9600bps，非同期モード，8bitデータに設定。
    MOVLW    64              ;9600bps(OSC=10MHz)
    MOVWF    SPBRG           ;SET BAUD RATE
    MOVLW    B'00100100'
    MOVWF    TXSTA           ;TX INIT
    MOVLW    B'10010000'
    MOVWF    RCSTA           ;RX INIT
    CLRF     PIR1
```

(a) 通信初期化処理

```
UARTRX
    BTFSS    PIR1,5          ;RCIF bit
    GOTO     UARTRX          ;Loop
    BCF      PIR1,5          ;PIR1-RCIF CLEAR RCV INT
    MOVF     RCREG,W         ;Get RX data
    RETURN
```

(b) 受信サブルーチン（通信データはWREG）

```
UARTTX
    BTFSS    TXSTA,1         ;TEST TX FLAG
    GOTO     UARTTX          ;LOOP
    MOVWF    TXREG           ;SEND DATA
    RETURN
```

(c) 送信サブルーチン（通信データはWREG）

リスト9-2　非同期シリアル通信のための内蔵USARTのプログラム例（C18コンパイラ）

```
直接レジスタ指定の初期化処理
TRISC = 0b10111001;
TXSTA = 0b00100100;
RCSTA = 0b10010000;
SPBRG = 64;

組み込み関数による初期化
TRISC = 0b10111001;
OpenUSART(USART_TX_INT_OFF & USART_RX_INT_OFF & USART_ASYNCH_MODE &
        USART_EIGHT_BIT & USART_CONT_RX & USART_BRGH_HIGH , 64);

受信処理
while ( ! DataRdyUSART ( ) );   //Wait RCV char
c = ReadUSART ( );              //Data receive

送信処理
while ( BusyUSART ( ) );        //送信待ち
putcUSART ( 通信文字 );

ROM内データの送信処理
putrsUSART ( "   通信電文 ASCII    " );
```

PICマイコンのSPIモードによる同期シリアル通信

■ SPIとは

SPI(Serial Peripheral Interface)はモトローラ社(現フリースケール・セミコンダクタ社)が開発したもので，I²CやMicrowireと同様にIC間のシリアル同期通信方式として広く使われています．SPIは，自動的に8ビットのデータを相互に交換するハードウェア・ロジックです．

■ 内蔵SPI機能

図9-2にブロック図を示します．PICマイコンにはシフトレジスタを循環させたような"SSP"と呼ばれるインターフェースがあります．このハードウェア・ロジックはI²Cインターフェースと機能を兼用しています．クロックを送り出す側を「マスタ」，受ける方を「スレーブ」と呼びます．インターフェース・ラインは，データ線とクロック線の2本から構成されています．シフト・データは常にクロックと同期していることから「クロック同期通信」と呼ばれます．

クロック・ラインによって確実にデータを捕捉できることが，非同期シリアルとの大きな違いであり，信頼性の高い通信ができます．ポート割り当ては，SCK(クロック)がポートRC3，SDI(データ入力)がポートRC4，SDO(データ出力)がポートRC5です．データとクロックの関係は接続するデバイスに合わせて決定する必要があり，CKEビットとCKPビットで設定します．

PICマイコンには表9-4に示すSPI関連のレジスタがあります．SSPSTATとSSPCON1レジスタの内容を表9-5と表9-6にそれぞれ示します．

SSPデータ・レジスタはSSPBUFであり，送信バッファと受信バッファが共通です．このレジスタにデ

表9-4 SPI関係のレジスタ

名称	説明
SSPSTAT	ステータス・レジスタ
SSPCON1	機能設定レジスタ
SSPADD	スレーブ・アドレス指定，クロック・レート指定
SSPBUF	データ・バッファ

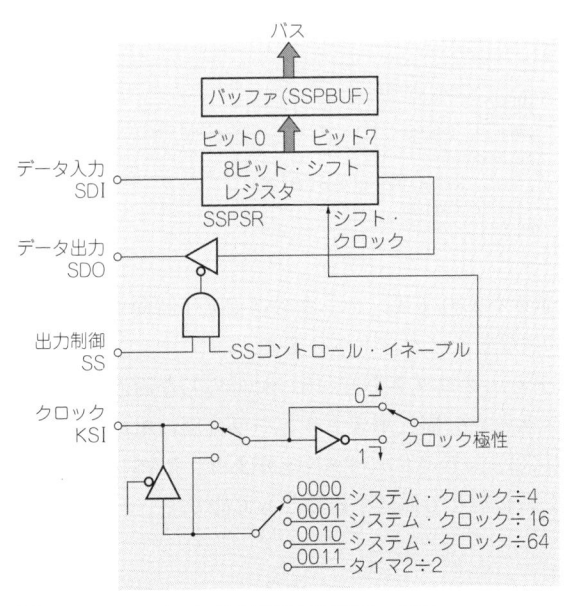

図9-2 PICマイコンの内蔵SPIのブロック図

表9-5　SSPSTATレジスタの内容

ビット	名称	説明
7	SMP	データ・サンプル・ビット マスタ・モード時 1：データの最後，0：データの中央 スレーブ・モード時は0に固定
6	CKE	クロック・エッジの選択 ▶ CKPが0のとき 1：SCKの立ち上がりで送信 0：SCKの立ち下がりで送信 ▶ CKPが1のとき 1：SCKの立ち下がりで送信 0：SCKの立ち上がりで送信
5	D/$\overline{A}$	未使用
4	P	未使用
3	S	未使用
2	R/$\overline{W}$	未使用
1	UA	未使用
0	BF	バッファ・フル・ステータス・ビット 0：受信中（SSPBUFは空） 1：受信完了（SSPBUFはフル）

表9-6　SSPCON1レジスタの内容

ビット	名称	説明				
7	WCOL	送信中のレジスタ書き換えフラグ 1：送信中書き換え発生，0：なし				
6	SSPOV	受信オーバ・ライト・フラグ 1：受信データがオーバ・ライトされた，0：なし				
5	SSPEN	同期シリアル・ポート・イネーブル 1：I/Oはシリアル同期通信モード，0：通常モード				
4	CKP	クロック極性選択 1：クロックの立ち下がりでデータ送信 0：クロックの立ち上がりでデータ送信				
3	SSPM3	同期シリアル・モード設定				
2	SSPM2	b_3	b_2	b_1	b_0	説明
		0	0	0	0	クロックは$f_{osc}/4$
		0	0	0	1	クロックは$f_{osc}/16$
1	SSPM1	0	0	1	0	クロックは$f_{osc}/64$
		0	0	1	1	クロックはTMR2選択
0	SSPM0	0	1	0	0	クロックはSCK入力でSS有効
		0	1	0	1	クロックはSCK入力でSS未使用

リスト9-3　SPIモードによる送受信ルーチン（MPASMアセンブラ）

```
MOVLW    B'00100000'
MOVWF    SSPCON
BSF      STATUS,5     ;PAGE1
MOVLW    B'01000000'
MOVWF    SSPSTAT
BCF      STATUS,5     ;PAGE0
```
（a）SPI機能の初期化ルーチン

```
MOVF     DATA,W       ;Get data
MOVFW    SSPBUF       ;送信
```
（b）送信ルーチン

```
        BSF     STATUS,5      ;PAGE1
WAIT    BTFSS   SSPSTAT,0     ;BF??
        BRA     WAIT          ;Wait loop
        BCF     STATUS,5      ;PAGE0
        MOVF    SSPBUF,W      ;Get data from SSPBUF
        MOVWF   DATA          ;Save data
```
（c）受信ルーチン

ータを書き込むと，直ちにそれが送信され，同時に受信が行われます．データの送信完了時および受信の完了時はBFフラグが変化するため，このフラグで次の送受信をスタートさせます．

通信クロック・レートは4種類から選択でき，システム・クロックを4，16，64分周した周波数またはタイマ2の出力です．タイマ2では，タイマ値，プリスケーラ分周，ポストスケーラ分周の組み合わせで幅広いクロック・レートの指定ができます．SSP出力には3ステート・バッファがあり，RA5ピンで出力をハイ・インピーダンスにでき，複数の出力を1ラインに接続して通信することも可能です．

■ プログラム例

リスト9-3は，SPIによる送受信ルーチンの例です．

第10章

DCブラシ・モータ，ステッピング・モータ，
DCブラシレス・モータ，ラジコン用サーボ・モータ

モータのインターフェース

家電製品をはじめ，ちょっとしたメカトロニクス機器には各種小型モータが使われています．外付け周辺機器やパソコンとの通信には，しばしば非同期シリアル・インターフェースが使われます．モータ制御の3要素である，速度制御，位置制御，トルク制御のうち，前二者はよく使われる制御です．ここではマイコンによる簡易なモータ制御用インターフェースを紹介します．

10-1 小型DCブラシ・モータのインターフェース

■ DCブラシ・モータとは

永久磁石の磁界の中で電磁石が回転する簡単な構造をもち，強い回転が得られるモータです．模型用などで親しまれている「マブチモータ」もDCブラシ・モータです．負荷に応じて強いトルクを発生させるモータですが，ステッピング・モータのように位置制御用には向きません．

■ ブリッジ駆動回路を使えば正逆転できる

マイコンでDCモータを駆動する場合，回転か停止の単純な動作なら図10-1-1のようなON/OFFだけで制御できますが，これでは逆転させることができません．回転方向を切り替えるにはモータの極性を反転させる必要があるため，トランジスタを四つ使用して図10-1-2(a)に示すフル・ブリッジ構成にします．正転時はトランジスタTr_1とTr_4をON，Tr_2とTr_3をOFFにするとモータのプラスからマイナスに電流が流れます．逆回転時はTr_2とTr_3をONし，Tr_1とTr_4をOFFにするとモータのマイナスからプラスに電流が流れます．モータ電源として正負両電源が使えるなら図10-1-2(b)のハーフ・ブリッジ構成でも正逆転できます．ちょうどスピーカの駆動回路であるプッシュ・プル回路と同様で，スピーカの振動板が前後に駆動されるのと同じことです．

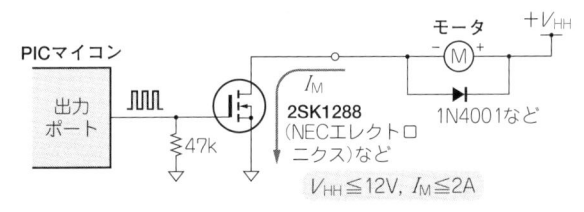

図10-1-1 ON/OFF制御だけのDCモータ駆動回路

■ DCモータ用フル・ブリッジ・ドライバTA7291P

フル・ブリッジ回路をワンチップ化したモータ・ドライバICがよく利用されます．**図10-1-3**に示すTA7291P（東芝）は最大で連続1A，パルス駆動で2Aを扱えるモータ・ドライバで20Vまでのモータに対応します．**図10-1-4**が回路例です．二つの入力ピン（IN1とIN2）があり，図中に示す四つの動作モードを選

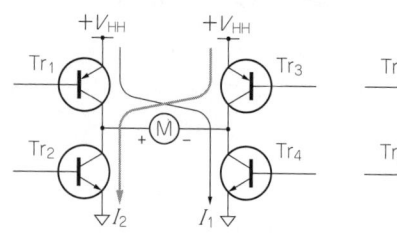

トランジスタ	正転	逆転
Tr_1	ON	OFF
Tr_2	OFF	ON
Tr_3	OFF	ON
Tr_4	ON	OFF
電流	I_1	I_2

（a）フル・ブリッジ回路　　（b）ハーフ・ブリッジ回路　　（c）図（a）のトランジスタのON/OFFと正逆転

図10-1-2　ブリッジ駆動回路

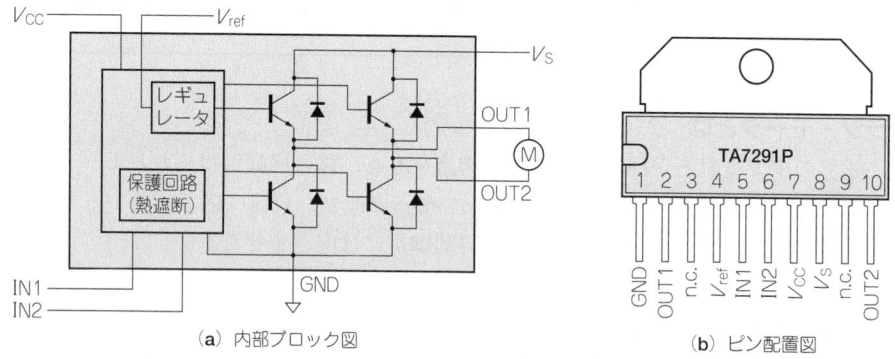

（a）内部ブロック図　　（b）ピン配置図

図10-1-3　DCモータ用フル・ブリッジ・ドライバTA7291Pのブロック図とピン配置

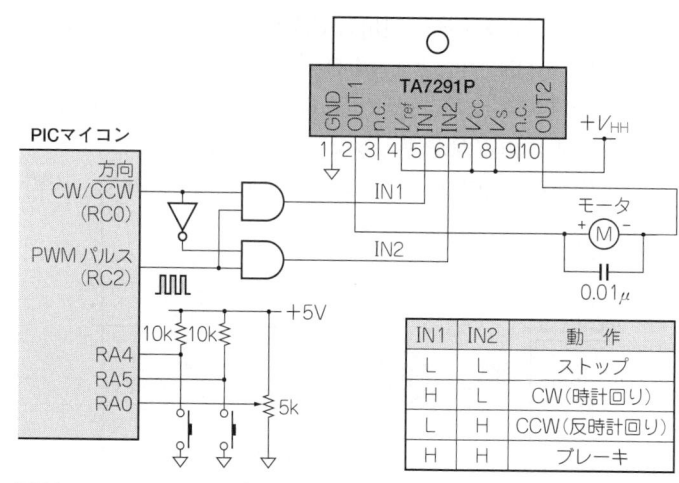

IN1	IN2	動作
L	L	ストップ
H	L	CW（時計回り）
L	H	CCW（反時計回り）
H	H	ブレーキ

図10-1-4　TA7291PによるDCモータ駆動回路

第10章　モータのインターフェース

択できます．ブレーキはTr₂とTr₄のトランジスタをONにする状態で，モータの両端子をショートすることで制動されます．

この回路は，ポート操作を簡単にするためIN1とIN2の信号にロジックを加えて，方向信号（CW/$\overline{CCW}$）に応じて，PWM信号をIN1側に出力するかIN2側に出力するかを切り替えて，PWM信号を分配しています．

モータに並列に接続したコンデンサはノイズ吸収用です．DCブラシ・モータは，ブラシから強力なノイズを発生するので，マイコンの動作を妨害して暴走を招くことがあります．

■ PWMによるモータ回転速度の制御

回転速度を制御するには，パワーOPアンプのような電力増幅回路を使ってモータにかける電圧を可変する方法があります．しかし，モータにかける電圧をアナログ的に制御する方法は電力効率が悪く，コストも少し高くつき，マイコン制御向きとはいえません．

一般にマイコンによるモータ速度制御では，パルスで制御するPWM（Pulse Width Modulation）を使います．PWMはパルス幅を変化させて制御を行う方式で，応答速度が遅い負荷に対しては，それ自身がローパス・フィルタの役割をすることからパルスによるアナログ制御ができます．

モータにパルスを加えると，そのパルス・エネルギは平均化され，パルスの最大電流より低い電流に落ち着きます．パルス幅を変えると，平均化された電流も比例して変化するためスピードが変化します．結果的にモータへの供給電圧を可変したのと同じことが行われます．

PIC18F4520はPWM機能が強化されたECCP（Enhanced Capture/Compare/PWM）を搭載しているため，エンハンスドPWMモードに対応し，このブリッジ制御回路をコントロールできます．PWMポートが4ポートに拡大され，ハーフ・ブリッジ，フル・ブリッジの各トランジスタを直接コントロールできます．

■ プログラム例

● PWMによる速度制御プログラム

リスト10-1-1はPWM駆動による速度制御で，PWM型のD-Aコンバータの動作原理と同じです．

可変抵抗器の設定をA-Dコンバータで読み取り，PWMに反映させる簡単なルーチンです．スイッチ入力に応じて回転方向が切り替わります．PWM1を使用してポートRC2をPWMパルス出力ポートとしてポ

写真10-1-1 鉄道模型の加減速・シャトル運転の実験のようす

リスト10-1-1　PWMによるDCモータの回転速度制御プログラム［MA224+外部回路，PIC18F452(10MHz)，C18コンパイラ］

```c
#include <p18f452.h>
#include <delays.h>
#include <adc.h>
#include <pwm.h>

void main (void)
{
   int ADVAL;

   TRISA = 0b111111;
   TRISB = 0b11111111;
   TRISC = 0b10111000;
   TRISD = 0;
   TRISE = 0b001;

   OpenADC(ADC_FOSC_RC & ADC_RIGHT_JUST &
           ADC_1ANA_0REF, ADC_CH0 & ADC_INT_OFF);
   OpenPWM1(255);

   while(1){
      ConvertADC();           //Start AD
      while( BusyADC() );
      ADVAL = ReadADC();
      SetDCPWM1(ADVAL);       //set PWM0
      PORTD = ADVAL >> 2;     //Out to LED
      PORTEbits.RE1=0;
      PORTEbits.RE1=1;

      if(PORTAbits.RA5==1)  LATCbits.LATC0=1;  //CW CCW
      else    LATCbits.LATC0=0;

      Delay1KTCYx(10);
   }
}
```

ートRC0を回転方向切り替えに使用しています．

● 鉄道模型の加減速制御

　リスト10-1-2はモータを加減速制御している例で，写真10-1-1が実験中のようすです．加速，定速，減速の三つの動作を行います．スイッチにより回転方向を切り替えてスタートします．鉄道模型車両は＋12Vの電源で動作するDCモータなので，このプログラムで動かすとソフト・スタート，ソフト・ストップ走行を行い，スイッチ操作でシャトル運転ができます．スイッチRC4の入力でCW方向に一定時間の加減速を伴った回転を行い，スイッチRC5の入力で逆方向に同じように回転します．モータ・ドライブ回路はTA7291Pの代わりにTA7257Pを使用しています．

リスト10-1-2　鉄道模型の加減速・シャトル運転プログラム
［MA224＋外部回路, PIC18F452(10MHz), C18コンパイラ］

```c
#include <p18f452.h>
#include <delays.h>
#include <adc.h>
#include <pwm.h>

#define    stepTime  30          //40μs*N
#define    stPWM     50
#define    spPWM     250

void main (void)
{
    unsigned int n;

    TRISA = 0b111111;
    TRISB = 0b11111111;
    TRISC = 0b10111000;
    TRISD = 0;
    TRISE = 0b001;
    ADCON1 = 7;

    OpenPWM1(255);

    while(1){
        if(PORTAbits.RA4==0)      //CW start
        {
            LATCbits.LATC0=0;
            for (n=stPWM ; n<spPWM ; n++)
            {
                SetDCPWM1(n<<2);   //PWM0
                PORTD = n;
                Delay1KTCYx(stepTime);
            }
            Delay10KTCYx(255);
            Delay10KTCYx(255);
            Delay10KTCYx(255);
            Delay10KTCYx(255);
            for (n=spPWM ; n>stPWM ; n--)
            {
                SetDCPWM1(n<<2);   //PWM0
                PORTD = n;
                Delay1KTCYx(stepTime);
            }
            SetDCPWM1(0);          //PWM0
            PORTD = 0;
        }
        if(PORTAbits.RA5==0)      //CCW start
        {
            LATCbits.LATC0=1;
            for (n=stPWM ; n<spPWM ; n++)
            {
                SetDCPWM1(n<<2);   //PWM0
                PORTD = n;
                Delay1KTCYx(stepTime);
            }
            Delay10KTCYx(255);
            Delay10KTCYx(255);
            Delay10KTCYx(255);
            Delay10KTCYx(255);
            for (n=spPWM ; n>stPWM ; n--)
            {
                SetDCPWM1(n<<2);   //PWM0
                PORTD = n;
                Delay1KTCYx(stepTime);
            }
            SetDCPWM1(0);          //PWM0
            PORTD = 0;
        }
    }
}
```

10-2　2相ステッピング・モータのインターフェース

■ ステッピング・モータとは

　これは正確に角度を刻み回転するモータとして，精密機械やフロッピ・ディスク・ドライブ，プリンタ，FAX，コピーなどにたくさん使用されているモータで，パルス・モータとも呼ばれます．コイルに電流を与えると小刻みな角度で回転します．パルス数と回転角度とが正しく一致するため，マイコンから与えるパルス数で機械系の移動量を正確に把握できます．ステッピング・モータは，停止中もコイルに通電して励磁しておけばブレーキがかかり，機械的なブレーキが不要ですが，停止状態でも電流を消費することになります．
　ステッピング・モータの欠点の一つは，重い負荷に対して起動トルクが十分ではないことです．また，

高速回転には不向きですし，急激に回転数を可変すると回転がロックし，脱調と呼ばれる状態に陥ります．そのため台形制御などと呼ばれる加減速制御が必要です．

図10-2-1はステッピング・モータの記号です．ステッピング・モータのコイルの励磁方法には，1相，2相，1-2相励磁があります．これらを図10-2-2に示します．1相励磁は一つのコイルにだけを励磁して回転させます．2相励磁は常に二つのコイルを励磁するため，消費電力が2倍になりますが，トルクが高く安定な動作ができます．1-2相励磁は1相と2相を組み合わせた制御で，ステップ角が1/2になり回転角の細かな制御ができます．

■ 回路とプログラム例

回路を図10-2-3に示します．プログラムは2相励磁を採用しました．写真10-2-1は実験中のようすです．四つのコイルにそれぞれ1/4周期ステップで位相がずれたパルス信号を供給するとモータが回転します．パルスを逆の順番で加えると逆転します．図10-2-4は実際の駆動波形です．

パルス周波数を高くすると回転も速くなります．PICマイコンから制御する場合は，四つのコイルに供給するパルス・パターンをテーブルに置き，そのデータを順番にポートに出力すればパルスを出力できます．低速で回転させるときは加減速制御しなくとも起動します．1相励磁にするにはテーブル・パターンを変更すれば実現できます．1-2相励磁の場合はテーブルを増やしループ回数も増やします．

プログラムはアセンブラ・ルーチン(リスト10-2-1)とC18コンパイラによるルーチン(リスト10-2-2)の双方を示します．

リスト10-2-1は，一定速度でステッピング・モータを回します．スイッチRA4でモータの回転/停止操作，スイッチRA5で正転/逆転の回転制御をしています．

リスト10-2-2は，可変抵抗器の設定をA-Dコンバータで読み取って，速度制御に反映させています．ステッピング・モータの駆動パターンは，テーブルではなくif文で判断しています．駆動パターンの選択はSTAGE変数で管理し，正転/逆転ではこの変数の変化をプラス/マイナスに切り替えています．

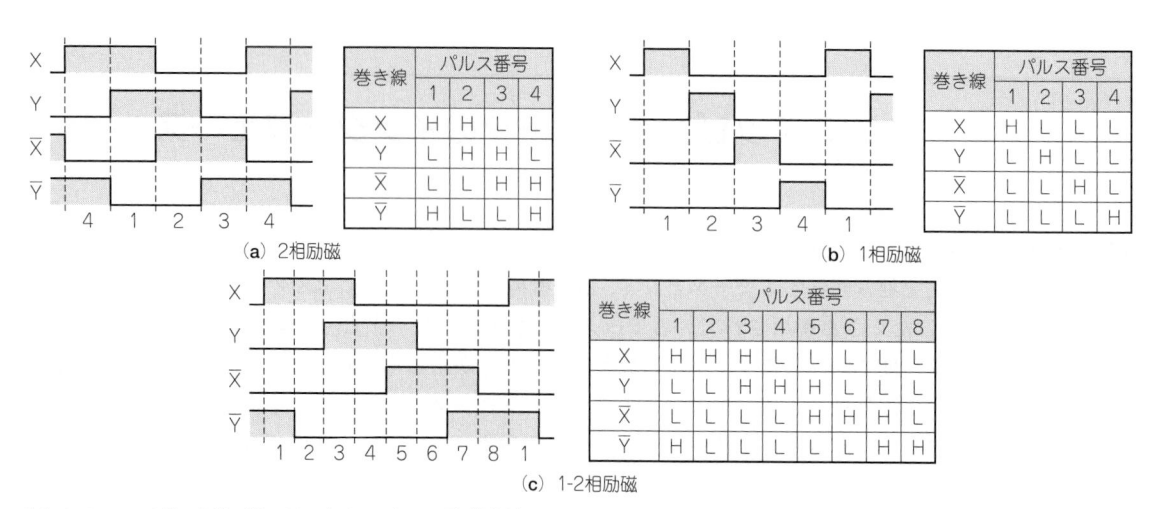

(a) 2相励磁

巻き線	パルス番号			
	1	2	3	4
X	H	H	L	L
Y	L	H	H	L
$\overline{X}$	L	L	H	H
$\overline{Y}$	H	L	L	H

(b) 1相励磁

巻き線	パルス番号			
	1	2	3	4
X	H	L	L	L
Y	L	H	L	L
$\overline{X}$	L	L	H	L
$\overline{Y}$	L	L	L	H

(c) 1-2相励磁

巻き線	パルス番号							
	1	2	3	4	5	6	7	8
X	H	H	H	L	L	L	L	L
Y	L	L	H	H	H	L	L	L
$\overline{X}$	L	L	L	L	H	H	H	L
$\overline{Y}$	H	L	L	L	L	L	H	H

図10-2-2 ステッピング・モータのコイルの励磁方法

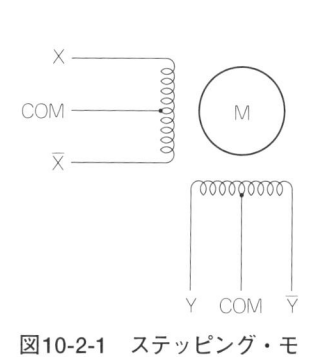

図10-2-1 ステッピング・モータの記号

ダイオードは1N4001

パワーMOSFETは**2SK1288**（NECエレクトロニクス）など
$+V_{MM} \leq 12V$，コイル電流2A以下

図10-2-3 マイコンによるステッピング・モータの駆動回路例

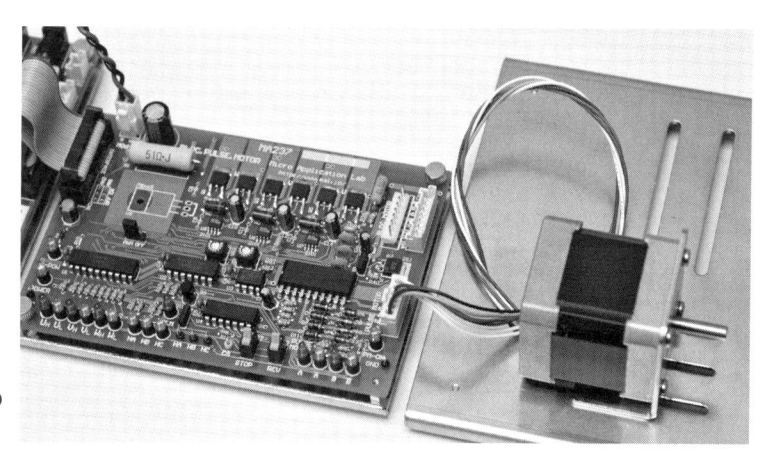

写真10-2-1 ステッピング・モータの駆動実験のようす

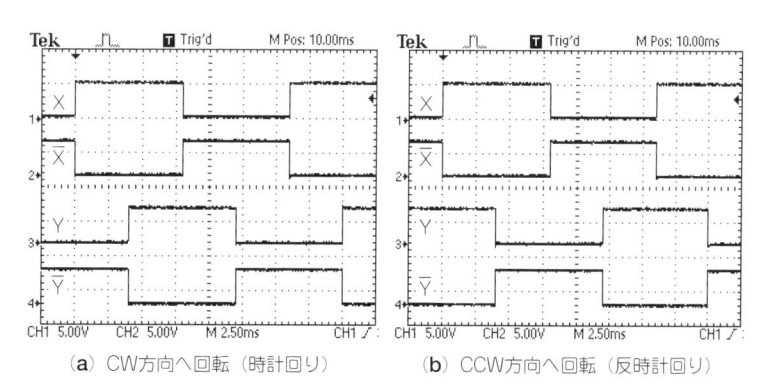

(a) CW方向へ回転（時計回り）

(b) CCW方向へ回転（反時計回り）

図10-2-4 ステッピング・モータの駆動波形(2.5ms/div., 5V/div.)

10-2 2相ステッピング・モータのインターフェース

リスト10-2-1　一定速度でステッピング・モータを回すプログラム
[MA183，PIC18F452(10MHz)，MPASMアセンブラ]

```
            LIST    P=18F452,F=INHX8M,R=DEC
;========================================
;   パルスモータ2相励磁信号発生
;   SW4で回転   ON/OFF
;   SW5で方向   CW/CCW
;   PD0:X PD1:Y PD2:XN PD3:YN
;========================================
            include "p18F452.inc"

        DLYL    EQU     0
        DLYH    EQU     1
        STAGE   EQU2            ;SERIAL COUNTER

            ORG     H'0'

            NOP
            CLRF    PORTD   ;
            MOVLW   B'00000100'     ;select ch0
            MOVWF   ADCON1   ;as analog inputs
            MOVLW   B'110011';
            MOVWF   TRISA    ;
            MOVLW   B'11000000' ;
            MOVWF   TRISB    ;
            MOVLW   B'10010001' ;
            MOVWF   TRISC    ;
            CLRF    TRISD
            MOVLW   B'000'   ;
            MOVWF   TRISE    ;
            CLRF    PCLATH
            CLRF    PCLATU
            BRA     CW2
;-----------------------------------------
;   Pattern table
;-----------------------------------------
STGTBL      ADDWF   PCL,F
            RETLW   B'1001'
            RETLW   B'0101'
            RETLW   B'0110'
            RETLW   B'1010'
;-----------------------------------------
;   MAIN Program
;-----------------------------------------
MAIN
            BTFSC   PORTA,4     ;PA4 START??
            BRA     MAIN
            CALL    DLY1MS
            CALL    DLY1MS
            BSF     PORTD,7     ;PULSE
            CALL    DLY1MS
            CALL    DLY1MS
            BCF     PORTD,7     ;PULSE OFF
            BTFSS   PORTA,5     ;Direction
            BRA     CCW
CW
            INCF    STAGE,F
            INCF    STAGE,F
CW2         MOVF    STAGE,W
            ANDLW   B'111'      ;b1,b0
            CALL    STGTBL
            ANDLW   B'1111'
            MOVWF   PORTD       ;OUT
            GOTO    MAIN

CCW
            DECF    STAGE,F
            DECF    STAGE,F
            MOVF    STAGE,W
            ANDLW   B'111'      ;b1,b0
            CALL    STGTBL
            ANDLW   B'1111'
            MOVWF   PORTD       ;OUT
            GOTO    MAIN

DLY1MS      MOVLW   D'1'
DLY         MOVWF   DLYH
DLY1        MOVLW   D'250'
            MOVWF   DLYL
DLY11       BRA     DLY12
DLY12       BRA     DLY13
DLY13       BRA     DLY14
DLY14       NOP
            DECFSZ  DLYL,1
            BRA     DLY11
            DECFSZ  DLYH,1
            BRA     DLY1
            RETURN

            END
```

リスト10-2-2
可変抵抗器の設定に合わせて速度を可変するプログラム [MA224＋MA237, PIC18F452(10MHz), C18コンパイラ]

```c
#include <p18f452.h>
#include <delays.h>
#include <adc.h>
void main (void)
{
    unsigned int ADVAL;
    unsigned char STAGE=0;
    TRISA = 0b111111;
    TRISB = 0b11000000;
    TRISC = 0b10111001;
    TRISD = 0;
    TRISE = 0b001;
    PORTB = 0b00011000;
    PORTD = 0;
    OpenADC(ADC_FOSC_RC & ADC_RIGHT_JUST &
            ADC_1ANA_0REF, ADC_CH0 & ADC_INT_OFF);

    PORTD = 0xFF;
    Delay10KTCYx(25);
    PORTD = 0;
    Delay10KTCYx(25);
    PORTD = 0xFF;
    Delay10KTCYx(25);
    PORTD = 0;
    Delay10KTCYx(25);

    while(1){
        if ( PORTEbits.RE0 == 0 )         //MOTOR ON/OFF
        {
            LATCbits.LATC1 = 1;           //Start PM
            ConvertADC();                 //Get AD
            while( BusyADC() );
            ADVAL = ReadADC();
            ADVAL >>= 2;
            PORTD = ADVAL;                //Disp val
            ADVAL ^= 0xFF;

            if(STAGE==0)       PORTB = 0b1001;  //Stage??
            else if(STAGE==1)  PORTB = 0b0101;
            else if(STAGE==2)  PORTB = 0b0110;
            else if(STAGE==3)  PORTB = 0b1010;

            Delay100TCYx(ADVAL);          //Wait PW

            if(PORTAbits.RA3 == 0)        //CW
            {
                STAGE++;
                STAGE &= 3;
            }
            else    //CCW
            {
                STAGE--;
                STAGE &= 3;
            }
        }
        else LATCbits.LATC1 = 0;          //Start PM
    }
}
```

10-2 2相ステッピング・モータのインターフェース

10-3　DCブラシレス・モータのインターフェース

■ DCブラシレス・モータとは

　DCブラシ・モータの多くが永久磁石による磁界中で電磁石が回転する構造をもつのに対し，一般的なブラシレス・モータは周辺の電磁石で磁界を回転させ，回転子に取り付けた永久磁石をその磁力で回転させるという逆の構造をもちます．ブラシレス・モータは，ブラシを排除して高寿命化や低ノイズ化を実現したモータですが，回転子の位置確認や磁界の回転操作に多くの駆動回路と制御が必要です．また，回転する永久磁石は強力な磁石が求められます．

■ 駆動方法

　さて，ブラシレス・モータはスムーズな回転を実現するために3相で駆動するものが代表的です．3相は三つのコイルにより回転子を120°ごとに回転させるしくみです．しかし，回転子のN極やS極が今どの位置にあるのかを知ることが必要で，磁界を感知するホール・センサによってこれを実現しています．

　図10-3-1はDCブラシレス・モータの概念的な構造図です．3相ブラシレス・モータは，ホール・セン

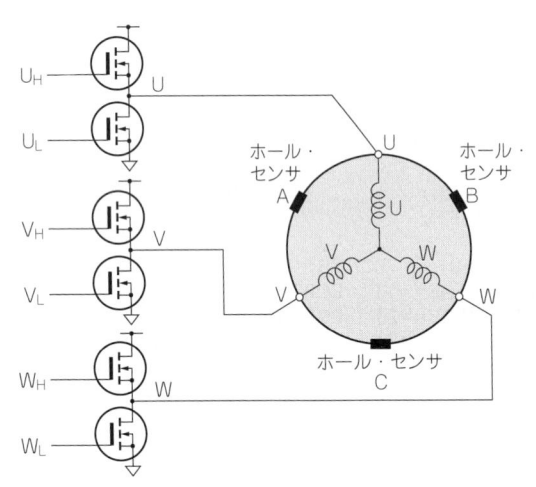

図10-3-1　DCブラシレス・モータ(3相)の概念的な構造図

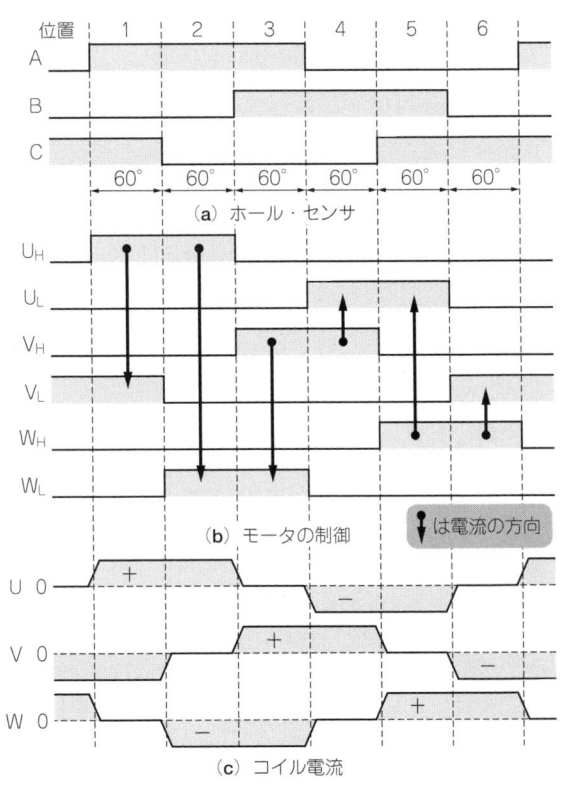

図10-3-2　3相DCブラシレス・モータの駆動タイムチャート

サの位置に対し各コイルを図10-3-2のように励磁します．具体的には，ハーフ・ブリッジ回路を三つ用意して，各コイルをバイポーラ駆動します．

■ 回路例

図10-3-3に示すIR2110（インターナショナル・レクチファイヤ社）は，1パッケージにハイ・サイド，ロー・サイドのドライバを内蔵したドライバICです．ハイ・サイドとは駆動回路のプラス側，ロー・サイドとはマイナス側を意味します．ロー・サイドFETとハイ・サイドFETが同時にONすると電源がショートするため，このような状態にならない制御（デッド・タイム制御）が必要です．図10-3-4はIR2110による1回路ぶんのハーフ・ブリッジ・ドライバの例です．

3相ブラシレス・モータを駆動するには，三つのコイルに対してハイ・サイドおよびロー・サイド・ドライバがあるため，六つの出力トランジスタをコントロールする必要があります．さらに三つのホール・センサ入力が必要ですから，合計九つのI/Oピンを用意します．さらにモータの安全運転を考慮すると，モータ電圧・電流測定用のポートや過電流アラーム信号などが求められます．

図10-3-5はマイコンで制御する場合の構成です．三つのコイルに共有のPWM信号を加えて回転制御を

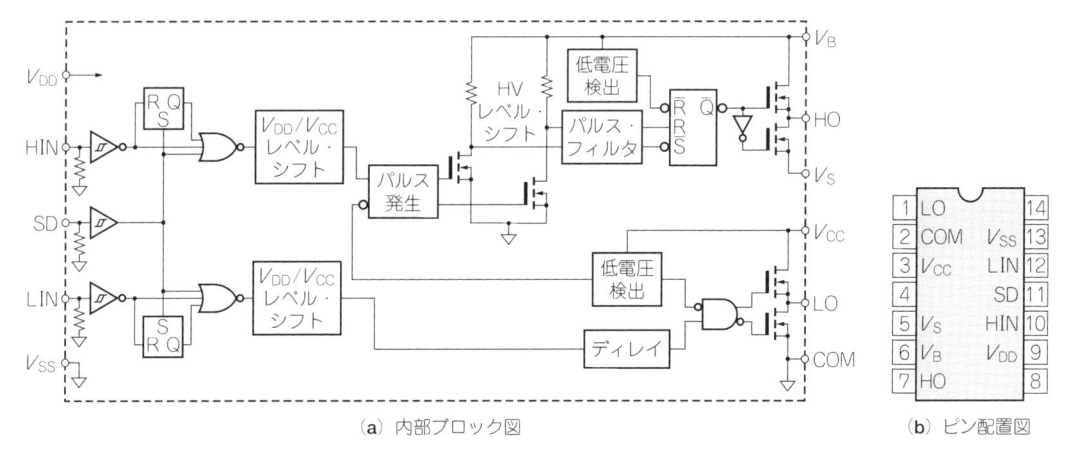

図10-3-3 ハイ・サイド＆ロー・サイドFETドライバIR2110（インターナショナル・レクチファイヤー社）

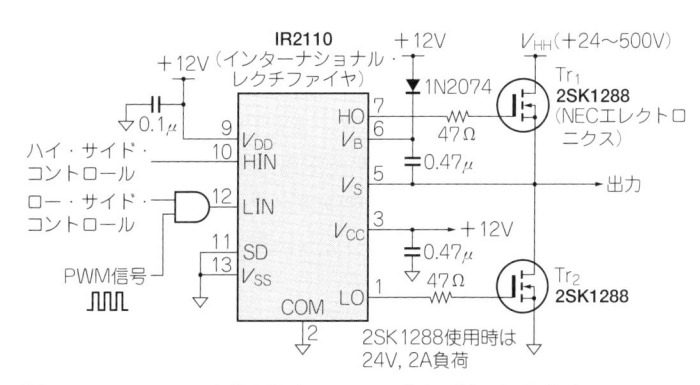

図10-3-4 IR2110を使用したハーフ・ブリッジ・ドライバ

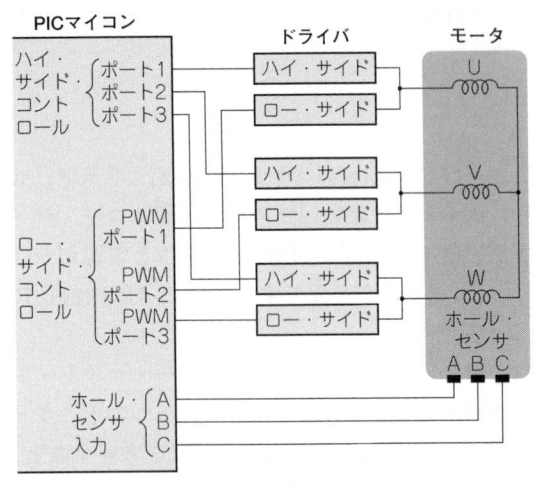

(a) 3チャネルPWMをもつマイコンとのインターフェース　　　　(b) 1チャネルPWMをもつマイコンとのインターフェース

図10-3-5　マイコンでPWM制御する場合の構成例

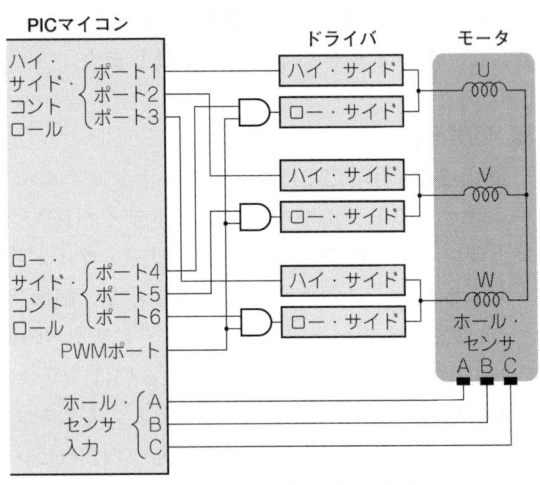

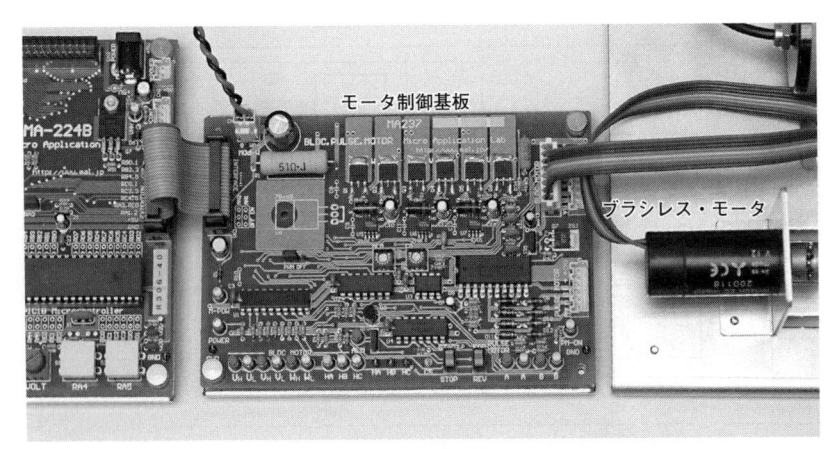

写真10-3-1　3相DCブラシレス・モータ制御実験のようす

行う場合は，PWM機能が一つあるマイコンで制御できますが，各モータに別々のPWM制御を加える場合はPWM機能が三つ装備されているマイコンが必要です．PWMを3チャネル内蔵したPICマイコンとしてPIC16F777があり，このような用途に適しています．またPIC18F4431はモータ・ドライブを考慮したPWMを3チャネル搭載し，ハイ・サイド，ロー・サイド出力ポート，デッド・タイム設定，フォルト信号による出力停止機能などが盛り込まれています．デッド・タイムとは，ハイ・サイドとロー・サイドのFETが同時にONしないよう，また過電流が流れないように双方のFETをOFFする時間です．

■ プログラム例

リスト10-3-1は3相DCブラシレス・モータ（マクソン社）を制御します．各ポートは**表10-3-1**のように接続されています．**写真10-3-1**が実験のようすで，**図10-3-6**が動作波形です．

表10-3-1 リスト10-3-1のプログラムの制御ポート

項目	接続先	ポート
ホール・センサ	A	RC3
	B	RC4
	C	RC5
モータ巻き線	U_L	RB0
	U_H	RB1
	V_L	RB2
	V_H	RB3
	W_L	RB4
	W_H	RB5
スイッチ	モータ動作/停止	RE0
	モータ正転/逆転	RA3

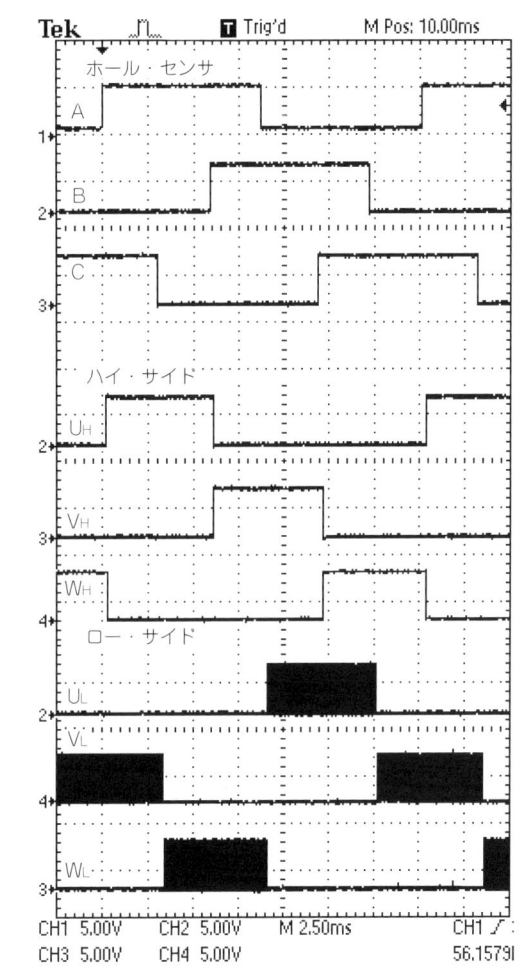

図10-3-6 リスト10-3-1のプログラムによる3相ブラシレス・モータの駆動波形(各相のPWMキャリアは9.7kHz；2.5ms/div., 5V/div.)

ボードには動作/停止スイッチと正転/逆転切り替えスイッチがあります．また，可変抵抗の位置をA-D変換して読み取り，その位置に応じて回転速度を制御します．ホール・センサの入力に対するモータの出力パターンは配列STEPPAT_Fで，その値を無条件にポートへ出力します．

正転・逆転で二つのテーブルを作り，スイッチ操作を判断して切り替えています．逆転の場合は，電流方向を逆転しただけのデータです．スピード制御はPWMによりますが，PICマイコンに内蔵されているPWM機能を利用してRC2から出力されるPWMパルスを外部でU_L，V_L，W_LとANDゲートで合成して生成しています．

リスト10-3-1①　可変抵抗器の設定に合わせて速度を可変するDCブラシレス・モータ制御プログラム　[MA224＋MA237，PIC18F452(10MHz)，C18コンパイラ]

```c
#include <p18f452.h>
#include <delays.h>
#include <adc.h>
#include <pwm.h>
const rom unsigned char STEPPAT_F[11] =
{
   0b000000, //0
   0b010010, //1
   0b001001, //2
   0b011000, //3
   0b100100, //4
   0b000110, //5
   0b100001, //6
   0b000000, //7
   0b000000, //8
   0b000000, //9
   0b000000, //10
 };
const rom unsigned char STEPPAT_R[11] =
{
   0b000000, //0
   0b100001, //1
   0b000110, //2
   0b100100, //3
   0b011000, //4
   0b001001, //5
   0b010010, //6
   0b000000, //7
   0b000000, //8
   0b000000, //9
   0b000000, //10
 };
void main (void)
{
   int ADVAL;
   unsigned char SPEEDCNT=0;
   unsigned char tmp1,tmp2;
   unsigned char CHGPOS=0 , NEWPOS=0;

   TRISA = 0b111111;
   TRISB = 0b11000000;
   TRISC = 0b10111011;
   TRISD = 0;
   TRISE = 0b001;
   PORTB = 0b00011000;
   PORTD = 0;

   OpenADC(ADC_FOSC_RC & ADC_RIGHT_JUST &
            ADC_1ANA_0REF, ADC_CH0 & ADC_INT_OFF);
   OpenPWM1(1023);

   //Start lamp
   PORTD = 0xFF;
   Delay10KTCYx(25);
   PORTD = 0;
```

リスト10-3-1② 可変抵抗器の設定に合わせて速度を可変するDCブラシレス・モータ制御プログラム [MA224+MA237, PIC18F452(10MHz), C18コンパイラ] (つづき)

```
    Delay10KTCYx(25);
    PORTD = 0xFF;
    Delay10KTCYx(25);
    PORTD = 0;
    Delay10KTCYx(25);

    while(1){
        if ( PORTEbits.RE0 == 0 )   //MOTOR ON/OFF
        {
            tmp1 = PORTC & 0b111000;

            ConvertADC();
            while( BusyADC() );
            ADVAL = ReadADC();
            SetDCPWM1(ADVAL);       //PWM0
            PORTD = ADVAL >> 2;
            PORTEbits.RE1=0;
            PORTEbits.RE1=1;

            Delay100TCYx(2);        //80μs
            tmp2 = PORTC & 0b111000;
            if (tmp1==tmp2)         //UVW pos OK??
            {
                NEWPOS = tmp1>>3;
                if(NEWPOS!=CHGPOS) //Change position??
                {
                    if ( PORTAbits.RA3 == 0 )   //MOTOR ON/OFF
                    {   //Forwerd
                        PORTB = STEPPAT_F[ NEWPOS ];
                    }
                    else
                    {   //Reverse
                        PORTB = STEPPAT_R[ NEWPOS ];
                    }
                    CHGPOS = NEWPOS;
                }
            }
        }
        else PORTB = 0;
    }
}
```

10-4 ラジコン用サーボ・モータのインターフェース

■ ラジコン用サーボ・モータの概要

電気信号に応じて機械的な位置を制御できるものとしてラジコン用サーボ・モータ(以下RCサーボ)があります.RCサーボをマイコンと組み合わせるとおもしろい応用が考えられます.

RCサーボは図10-4-1のようにギヤード・モータと位置検出のための可変抵抗器(ポテンショメータ)で構成されています.与えられたパルス信号の幅に応じて,サーボ・モータ出力軸が回転し,指定位置で停

止します．RCサーボへ入力するパルスは図10-4-2のような形式で，可変幅1m～2ms程度，パルス周期は約20msです．市販されているRCサーボは，回転角度，動作，保持力などによって多くの種類があります．

■ 回路とプログラム例

　RCサーボのパルス入力はTTLレベルなので，マイコンのポートと直結してコントロールできます．動作電圧は4.8～7V程度までのようです．RCサーボはたいてい3線式（図10-4-3）で，パルス信号入力，正電源，グラウンドの構成です．実験に使用したサーボ・モータS3003（双葉電子工業）は，安価に市販されている普及品です．

　リスト10-4-1のプログラムは4個のRCサーボをシリアル通信でコントロールします．写真10-4-1は実験中のようすです．ホストからASCIIコード4文字で構成されるコマンド（図10-4-4）を送ると，その値に応じてPWM出力のパルス幅を制御します．PICマイコンのPWM機能ではチャネル数不足なので，タイマ1とコンペアの機能を使用しています．

　RCサーボへのPWMパルスは，周期20msの間に2msのパルスを10個並べることができるので，最大10チャネルまでのコントロールが可能です．プログラムでは20msの1/4にあたる5msを1チャネルのタイム・スロットとして確保して，CCP1のスペシャル・イベント・トリガ機能でこの時間を作ります．チャネル間は3msの隙間があることになります．図10-4-5が動作波形です．

　各チャネルのパルス幅は配列RCbufに格納し，その値をCCP2に設定してパルス幅を決定します．ゼロに近い値を指定すると，処理が追いつかず誤動作します．設定値はPICマイコンが10MHz動作であることから，5msは12500，2msは5000が最大値です．各コンペア・フラグは割り込みで処理しても良いのですが，ほかの処理がないことからアイドル・ループでポーリング処理させています．アイドル・ループではシリアル通信の受信フラグもチェックしています．

　コマンドはSTXコードに続く3文字のASCIIコードが設定値で，チャネル番号と8ビットの設定データです．設定データは19倍することで5000に近い値にしています．通信が行われると出力パルスの処理が遅れ，パルス幅にジッタを生じますが，1～2回のエラー・パルスならサーボ・モータが応答しません．

　PIC18F452を使用しましたが，PIC16F627を使って小型化すると模型などに応用できます．ほかのマイ

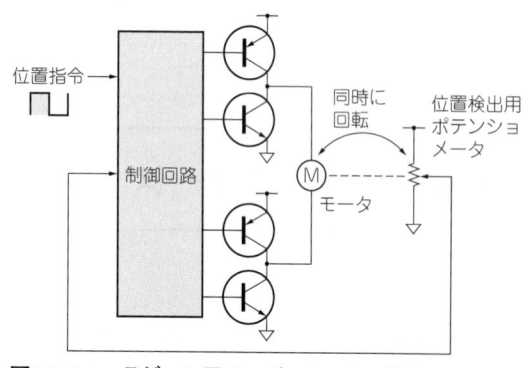

図10-4-1　ラジコン用サーボ・モータの構成

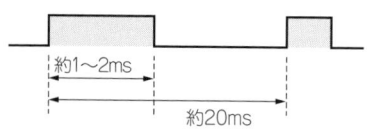

図10-4-2　RCサーボへ入力するパルス信号

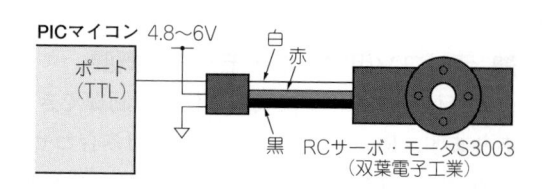

図10-4-3　RCサーボとのインターフェース

コンでも，同様なタイマ機能を利用することは容易です．ホスト側はハイパー・ターミナルでも制御できますが，簡単な制御プログラムを作ってみるのも楽しいでしょう．

写真10-4-1 4チャネルRCサーボ駆動の実験中のようす

STX	チャネル	設定値

スタート・コード

→ 角度設定値（01h～FFh）
16進数をASCIIコード
2文字で表す

→ チャネル指定（0～3）
ASCIIコード1文字

図10-4-4 ホストから送るコマンド

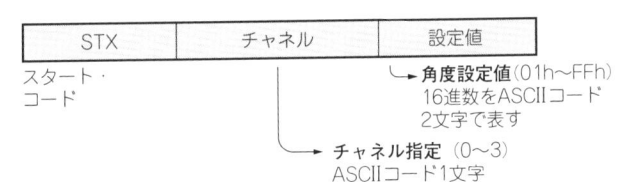

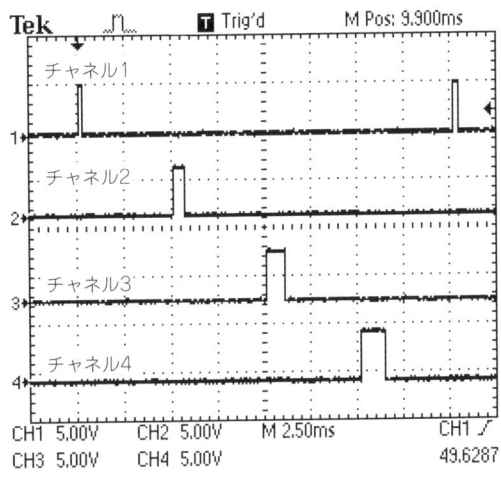

図10-4-5 RCサーボ・モータへの出力波形
(2.5ms/div., 5V/div.)

リスト10-4-1① 4チャネルRCサーボ駆動プログラム［MA183，PIC18F452（10MHz），C18コンパイラ］

```c
#include <p18f452.h>
#include <delays.h>

unsigned int RCbuf[4];
unsigned int RC0;
unsigned int RC1;
unsigned int RC2;
unsigned int RC3;
unsigned char ch;
unsigned char RCVch , chr;
unsigned int RCVbuf[4];
unsigned char Tch , val;

unsigned char atoh (unsigned char a) {
    a -= 0x30;
    if(a >= 0x11) a -= 7;
    a &= 0b1111;
    return(a);
}

void main (void)
{
    ADCON1 = 0b1110;
    TRISA = 0b111111;
    TRISB = 0b11111111;
    TRISC = 0b10111000;
    TRISD = 0;
    TRISE = 0b001;
    PORTD = 0;

    T1CON = 0b10000001;
    T3CON = 0;
    CCP1CON = 0b1011;
    CCP2CON = 0b1010;
    TMR1H = 0;
    TMR1L = 0;
    CCPR1 = 12500;
    CCPR2 = 60000;
    PIR1bits.CCP1IF=0;
    PIR2bits.CCP2IF=0;
    PIR1bits.RCIF=0;

    TXSTA = 0b00100100;
    RCSTA = 0b10010000;
    SPBRG = 64;

    RCbuf[0]=2000;
    RCbuf[1]=3000;
    RCbuf[2]=4000;
    RCbuf[3]=5000;
    ch = 0;
    RCVch = 0;
```

リスト10-4-1②　4チャネルRCサーボ駆動プログラム [MA183, PIC18F452(10MHz), C18コンパイラ] (つづき)

```
   while(1){

      if(PIR1bits.CCP1IF)    //Interval clock
      {
         CCPR2 = RCbuf[ch];
         if      (ch==0) LATDbits.LATD4=1;
         else if (ch==1) LATDbits.LATD5=1;
         else if (ch==2) LATDbits.LATD6=1;
         else if (ch==3) LATDbits.LATD7=1;
         PIR1bits.CCP1IF=0;
         PIR2bits.CCP2IF=0;

      }

      if(PIR2bits.CCP2IF)    //PWM timing
      {
         PORTD = 0;
         PIR2bits.CCP2IF=0;
         ch++;  //ch+1
         ch &= 0b11;

      }

      if(PIR1bits.RCIF)      //RX flag
      {
         chr = RCREG;
         PIR1bits.RCIF=0;
         if(RCVch==0)
         {
            if(chr==2)       //STX
            {
               RCVbuf[RCVch] = chr;
               RCVch=1;
            }
         }
         else
         {
            RCVbuf[RCVch] = chr;
            RCVch++;
            if (RCVch==4)
            {
               Tch = RCVbuf[1]-0x30;
               val = atoh(RCVbuf[2])*16;
               val += atoh(RCVbuf[3]);
               RCVch=0;

               RCbuf[Tch]=val;
               RCbuf[Tch]*=19;
            }
         }
      }
   }
}
```

第11章

温度センサICやサーミスタ，加速度センサとの接続例

センサのインターフェース

マイコン応用機器では，各種センサを接続して外界の情報をシステムに取り込みたいことがよくあります．代表的なものの一つは温度センサでしょう．かつてのセンサはアナログ出力だったので，微小なアナログ信号を取り込んで，増幅して，リニアライズして…と手間がかかりました．最近はマイコンとの接続を意識して，センサ・デバイス自身がディジタル・インターフェースを内蔵し，信号処理済みの結果を出力するものが増えています．

ここではバリエーションの多い温度センサを中心に加速度や光センサとのインターフェース例を紹介します．

11-1　温度センサTC77のSPIインターフェース

■ TC77の概要

これは温度を測定しディジタル・データとして外部に出力してくれる温度センサICです．**図11-1-1**にブロック図とピン配置を示します．温度精度は±1℃（25～65℃範囲）ですが，12ビット＋サイン・ビット

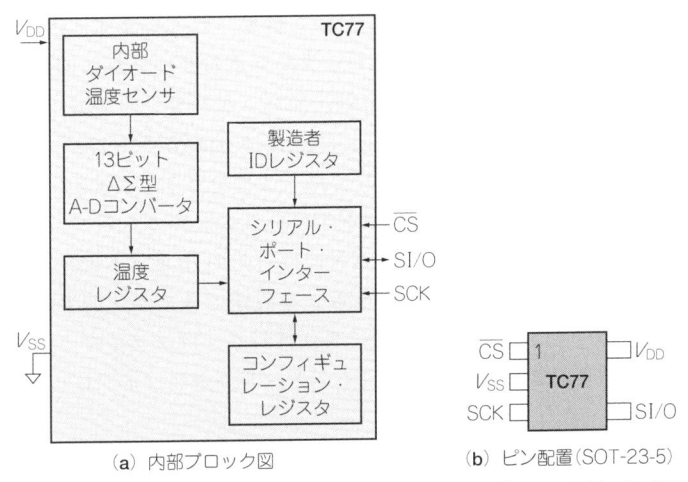

図11-1-1　SPIインターフェースの温度センサTC77のブロック図とピン配置図
（a）内部ブロック図　　（b）ピン配置（SOT-23-5）

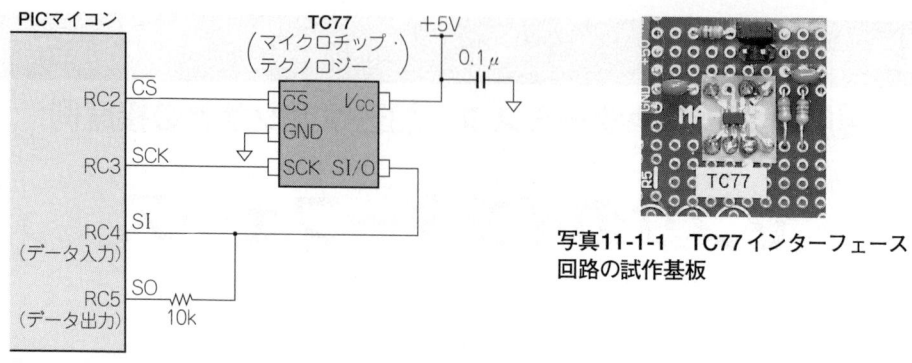

図11-1-2 TC77とのインターフェース回路

写真11-1-1 TC77インターフェース回路の試作基板

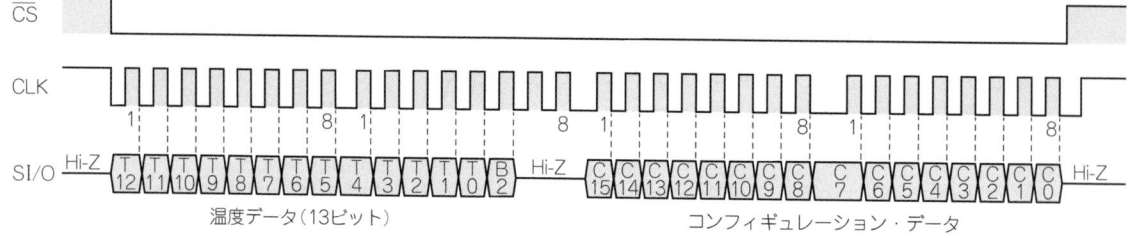

図11-1-3 TC77の3線式SPIインターフェースのタイムチャート

注▶ビットB2は電源ON後または電圧リセット・イベント後の最初の温度変換が完了すると'1'になる

なので0.0625℃ステップの測定値が得られます．動作電源電圧範囲は2.7～5Vで，温度測定範囲は－55～＋125℃です．パッケージはSOT-23で大変小型です．温度データを数値として読み取れますからA-Dコンバータを搭載していないマイコンでも利用できます．

■ 回路とプログラム例

図11-1-2が回路例で，**写真11-1-1**は試作基板です．インターフェースは3線式SPIインターフェースで，SI/O（データ），SCK（クロック），$\overline{CS}$（セレクト）信号から構成されています．温度データの読み出しは，**図11-1-3**のように$\overline{CS}$をLレベルにして，13個のクロックを与えると，それに同期して13ビットのデータが出力されます．クロックの立ち上がりでデータ有効，立ち下がりでデータ切り替えです．出力データNは1ビットあたり0.0625℃なので，測定温度T_m［℃］は，$T_m = 0.0625N$から得られます．

MSBがサイン・ビットなので，そのまま数値として扱うことができ，負は2の補数表現です．絶対値を取り温度値に変換してから符号を加えても温度データを得られます．

8ビットSPIでは2バイト（16ビット）データを送ると，はじめの13ビットにデータが乗ってきます．さらに16ビットのデータを送るとコンフィギュレーションを設定できます．前半の16ビットは温度データの読み出しで，後半の16ビットは書き込みモードに切り替わり，コンフィギュレーション設定値を指定します．この値は全ビット"H"で省電力スタンバイ・モード，全ビット"L"で通常動作（温度測定）モードです．

リスト11-1-1はTC77へアクセスするプログラムの抜粋です．TC77は小型でインターフェースも容易なので，扱いやすい便利な温度センサです．

リスト11-1-1 TC77へアクセスするプログラムの抜粋 [MA224＋拡張基板，PIC18F452(10MHz)，C18コンパイラ]

```
TRISC = 0b10010001;
```
(a) 初期化処理

```
tmp = TC77_TMPIN() ;
tmp = tmp * 0.0625 ;
```
(b) メイン・ルーチンからの読み出し

```
unsigned int TC77_TMPIN(void){
    char n;
    unsigned int val;

    LATCbits.LATC2 = 0;            //CS=0

    for(n=0;n<13;n++){
        LATCbits.LATC3 =1;         //CLK=1
        val <<= 1;
        if ( PORTCbits.RC4 == 0 ) val &= 0xFFFE; //DATA=0
        else val |= 1;             //DATA=1
        LATCbits.LATC3 =0;         //CLK=0
    }
    LATCbits.LATC2 = 1;            //CS=1
    return val;
}
```
(c) TC77 ドライバ関数

11-2 温度センサLM75のI²Cインターフェース

■ LM75の概要

　これはΔΣ方式の10ビットA-Dコンバータを内蔵し，測定した温度値を0.5℃ステップの数値で出力する温度センサです．測定範囲は−55〜＋125℃と広範囲で，精度は±2℃です．温度オーバーによるシャットダウン機能があります．動作電圧は3〜5Vです．図11-2-1にブロック図とピン配置を示します．

　マイコン・インターフェースはI²Cです．3ビットのアドレス指定ピンがあるので，共通のI²Cラインに8個までのLM75を接続できます．出力される温度データは0℃を"0"として"1"が0.5℃を表すので，−0.5℃は1FFhとなります．最大の＋125℃で0FAh，最小の−55℃で192hになります．0.5℃ステップなので，最上位ビットをサイン・ビットとして最下位ビットを小数点第1位として扱えます．

　内部レジスタとして表11-2-1に示すものがあります．

■ I²Cの通信フォーマット

　図11-2-2がI²Cの通信フォーマットの概要で，図11-2-3はI²Cバス上の実際の通信です．I²Cバスのデバイス・アドレスは"1001nnn"でnnnの部分にアドレス設定ピン(A_2，A_1，A_0)による設定値が入ります．データへアクセスするには，スタート・シーケンスに続いてアドレス・バイトとレジスタ・ポインタ値を書き込みます．書き込みの場合は，引き続き1バイトか2バイトの設定データを送り込みます．読み出しの場合は，リスタート・シーケンスを送り，再度アドレス・バイトを読み出します．すると引き続き2バイトのデータが出力されます．最後にストップ・シーケンスを送ります．

■ 回路とプログラム例

　図11-2-4が回路例で，写真11-2-1は試作基板です．マイコンとのインターフェースはI²Cによる接続ですから，I²Cモジュールを搭載しているマイコンなら，プルアップ抵抗を用意するだけで簡単に接続でき

ます．温度オーバー出力(O.S.ピン)はオープン・ドレインですから，複数のデバイスをワイヤードOR接続でき，これをマイコンの割り込み端子に接続しておけば，温度オーバー割り込みをかけられます．また，モータなどを非常停止させるような用途にも活用できます．

リスト11-2-1のプログラムはPICマイコンのC18コンパイラによるもので，LM75から温度データを読み出すための関数を示します．関数TempLM75( )を呼ぶだけで温度データをもって戻ってきます．

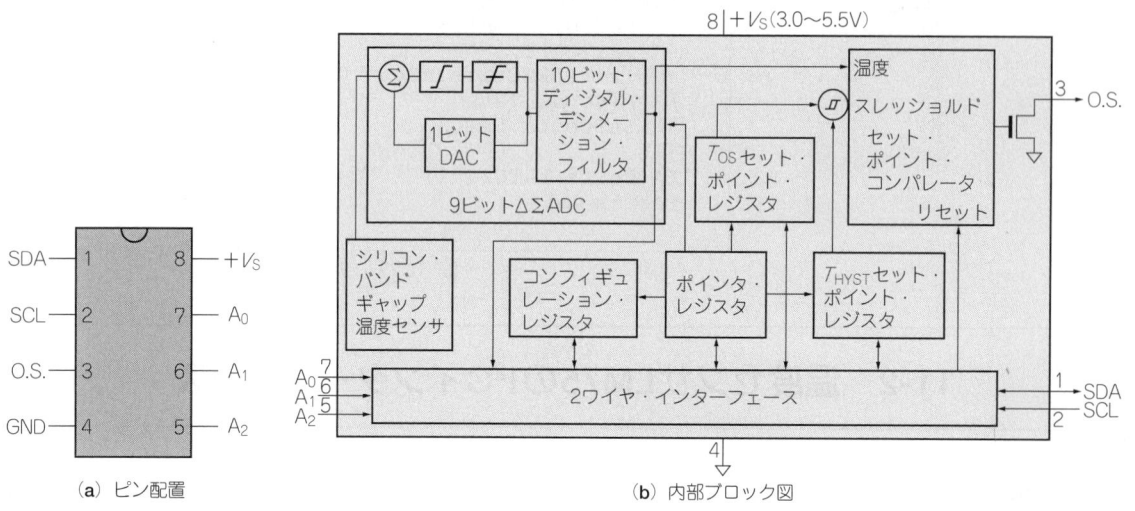

(a) ピン配置　　(b) 内部ブロック図

図11-2-1　I²Cインターフェースの温度センサLM75のブロック図とピン配置図

表11-2-1　LM75のレジスタ・セット

● ポインタ・レジスタ

ビット	説明
1	レジスタの指定
0	0：温度レジスタ 1：コンフィギュレーション・レジスタ 2：温度ヒステリシス(THYST)レジスタ 3：温度リミット設定(TOS)レジスタ

● 温度リミット設定(TOS)レジスタ

ビット	説明
15～7	温度リミット値設定(ビット7はサイン・ビット)
6～0	各ビットは0

● 温度レジスタ

ビット	説明
15～7	温度値(ビット7はサイン・ビット)
6～0	各ビットは0

● 温度ヒステリシス(THYST)レジスタ

ビット	説明
15～7	温度ヒステリシス値設定(ビット7はサイン・ビット)
6～0	各ビットは0

● コンフィギュレーション・レジスタ

ビット	名称	内容
7	(なし)	工場テスト用 (通常は必ず0にしておくこと)
6		
5		
4	Fault Queue	アラート発生回数 00：1(電源ON時のデフォルト)，01：2，10：4，11：6
3		
2	Alert Polarity	アラート極性(1：Hi，0：Low)
1	Comp/Int	1：割り込みモード　0：コンパレータ・モード
0	Shutdown	シャットダウン・モード(1：有効，0：無効)

| S | デバイス・アドレス | W | レジスタ・ポインタ | MSBデータ | LSBデータ | P |

注▶ S：スタート・シーケンス，
P：ストップ・シーケンス，
W：ライト・ビット，
R：リード・ビット

(a) データ書き込み

| S | デバイス・アドレス | W | レジスタ・ポインタ | S | デバイス・アドレス | R | MSBデータ | LSBデータ | P |

(b) データ読み出し

図11-2-2　LM75のI²C通信のフォーマット

図11-2-3　I²Cバス上の実際の通信(250 μs/div., 2V/div.)

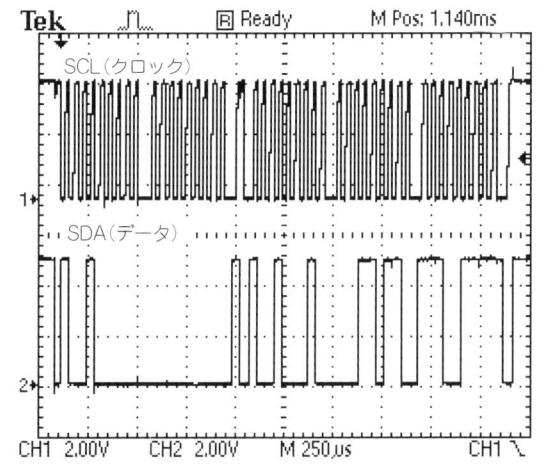

図11-2-4　LM75とのインターフェース回路

写真11-2-1　LM75インターフェース回路の試作基板

リスト11-2-1　LM75から温度データを読み出す関数［MA224＋拡張基板，PIC18F452（10MHz），C18コンパイラ，I²C関数およびSSP通信機能を使用］

```
#include <i2c.h>

TRISC = 0b10111001;

SSPADD = 100;
SSPCON1 = 0b00101000;
SSPSTAT = 0b10000000;
```

(a) 初期化処理

```c
unsigned int TempLM75(void)
{
    unsigned int TvalueH;
    unsigned int TvalueL;

    StartI2C();              //Send start
    Delay10TCYx(10);         //
    WriteI2C(0b10010000);    //Out Adder
    Delay10TCYx(20);
    WriteI2C(0x00);          //Pointer
    Delay10TCYx(20);

    RestartI2C();            //Start
    Delay10TCYx(20);         //
    WriteI2C(0b10010001);    //Out Adder
    Delay10TCYx(20);
    TvalueH = ReadI2C();     //Read Tdata H
    AckI2C();                //Send ACK
    Delay10TCYx(20);
    TvalueL = ReadI2C();     //Read Tdata L
    NotAckI2C();             //Send NAK
    Delay10TCYx(20);
    StopI2C();               //Send stop
    TvalueL += TvalueH * 256;
    return TvalueL;
}
```

(b) LM75温度データの読み出し関数

温度データはレジスタから読み出した値そのままの状態です．初期化処理はC18コンパイラの組み込み関数を使用せずに，SSPCONレジスタとSSPSTATレジスタを直接設定して簡単にすませています．

11-3　温度センサMCP9803のI²Cインターフェース

■ MCP9803の概要

　これもI²Cインターフェースをもつ温度センサICで，LM75の分解能を高めたものといえます．レジスタ・セットを含め，そのアーキテクチャの上位互換といった内容です．**写真11-3-1**が実験したMCP9803です．**図11-3-1**にブロック図とピン配置を示します．MCP9800シリーズ（マイクロチップ・テクノロジー社）は**表11-3-1**の6種類が用意されており，MCP9801/9803は，3ビットのアドレス・ラインがあるため，一つのI²Cラインに八つまでの接続して選択アクセスできます．内蔵A-Dコンバータの分解能は最大12ビットで，設定によって9～12ビットを選択でき，この場合の温度測定分解能は9ビットで0.5℃，10ビットで0.25℃，11ビットで0.125℃，12ビットで0.0625℃になります．温度データはコンパレータで随時比較され，温度アラームをアラート・ピンから出力できます．温度上昇でマイコンに割り込みをかけたり，警報ランプの点灯や冷却ファン起動などに活用できます．

　電源電圧は2.7～5Vの範囲で動作し，-55～+125℃の温度範囲を測定できます．

写真11-3-1　I²Cインターフェースの温度センサMCP9803

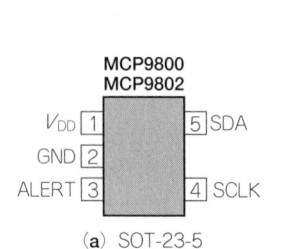

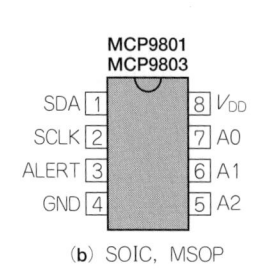

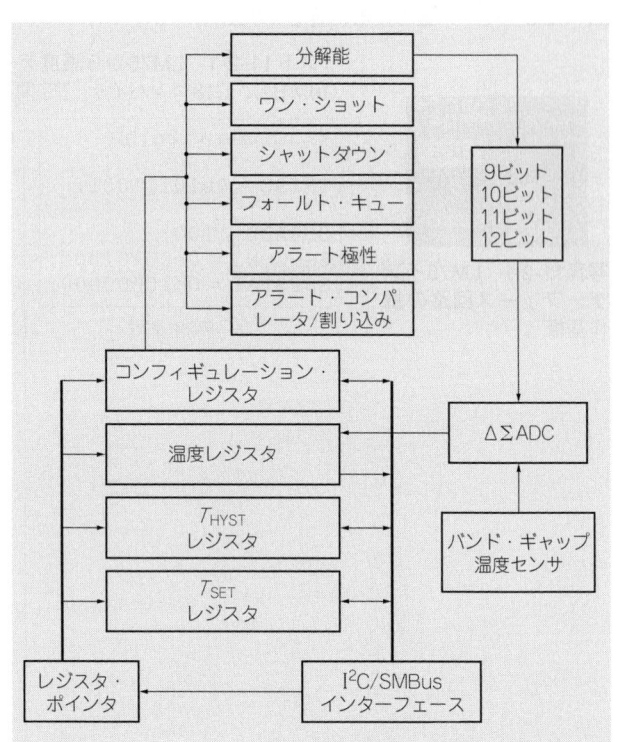

（a）SOT-23-5

（b）SOIC，MSOP

（c）内部ブロック図

図11-3-1　I²Cインターフェースの温度センサMCP9800シリーズのブロック図とピン配置図

表11-3-1　MCP9800シリーズのラインアップ

型名	スレーブ・アドレス		パッケージ	備考
	$A_6 \sim A_3$	$A_2 \sim A_0$		
MCP9800A0	1001に固定	アドレス0に固定	SOT-23-5	
MCP9800A5	1001に固定	アドレス5に固定	SOT-23-5	
MCP9801	1001に固定	3ビット設定可能	8ピン SOIC/MSOP	
MCP9802A0	1001に固定	アドレス0に固定	SOT-23-5	シリアル・バス・タイムアウト 35ms
MCP9802A5	1001に固定	アドレス5に固定	SOT-23-5	シリアル・バス・タイムアウト 35ms
MCP9803	1001に固定	3ビット設定可能	8ピン SOIC/MSOP	シリアル・バス・タイムアウト 35ms

■ 内蔵レジスタについて

I^2Cインターフェースは2線式の双方向通信であり，プロトコルがやや複雑なことから，その信号をプログラムで発生させるのは簡単ではありませんが，I^2Cインターフェースのハードウェア制御回路を搭載しているマイコンなら比較的容易にプログラムを作れます．

PICマイコンではI^2CインターフェースはポートRC3とRC4にアサインされており，これらを接続するだけで機能させることができます．I^2Cラインはオープン・ドレイン出力ですからプルアップ抵抗を必要とします．ここではMCP9803を使用したのでアドレスをゼロに指定します．

MCP9803には四つの機能レジスタが用意され，ゼロ番地から順に，
- 周囲温度レジスタ(16ビット)
- コンフィギュレーション・レジスタ(8ビット)
- 温度ヒステリシス・レジスタ(16ビット)
- 温度リミット設定レジスタ(16ビット)

となっています．これらを**表11-3-2**に示します．

デバイスの機能設定はコンフィギュレーション・レジスタで行います．温度センサで測定された温度情報は周囲温度レジスタに格納されるので，これを読み取ります．温度リミット設定レジスタ，温度ヒステリシス・レジスタはアラート信号を出力するための温度設定レジスタです．温度が変動した場合にこれらのレジスタに設定した温度値により，**図11-3-2**のようなヒステリシスをもたせたアラート出力信号を得ることができます．

■ 回路とプログラム例

図11-3-3が回路例で，MCP9803をコントロールする関数として下記の二つを作成しました．その内容を**リスト11-3-1**に示します．
- デバイス初期化　　void InitMCP9803(void)
- 温度の読み出し　　void TempMCP9803(void)

C18コンパイラではI^2Cインターフェースをマスタ・モードで機能させる関数が用意されているのでプログラムは容易に作成できます．しかし，各関数は低レベルであり，プロトコル全体には対応していないため，MCP9803のプロトコルにあわせた記述が必要です．

通信フォーマットはLM75と同一です．MCP9803はI^2Cアドレスとして1001nnn(上位4ビットは固定)が割り当てられており，nnnの部分にアドレス設定ピンで指定したアドレス・コードが対応します．

表11-3-2　MCP9803にある四つの機能レジスタ

● ポインタ・レジスタ

ビット	説明
1	レジスタの指定 0：周囲温度レジスタ 1：コンフィギュレーション・レジスタ 2：温度ヒステリシスレジスタ 3：温度リミット設定レジスタ
0	

● 温度リミット設定レジスタ

ビット	説明
15～7	温度リミット値設定（ビット7はサイン・ビット）
6～0	各ビットは0

● 周囲温度レジスタ

ビット	説明
15～7	温度値（ビット7はサイン・ビット）
6～0	各ビットは0

● 温度ヒステリシス・レジスタ

ビット	説明
15～7	温度ヒステリシス値設定（ビット7はサイン・ビット）
6～0	各ビットは0

● コンフィギュレーション・レジスタ

ビット	名称	内容
7	One-shot	1：ワンショット有効，0：無効
6	Resolution	分解能指定
5		0：9ビット，1：0ビット，2：11ビット，3：12ビット
4	Fault Queue	アラート発生回数
3		00：1（電源ON時のデフォルト），01：2，10：4，11：6
2	Alert Polarity	アラート極性（1：Hi，0：Low）
1	Comp/Int	1：割り込みモード　0：コンパレータ・モード
0	Shutdown	シャットダウン・モード（1: 有効，0: 無効）

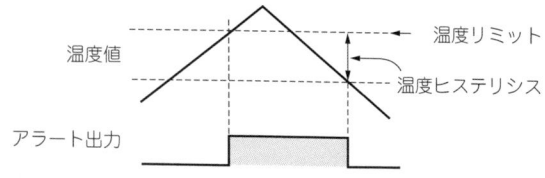

図11-3-2　アラート出力の温度リミットとヒステリシス

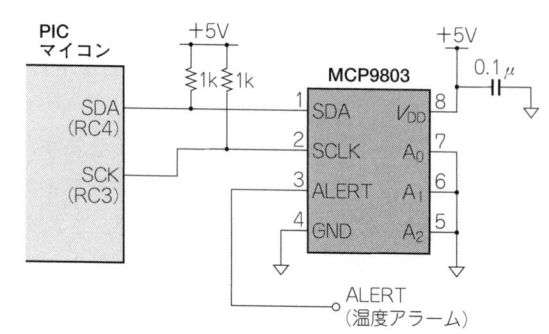

図11-3-3　MCP9803とのインターフェース回路

　アドレス・バイトに続き，MCP9803のレジスタを指定します．データは，この情報に続いてリード・データ，ライト・データを転送しますが，もちろんはじめに指定したレジスタに対するデータが転送されます．データは2バイト構成になりますが，1バイトのデータはコンフィギュレーション・レジスタの設定データだけです．

リスト11-3-1　MCP9803を制御する関数［MA224＋MA234, PIC18F452(10MHz), C18コンパイラ, I²C関数およびSSP通信機能を使用］

```
#include <i2c.h>

TRISC = 0b10111001;
SSPADD = 120;              //速度100kHz
SSPCON1 = 0b00101000;   //i2c Port init
SSPSTAT = 0b10000000;
```

(a) PICマイコンの初期化処理

```
//---------------------------------------
// MCP9803 初期化ルーチン
//---------------------------------------
void InitMCP9803(void)
{
   StartI2C();              //Send start
   Delay10TCYx(10);
   WriteI2C(0b10010000); //Out Adder
   Delay10TCYx(10);
   WriteI2C(0x01);          //Select REG
   Delay10TCYx(10);
   WriteI2C(0b01100000); //Configration
   Delay10TCYx(10);
   StopI2C();               //Send stop

}
//---------------------------------------
// MCP9803 温度読み出しルーチン
//---------------------------------------
void TempMCP9803(void)
{
   StartI2C();              //Send start
   Delay10TCYx(10);         //
   WriteI2C(0b10010000); //Out Adder
   Delay10TCYx(10);
   WriteI2C(0x00);          //Select REG
   Delay10TCYx(100);

   RestartI2C();            //Start
   Delay10TCYx(100);        //
   WriteI2C(0b10010001); //Out Adder
   Delay10TCYx(10);
   TvalueH = ReadI2C();    //Read Tdata H
   Delay10TCYx(10);
   AckI2C();                //Send ACK
   Delay10TCYx(200);
   TvalueL = ReadI2C();    //Read Tdata L
   Delay10TCYx(10);
   NotAckI2C();             //Send NAK
   Delay10TCYx(100);
   StopI2C();               //Send stop
}
```

(b) MCP9803のハンドラ

11-4　温度センサDS18S20の1-Wireインターフェース

■ DS18S20の概要

マキシム社のDS18S20は3ピン・パッケージの温度センサです．電源ピン以外は1本の線しかありませんが，温度データをディジタル値で取り出すことができます．DS18S20が採用している1線によるマイコン・インターフェースは，旧ダラス・セミコンダクター社(現マキシム社傘下)が考案した"1-Wire"と呼ばれるインターフェースであり，コマンドやデータを1本の信号線で双方向に伝送します．DS18S20は電源電圧3～5Vで動作し，−55～＋125℃の温度範囲を精度±0.5℃で測定できます．

図11-4-1にブロック図とピン配置を示します．

■ 1-Wireインターフェース

これは1本の信号線に複数のデバイスを接続してバスを構成する仕組みです．**図11-4-2**が基本的なシーケンスで，**図11-4-3**は動作を観測したようすです．

● スタート

1-Wireシーケンスは，通電後の初期状態においてマイコン側がリセット信号を送ることでスタートします．まず，ラインをLレベルに下げて15μ～60μsの間保持します．この信号の応答として480μs以内に60～240μsのLレベルのパルスが返ってきたら，デバイスが接続されていると認識して通信が開始されます．

● データ書き込み

マイコンから1ビットのデータを出力する場合は，Lレベルのパルス幅によって，"H"か"L"かを表します．データ"L"の出力は約60μs(30～120μs)のLレベルを出力します．データ"H"の出力は1μsのLレベルを出力します．デバイス側は"L"パルスのエッジから30μsの時点(60μs以内)でデータをサンプリングして"H"か"L"かを判別します．なお，各ビット間は60μs以上が必要です．

● データ読みだし

マイコンが1ビットのデータを受信する場合は，はじめにLレベルを約1μs出力します．その後ラインを入力ポートに切り替えて，ラインの状態を監視します．15μs後にラインの状態がLレベルを保持していればデータが"L"，Hレベルに変化していればデータは"H"を意味しています．

1-Wireインターフェースは，これらの動作を基本として各デバイスごとに定められたフォーマットにより通信を行います．

■ DS18S20のデータ読み出しと設定

表11-4-1に示すコマンドでデータ読み出しや設定を行います．このうち温度の読み取りに使用するコマンドは温度変換開始(44h)コマンドと温度データ読み取り(BEh)コマンドです．温度データは9バイトのデータで出力され表11-4-2のような構成です．

DS18S20へのアクセス手順は，以下の通りです．

(1) リセット・シーケンスを送出する．
(2) Skip ROMコマンド(CCh)を送出する．

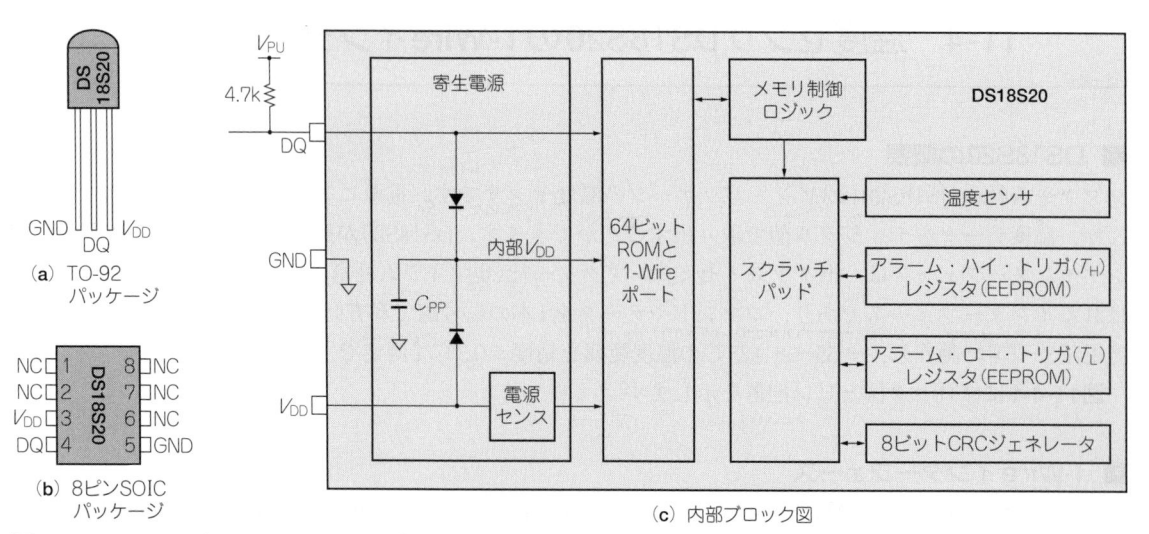

図11-4-1 1-Wireインターフェースの温度センサDS18S20のブロック図とピン配置

(3) 温度変換開始コマンド(44h)を送出する．
(4) 変換時間(750ms)を確保する．
(5) リセット・シーケンスを送出する．
(6) Skip ROMコマンド(CCh)を送出する．
(7) 温度データの読み取りコマンド(BEh)を送出する．
(8) 9バイト・データを読み取る

■ 回路とプログラム例

図11-4-4が回路で，写真11-4-1が試作基板です．
制作したプログラムはポートによって操作でデバイスを制御しています．基本的な1-Wireインターフェース関数は以下のとおりです．

```
char OWTouchReset(void)              リセット・シーケンスの送出
void OWWriteBit(charbit)             1ビット・データの送出
char OWReadBit(void)                 1ビット・データの入力
void OWWriteByte(unsigned char data) 1バイト・データの送出
```

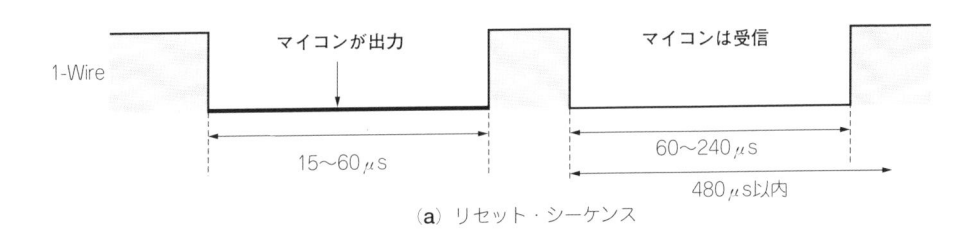

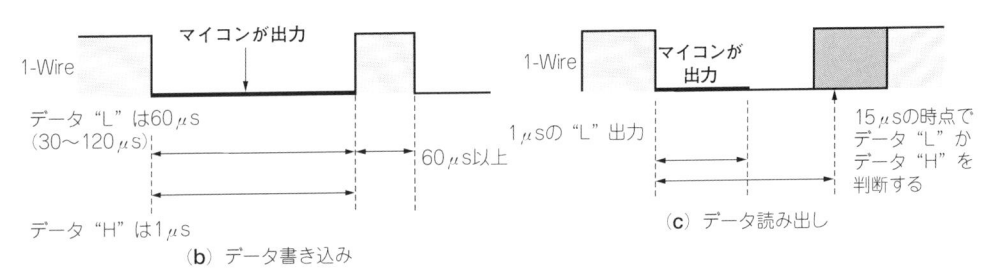

図11-4-2 1-Wireインターフェースの基本的な動作シーケンス

(a) リセット・シーケンス
(b) データ書き込み
(c) データ読み出し

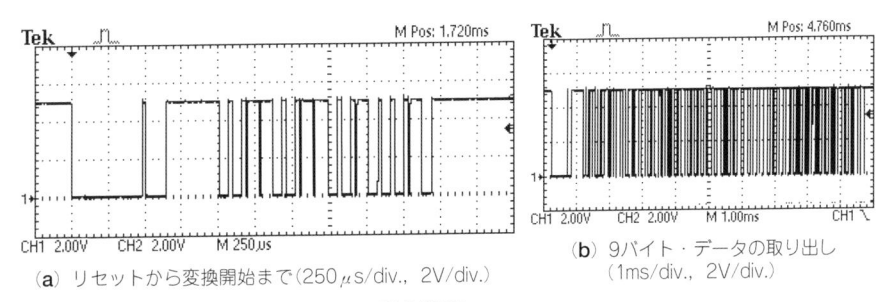

図11-4-3 1-Wireインターフェースの動作波形

(a) リセットから変換開始まで(250μs/div., 2V/div.)
(b) 9バイト・データの取り出し (1ms/div., 2V/div.)

表11-4-1 DS18S20のコマンド

コード(hex)	名称	説明
● 温度変換コマンド		
44	ConvertT	温度変換開始
● メモリ・コマンド		
BE	Read Scratchpad	温度データを読み取る(CRCコードを含んで9バイト)
4E	Write Scratchpad	スクラッチパッドのTHレジスタとTLレジスタへ書き込む
48	Copy Scratchpad	スクラッチパッドのTHレジスタとTLレジスタの内容をEEPROMへ書き込む
B8	RecallE	EEPROMからスクラッチパッドへTHレジスタとTLレジスタを読み出す
B4	Read Power Supply	電源ステータスの読み出し
● ROMコマンド		
F0	Search ROM	ROM検索
33	Read ROM	ROMの読み出し
55	Match ROM	バス・マスタによるスレーブ・デバイスの指定
CC	Skip ROM	バス上の全デバイスを選択
EC	Alarm Search	アラーム・フラグをセットしたデバイスを検索

表11-4-2 温度データの構成(64ビット・データ+8ビットCRC)

バイト	名称	説明
0	Temperature LSB	温度データ(LSB)
1	Temperature MSB	温度データ(MSB)
2	TH resistor	THレジスタ・データ
3	TL resistor	TLレジスタ・データ
4	(Reserved)	予約(常にFFh)
5	(Reserved)	予約(常にFFh)
6	COUNT REMAIN	温度補正値
7	COUNT PER℃	温度補正値
8	CRC	電源ステータスの読み出し

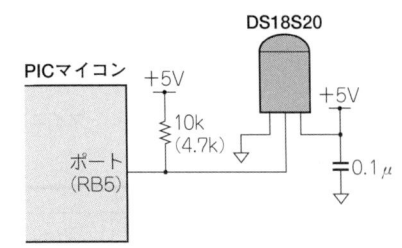

図11-4-4 DS18S20とのインターフェース回路

```
unsigned char OWReadByte(void)        1バイト・データの入力
```

リスト11-4-1のプログラムは,温度データの取り出し手順にしたがい,各関数を利用して温度データを読み取るものです.DS18S20はRB5に接続しました.初期化時はRB5を入力ポートに指定し,必要に応じて出力ポートに切り替えています.

1-Wireバス・インターフェースはI/Oピンを1本しか消費しないため,ハードウェアを小さくまとめられるものの,プログラムへの負担が大きなものになります.1-Wireは信号ラインから電源を供給するしくみもあり,これを利用するとグラウンドを含めて2本のワイヤでインターフェースできるため,センサとの距離を伸ばす場合にも有効です.なお,1-Wireバス・インターフェースはオープン・ドレイン出力なのでプルアップ抵抗が必須です.

写真11-4-1 DS18S20インターフェース回路の試作基板

リスト11-4-1① DS18S20から温度を読み出すプログラム [MA224＋拡張基板, PIC18F452 (10MHz), C18コンパイラ]

```c
#define   OWbus LATBbits.LATB5       //Write OW port
#define   OWbusP PORTBbits.RB5       //Read OW port
#define   OWTRS TRISBbits.TRISB5     //TRIS OW port
#define   dlyA 2      //8μs
#define   dlyB 16     //64μs
#define   dlyC 15     //60μs
#define   dlyD 3      //12μs
#define   dlyE 3      //12μs
#define   dlyF 14     //55μs
#define   dlyG 0      //0μs
#define   dlyH 120    //480μs
#define   dlyI 18     //70μs
#define   dlyJ 103    //410μs
```

(a) 定数宣言

```c
//-------------------------------------------------------------------
// Generate a 1-Wire reset
// return 1 if no presence detect was found, return 0 otherwise.
//
char OWTouchReset(void) {
    char result;

    //Delay10TCYx(dlyG);
    OWTRS = 0;           //out
    OWbus = 0;           //Drive DQ low
    Delay10TCYx(dlyH);
    OWbus = 1;           //Release the bus
    OWTRS = 1;           //in
    Delay10TCYx(dlyI);
    result = OWbusP;     //Sample for presence pulse form slave
    Delay10TCYx(dlyJ);   //Complete the reset sequence recovery
    return result;       // Return sample presence pulse result
}

//-------------------------------------------------------------------
// Send a 1-Wire write bit.
// Provide 10us recovery time.
void OWWriteBit(char bit)
{
    if (bit)  {
        // Write '1' bit
        OWTRS = 0;           //out
        OWbus = 0;           // Drives DQ low
        Delay10TCYx(dlyA);
        OWTRS = 1;           //in
        OWbus = 1;           // Releases the bus
        Delay10TCYx(dlyB);   // Complete the time slot and 10μs recovery
    }
    else  {
        // Write '0' bit
        OWTRS = 0;           //out
        OWbus = 0;           // Drives DQ low
        Delay10TCYx(dlyC);
        OWbus = 1;           // Releases the bus
        OWTRS = 1;           //in
        Delay10TCYx(dlyD);
    }
}
```

(b) 1-Wireバス基本関数

リスト11-4-1②　DS18S20から温度を読み出すプログラム　[MA224＋拡張基板, PIC18F452 (10MHz), C18コンパイラ]

```c
// Read a bit from the 1-Wire bus and return it.
// Provide 10us recovery time.
char OWReadBit(void)
{
    char result;

    OWTRS = 0;              //out
    OWbus = 0;              // Drives DQ low
    Delay10TCYx(dlyA);
    OWbus = 1;              // Releases the bus
    OWTRS = 1;              //in
    Delay10TCYx(dlyE);
    result = OWbusP;        // Sample the bit value from the slave
    Delay10TCYx(dlyF);      // Complete the time slot and 10μs recovery

    return result;
}

//-----------------------------------------------------------------
// Write 1-Wire data byte
//
void OWWriteByte(unsigned char data)
{
    char loop;

    // Loop to write each bit in the byte, LS-bit first
    for (loop = 0; loop < 8; loop++)
    {
        OWWriteBit(data & 0x01);
        data >>= 1;         // shift the data byte for the next bit
    }
}

//-----------------------------------------------------------------
// Read 1-Wire data byte and return it
//
unsigned char OWReadByte(void)
{
    char loop, result=0;

    for (loop = 0; loop < 8; loop++)
    {
        result >>= 1; // shift the result to get it ready for the next bit
        if (OWReadBit())   // if result is one, then set MS bit
            result |= 0x80;
    }
    return result;
}
```

(b) 1-Wireバス基本関数（つづき）

リスト11-4-1③　DS18S20から温度を読み出すプログラム [MA224＋拡張基板，PIC18F452(10MHz)，C18コンパイラ]

```
//変数宣言
   char    n,m,R;
   unsigned char    tdata[10];
   unsigned char    CRC,A,B,crcd;
   float tmp,adj;
   char    pol;

      R = OWTouchReset();  //リセットシーケンス
      OWWriteByte(0xCC); //Rom_skip
      OWWriteByte(0x44); //変換開始
      Delay10KTCYx(200); //時間待ち
      Delay10KTCYx(200);

      OWTouchReset();       //リセットシーケンス
      OWWriteByte(0xCC); //Rom_skip
      OWWriteByte(0xBE); //Read data
      for (n=0;n<9;n++) {
         tdata[n] = OWReadByte();
      }

      CRC=0;                   //Calc CRC8 Resule=>CRC
      for (m=0;m<8;m++) {
         crcd = tdata[m];
         for (n=0;n<8;n++) {
            A=CRC & 1;
            B=crcd & 1;
            if(A^B) {
               CRC ^= 0x18;
               CRC >>= 1;
               CRC |= 0x80;
            }
            else CRC >>= 1;
            crcd >>= 1;
         }
      }
      if (CRC==tdata[8]) {         //CRCチェックOK
         tmp = tdata[0];
         adj = (tdata[7] - tdata[6]) / tdata[7];
         tmp /= 2;
         tmp = tmp - 0.25 + adj;  //温度データの構築
      }
```

(c) メイン・ルーチン(温度データの読み出し)

11-5 電圧出力型の温度センサLM35DZとTC1047Aのインターフェース

■ 定番の温度センサLM35DZ

　電圧出力型の温度センサとしてLM35DZ(ナショナルセミコンダクター社，**写真11-5-1**)がよく利用されます．測定可能温度範囲は－55～＋150℃と広いのですが，外付け部品なしの状態では＋2℃～＋150℃が測定範囲です．精度は＋25℃において±0.5℃です．動作電源電圧は4～20Vと広範囲です．
　回路を**図11-5-1**に示します．温度と出力電圧の関係は**図11-5-2**のように10mV/℃であり，25℃のとき

250mVが出力されます．温度値と電圧値の数字が等しいため，ディジタル・パネルメータなどを利用して温度を簡単にすることができます．

しかし，0℃のとき出力0Vですから，原理的に負の温度を測定できません．このため単電源動作だと，最低測定温度は2℃までです．−55℃まで測定するには，外部抵抗を追加して負電圧にプルダウンします．

■ 単電源動作で−45℃まで測定できるTC1047A

TC1047A（マイクロチップ・テクノロジー社）は，動作電圧2.5～5V，測定温度範囲−45～+125℃の電圧出力型温度センサで，LM35と同じ10mV/℃の出力勾配です．しかし，0.5Vのオフセットが加算されて

写真11-5-1　アナログ出力の温度センサLM35DZ

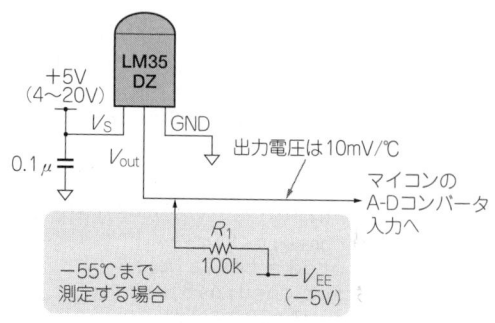

図11-5-1　アナログ出力の温度センサLM35DZとのインターフェース回路

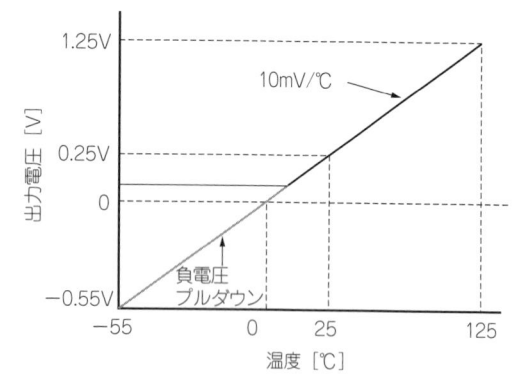

図11-5-2　LM35DZの温度と出力電圧の関係

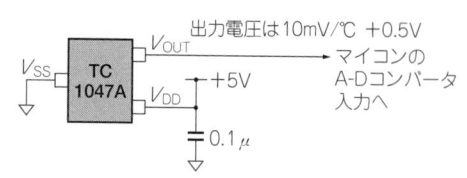

図11-5-3　単電源で氷点下以下を測れるアナログ出力の温度センサTC1047とのインターフェース回路

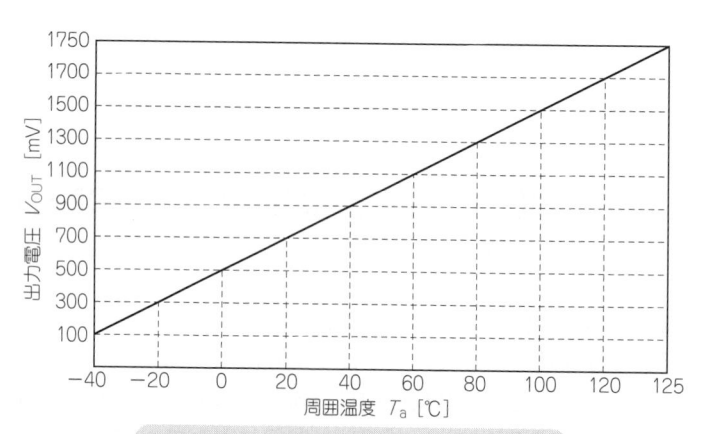

図11-5-4　TC1047の温度と出力電圧の関係

$V_{OUT} = 10 T_a + 500$
ただし，V_{OUT}：出力電圧 [mV]，T_a：周囲温度 [℃]

いるため，＋20℃で0.7Vの出力となります．回路を**図11-5-3**，温度-出力電圧特性を**図11-5-4**にそれぞれ示します．

　電圧値と温度は等しい数字になりませんが，単電源かつ外付け部品なしで－45℃までの温度測定を可能にしています．マイコンに接続して利用する場合は，演算により簡単に電圧値から温度値を得られるので使いやすいデバイスです．

　電圧出力型温度センサのインターフェースは，マイコンのA-Dコンバータに接続して電圧を読み取ります．出力は低レベルなので，A-Dコンバータの入力レンジを有効利用するにはOPアンプによる電圧増幅が必要です．

11-6　サーミスタによる温度検知のためのインターフェース

■ サーミスタとは

　サーミスタは温度に応じて抵抗値が変化する素子で，数種類の金属酸化物を焼き固めて作られています．一般に測温用に使われるのは温度上昇に伴って抵抗値が減少するNTC（Negative Temperature Coefficient）型のサーミスタです．

　サーミスタと固定抵抗を**図11-6-1**のように直列接続し，定電圧電源から電流を流すと，温度に応じて変化する電圧を取り出せます．抵抗値は温度に対して指数関数的に大きく変化し，低温では抵抗値が高く，高温では低くなります．抵抗値R［Ω］と温度T［℃］の関係は次式で表されます．

$$R = R_0 \exp\left[B\left(\frac{1}{T} - \frac{1}{T_0}\right)\right] \quad\cdots\cdots\cdots (11\text{-}6\text{-}1)$$

　ただし，T：温度［℃］，T_0：298.15［K］（25℃），R_0：25℃における抵抗値［Ω］

　選定する場合は，R_0と定数Bから必要な抵抗値変化が得られるものを選びます．また，サーミスタに電流を流すと自己発熱によって測定誤差を生じますから，発熱の影響が少ない電流範囲で使用しなければなりません．

　最近は温度センサICが安価に入手できるので，サーミスタはあまり利用されなくなってきていますが，温度が高いか低いかを大雑把に検知するような用途には適しています．

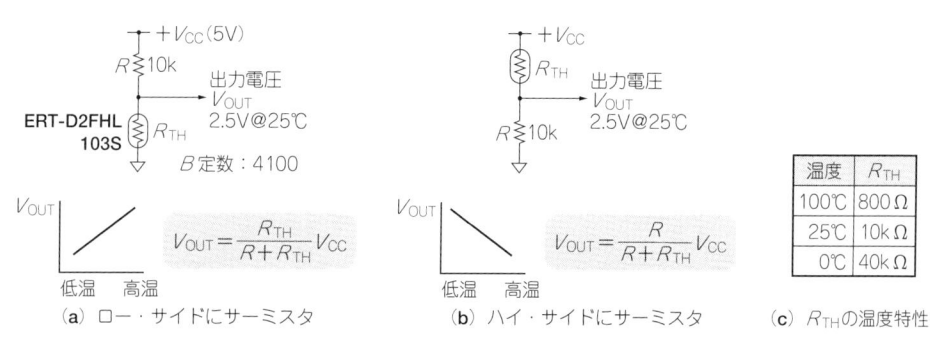

図11-6-1　サーミスタから温度に比例した電圧を取り出す回路

(a) ロー・サイドにサーミスタ　$V_{OUT} = \dfrac{R_{TH}}{R + R_{TH}} V_{CC}$

(b) ハイ・サイドにサーミスタ　$V_{OUT} = \dfrac{R}{R + R_{TH}} V_{CC}$

(c) R_{TH}の温度特性

温度	R_{TH}
100℃	800 Ω
25℃	10 kΩ
0℃	40 kΩ

■ 回路例

図11-6-2が回路例です．サーミスタにはERT-D2FHL103(パナソニックエレクトロニック・デバイス社，写真11-6-1)を使いました．これは直径5mmの円盤状のNTCサーミスタです．図11-6-3が特性図で，仕様は25℃において10kΩ，B定数4100，熱放散定数4.5mW/℃です．つまり10kΩの抵抗を直列接続すれば+5V電源の場合，25℃で2.5Vが出力されます．

■ プログラム例

PIC18F4520にはアナログ・コンパレータが二つあり，PIC18F452から追加された機能の一つです．サーミスタ出力をこのコンパレータを使用してモニタしてみます．

コンパレータC2を使用すると，ポートRA1とRA2がコンパレータ入力になります．ポートRA1に基準電圧を入力し，ポートRA2にサーミスタからの電圧を入力します．

リスト11-6-1のプログラムは，コンパレータのレジスタCMCONを初期化し，アイドル・ループでLEDに表示する簡単なものです．コンパレータC2の出力はビット7なので，そのLEDを見ているとコンパレータの動きがわかります．サーミスタを暖めて温度が上昇するとLEDが点灯します．

なお，PICマイコン内蔵のコンパレータは基準電圧も内蔵しており，プログラムからコンパレータに16

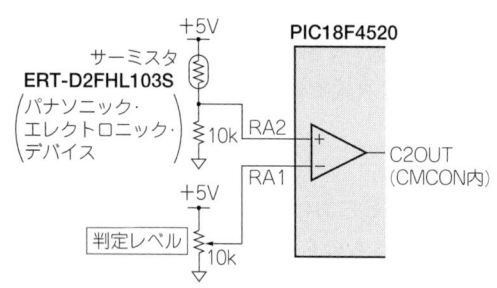

図11-6-2 サーミスタとコンパレータによる温度検知回路の例

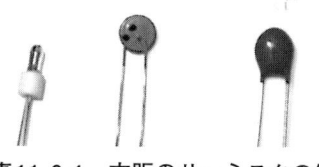

写真11-6-1 市販のサーミスタの例
(中央がERT-D2FHL103)

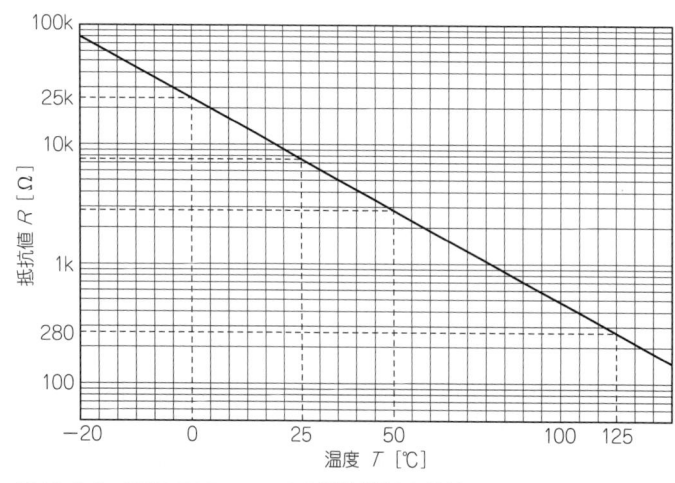

図11-6-3 ERT-D2FHL103Sの抵抗値温度特性

リスト11-6-1 サーミスタによる温度検知プログラム [MA224，PIC18F4520(10MHz)，C18コンパイラ]

```
#include <p18f4520.h>
#include <delays.h>

void main (void)
{
    TRISD = 0;
    PORTD = 0;
    CMCON = 0b00000010;

    while(1){                //loop
        PORTD = CMCON;
        Delay10KTCYx(30);
    }
}
```

レベルの電圧を設定することもできます．温度アラームなどに利用する場合は，これを使用すると便利です．コンパレータを搭載しているPICマイコンは，ラインアップの半分程度で，どのデバイスにも搭載されているわけではありません．

11-7　2軸加速度センサADXL320のインターフェース

■ ADXL320の概要

振動を捕らえる加速度センサは，モノリシックIC化されて身近なデバイスになりました．ロボットや，機械系の振動検出，ゲーム機，ハンディ機器など，動きを捕らえるさまざまな機器に利用できます．

ADXL320（アナログ・デバイセズ社）は電圧出力型の加速度センサで，A-Dコンバータを使用してサンプリングするだけで使えるので使いやすいデバイスです．A-D変換を開始した時点が測定点に対応するため，不連続な振動波を解析する場合に時間と数値の関係が明確です．**図11-7-1**にブロック図とピン配置図を示します．

ADXL320は電源電圧2.4～5Vで動作し，XとYの2方向に最大±5Gの加速度を検出できます．加速度に対する感度は3V電源で174mV/$G_{(typ.)}$です．ADXL320は電源を与えるだけでXYの加速度をすぐに出力します．出力は内部抵抗32kΩを経由し，外部にコンデンサを付加することでローパス・フィルタを構成して，出力ノイズを抑えています．帯域幅と外部コンデンサ容量の関係は**表11-7-1**のとおりです．

ADXL320は電圧出力ですが，姉妹品のADXL213はPWMパルス出力です．A-Dコンバータのないマイコンでも使えるほか，マイコンとセンサの距離があってもノイズの影響を受けにくい利点があります．

■ 実験回路

図11-7-2が回路図です．帯域幅は50Hzとしました．電源電圧は＋5Vに接続し，手操作による大きめな振動を与えて$3V_{p-p}$の出力を観測しました．出力電圧は静止状態で約2Vのオフセットがかかっており，この電圧を0Gとして**図11-7-3**のようにプラス/マイナスに電圧が変化します．A-Dコンバータの出力に応じてLEDが点灯するようにしておけば，振動に応じてX軸Y軸に対応するLEDが点灯し，視覚的に加速度を捕らえることができます．

デバイスは0.65mmピッチの16ピンLFCSパッケージで4mm角の超小型であるため，手はんだで試作す

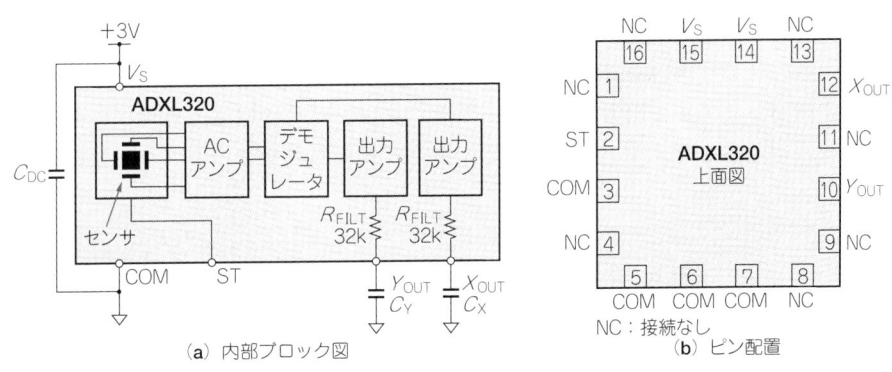

図11-7-1　2軸加速度センサADXL320のブロック図とピン配置

表11-7-1 出力コンデンサと信号帯域幅

帯域幅 [Hz]	コンデンサ容量 [F]
10	0.47 μ
50	0.1 μ
100	0.047 μ
500	0.01 μ

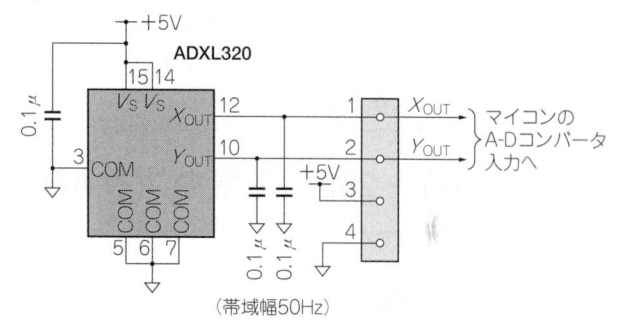

図11-7-2　ADXL320とのインターフェース回路

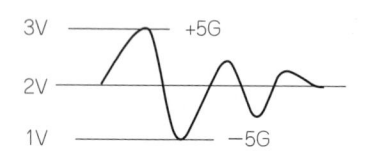

図11-7-3　加速度に対するADXL320の出力電圧

写真11-7-1　ADXL320インターフェース回路の試作基板

るのは困難です．そこで**写真11-7-1**のようにデバイスを裏返して両面テープで接着して実験しました．

ADXL320は出力抵抗が32kΩと高いため，センサとマイコンの距離がある場合はOPアンプでバッファした方が良いでしょう．さらに振幅を大きく取る場合，ほぼ中点にオフセットされていることから単電源OPアンプで増幅することができます．

■ プログラム例

試作したプログラムは，振動を捕らえたら100個のデータを12ms間隔でサンプリングしてメモリに蓄えるルーチンと，そのメモリ内容を評価するためにUARTを経由してサンプリングされたデータを出力する処理です．非同期シリアルで出力されたデータをパソコンで受け取り，専用プログラム(**図11-7-4**)でグラフィカルに表示しました．サンプリングした画面と同じ振動をオシロスコープで観測したのが**図11-7-5**です．

アナログ入力AN1とAN2の2チャネルを連続的にサンプリングして，二つのデータ・バッファに取り込んでいます．そのデータを**図11-7-6**のようにAN1，AN2の順番で100個ずつの8ビット・データにして，2文字のASCIIコードで送り出します．先頭にはSTXコードを置き，一連のデータ列のスタートを判断しています．

リスト11-7-1のプログラムは，初期化処理を行った後に連続的なA-D変換を行い，ある程度の振動電

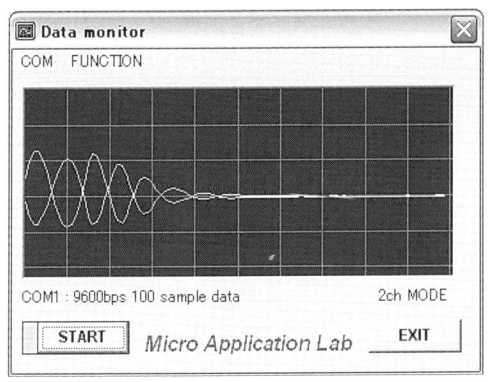

図11-7-4 非同期シリアルで出力されたデータを
パソコンで受け取って表示する専用プログラムの画面

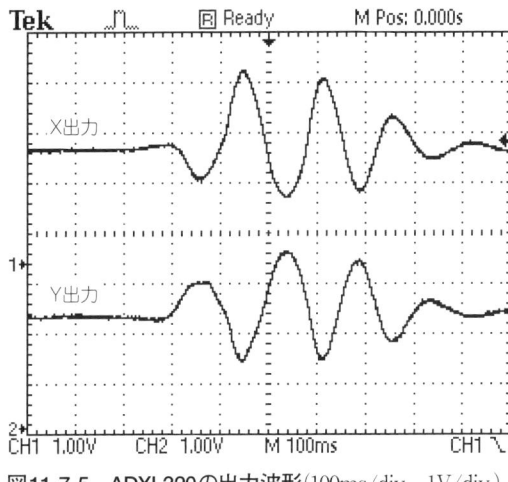

図11-7-5 ADXL320の出力波形(100ms/div., 1V/div.)

| STX | AN1-DATA1 | AN1-DATA2 | AN1-DATA3 | .... |
| .... | AN1-DATA100 | AN2-DATA1 | AN2-DATA2 | AN1-DATA3 | .... |

図11-7-6 マイコンから送信するデータのフォーマット

リスト11-7-1① ADXL320の出力を測定してシリアル・ポートへ出力するプログラム [MA224, PIC18F452 (10MHz), C18コンパイラ]

```
#include <p18f452.h>
#include <delays.h>
#include <usart.h>
#include <adc.h>

unsigned char Sample_buff1[100];
unsigned char Sample_buff2[100];
unsigned char n;

char htoa (char i) {
   i = (i & 0xF) + 0x30;
   if(i >= 0x3A) i += 7;
   return(i);
}

void UART_hex(unsigned char val){

   while ( BusyUSART() );          //送信待ち
   putcUSART(htoa( val >> 4));     //code H
   while ( BusyUSART() );          //送信待ち
   putcUSART(htoa( val & 0xF));    //code L
}

// A-D 取り込み
unsigned char GetAD(void){

   Delay10TCYx(5);
   ConvertADC();
   while( BusyADC() );
   return (ReadADC()>>2);
}


void main (void)
{
   char dat = 0x20;
   char cnt;
   unsigned char ADVAL;

   //Port init for MA224
   TRISA = 0b111111;
   TRISB = 0b11111111;
   TRISC = 0b10111000;
   TRISD = 0;
   TRISE = 0b001;
   PORTD = 0;
```

圧をループ処理で待ち受けています．振動があれば2チャネルの電圧取り込みを開始します．タイマ1によってサンプリング間隔を決定して，そのタイミングに合わせて取り込み，100回のサンプリングが完了したら，そのデータをシリアル出力しています．

リスト11-7-1② ADXL320の出力を測定してシリアル・ポートへ出力するプログラム ［MA224, PIC18F452（10MHz），C18コンパイラ］（つづき）

```
    T1CON = 0b10000001;
    CCPR1 = 30000;         //100μs   250=100μ
    CCP1CON = 0b1011;
    OpenUSART(USART_TX_INT_OFF & USART_RX_INT_OFF & USART_ASYNCH_MODE &
        USART_EIGHT_BIT & USART_CONT_RX & USART_BRGH_HIGH , 64);   //初期化
    ADCON1 = 0b10000010;
    ADCON0 = 0b11001001;

    while(1){
        while (ADVAL<0x90) {
            PORTD = 0xFF;
            ADCON0 = 0b11001001;
            ADVAL = GetAD();      //Convert
        }
    for(n=0;n<100;n++) {
        while(!PIR1bits.CCP1IF);
        PIR1bits.CCP1IF=0;

        //Get AD1
        ADCON0 = 0b11001001;
        ADVAL = GetAD();      //Convert
        PORTD = ADVAL;
        Sample_buff1[n] = ADVAL;
        PORTEbits.RE1=0;     //Out DA
        PORTEbits.RE1=1;

        //Get AD2
        ADCON0 = 0b11010001;
        ADVAL = GetAD();
        Sample_buff2[n] = ADVAL;

        LATCbits.LATC0=1;   //Monitor
        LATCbits.LATC0=0;
    }

    //Out data to UART
    PORTDbits.RD2 = 1;       //LED3
    Delay10KTCYx(100);       //時間待ち
    while ( BusyUSART() );   //送信待ち
    putcUSART(0x02);         //STX code
    for(cnt=0;cnt<100;cnt++)
    {
        UART_hex(Sample_buff1[cnt]);
    }
    for(cnt=0;cnt<100;cnt++)
    {
        UART_hex(Sample_buff2[cnt]);
    }
    PORTD = 0;
    }
}
```

第12章

周波数や周期の測定，PLLやDDSによる信号発生，
リアルタイム・クロック，PWMによる定電圧電源や定電流電源

測定および信号発生のインターフェース

マイコン制御では，制御対象の動作を把握するために周波数や周期を測定したり，適切な制御のために信号を発生させたいことがあります．また現在の日時に応じて，制御・記録するのにリアルタイム・クロックは欠かせません．この章では，それらの具体例を紹介します．また，PWM機能を応用したマイコン制御の定電圧や定電流電源の例も紹介します．

12-1 内蔵タイマによる周波数の測定

■ 周波数測定の基本

基本的には図12-1-1のようにANDゲートに周期が1秒の信号を供給し，ゲートを1秒間に通過するパルス数をカウンタで数えます．周波数は1秒間の振動数ですから，パルスのカウント値がそのまま単位Hzの周波数値となります．ただし，実際のゲート時間は1秒間とは限りません．

■ PICマイコンによる周波数カウンタ

PICマイコンでカウンタを構成する場合，タイマ1カウンタを外部入力で利用します．タイマ1にはゲート機能があり，入力クロックを停止できるので周波数測定には便利です．ゲート時間はソフトウェアで生成しますが，Cコンパイラではプログラムの動作時間を把握できないため，タイマ0を利用して時間を作り出します．図12-1-2は制作した周波数カウンタ・プログラムのタイムチャートです．

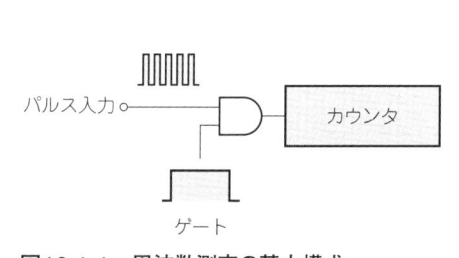

図12-1-1 周波数測定の基本構成

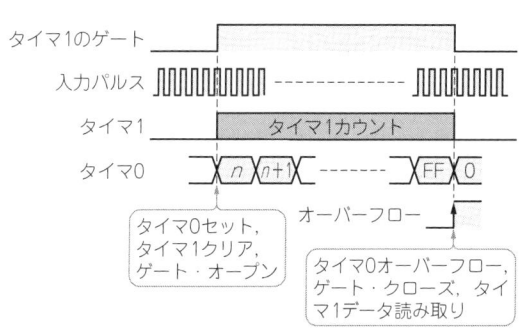

図12-1-2 制作した周波数カウンタ・プログラムのタイムチャート

PIC18マイコンはタイマ0が16ビットなので，10MHzクロックなら最大26msまでの時間をカウントできます．わかりやすいゲート時間にするためにこの時間を20msとします．ゲート時間が20msだと周波数分解能は50Hzで，最大カウント周波数は65535カウントですから1.3MHzになります．周波数カウンタのカウント値Nとゲート時間T_G［sec］，入力パルスの周波数f_{in}［Hz］は次式の関係があります．

$$N = T_G f_{in} \quad\quad\quad\quad\quad\quad\quad\quad\quad\quad\quad\quad\quad\quad\quad\quad\quad\quad\quad\quad\quad\quad\quad\quad\quad (12\text{-}1\text{-}1)$$

タイマ0の入力はPICマイコンの命令実行クロックです．すなわちクロック発振周波数が10MHzならばT_{cy} = 400nsで，これがタイマ0へ入力されるので，50000カウントするとゲート時間20msが得られます．タイマがオーバーフローするとINTCONレジスタのTMR0IFフラグが変化するので，65535－50000の15535をタイマに設定すれば50000カウントでフラグを変化させることができます．

ゲート・オープン時にこの値をタイマ0に設定しておき，フラグの変化でゲートをクローズします．しかし，フラグ検出にソフトウェア処理の遅延が影響することは避けられませんが，20msのゲート時間に対して2～3μsの遅れであることから0.01％程度の誤差に入ります．

■ プログラム例
● C言語による例

以上の考え方で制作したのがリスト12-1-1のプログラムです．被測定信号は，ポートRC0からタイマ1に入力します．測定したデータはLCDディスプレイに表示します．オーバーフロー・ビットを利用するとカウント値を単純に17ビットまで拡大できるので，プログラムはその処理を行っています．さらに測定中にこのビットを監視することでカウント値を拡大可能なのですが，測定誤差を増やしかねません．

なお，周波数測定中に割り込み処理が入るとタイマ0のタイムアップを見失うため，割り込みを中断しなければなりません．逆にタイムアップで割り込みを発生させる方法もあり，優先割り込みと高速スタック機能を活用した割り込み処理でゲートを停止できます．処理時間はかかりますが，毎回一定の遅延で処理ができます．

図12-1-3は動作波形で，20msのゲート時間に10個のパルスをカウントしており，表示は500Hzです．

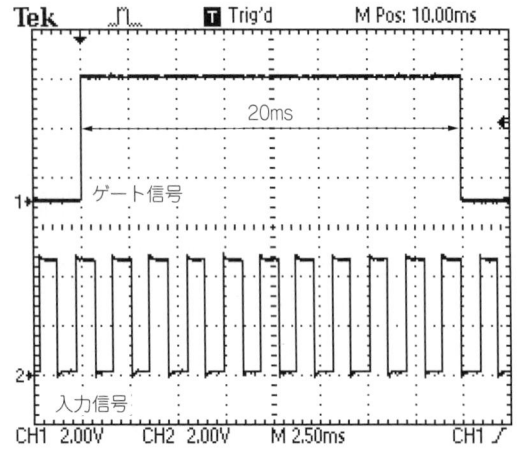

図12-1-3 リスト12-1-1のプログラムの動作波形(2.5ms/div., 2V/div.)

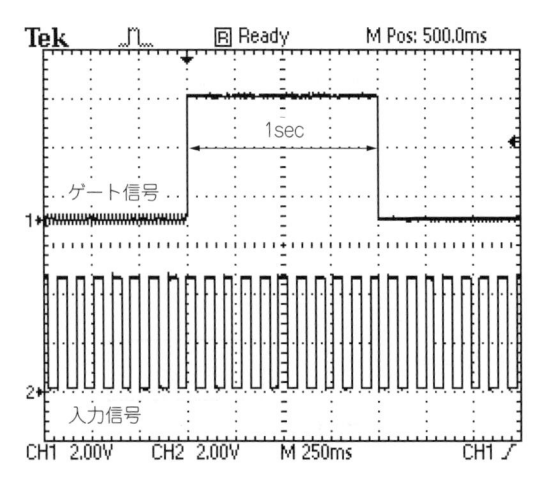

図12-1-4 リスト12-1-2のプログラムの動作波形(250ms/div., 2V/div.)

リスト12-1-1　周波数測定プログラム
(ゲート時間20ms)
[MA224, PIC18F452(10MHz), C18コンパイラ]

```c
#include <p18f452.h>
#include <delays.h>
#include <usart.h>

void main (void)
{
    long val ,i;
    char chr[10];

    ADCON1 = 0b1110;
    TRISA = 0b111111;
    TRISB = 0b11111111;
    TRISC = 0b10111001;
    TRISD = 0;
    TRISE = 0b001;
    PORTD = 0;
    T0CON = 0b10011000;
    T1CON = 0b10000110;

    TXSTA = 0b00100100;          //UART init
    RCSTA = 0b10010000;
    SPBRG = 64;

    putrsUSART("\n\r");
    Delay1KTCYx(1);
    putrsUSART("FREQcount       ");

    while(1){
        TMR1H = 0;
        TMR1L = 0;
        PIR1bits.TMR1IF=0;
        T1CON = 0b10000111;    //Gate on
        LATDbits.LATD0 = 1;
        TMR0H = 0x3C;
        TMR0L = 0xAE;
        INTCONbits.TMR0IF = 0;
        PIR1bits.TMR1IF=0;

        while(!INTCONbits.TMR0IF);  //wait gate
        T1CON = 0b10000110;          //Gate off
        LATDbits.LATD0 = 0;
        val = TMR1L;
        val += TMR1H * 256;
        if (PIR1bits.TMR1IF==1) val+=65536;
        val *= 50;
        i = val;

        chr[0] = i/1000000 + '0';  i = i % 1000000;
        chr[1] = i/100000 + '0';   i = i % 100000;
        chr[2] = i/10000 + '0'; i = i % 10000;
        chr[3] = i/1000 + '0';     i = i % 1000;
        chr[4] = i/100 + '0';      i = i % 100;
        chr[5] = i/10 + '0';    i = i % 10;
        chr[6] = i + '0';
        chr[7] = 0;
        putsUSART(chr);
        putrsUSART("Hz\r");

        Delay10KTCYx(250);
    }
}
```

リスト12-1-2　周波数測定プログラム(ゲート時間1sec)　[MA224, PIC18F452(10MHz), MPASMアセンブラ]

```
              LIST    P=18F452,F=INHX32,R=DEC                MOVLW   B'10000110'
              include "p18f452.inc"                          MOVWF   T1CON          ;Gate on
DLYH    EQU     H'20'                                        BCF     LATD,0
DLYL    EQU     H'21'                              LOOP2
              ORG     0                                      BRA     LOOP2          ;STOP

              MOVLW   B'00000100'  ;select ch0   DELAY100  MOVLW   D'100'
              MOVWF   ADCON1       ;as analog inputs DLY    MOVWF   DLYH           ;遅延時間100ms
              MOVLW   B'111111'    ;             DLY1       MOVLW   D'249'
              MOVWF   TRISA        ;                         MOVWF   DLYL
              MOVLW   B'10111001'  ;             DLY2       NOP
              MOVWF   TRISC                                  NOP
              CLRF    TRISD                                  NOP
              CLRF    PORTD                                  NOP
                                                             NOP
              MOVLW   B'10000110'  ;                         NOP
              MOVWF   T1CON                                  NOP
                                                             DECFSZ  DLYL,1
MAIN                                                         BRA     DLY2
              CLRF    TMR1H        ;CLR TMR1                 NOP
              CLRF    TMR1L                                  NOP
              MOVLW   B'10000111'                            NOP
              MOVWF   T1CON        ;Gate on                  NOP
              BSF     LATD,0                                 NOP
                                                             NOP
              CALL    DELAY100     ;Delay 1s                 DECFSZ  DLYH,1
              CALL    DELAY100                               BRA     DLY1
              CALL    DELAY100                               RETURN
              CALL    DELAY100
              CALL    DELAY100                               END
              CALL    DELAY100
              CALL    DELAY100
              CALL    DELAY100
              CALL    DELAY100
              CALL    DELAY100
```

● アセンブリ言語による例

　リスト12-1-2はアセンブラによるルーチンです．アセンブラはプログラムの動作時間が明確なので，プログラムでゲート時間を作り出すことができます．このルーチンでは1秒のゲート時間を作っているので，1Hz精度で測定できます．ゲートのONからOFFまでの時間は2500053クロック(1.000021sec)です．このゲート時間はMPLABのシミュレータを使用して命令数をカウントすればわかります．なお，**リスト12-1-2**は測定部分だけで表示ルーチンを含みません．

　図12-1-4は動作中のようすで，1secのゲート時間に10個のパルスをカウントしており，表示は10Hzです．

12-2 タイマ1のパルス・カウントによる周期の測定

■ 周期測定の原理

　周波数測定と周期測定は，パルスをカウントする点では原理的に同一です．図12-2-1のようにメインのカウンタは基準パルス信号をカウントし，ゲートを入力信号のエッジ検出で開閉します．周期は入力パルス信号の立ち上がりエッジから次の立ち上がりエッジまでの時間とし，ループ処理によるエッジ検出でゲート信号を制御します．基準クロックは，プログラム実行クロックである2.5MHz(0.4μs)を使用します．

　プログラムはループ処理による信号エッジ検出を使用し，立ち上がりエッジを見つけた後にタイマ1をスタートします．さらにエッジ検出を行い，次の立ち上がりエッジでタイマ1を停止させる簡単な処理です．周期の値Tはタイマ1に残ったパルス数にクロック周期0.4μsを掛けた値です．この値をLCDディスプレイに表示します．

$$T = NT_{cy} \quad \cdots\cdots\cdots\cdots\cdots\cdots\cdots\cdots\cdots\cdots\cdots\cdots\cdots\cdots\cdots\cdots\cdots\cdots\cdots\cdots\cdots\cdots\cdots\cdots\cdots\cdots\cdots\cdots\cdots (12\text{-}2\text{-}1)$$

　ただし，T：周期 [sec]，N：カウント値，T_{cy}：基準クロック [sec]（0.4μs）

■ Cコンパイラによる周期測定プログラムと問題点

　リスト12-2-1がプログラムで，図12-2-2がタイムチャートです．被測定信号は，周波数測定と同様にポートRC0に入力します．

　16ビットのタイマ1を利用した場合，最大測定値は65535なので，0.4μsをカウントすると最大26.214ms(38Hz)まで測定できます．分解能は0.4μsで，最小カウントもこの値のはずですが，ソフトウェアによるエッジ検出には動作遅延があるため，実用的には40μs(25kHz)程度が最小カウント値と考えられます．この測定方法による誤差はエッジ検出処理の遅れ時間で決まり，Cコンパイラでは実際にどの程度の遅れが生じているか不明です．

　図12-2-3は動作波形です．実測値を比較してみると，周波数カウンタの指示が50.05msのとき，本プログラムの表示値は50.08msでした．なお，プログラムではオーバーフロー・ビットを利用して17ビット・カウントを行っていますので，最大カウントは131071まで拡大でき，この場合の最大測定周波数は52.4288ms(19Hz)になります．

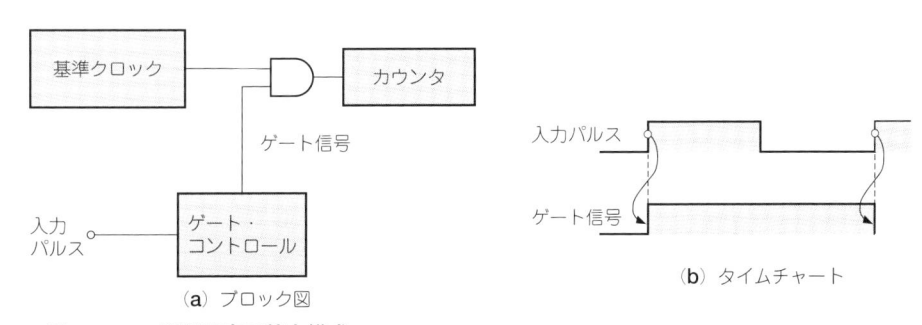

図12-2-1 周期測定の基本構成
(a) ブロック図
(b) タイムチャート

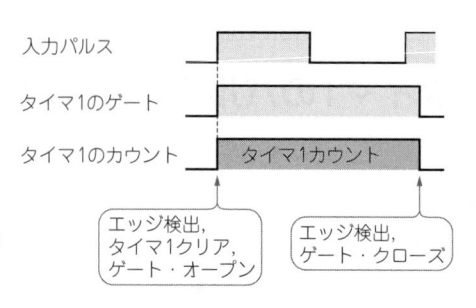

図12-2-2 制作した周期測定プログラムのタイムチャート

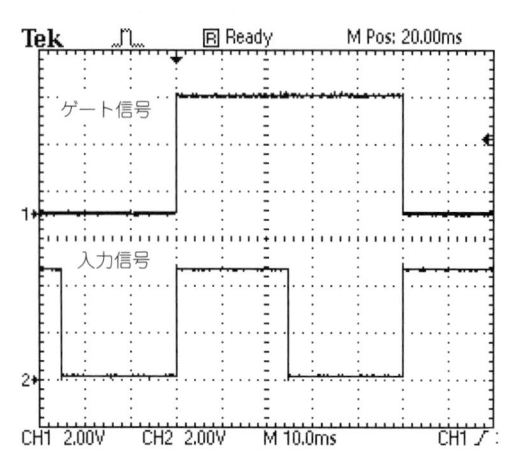

図12-2-3 リスト12-2-1のプログラムの動作波形 (10ms/div., 2V/div.)

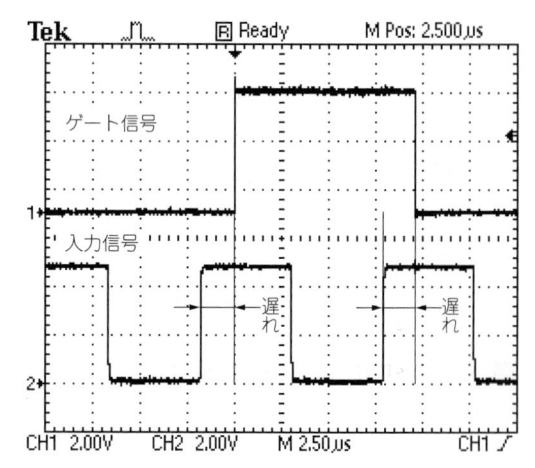

図12-2-4 リスト12-2-2のプログラムの動作波形 (1.5μs/div., 2V/div.)

■ 測定部をアセンブラ化

　リスト12-2-2のプログラムは，インライン・アセンブラを利用して測定部分をアセンブラに置き換えて動作時間を明確にしたものです．処理は同じですが，命令数から処理時間を正確に把握できます．エッジ検出は3クロックを使用することから，この2倍の時間が測定誤差2.4μsとなります．100kHzの信号を入力してエッジ検出動作を観測したのが図12-2-4で，応答の遅れが現れています．

　アセンブラを使用したルーチンでは最小5μs（最大200kHz）まで機能しました．C18コンパイラでのインライン・アセンブラは_asmと_endasmに挟まれた行の中に記述します．処理速度を明確にしたい用途や，高速動作を期待する処理には，アセンブラによる記述が不可欠です．

　エッジ検出の測定中は割り込み処理が測定誤差になるため，割り込み処理を完全に中断しておかなければなりません．

　被測定信号である入力パルスのエッジ検出では，立ち上がりエッジが二つ入力されなければ処理を完了できません．そのため現実的には，二つ目のエッジ検出が規定時間内に検出できなければエラーと判断して中断する処理を必要とします．入力パルスがHレベルの状態で停止してしまうと無限ループに陥ってしまいます．プログラムでは，この監視処理がさらに測定誤差を招きます．

　これらのプログラムは，エッジ検出方向を変えればパルスのHレベル期間の測定や，Lレベル期間の測定もでき，パルス・デューティ比などの測定にも応用できます．

リスト12-2-1　タイマ1のパルス・カウントによる周期測定プログラム　[MA224, PIC18F452(10MHz), C18コンパイラ]

```c
#include <p18f452.h>
#include <delays.h>
#include <usart.h>

void main (void)
{
    unsigned long val,i;
    unsigned char chr[10];
    unsigned int tmp;

    ADCON1 = 0b1110;
    TRISA = 0b111111;
    TRISB = 0b11111111;
    TRISC = 0b10111001;
    TRISD = 0;
    TRISE = 0b001;
    PORTD = 0;

    T1CON = 0b10000000;

    TXSTA = 0b00100100;
    RCSTA = 0b10010000;
    SPBRG = 64;

    putrsUSART("\n\r");
    Delay1KTCYx(1);
    putrsUSART("PERIOD count    ");

    while(1){
        TMR1H = 0;
        TMR1L = 0;
        PIR1bits.TMR1IF = 0;
        while(PORTCbits.RC0);
        while(!PORTCbits.RC0);
        T1CON = 0b10000001;        //Gate on
        LATDbits.LATD0 = 1;
        INTCONbits.TMR0IF = 0;
        PIR1bits.TMR1IF=0;

        while(PORTCbits.RC0);
        while(!PORTCbits.RC0);
        T1CON = 0b10000110;        //Gate off
        LATDbits.LATD0 = 0;
        tmp = TMR1L;
        tmp += TMR1H * 256;
        val = tmp;
        if (PIR1bits.TMR1IF==1) val+=65536;
        i = val;
        i *= 4;
        i /= 10;

        chr[0] = i/1000000 + '0';  i = i % 1000000;
        chr[1] = i/100000 + '0';   i = i % 100000;
        chr[2] = i/10000 + '0';    i = i % 10000;
        chr[3] = i/1000 + '0';     i = i % 1000;
        chr[4] = i/100 + '0';      i = i % 100;
        chr[5] = i/10 + '0';       i = i % 10;
        chr[6] = i + '0';
        chr[7] = 0;
        putsUSART(chr);
        putrsUSART("uS\r");
        Delay10KTCYx(250);
    }
}
```

リスト12-2-2　一部をインライン・アセンブラで記述した周期測定プログラム
[MA224, PIC18F452(10MHz), C18コンパイラ]

```
#include <p18f452.h>
#include <delays.h>
#include <usart.h>

void main (void)
{
    unsigned long val ,i;
    unsigned char chr[10];
    unsigned int tmp;

    ADCON1 = 0b1110;
    TRISA = 0b111111;
    TRISB = 0b11111111;
    TRISC = 0b10111001;
    TRISD = 0;
    TRISE = 0b001;
    PORTD = 0;

    T1CON = 0b10000000;

    TXSTA = 0b00100100;
    RCSTA = 0b10010000;
    SPBRG = 64;

    putrsUSART("\n\r");
    Delay1KTCYx(1);
    putrsUSART("PERIOD count    ");

    while(1){
        TMR1H = 0;
        TMR1L = 0;
        PIR1bits.TMR1IF = 0;
        while(PORTCbits.RC0);
        _asm
loop1:
        btfss  PORTC,0,0    //Loop if Low
        bra    loop1
        bsf    T1CON,0,0    //Gate open
        bsf    LATD,0,0
loop2:
        btfsc  PORTC,0,0    //Loop if Hi
        bra    loop2
loop3:
        btfss  PORTC,0,0    //Loop if Low
        bra    loop3
        bcf    T1CON,0,0    //Gate close
        bcf    LATD,0,0
        _endasm

        tmp = TMR1L;
        tmp += TMR1H * 256;
        val = tmp;
        if (PIR1bits.TMR1IF==1) val+=65536;
        i = val;
        i *= 4;
        i /= 10;

        chr[0] = i/1000000 + '0';  i = i % 1000000;
        chr[1] = i/100000 + '0';   i = i % 100000;
        chr[2] = i/10000 + '0';i = i % 10000;
        chr[3] = i/1000 + '0';     i = i % 1000;
        chr[4] = i/100 + '0';      i = i % 100;
        chr[5] = i/10 + '0';    i = i % 10;
        chr[6] = i + '0';
        chr[7] = 0;
        putsUSART(chr);
        putrsUSART("uS\r");

        Delay10KTCYx(250);
    }
}
```

インライン・アセンブラ

12-3　タイマ1のキャプチャ機能による周期の測定

■ キャプチャ機能を使えばさらに正確に測れる

タイマ1に付随するCCP機能の中のキャプチャ機能を利用してハードウェア的に周期を測定すれば，ソフトウェアでカウントするよりも正確な測定が可能です．

キャプチャ機能は，ポートRC1とRC2から入力される信号のエッジの変化を捕らえ，そのときのタイマ1の値をキャプチャ・レジスタに記憶し，さらに割り込みビットを変化させて割り込みを発生させます．このようにしてハードウェア的にタイマ値を捕らえることができますが，2回のエッジを捕らえることはできないので，この間にソフトウェア処理が必要です．

図12-3-1を見てください．キャプチャ動作が行われた場合，プログラムはキャプチャされたタイマ値をメモリに保存し，次のキャプチャの準備をします．2回目のキャプチャ発生で，そのときのキャプチャ値と前回のキャプチャ値を比較し，その差から周期Tを求めます．

周期が測定できる範囲はタイマの最大値である16ビット・カウント値になりますが，オーバーフローした回数をプログラムでカウントすれば，さらに拡大できます．

■ プログラム例

リスト12-3-1は，キャプチャ機能を利用した周期測定のプログラムです．キャプチャ発生時の値をメモリにセーブする作業で多くの時間を使っており，観測波形(図12-3-2)から読み取れる遅延は約2.5 μsです．この値から最小測定可能周期は300kHz程度と想像できますが，実測では70kHz以上でエッジを捕捉できない状況が発生し，15 μs程度の処理時間がかかることあります．この時間は，処理手順を工夫したりアセンブラを使用したりすることで，もう少し改善できそうです．最大の測定可能周期はタイマ値の最大値65535ですから26ms(38.5Hz)です．

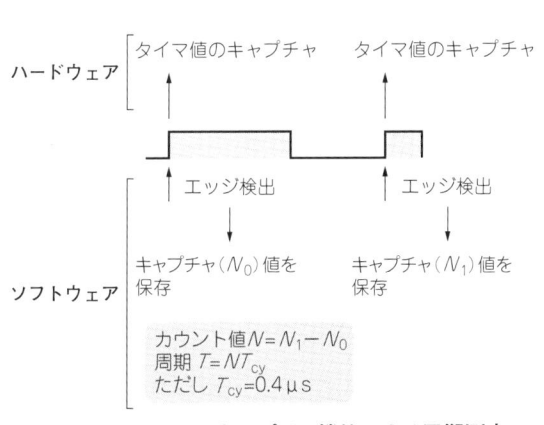

図12-3-1　タイマ1のキャプチャ機能による周期測定

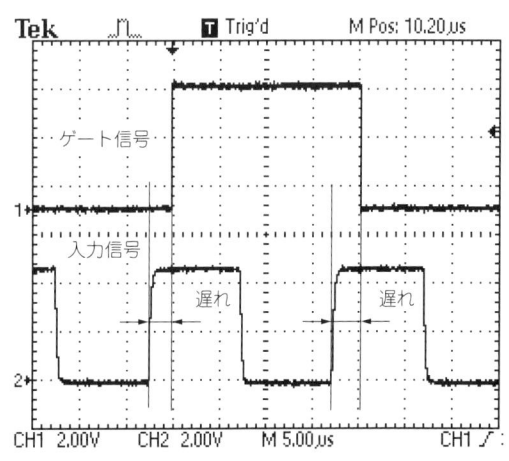

図12-3-2　リスト12-3-1のプログラムの動作波形
(5 μs/div., 2V/div.)

リスト12-3-1 キャプチャ機能を利用した周期測定プログラム [MA224，PIC18F452(10MHz)，C18コンパイラ]

```c
#include <p18f452.h>
#include <delays.h>
#include <usart.h>

void main (void)
{
    unsigned long val ,i;
    unsigned char chr[10];
    unsigned int tmp1,tmp2;

    ADCON1 = 0b1110;
    TRISA = 0b111111;
    TRISB = 0b11111111;
    TRISC = 0b10111111;
    TRISD = 0;
    TRISE = 0b001;
    PORTD = 0;

    T1CON = 0b10000001;
    CCP1CON = 0b0100;                   //Pos edge

    TXSTA = 0b00100100;
    RCSTA = 0b10010000;
    SPBRG = 64;

    putrsUSART("\n\r");
    Delay1KTCYx(1);
    putrsUSART("PERIOD count    ");

    while(1){
        PIR1bits.CCP1IF = 0;        //reset
        while(!PIR1bits.CCP1IF);
        tmp1 = CCPR1L;
        tmp1 += CCPR1H *256;
        LATDbits.LATD0 = 1;
        PIR1bits.CCP1IF = 0;        //reset

        while(!PIR1bits.CCP1IF);
        tmp2 = CCPR1L;
        tmp2 += CCPR1H *256;
        LATDbits.LATD0 = 0;

        val = tmp2 - tmp1;
        i = val;
        i *= 4;
        i /= 10;

        chr[0] = i/1000000 + '0';   i = i % 1000000;
        chr[1] = i/100000 + '0';    i = i % 100000;
        chr[2] = i/10000 + '0';     i = i % 10000;
        chr[3] = i/1000 + '0';      i = i % 1000;
        chr[4] = i/100 + '0';       i = i % 100;
        chr[5] = i/10 + '0';        i = i % 10;
        chr[6] = i + '0';
        chr[7] = 0;
        putsUSART(chr);
        putrsUSART("uS\r");

        Delay10KTCYx(250);
    }
}
```

12-4　PLLによる1M〜2MHzのクロック・ジェネレータ

■ PLL周波数シンセサイザの仕組み

　周波数をディジタル設定で可変できる信号源としてPLL周波数シンセサイザがあります．PLL（Phase Locked Loop）は図12-4-1のように，VCO，基準発振，分周器，位相比較器から構成されます．VCO（Voltage Controlled Oscillator）は，制御電圧に応じて発振周波数を可変できる発振器です．発振周波数は外部へ出力するとともに分周器を通して，位相比較器へ入力し基準周波数と比較します．位相比較器（Phase Detector）は図12-4-2のように，二つの入力信号の位相差に応じて出力電圧がプラスまたはマイナス電圧を出力するしくみで，その電圧をループ・フィルタで平滑し，VCOに供給して発振周波数を制御します．すると出力周波数f_oが基準周波数f_{ref}より高い場合は出力周波数を下げるように制御し，低い場合は上げる制御され，基準周波数と出力周波数の位相が一致しロックされます．つまり発振周波数と基準周波数は，分周比Nとすると以下の関係になります．

$$f_o = N f_{ref} \quad \cdots\cdots\cdots\cdots (12\text{-}4\text{-}1)$$

　例えば基準周波数f_{ref} = 10kHzとした場合，N = 10にするとf_o = 100kHzの出力が得られます．この分周比Nをマイコンなどで切り替えれば周波数ステップf_{ref}で出力周波数を設定できます．

　帰還系ではVCO感度に応じて制御しないと位相ロックが不安定になるので，その伝達関数を調整しているのがループ・フィルタです．なお，PLLは原理上，出力信号にジッタが生じます．

■ 回路例

　図12-4-3は，1M〜2MHzの周波数を10kHzステップで設定できるPLL周波数シンセサイザです．外観を写真12-4-1，動作波形を図12-4-4に示します．PLLのCD74HC4046は10MHz以下の信号を扱えるワンチップPLLで，20MHz程度まで発振可能なVCO，位相比較器を内蔵しています．分周器は8ビット分周機能をもつ74HC40103です．基準発振には74HC4060を使用し，10.24MHzの水晶発振から10kHzの基準周波数を得ています．

　インターフェースは，マイコン制御の特徴を生かすために同期シリアルとしました．この機能に74HC595を使用しています．74HC40103の入力をマイコンのI/Oポートに接続しても構いません．

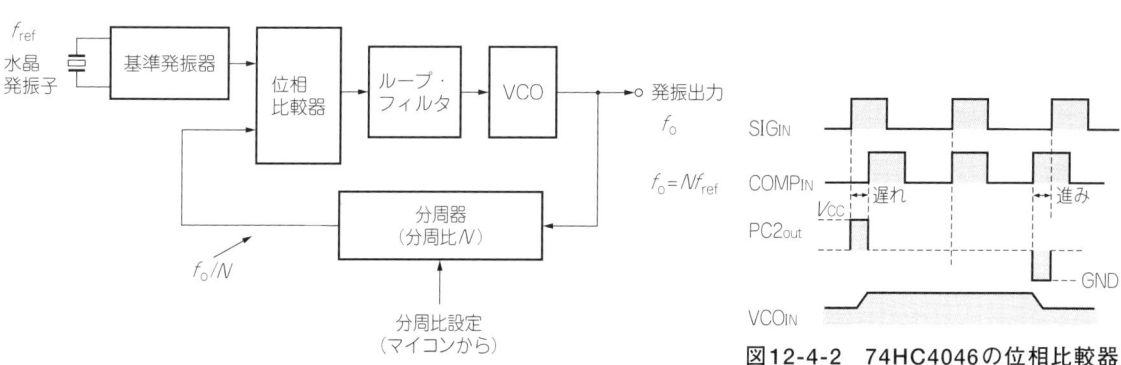

図12-4-1　PLL周波数シンセサイザの基本構成

図12-4-2　74HC4046の位相比較器PC2の動作タイムチャート

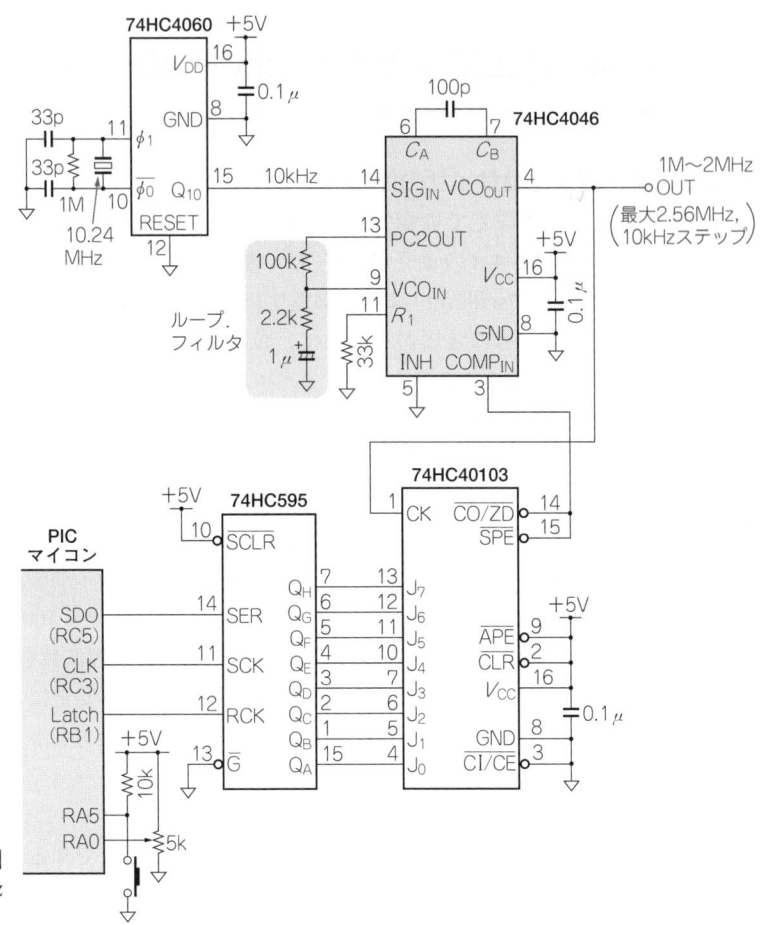

図12-4-3 PLL周波数シンセサイザ回路（出力：1M〜2MHz，設定：10kHzステップ）

写真12-4-1 試作したPLL周波数シンセサイザの基板

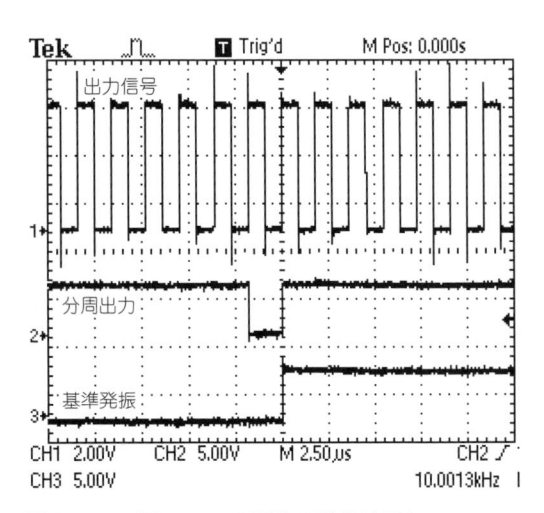

図12-4-4 図12-4-3の回路の動作波形（2.5 μs/div., 出力：2V/div., 分周出力と基準発振：5V/div.）

318　第12章　測定および信号発生のインターフェース

リスト12-4-1　PLL周波数シンセサイザの設定プログラム[MA224＋拡張ボード，PIC18F452(10MHz)，C18コンパイラ]

```c
#include <p18f452.h>
#include <delays.h>
#include <adc.h>

void main (void)
{
    int ADVAL;
    char n;
    unsigned char val;

    //Port initialize
    TRISA = 0b111111;
    TRISB = 0b11111101;
    TRISC = 0b10010001;
    TRISD = 0;
    TRISE = 0b001;

    OpenADC(ADC_FOSC_RC & ADC_RIGHT_JUST &
               ADC_1ANA_0REF, ADC_CH0 & ADC_INT_OFF);
    while(1){
        ADCON0 = 0b00000001;
        Delay100TCYx(50);
        ConvertADC();
        while( BusyADC() );
        ADVAL = ReadADC();
        val = ADVAL >> 2;

        if(!PORTAbits.RA5){                        //SW-RA5??

            PORTD = val;
            for(n=0;n<8;n++){
                if(val & 0x80) LATCbits.LATC5 =1;  //DATA=1
                else LATCbits.LATC5 =0;            //DATA=0
                LATCbits.LATC3 =1; //CLK=1
                val <<= 1;
                LATCbits.LATC3 =0; //CLK=0
            }
            LATBbits.LATB1 =1; //Latch=0
            LATBbits.LATB1 =0; //Latch=1
            //while(!PORTAbits.RA5);
        }

        Delay1KTCYx(10);
    }
}
```

　74HC40103はプログラマブル・カウンタで，パラレル設定された数値＋1の分周器として利用します．

　VCOは1M～2MHzを発振するようにしました．制御電圧に対する発振周波数を**図12-4-5**に示します．マイコンからは設定99で1MHz，設定199で2MHzの出力が得られます．10kHzステップ設定なので，100設定では1010kHzを発振します．

■ プログラム例

　リスト12-4-1のプログラムは，RA0の電圧をA-Dコンバータで読み取り，PLLの設定に反映していま

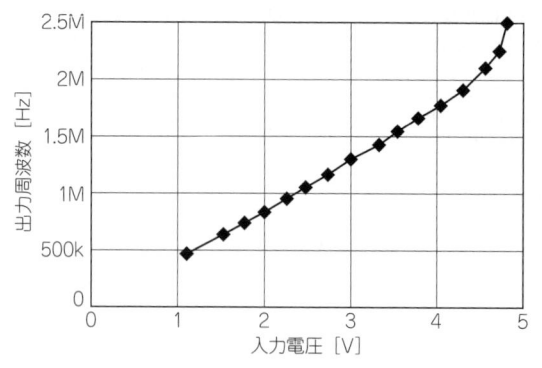

図12-4-5 VCOの制御入力電圧に対する発振周波数特性

す．内容はA-Dコンバータの読み取りルーチンと74HC595への出力ルーチンだけです．スイッチRA5を押すと設定が反映され，ポートDのLED表示器に表示します．

12-5 ダイレクト・ディジタル・シンセサイザAD9835による最大1MHzの正弦波ジェネレータ

■ ダイレクト・ディジタル・シンセサイザとは

これはDDS(Direct Digital Synthesizer)とも呼ばれる安定度の高いサイン波発振器です．ROMテーブルに書き込まれたサイン波データをカウンタにより連続的に読み出して出力し，そのデータをD-Aコンバータに通すことでサイン波を得ることができます．いわばディジタル型のサイン波発振回路であり，ROMテーブルを書き換えれば，どんな波形も出力できます．

発振周波数を可変するには，クロック周波数を可変します．図12-5-1(a)はディジタル方式のサイン波発生回路の構成です．このような構成でROMデータ数を100とした場合，出力周波数を100倍にするとクロックは100倍の周波数が必要になります．たかだか1MHzの正弦波を得るためのクロックが100MHzに及んでしまい，現実的ではありません．

DDSはこの欠点を改善し，高い周波数の出力を可能とした発振回路です．図12-5-1(b)のようにROM

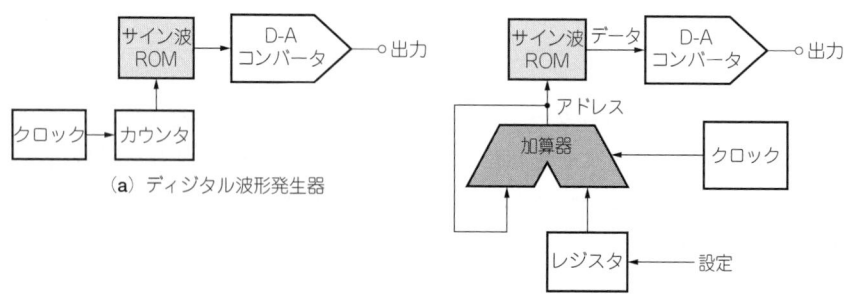

図12-5-1 ディジタル波形発生器とDDSの構成

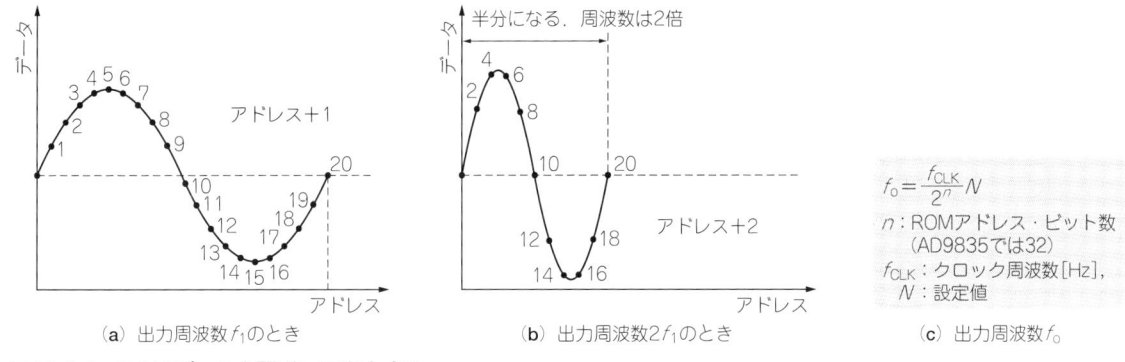

図12-5-2 ROMデータを間引いて出力する
(a) 出力周波数 f_1 のとき
(b) 出力周波数 $2f_1$ のとき
(c) 出力周波数 f_o

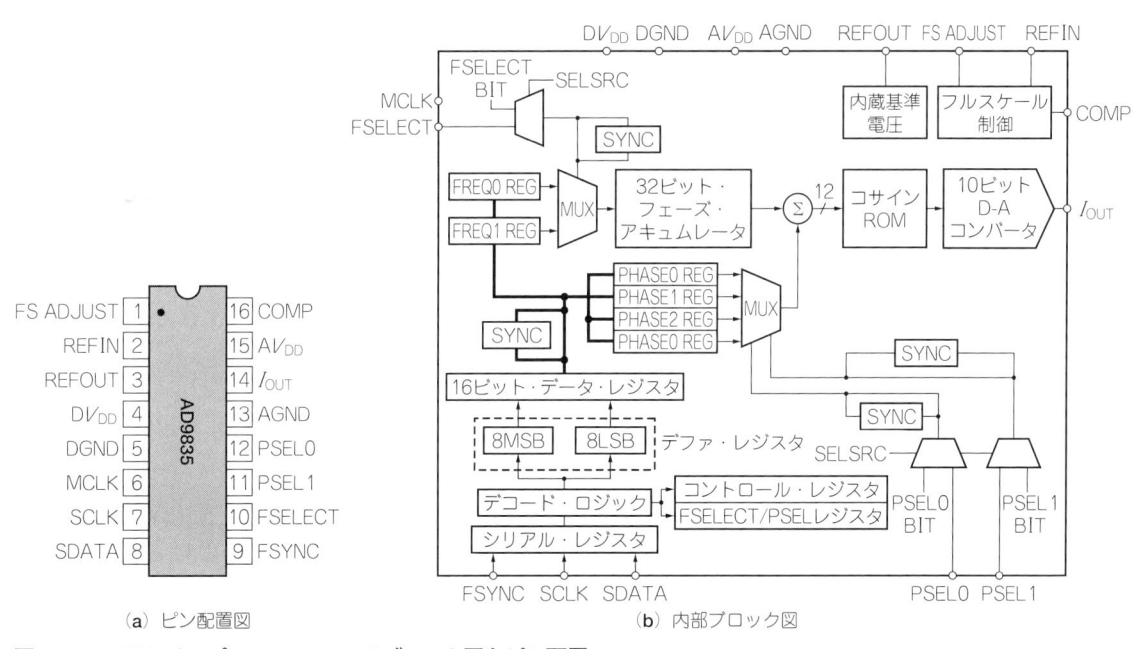

$$f_o = \frac{f_{CLK}}{2^n} N$$

n：ROMアドレス・ビット数（AD9835では32）
f_{CLK}：クロック周波数[Hz]，
N：設定値

図12-5-3 ワンチップDDS AD9835のブロック図とピン配置
(a) ピン配置図
(b) 内部ブロック図

のアドレスに加算器を設け，加算器出力に設定値を加算するように構成します．設定値が1の場合は**図(a)**と同じ普通のディジタル型の発振回路ですが，設定値を2にすると0，2，4，6，…のように一つ跳びのアドレスを発生させます．このようすを**図12-5-2**に示します．ROMデータは荒く出力されますが，周波数は単純に2倍になります．こうして設定値を上げて行けば出力周波数は高くなるので，ROMのデータ数を大きく取ることで，可変範囲の広いディジタル型の発振器を構成できます．

加算数が高くなると出力されるサイン波のひずみが増大しますが，フィルタ回路によって，サイン波を取り出すことができます．

DDSはこのようなしくみで動作することから，周波数を切り替えても高い連続性をもったまま追従できますし，PLL周波数シンセサイザのような周波数のジッタ（微動）が発生しません．

また，DDSは波形ROMのデータを跳ばしながら出力することから，連続性のない波形の発生には向き

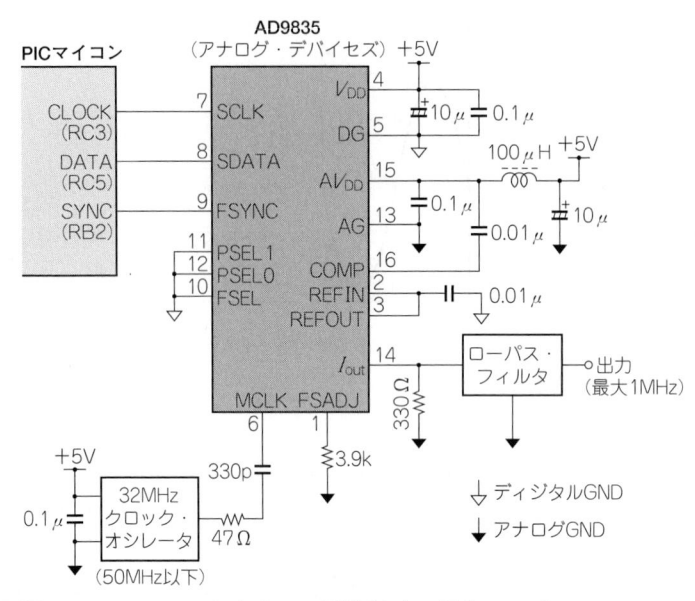

図12-5-4 AD9835によるDDS回路(出力：最大1MHz)

ません．三角波やのこぎり波などでは振幅や周波数が狂ってしまいます．

■ ワンチップDDS AD9835

　かつてDDSは，高速メモリやディジタル加算回路が必要なことから実用的ではありませんでした．しかし，現在はワンチップICによって容易に実現できます．

　AD9835（アナログ・デバイセズ社）は，DDSを構成するすべての機能が収められ，最大50MHzのクロックを加えるだけで簡単にサイン波を出力できます．内蔵ROMのアドレス数（加算器のビット数）は32ビットなので，50MHzクロックの場合は0.02Hz～5MHzの周波数を発生可能です．図12-5-3にブロック図とピン配置図を示します．

　出力されるサイン波は約1.2Vの振幅で，高速なクロックで動作することから多くのノイズ成分を含みます．そのため，出力にはローパス・フィルタを必ず必要とします．周波数の安定性はすべてクロック発振子に依存するので，温度補償されたクロック発振器を使用すると良いでしょう．

■ 回路とプログラム例

　図12-5-4が試作した回路です．

　マイコンとはクロック同期シリアルでインターフェースします．周波数設定は32ビットのレジスタです．リスト12-5-1は，AD9835に16ビット・データを送り込む関数と初期化処理の関数を示しました．

```
void AD9835_SPIOUT(unsigned int val)    16ビット・レジスタ設定ルーチン
void AD9835_init()                       初期化処理
```

リスト12-5-1 ダイレクト・ディジタル・シンセサイザAD9835の制御プログラム [MA224＋拡張ボード, PIC18F452 (10MHz), C18コンパイラ]

```
#define    DDS_CLK    LATCbits.LATC3
#define    DDS_DAT    LATCbits.LATC5
#define    DDS_FSY    LATBbits.LATB2
```
(a) ポート宣言

```
void AD9835_SPIOUT(unsigned int val){
    char n;

    DDS_FSY = 0;                         //FSYNC=0

    for(n=0;n<16;n++){
        DDS_CLK =1;                      //CLK=1
        if(val & 0x8000) DDS_DAT =1;     //DATA=1
        else DDS_DAT =0;                 //DATA=0
        Delay10TCYx(1);
        DDS_CLK =0;                      //CLK=0
        val <<= 1;
    }
        Delay10TCYx(1);
    DDS_CLK =1;                          //CLK=1
    Delay10TCYx(1);
    DDS_FSY = 1;                         //FSYNC=1
    Nop();
}
```
(b) 16ビット・レジスタ設定関数

```
void AD9835_init()
{
    AD9835_SPIOUT(0xF800);      //Device reset
    AD9835_SPIOUT(0xB000);
    AD9835_SPIOUT(0x5000);
    AD9835_SPIOUT(0x4000);
    AD9835_SPIOUT(0x1800);      //clr phase reg 0
    AD9835_SPIOUT(0x0900);
    AD9835_SPIOUT(0x1A00);      //clr phase reg 1
    AD9835_SPIOUT(0x0B00);
    AD9835_SPIOUT(0x1C00);      //clr phase reg 2
    AD9835_SPIOUT(0x0D00);
    AD9835_SPIOUT(0x1E00);      //clr phase reg 3
    AD9835_SPIOUT(0x0F00);
    AD9835_SPIOUT(0x3000);      //Freq=1kHz
    AD9835_SPIOUT(0x2100);
    AD9835_SPIOUT(0x3202);
    AD9835_SPIOUT(0x2300);
    AD9835_SPIOUT(0x3400);      //Freq1
    AD9835_SPIOUT(0x2500);
    AD9835_SPIOUT(0x3600);
    AD9835_SPIOUT(0x2700);
    AD9835_SPIOUT(0xC000);      //Enable
}
```
(c) AD9835の初期化処理関数

```
AD9835_SPIOUT(0x3000);    最下位データ（下8bit）
AD9835_SPIOUT(0x2100);
AD9835_SPIOUT(0x3202);
AD9835_SPIOUT(0x2300);    最上位データ
```
(d) 周波数の設定

12-6　発振器内蔵型リアルタイム・クロックDS3231SのI²Cインターフェース

■ リアルタイム・クロックとは

　年月日，曜日，時分秒などを管理・提供するICをリアルタイム・クロック(RTC)といいます．各社から市販されていますが，DS3231S(マキシム・ダラス・セミコンダクタ社)はRTCに必要な高精度のクロック発振器も集積したデバイスで，他社に類を見ません．そのため外部信号は必要最小限の構成で，16ピン・パッケージながら，六つの信号しかありません．**図12-6-1**にブロック図とピン配置を示します．DS3231Sの機能は次の通りです．

- 年月日，時分秒，曜日データの出力
- 2系統のアラーム発生(年月日，時分秒データ照合)
- 高精度TCXOを内蔵(全温度範囲±3.5ppm，補正機能付き)
- バッテリ切り替え回路内蔵
- 温度センサ内蔵

　電源電圧は3Vまたは5Vで，電源OFF時は外付けバッテリ駆動により動作します．高精度のTCXO(温度補償型水晶発振器)があり，外部クロックの供給は不要です．このクロックは外部へも1Hz，1.024kHz，4.096kHz，8.192kHzを出力できます．さらにレジスタの設定によって周波数を微調でき，初期精度や温度ドリフトをマイコンから補正することも可能で，そのための温度センサも内蔵しています．2系統あるアラーム機能は，年月日と時分秒のデータを照合してINT端子にアラーム出力します．

　マイコンとのインターフェースはI²Cです．**図12-6-2**がそのタイムチャートです．内容は単純で，リード/ライト動作だけです．書き込み時にはD0hのアドレス・コードを送り，レジスタ番号に続いてデータ

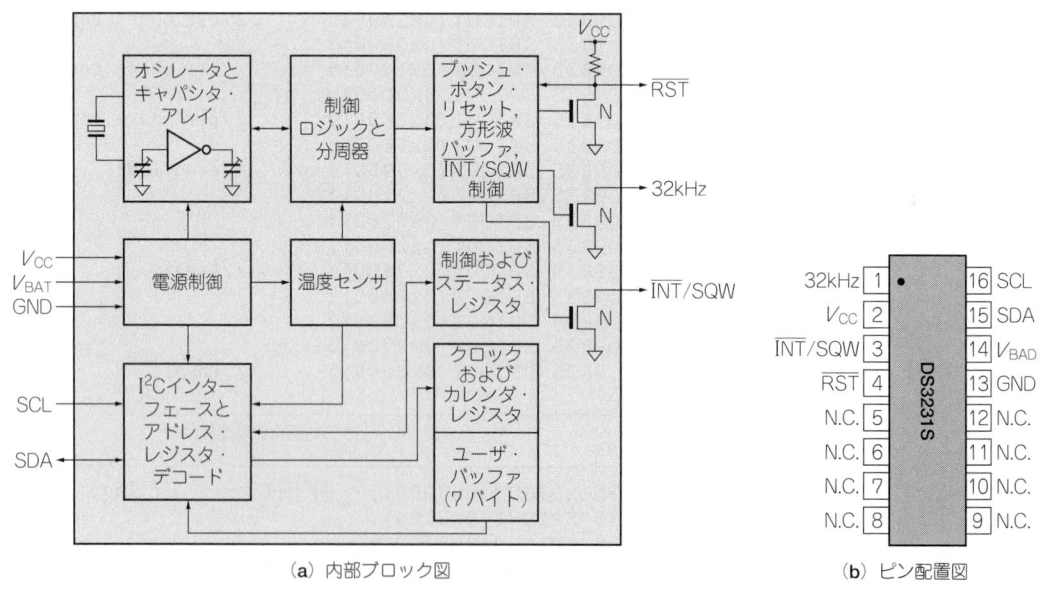

(a) 内部ブロック図　　(b) ピン配置図

図12-6-1　発振器内蔵型リアルタイム・クロックDS3231Sのブロック図とピン配置

を連続的に送ります．読み出し時はD1hのアドレス・コードの後，連続的にデータを読み取ります．

■ 回路とプログラム例

図12-6-3が回路例で，写真12-6-1が試作した基板です．

リスト12-6-1のプログラムは，RTCのデータを写真12-6-2のようにLCD画面に表示する機能をもちます．スタート時に初期データを設定していますので，このデータを現時刻に書き換えれば，その値からスタートします．DS3231Sのドライブ関数として以下を用意しました．

void Write_REG_DS3231(unsigned char reg,unsigned char dat)	指定レジスタの書き込み
void Read_DS3231(unsigned char *buf)	全レジスタの読み出し

I²CルーチンはC18コンパイラの組み込み関数を使用しています．RTCプログラムで一番処理の多い部分が時刻設定ルーチンですが，リスト12-6-1はそのルーチンを含んでいません．1～2個の設定スイッチを駆使して行うプログラムを皆さんで工夫してみてください．

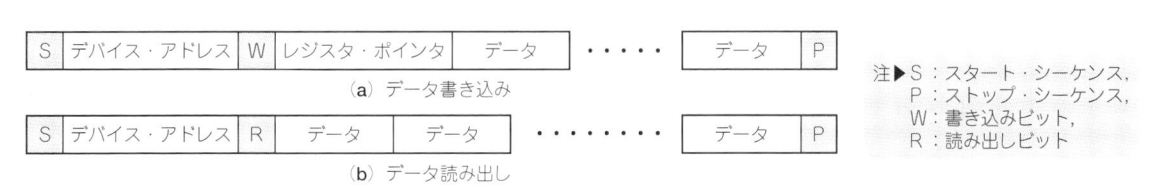

図12-6-2 DS3231SのI²C通信フォーマット

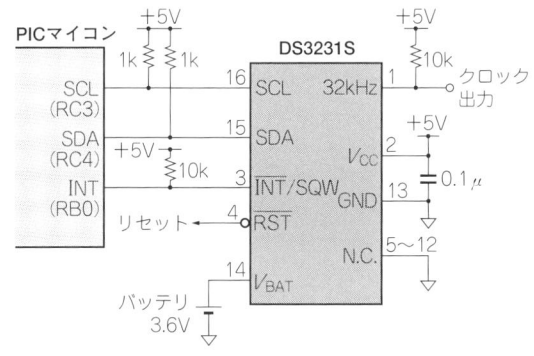

図12-6-3 DS3231Sとのインターフェース回路

写真12-6-1 発振器内蔵型リアルタイム・クロックDS3231S（マキシム社）

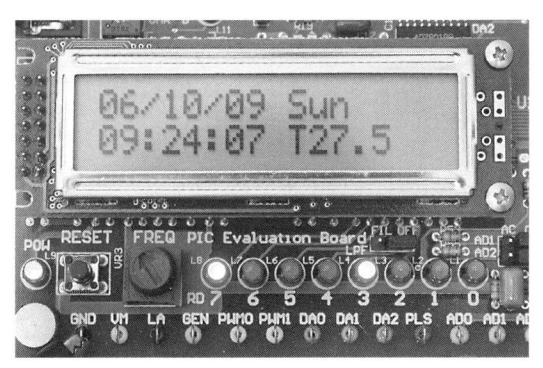

写真12-6-2 リスト12-6-1のプログラムの表示例

リスト12-6-1 ①　リアルタイム・クロックDS3231を制御する関数［MA224＋拡張ボード，PIC18F452(10MHz)，C18コンパイラのI²C関数を使用］

```c
#include <p18f452.h>
#include <delays.h>
#include <i2c.h>
#include <usart.h>
void Write_REG_DS3231(unsigned char reg,unsigned char dat)
{
    StartI2C();             //Send start
    Delay10TCYx(10);        //
    WriteI2C(0b11010000);   //Out Adder
    Delay10TCYx(20);
    WriteI2C(reg);          //Set pointer
    Delay10TCYx(20);
    WriteI2C(dat);          //Out Data
    Delay10TCYx(30);
    StopI2C();              //Send stop
    Delay10TCYx(50);
}

void Read_DS3231(unsigned char *buf)
{
    char n;

    StartI2C();             //Send start
    Delay10TCYx(10);        //
    WriteI2C(0b11010000);   //Out Adder
    Delay10TCYx(20);
    WriteI2C(0x0);          //Set pointer
    Delay10TCYx(30);
    StopI2C();              //Send stop
    Delay10TCYx(50);

    StartI2C();             //Send start
    Delay10TCYx(10);        //
    WriteI2C(0b11010001);   //Out Adder
    Delay10TCYx(20);
    for(n=0;n<18;n++)
    {
        *buf = ReadI2C();   //Read data
        AckI2C();           //Send ACK
        Delay10TCYx(20);
        buf++;
    }
    *buf = ReadI2C();       //Read data
    NotAckI2C();            //Send NAK
    Delay10TCYx(20);
    StopI2C();              //Send stop
}

//----- Display Clock -----
void LCDDSP_RTC(unsigned char *buf)
{
    unsigned char cbU[20];
    unsigned char cb[20];
    unsigned char d;
    char i;
```

リスト12-6-1② リアルタイム・クロックDS3231を制御する関数 ［MA224＋拡張ボード，PIC18F452(10MHz)，C18コンパイラのI²C関数を使用］（つづき）

```
    //buf++;
    cb[5] = ':';
    cb[6] = (*buf>>4)+'0';      //10S
    cb[7] = (*buf&0xF)+'0';     //1S
    buf++;
    cb[2] = ':';
    cb[3] = (*buf>>4)+'0';      //10M
    cb[4] = (*buf&0xF)+'0';     //1M
    buf++;
    cb[0] = ((*buf>>4)&3)+'0';  //10H
    cb[1] = (*buf&0xF)+'0';     //1H
    cb[8] = ' ';

    buf++;
    cbU[8] = ' ';
    d = *buf & 0x7;             //1D
    buf++;
    cbU[5] = '/';
    cbU[6] = ((*buf>>4)&3)+'0'; //10D
    cbU[7] = (*buf&0xF)+'0';    //1D
    buf++;
    cbU[2] = '/';
    cbU[3] = ((*buf>>4)&1)+'0'; //10M
    cbU[4] = (*buf&0xF)+'0';    //1M
    buf++;
    cbU[0] = (*buf>>4)+'0';     //10Y
    cbU[1] = (*buf&0xF)+'0';    //1Y
    cbU[12] = ' ';
    cbU[13] = ' ';
    cbU[14] = 0;

    if  (d==1) { cbU[9]='S';cbU[10]='u';cbU[11]='n'; }
    else if    (d==2) { cbU[9]='M';cbU[10]='o';cbU[11]='n'; }
    else if    (d==3) { cbU[9]='T';cbU[10]='u';cbU[11]='e'; }
    else if    (d==4) { cbU[9]='W';cbU[10]='e';cbU[11]='d'; }
    else if    (d==5) { cbU[9]='T';cbU[10]='h';cbU[11]='u'; }
    else if    (d==6) { cbU[9]='F';cbU[10]='r';cbU[11]='i'; }
    else if    (d==7) { cbU[9]='S';cbU[10]='a';cbU[11]='t'; }
    else { cbU[9]=' ';cbU[10]=' ';cbU[11]=' '; }

    buf += 11;
    cb[9] = 'T';
    i = *buf;
    cb[10] = i/10 + '0';
        i = i % 10;
    cb[11] = i + '0';
    cb[12] = '.';
    buf++;
    cb[13] = ((*buf>>7)*5) + '0';
    cb[14] = 0;

    putsUSART(cbU);
    putrsUSART("\n");
    Delay1KTCYx(1);

    putsUSART(cb);
    putrsUSART("\r");
}
```

12-7　マイコンで電圧を設定できる定電圧電源回路

■ 定電圧電源とは

これは負荷に一定電圧を与える回路であり，負荷電流が変動しても電圧を一定に保ちます．ここで紹介するのは簡易型のマイコン制御定電圧電源です．

■ 回路例

図12-7-1が回路例で，写真12-7-1が試作した基板です．マイコンからのPWM制御により出力電圧を0～10Vに設定できる電源回路で，最大200mAを出力できます．マイコンを5V電源で動作させているため，PWM出力は最大+5Vしか得られないので，10V出力を1/2に分圧して，OPアンプで比較しています．出力電圧が変化するとV_dが変化し，設定電圧V_sとの差が生じるため，OPアンプはその差をなくすように出力電流を制御します．

PWM出力はマイコン側の電源電圧に応じて多少異なるため，分圧回路に可変抵抗器を入れて微調整で

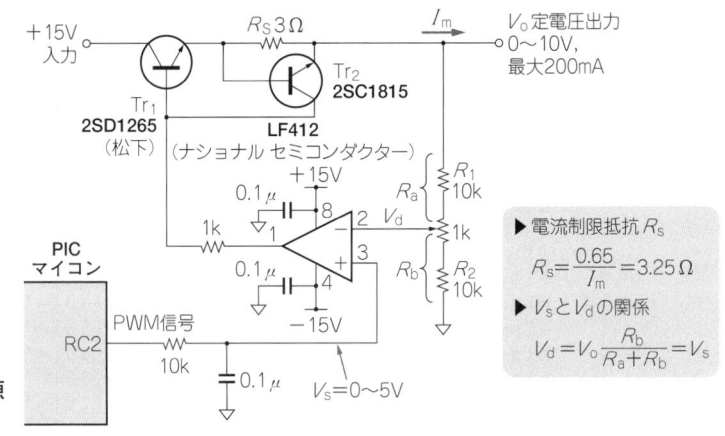

▶電流制限抵抗 R_s
$$R_s = \frac{0.65}{I_m} = 3.25\,\Omega$$

▶V_sとV_dの関係
$$V_d = V_o \frac{R_b}{R_a + R_b} = V_s$$

図12-7-1
マイコンで電圧を設定できる定電圧電源回路

写真12-7-1　図12-7-1の回路の試作例

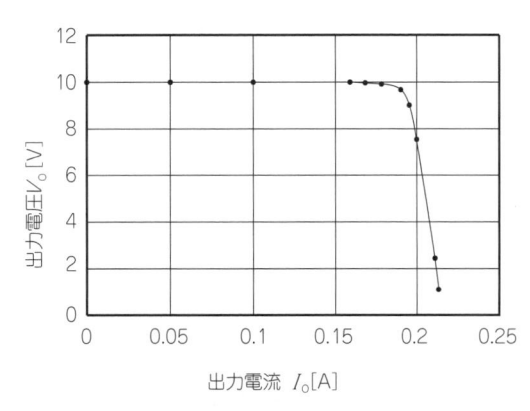

図12-7-2　図12-7-1の回路の出力特性

きるようにしました．R_sは過電流検出用で，この両端電圧が0.65Vを越えるとTr_2がONし，Tr_1のベース電圧間を下げて出力電流を約200mAに制限します．

図12-7-2が，この電源の出力特性で，180mAあたりから出力電圧が低下して過電流を抑えているようすがわかります．

12-8　マイコンで電流を設定できる定電流出力回路

■ 定電流電源とは

負荷に対して一定の電流を出力するのが定電流出力回路です．定電流回路には吐き出し型と吸い込み型の2種類があります．いずれの回路も負荷電流を検出して，一定電流になるように制御します．吸い込み型の定電流電源は，電源回路のテストに使う電子負荷装置にも使われています．

■ 回路例

図12-8-1が回路例で，写真12-8-1が試作した基板です．

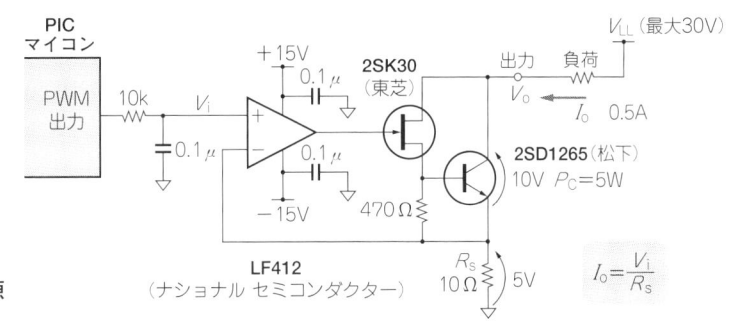

図12-8-1
マイコンで電流を設定できる定電流電源回路

$$I_o = \frac{V_i}{R_s}$$

写真12-8-1　図12-8-1の回路の試作例

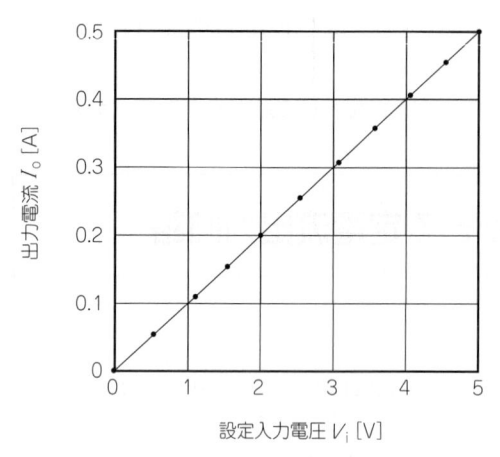

図12-8-2　図12-8-1の回路の設定電圧に対する出力電流特性

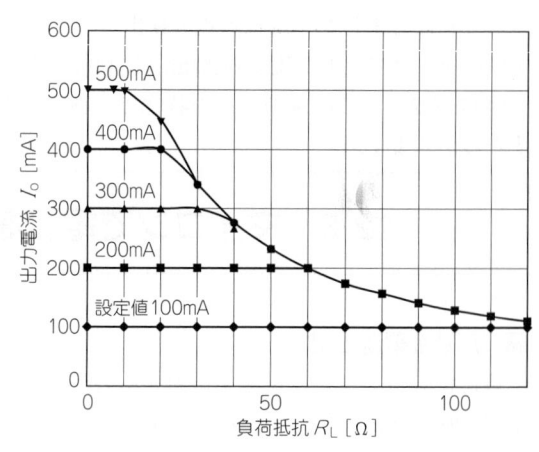

図12-8-3　図12-8-1の回路の負荷抵抗に対する出力電流特性

　OPアンプは，電流検出抵抗R_sに発生する電圧値とPWM出力を平滑した電圧V_iが等しくなるように出力トランジスタを制御します．マイコンからのPWM信号の最大電圧5Vのとき，出力電流が0.5Aとなるよう，R_sは10Ωに設定しています．

　設定入力電圧V_iと出力電流I_oの関係を**図12-8-2**に，負荷抵抗の変化による出力電流値I_oの変化を**図12-8-3**にそれぞれ示します．出力電流特性でわかるように設定が100mAだと負荷変動による電流変化はありませんが，設定が500mAだと10Ω以上の場合に出力電流が低下してしまいます．

第12章 Appendix

PICマイコンのタイマ1について

■ 概要

タイマ1は16ビットのアップ・カウンタです．タイマ1は単純なパルス・カウント機能に加え，CCP（Capture/Compare/PWM）機能をもっています．また，PIC18マイコンではタイマ1のほかに，タイマ1と同機能なタイマ3をもちます．図12-1にブロック図を示します．

タイマ1の信号源は，外部入力，システム・クロック，または内蔵の専用発振器です．外部入力はポートRC0から入力します．システム・クロックは命令実行クロックであり，PICマイコンの場合はクロック発振周波数f_{OSC}の1/4です．専用発振器は時計用の32.768kHzを想定しており，200kHzまでの発振子を接続できます．発振回路はシステム・クロックのLP発振回路と同一です．

入力されたパルスはプリスケーラで分周されます．分周比は1/1，1/2，1/4，1/8から選択できます．プリスケーラの後段には同期回路があり，入力パルスをシステム・クロックのタイミングでラッチします．

カウンタの手前にはゲート回路があり，設定によってパルスの供給を停止することができます．カウンタは16ビットのカウンタで，20MHzシステム・クロックにおいては約100msの時間を作り出せます．

■ タイマ1を読み出す

システムに同期してタイマが動作していれば，読み出し中に値が変化してしまうことなくタイマ値を読

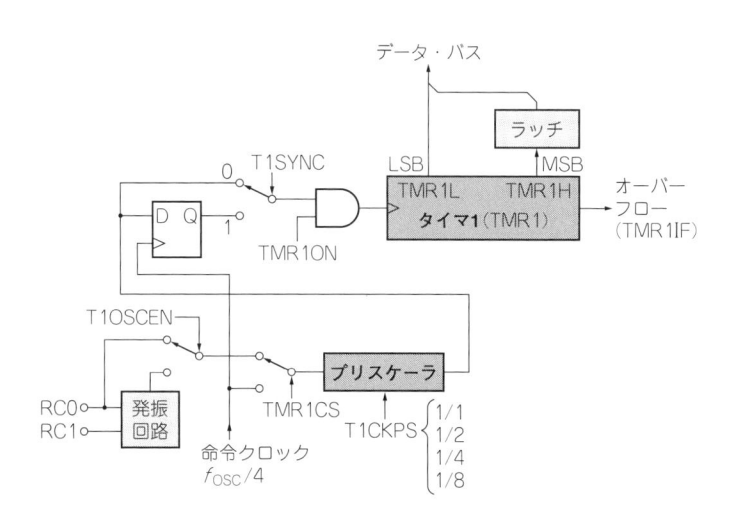

図12-1　タイマ1のブロック図

み出せます．同期回路を通すか，パスするかは指定でき，通常は必ず同期を必ず行いますが，入力を停止してアクセスを行うような場合は同期する必要はありません．

また，システム・クロックより高い周波数のパルスを測定する場合は，同期を行うと測定できません．入力パルスにノイズが乗っている場合は同期を行うことで帯域が狭まり，ディジタル・フィルタとして機能するためノイズ除去を行える利点もあります．

■ 8 ビット・マイコンで 16 ビット・データを正しく読み出す工夫

8ビットのPICマイコンでは，16ビット・データをタイマ動作中に読み出すには工夫が必要になります．それは，読み出し中にデータが変化してしまう可能性があるからです．

まず始めに上位バイトを読み，その後で下位バイトを読みますが，さらにもう一度上位バイトを読み出し，同一値の場合はその値を有効とし，違っていれば再度読み出します．

カウント動作を停止させてからデータを読み出せば，このような複雑な処理をする必要はありません．PIC18マイコンはタイマのMSB側出力にラッチが設けられていて，LSB側のアクセスがあるとMSB側のラッチが機能し，16ビット値を同時に扱えるよう工夫されています．書き込み時はMSB側を書き込み後に，LSB側を書き込み，読み出し時はLSB側を読み出し後にMSB側を読み出します．

■ タイマの機能設定

表12-1がタイマ1関係のレジスタです．設定はT1CONレジスタ（表12-2）を使います．タイマ値はTMR1H，TMR1Lレジスタで書き込み・読み出しを行います．タイマがオーバーフローをして，数値が再びゼロに変化した場合は，PIR1レジスタのTMR1IFビットが1になります．

表12-1 タイマ1関係のレジスタ

レジスタ	アドレス(hex)	内容
TMR1L	0E	タイマ値（上位）
TMR1H	0F	タイマ値（下位）
T1CON	10	タイマ1設定
PIR1	0C	オーバーフロー

表12-2 T1CONレジスタの内容

ビット	名称	説明
7	RD16	16ビット同時リード／ライト・イネーブル（0：ディセーブル，1：イネーブル）
6	−	（未割り当て）
5	T1CKPS1	タイマ1入力クロック・プリスケール値選択
4	T1CKPS0	0 0：プリスケール値は1/1 0 1：プリスケール値は1/2 1 0：プリスケール値は1/4 1 1：プリスケール値は1/8
3	T1OSCEN	タイマ1オシレータ・イネーブル（0：ディセーブル，1：イネーブル）
2	T1SYNC	タイマ1外部クロック入力同期制御 TMR1CS = 1 の場合 0：外部クロック入力と同期，1：外部クロック入力と非同期 TMR1CS = 0 の場合 このビットは無視され，タイマは内部クロックを使う
1	TMR1CS	タイマ1クロック・ソース選択 0：内部クロック（$f_{OSC}/4$） 1：RC0/T1OSO/T1CKI ピンからの外部クロック（立ち上がりエッジ）
0	TMR1ON	タイマ1イネーブル・ビット（0：ディセーブル，1：イネーブル）

索 引

【数字】
1-Wireインターフェース ……………………210, 293
1バイト読み込み ……………………………………50
1ビット読み込み ……………………………………50
3ステート出力 ………………………………………29

【アルファベットなど】
ASCIIコード …………………………………………236
C18コンパイラ ………………………………………21
CAN ……………………………………………………253
DCE ……………………………………………………237
DCブラシレス・モータ ……………………………276
dsPIC30F/33Fシリーズ ……………………………12
DTE ……………………………………………………237
ECCPモジュール ……………………………………16
EIA-232-F ……………………………………………236
EIA-422 ………………………………………………240
EIA-485 ………………………………………………240
EIA-574 ………………………………………………236
EUSARTモジュール …………………………………16
h_{FE} …………………………………………………33
I^2Cインターフェース ……………………………231
I_C ……………………………………………………33
I/Oエキスパンダ ……………………………………62
LIN ……………………………………………………16
LVD機能 ………………………………………………17
MA183 …………………………………………………22
MA224 …………………………………………………24
Microwireインターフェース ………………………223
MPLAB-ICD2 …………………………………………22
MPLAB-IDE …………………………………………17
MSSP I^2Cモジュール ……………………………16
P_C ……………………………………………………33
PIC16シリーズ ………………………………………10
PIC18F452 ……………………………………………12
PIC18F4520 …………………………………………12
PIC18シリーズ ………………………………………10
PIC24シリーズ ………………………………………11
PICIW18 ………………………………………………26
PWM ……………………………127, 179, 213, 219, 269
RS-232-C ………………………………………236, 261
RS-485 ………………………………………………240
RTC ……………………………………………………324
SPIモード ……………………………………………265
TTL入力 ………………………………………………48
USART …………………………………………………261
$V_{CE(sat)}$ ……………………………………………34
V_{CEO} ………………………………………………32
VFD ……………………………………………………89
WDT ……………………………………………………17

【あ・ア行】
アクティブ電源トランス ……………………………165
圧電サウンダ …………………………………………121
アナログ・コンパレータ ………………………53, 127
ウィンドウ・コンパレータ …………………………56
エッジ検出 ……………………………………………57
オープン・ドレイン出力 ……………………………27

【か・カ行】
カスケード接続 ………………………………………61
基準電圧 ………………………………………………131
キックバック電圧 ………………………………36, 68
キャプチャ機能 ………………………………………315
クランプ回路 …………………………………………51
高電圧 ……………………………………………43, 51
コレクタ-エミッタ間電圧 …………………………32
コレクタ-エミッタ間飽和電圧 ……………………34
コレクタ損失 …………………………………………33
コレクタ電流 …………………………………………33
コンパレータ ……………………………………53, 127

【さ・サ行】
サージ電圧 ……………………………………………68
サーボ・モータ ………………………………………281
サーミスタ ……………………………………………301
サウンダ ………………………………………………120
差動増幅回路 …………………………………………154
サンプル&ホールド …………………………………171
実効値測定 ……………………………………………160
出力ポートの特性 ……………………………………27
シュミット・トリガ入力 ………………………49, 52

シンク ………………………………………… 27	ハイ・サイド ……………………………… 277
吸い込み型 ………………………………… 32, 43	吐き出し型 ……………………………… 40, 43
吸い込み …………………………………… 27	吐き出し …………………………………… 27
スイッチング速度 ………………………… 34	波形整形 …………………………………… 52
スタート・シーケンス …………………… 232	パルス・エッジ検出 ……………………… 57
スタティック駆動 ………………………… 74	パルス信号 ………………………………… 44
ステッピング・モータ …………………… 271	ピーク・ホールド回路 …………………… 157
ストップ・シーケンス …………………… 232	ヒステリシス特性 ………………………… 55
スリー・ステート出力 …………………… 29	左詰め ……………………………………… 174
スレーブ …………………………………… 231	非同期シリアル・インターフェース …… 235
絶対値回路 ………………………………… 158	非同期シリアル通信 ……………………… 261
ゼロ・クロス検出 ………………………… 56	フォト・トライアック・カプラ ………… 72
セントロニクス・インターフェース …… 248	負電圧 …………………………………… 43, 153
ソース ……………………………………… 27	ブラシレス・モータ ……………………… 276
【た・タ行】	ブリッジ駆動回路 ………………………… 268
ダーリントン接続 ………………………… 38	プリンタ・インターフェース …………… 248
ダイナミック駆動 ………………………… 78	フル・ブリッジ駆動回路 ………………… 268
チャタリング ……………………………… 97	分圧器 ……………………………………… 130
直流電流増幅率 …………………………… 33	ポートからデータを読み取るタイミング … 51
デッド・タイム制御 ……………………… 277	ポートに出力されるタイミング ………… 31
電子ポテンショメータ …………………… 206	ホールド・コンデンサ …………………… 171
電流センサ ……………………………… 155, 164	保護用ダイオード ………………………… 27
電流増幅回路 …………………………… 35, 41	ポテンショメータ ………………………… 206
電流伝達比 ………………………………… 68	【ま・マ行】
電流トランス ……………………………… 164	マイクロワイヤ・インターフェース …… 223
電流ブースト回路 ………………………… 217	マイコンの動作速度 ……………………… 44
電力損失 …………………………………… 34	マグネチック・サウンダ ………………… 121
同期シリアル通信 ………………………… 265	マスタ ……………………………………… 231
トーテム・ポール出力 …………………… 27	マトリックス接続 ………………………… 103
ドット・マトリックス …………………… 81	右詰め ……………………………………… 174
トライ・ステート出力 …………………… 29	【ら・ラ行】
トランジスタ・アレイ …………………… 38	ラダー抵抗ネットワーク ………………… 177
トリップ電圧 ……………………………… 55	リアルタイム・クロック ………………… 324
【な・ナ行】	リスタート・シーケンス ………………… 232
二重積分 …………………………………… 138	リファレンス電圧 ………………………… 131
入力ポートの特性 ………………………… 47	リミッタ回路 ……………………………… 51
入力保護回路 ……………………………… 51	レール・ツー・レール …………………… 147
ノイズ除去 ………………………………… 52	ロー・サイド ……………………………… 277
ノイズ生成 ………………………………… 186	ロータリ・エンコーダ …………………… 117
【は・ハ行】	【わ・ワ行】
ハーフ・ブリッジ駆動回路 ……………… 268	ワンショット・マルチバイブレータ …… 45
バイアス抵抗内蔵トランジスタ ………… 37, 42	ワン・ワイヤ・インターフェース …… 210, 293

あとがき

　本書をまとめるにあたり半導体デバイスを快く提供いただき，また技術情報の提供をいただいた各企業の方々に，この場をお借りしてお礼申し上げます．

小川　晃

グローバル電子株式会社
(アナログ・デバイセズ社，キングブライト社，ボーンズ社，マイクロチップ・テクノロジー社，マツダマイクロニクス社製品扱い)
〒162-0833　東京都新宿区箪笥町35番地(日米TIME24ビル)　☎(03)3260-1411
http://www.gec-tokyo.co.jp/

シスコム株式会社
〒162-0837　東京都新宿区納戸町33番地(松栄ビル)　☎(03)3268-3066
http://www.syscom-japan.com/

株式会社ユー・アール・ディー
(各種電流センサ)
〒230-0045　横浜市鶴見区末広町1-1-52(末広ファクトリーパーク内)　☎(045)502-3111
http://www.u-rd.com/

マキシム ジャパン株式会社
〒169-0051　東京都新宿区西早稲田3-30-16(ホリゾン1ビル)　☎(03)3232-6141
http://japan.maxim-ic.com/

| 著 | 者 | 略 | 歴 |

小川 晃（おがわ あきら）

1979年	玉川大学工学部電子工学科卒業
1980年	（株）計測技術研究所入社
	プリント基板検査装置，半導体検査装置など各種生産設備機器開発
1988年	（株）マイクロアプリケーションラボラトリー設立（代表取締役）
	各種検査装置，医療機器，画像関連機器開発，通信機器，製造
1997年	玉川大学工学部メディアネットワーク学科非常勤講師
1998年	グローバル電子（株）アプリケーションエンジニア顧問
1999年	PICマイコン関連製品開発販売
	現在に至る

- ●**本書記載の社名，製品名について** ── 本書に記載されている社名および製品名は，一般に開発メーカーの登録商標です．なお，本文中では™，®，©の各表示を明記していません．
- ●**本書掲載記事の利用についてのご注意** ── 本書掲載記事は著作権法により保護され，また産業財産権が確立されている場合があります．したがって，記事として掲載された技術情報をもとに製品化をするには，著作権者および産業財産権者の許可が必要です．また，掲載された技術情報を利用することにより発生した損害などに関して，CQ出版社および著作権者ならびに産業財産権者は責任を負いかねますのでご了承ください．
- ●**本書付属のCD-ROMについてのご注意** ── 本書付属のCD-ROMに収録したプログラムやデータなどは著作権法により保護されています．したがって，特別の表記がない限り，本書付属のCD-ROMの貸与または改変，個人で使用する場合を除いて複写複製（コピー）はできません．また，本書付属のCD-ROMに収録したプログラムやデータなどを利用することにより発生した損害などに関して，CQ出版社および著作権者は責任を負いかねますのでご了承ください．
- ●**本書に関するご質問について** ── 文章，数式などの記述上の不明点についてのご質問は，必ず往復はがきか返信用封筒を同封した封書でお願いいたします．勝手ながら，電話での質問にはお答えできません．ご質問は著者に回送し直接回答していただきますので，多少時間がかかります．また，本書の記載範囲を越えるご質問には応じられませんので，ご了承ください．
- ●**本書の複製等について** ── 本書のコピー，スキャン，デジタル化等の無断複製は著作権法上での例外を除き禁じられています．本書を代行業者等の第三者に依頼してスキャンやデジタル化することは，たとえ個人や家庭内の利用でも認められておりません．

JCOPY〈出版者著作権管理機構委託出版物〉
本書の全部または一部を無断で複写複製（コピー）することは，著作権法上での例外を除き，禁じられています．本書からの複製を希望される場合は，出版者著作権管理機構（TEL：03-5244-5088）にご連絡ください．

PICマイコンのインターフェース101　　　　　CD-ROM付き

2007年10月1日　初版発行　　　　　　　　　　　　　　　　　　　　© 小川 晃 2007
2023年4月1日　第7版発行　　　　　　　　　　　　　　　　　　　（無断転載を禁じます）

　　　　　　　　　　　　　　　　　　　　　　　著　者　　小川　晃
　　　　　　　　　　　　　　　　　　　　　　　発行人　　櫻田　洋一
　　　　　　　　　　　　　　　　　　　　　　　発行所　　CQ出版株式会社
　　　　　　　　　　　　　　　　　　　　　　　〒112-8619　東京都文京区千石4-29-14

ISBN978-4-7898-4210-5　　　　　　　　　　　　電話　編集　03-5395-2148
定価はカバーに表示してあります　　　　　　　　　　　販売　03-5395-2141
乱丁，落丁本はお取り替えします

　　　　　　　　　　　　　　　　　　　　　　編集担当者　　小串　伸一
　　　　　　　　　　　　　　　　　　　　　　DTP・印刷・製本　　三晃印刷（株）
　　　　　　　　　　　　　　　　　　　　　　Printed in Japan